Das große Bewerbungshandbuch

Christian Püttjer und *Uwe Schnierda* arbeiten seit 1992 als Trainer und Berater in den Bereichen Karriere, Bewerbung und Rhetorik. Ihre Erfahrungen aus Bewerbungsmappen-Checks, Einzelberatungen und Seminaren haben sie, angereichert durch viele Tipps und Übungen, in zahlreichen Ratgebern im Campus Verlag veröffentlicht.

Christian Püttjer & Uwe Schnierda

Das große Bewerbungs-handbuch

Campus Verlag
Frankfurt/New York

Bibliografische Information der Deutschen Bibliothek
Die Deutsche Bibliothek verzeichnet diese Publikation in der Deutschen Nationalbibliografie. Detaillierte bibliografische Daten sind im Internet über http://dnb.ddb.de abrufbar.
ISBN 3-593-37670-9

Umschlaggestaltung: Guido Klütsch, Köln
Fotos: Oliver Franke/ide stampe, Stampe
Satz: Publikations Atelier, Dreieich
Druck und Bindung: Druckhaus Beltz, Hemsbach
Gedruckt auf säurefreiem und chlorfrei gebleichtem Papier.
Printed in Germany

Schnellübersicht Inhalt

Vorwort 17

Bewerben mit der Püttjer & Schnierda-Profil-Methode 19

Teil 1
Die Vorbereitung der Bewerbung 21

1. Potenzialanalyse: Was haben Sie zu bieten? 23
2. Reflexion: Entdecken Sie Ihre Stärken 36
3. Auswertung von Stellenanzeigen: Was erwarten Unternehmen von Ihnen? 54
4. Warum sollten wir gerade Sie einstellen? Ihre Selbstpräsentation 69
5. Gute Gründe für den Stellenwechsel 89
6. Die Suche nach potenziellen Arbeitgebern 95
7. Das Telefon: der schnelle Weg zum neuen Arbeitsplatz 100

Teil 2
Die schriftliche Bewerbung 113

8. Die Bewerbungsmappe 115
9. Das Anschreiben 127
10. Die Gehaltsfrage 142
11. Der Lebenslauf 149
12. Das Bewerbungsfoto 169
13. Ihre Leistungsbilanz 174

14. Zeugnisse 181
15. Gelungene Bewerbungsunterlagen 194
16. Nach der schriftlichen Bewerbung 204

Teil 3
Initiativbewerbungen 213

17. Initiative zeigen und das eigene Profil vermitteln 215
18. Networking: Strecken Sie die Fühler aus 234
19. Mit dem Telefon auf die Überholspur 248
20. Stellengesuche: Bringen Sie Ihr Profil ins Gespräch 260
21. Initiativanschreiben 265
22. Der Lebenslauf in der Initiativbewerbung 277
23. Vollständigkeit: Was gehört in die Bewerbungsmappe? 289
24. Durchgesehene Initiativbewerbung 292
25. Bleiben Sie am Ball: in Nachfassaktionen
und Telefoninterviews überzeugen 301

Teil 4
Online-Bewerbungen 309

26. Jobs im Internet 311
27. Die Besonderheiten der Online-Bewerbung 323
28. Bewerbungsformulare im Internet 336
29. Zusätzliche Online-Aktivitäten 345

Teil 5
Das Vorstellungsgespräch 351

30. Die Vorbereitung des Vorstellungsgesprächs 353
31. Auf diese Fragen müssen Sie sich einstellen 395
32. Was tun bei unzulässigen Fragen? 427
33. Fragen, die Sie stellen sollten 431

34. Gehaltsvorstellungen taktisch verhandeln 434
35. Problematische Bewerbungen 437
36. Wie geht es weiter nach dem Gespräch? 453

Teil 6
Das Assessment-Center 459

37. Arbeitsprobe Assessment-Center 461
38. Selbstpräsentation 468
39. Heimliche Übungen 472
40. Gruppendiskussionen 478
41. Interviews 488
42. Rollenspiele 492
43. Planspiele, Fallstudien und Konstruktionsübungen 501
44. Vorträge und Themenpräsentationen 506
45. Der Postkorb 515
46. Aufsätze 521
47. Tests 525
48. Selbst- und Fremdeinschätzung 531

Nachwort 534
Register 535
Wir sind für Sie da 541

Inhalt

Vorwort 17

Bewerben mit der Püttjer & Schnierda-Profil-Methode 19

Teil 1

Die Vorbereitung der Bewerbung 21

1. Potenzialanalyse: Was haben Sie zu bieten? 23

   Erkennen Sie Ihr Potenzial 23

   Ihre Potenzialanalyse 31

2. Reflexion: Entdecken Sie Ihre Stärken 36

   Fachliche und soziale Kompetenz 38

   Stärken und Schwächen erkennen 39

   Reflektieren Sie Ihre Stärken und Ihre Schwächen 46

3. Auswertung von Stellenanzeigen:
   Was erwarten Unternehmen von Ihnen? 54

   Hard Skills 54

   Soft Skills 56

   Muss- und Kann-Anforderungen unterscheiden 59

   Der Aufbau von Stellenanzeigen 61

4. Warum sollten wir gerade Sie einstellen?
   Ihre Selbstpräsentation 69

   Der Aufbau der Selbstpräsentation 70

   Fehler in der Selbstpräsentation 73

Überzeugungsregeln für die Selbstpräsentation 77
Das eigene Profil herausarbeiten 83

5. Gute Gründe für den Stellenwechsel 89
Weshalb wird gewechselt? 89
Akzeptierte Wechselgründe 90
Auf dem Weg zum Wunschkandidaten 92

6. Die Suche nach potenziellen Arbeitgebern 95
Klassische Suche 95

7. Das Telefon: der schnelle Weg zum neuen Arbeitsplatz 100
Die richtige Stimmung erzeugen 101
Telefonischer Kontakt bei Stellenanzeigen 102

Teil 2
Die schriftliche Bewerbung 113

8. Die Bewerbungsmappe 115
Was gehört in die Bewerbungsmappe? 115
Die Reihenfolge der Unterlagen 116
Das richtige Material für die Präsentation 124

9. Das Anschreiben 127
Warum überhaupt ein Anschreiben? 127
Tipps für gelungene Anschreiben 129
Anschreiben aus der Bewerbungspraxis 135

10. Die Gehaltsfrage 142
Gehaltshöhe ermitteln 143
Gehaltsvorstellungen im Anschreiben 146

11. Der Lebenslauf 149
Weg vom Standardlebenslauf 149
So gelingt Ihr Lebenslauf 151
Durchgesehene Lebensläufe aus der Bewerbungspraxis 159

12. Das Bewerbungsfoto 169

Eine zu offenherzige Teamsekretärin 170
Auf der Suche nach Beamtenstatus? 171
Kein Paradies für diesen Vogel 172

13. Ihre Leistungsbilanz 174

Eine Extraseite in der Bewerbungsmappe 175

14. Zeugnisse 181

Arbeitszeugnisse 181
Ausbildungszeugnisse 190
Sonstige Leistungsnachweise 191

15. Gelungene Bewerbungsunterlagen 194

Von der Außendienstmitarbeiterin zur Kunden-Managerin 194

16. Nach der schriftlichen Bewerbung 204

Behalten Sie den Überblick 204
Das Unternehmen meldet sich: Telefoninterviews 205
Richtig nachgehakt 209

Teil 3
Initiativbewerbungen 213

17. Initiative zeigen und das eigene Profil vermitteln 215

Personalberater in eigener Sache 216
Die heimlichen Wünsche der Personalverantwortlichen 217
Ihr unverwechselbares Profil 218

18. Networking: Strecken Sie die Fühler aus 234

Knüpfen Sie ein Netzwerk 234

19. Mit dem Telefon auf die Überholspur 248

Der geeignete Ansprechpartner 249
Interesse für Ihr Qualifikationsprofil wecken 250

20. Stellengesuche: Bringen Sie Ihr Profil ins Gespräch 260

Werbeanzeigen in eigener Sache 261
Stellengesuche in Internet-Jobbörsen 262

21. Initiativanschreiben 265

Inhaltlich überzeugen mit dem Initiativanschreiben 266
So gelingt Ihr Initiativanschreiben 270

22. Der Lebenslauf in der Initiativbewerbung 277

Individualität und Passgenauigkeit sind gefragt 277
Beispiele für einen Initiativlebenslauf 279

23. Vollständigkeit: Was gehört in die Bewerbungsmappe? 289

Dies gehört in eine vollständige Bewerbungsmappe 289

24. Durchgesehene Initiativbewerbung 292

Initiativbewerbung für die Position Vertriebsassistent 292

25. Bleiben Sie am Ball: in Nachfassaktionen
und Telefoninterviews überzeugen 301

Diplomatisch nachfassen 301
Das Unternehmen meldet sich 302
Erfolg durch passgenaue Vorbereitung 303
Fragen und die dahinter stehenden Motive 307

Teil 4
Online-Bewerbungen 309

26 Jobs im Internet 311

Jobsuche und Mitarbeitersuche 311
Jobbörsen auswerten 312
Job-Suchmaschinen verwenden 315
Stellenangebote auf Homepages der Unternehmen sichten 318
Stellenangebote in den Online-Stellenmärkten
der Zeitungen durchsehen 318

Personalberatungen und -vermittlungen kontaktieren 320
Angebote von Zeitarbeitsfirmen überprüfen 321

27. Die Besonderheiten der Online-Bewerbung 323

Bewerbung online oder per Post 323
Kurzbewerbung oder vollständige Unterlagen? 325
Technische Probleme ausschließen 327
Anschreiben und Lebenslauf als E-Mails oder als Dateianhänge? 328
Darauf sollten Sie achten 330
Telefonische Kontaktaufnahme 331
Anschreiben und Lebenslauf in der Online-Bewerbung 332

28. Bewerbungsformulare im Internet 336

Bewerbungsformular als Online-Bewerbung 336
Bewerbungsformular als Stellengesuch 343

29. Zusätzliche Online-Aktivitäten 345

Online-Assessment 345
Bewerber-Homepage 348

Teil 5
Das Vorstellungsgespräch 351

30. Die Vorbereitung des Vorstellungsgesprächs 353

Wie steht es um Ihre Persönlichkeit? 353
Die Phasen des Vorstellungsgesprächs 354
Wer wird Ihnen gegenübersitzen? 355
Der Einsatz Ihrer Selbstpräsentation 358
Die Vermittlung von Stärken und Schwächen im Vorstellungsgespräch 362
Kommunikationstechniken 371
Mit Körpersprache überzeugen 378
Auf dem Weg ins Vorstellungsgespräch 391

31. Auf diese Fragen müssen Sie sich einstellen 395
Fragen zur Motivation der Bewerbung 395
Fragen zur Firma 401
Fragen zum beruflichen Werdegang 404
Fragen zur Person 409
Fragen zur privaten Lebensgestaltung 416
Stressfragen 421

32. Was tun bei unzulässigen Fragen? 427
Wie reagieren Sie? 427

33. Fragen, die Sie stellen sollten 431

34. Gehaltsvorstellungen taktisch verhandeln 434
Gehaltsdiskussionen taktisch führen 435

35. Problematische Bewerbungen 437
Entkräften Sie Vorurteile 438
Das Vorstellungsgespräch bei problematischen Bewerbungen . . 439

36. Wie geht es weiter nach dem Gespräch? 453
Ihre Zwischenbilanz 453
Was passiert im zweiten Vorstellungsgespräch? 455

Teil 6
Das Assessment-Center 459

37. Arbeitsprobe Assessment-Center 461
Verbreitung und Einsatz von Assessment-Centern 461
Das erwartet Sie 462
Beispielhafte Abläufe von Assessment-Centern 464

38. Selbstpräsentation 468
Einsatz der Selbstpräsentation 469

39. Heimliche Übungen ... 472
Inoffizielle Testsituationen ... 473

40. Gruppendiskussionen ... 478
Themenstellungen ... 478
Rollenvorgaben ... 480
Vorbereitung auf Themen ... 481
Überzeugungsstrategien ... 482
Gesprächstechniken anwenden ... 484
Körpersprache in der Gruppendiskussion ... 485

41. Interviews ... 488
Selbsteinschätzung und Leistungsmotivation ... 488
Stärken und Schwächen ... 489
Körpersprache im Interview ... 490

42. Rollenspiele ... 492
Mitarbeitergespräch ... 492
Kundengespräch ... 495
Körpersprache im Rollenspiel ... 498

43. Planspiele, Fallstudien und Konstruktionsübungen ... 501
Planspiele ... 502
Fallstudien ... 502
Konstruktionsübungen ... 504

44. Vorträge und Themenpräsentationen ... 506
Vortragsthemen ... 506
Vortragstypen ... 508
Vorbereitung von Vorträgen ... 509
Körpersprache im Vortrag ... 513

45. Der Postkorb ... 515
Was misst der Postkorb? ... 515
Techniken zur Bewältigung ... 516

46. Aufsätze 521

Aufsatztypen 521
Formale Gestaltung 523

47. Tests 525

Intelligenztests 525
Leistungstests 527
Persönlichkeitstests 529

48. Selbst- und Fremdeinschätzung 531

Peer-Ranking und Peer-Rating 531
Taktische Selbsteinschätzung 532

Nachwort 534

Register 535

Wir sind für Sie da 541

Vorwort

Wer meint, dass zum Thema Bewerbung eigentlich schon alles gesagt wäre, irrt sich: In den letzten Jahren hat sich in der Bewerberauswahl eine Trendwende vollzogen, auf die die meisten Bewerberinnen und Bewerber nicht vorbereitet sind. Fakt ist nämlich, dass nicht mehr allein Fachwissen gefragt ist, sondern dass es auch ganz wesentlich um persönliche Fähigkeiten, um die so genannten Soft Skills, geht. Dies gilt für berufserfahrene Stellenwechsler genauso wie für Berufseinsteiger, für Manager genauso wie für Auszubildende.

Soft Skills werden mittlerweile in allen Stufen des Bewerbungsverfahrens eingefordert. Der Glaube, sich mit einer irgendwie zusammengeschusterten Bewerbungsmappe in das Vorstellungsgespräch hineinmogeln zu können, wird sich als Irrglaube erweisen. Das Gleiche gilt, wenn zwar die Bewerbungsmappe überzeugt, der Auftritt im Vorstellungsgespräch aber zu wünschen übrig lässt.

Der Trend zur Einforderung bestimmter Soft Skills lässt sich auch an der zunehmenden Bedeutung des Assessment-Centers als Mitarbeiterauswahlverfahren ablesen. Im Assessment-Center geht es nämlich im Wesentlichen darum, die Bewerber*persönlichkeit* zu durchleuchten. Die Firmen haben heute eine sehr viel genauere Vorstellung davon, wie ihr idealer Kandidat oder ihre ideale Kandidatin auszusehen hat. Es gilt also, im gesamten Bewerbungsverfahren nicht nur das eigene Fachwissen richtig darzustellen, sondern auch die Soft Skills zu zeigen, die von den Firmen verlangt werden.

Ein weiterer Trend macht es den Bewerberinnen und Bewerbern heutzutage deutlich schwerer, sich auf dem Arbeitsmarkt durchzusetzen: Gaben sich Personalabteilungen früher noch etwas gnädiger und bemühten sich, aus den Bewerbungsunterlagen Stärken und Einsatzmöglichkeiten des Bewerbers in der Firma herauszulesen, ist dies heute ganz anders. Die Firmen erwarten jetzt eine passgenaue Präsentation, in der der Bewerber selbst Argumente dafür liefert, warum er ein geeigneter neuer Mitarbeiter wäre.

Sie müssen also die Argumente für Ihre Einstellung bringen, und zwar nicht nur in der Bewerbungsmappe, sondern auch im Vorstellungsgespräch, in telefonischen Interviews und natürlich auch im Assessment-Center.

Die modernen Anforderungen der Bewerbung lassen sich nur mit einem profilierten Auftritt in den Griff bekommen. Wir haben daher in unserer mehr als 15-jährigen Beratungspraxis die *Profil-Methode* entwickelt, die Bewerberinnen und Bewerbern dabei hilft, sich im Bewerbungsverfahren durchzusetzen. Unsere Profil-Methode besteht aus den drei Bausteinen *Passgenauigkeit, Stärkenorientierung* und *Glaubwürdigkeit*. Wer diese Bausteine für seine eigenen Bewerbungsaktivitäten nutzt, wird sich ein solides Fundament für seinen Bewerbungserfolg erarbeiten können.

Wir erläutern Ihnen für sämtliche Stufen des Bewerbungsverfahrens, wie Sie die Profil-Methode optimal einsetzen können: Zeigen Sie Ihr Profil schon in der persönlichen Kontaktaufnahme, und lassen Sie es in Ihrer Bewerbungsmappe deutlich werden, präsentieren Sie es in Telefonaten mit Ihrem Wunschunternehmen, und arbeiten Sie es im Vorstellungsgespräch sauber heraus. Und auch wenn man Sie zu einem Assessment-Center einlädt, werden Sie nur dann bestehen, wenn Ihr individuelles Profil sichtbar wird.

Neben dem Einsatz der Profil-Methode im Bewerbungsverfahren stellen wir Ihnen natürlich auch alle weiteren Details vor, die bei der Bewerbung wichtig sind. Profitieren Sie von unserem Insiderwissen, und berücksichtigen Sie unsere Tipps und Anregungen für Ihre Bewerbung. Lassen Sie sich von den zahlreichen Bewerbungsmustern inspirieren: Lernen Sie aus den Fehlern der Negativbeispiele, und erfahren Sie anhand der Positivbeispiele, wie es besser geht. Der Teufel steckt oft im Detail. Deshalb sollten Sie gemeinsam mit uns ein Gespür dafür entwickeln, wo der Fehlerteufel steckt, und wie er sich vertreiben lässt.

Lernen Sie, wie sich die gute Arbeit, die Sie geleistet haben, im gesamten Bewerbungsverfahren überzeugend darstellen lässt – es wäre doch schade, wenn Sie das, was Sie zu bieten haben, nicht deutlich machen könnten!

Unser Bewerbungshandbuch wird Sie sicher durch alle Stationen des Bewerbungsverfahrens begleiten. Starten Sie nun mit uns in das große Trainingsprogramm für Ihre erfolgreiche Bewerbung!

Bewerben mit der Püttjer & Schnierda-Profil-Methode

Gesichtslose Bewerber, die wie austauschbar erscheinen, machen es sich und den Unternehmen unnötig schwer, zueinander zu finden. Machen Sie es besser: Sie werden sich im Bewerbungsverfahren mehr Aufmerksamkeit verschaffen, wenn Sie Ihr Profil aussagekräftig und glaubwürdig vermitteln können. Die Profil-Methode, die wir dazu in unserer über 15-jährigen Beratungspraxis (www.karriereakademie.de) entwickelt haben, hat schon vielen Bewerbern zu mehr Erfolg verholfen.

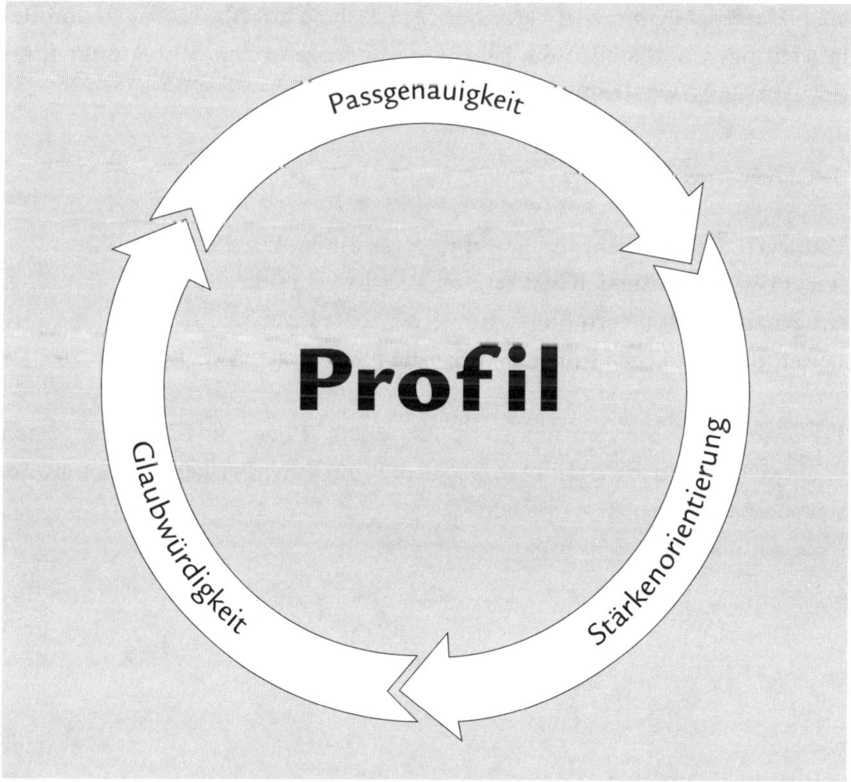

Drei Kernelemente kennzeichnen die Profil-Methode: Punkten Sie mit einer passgenauen Bewerbung, vermitteln Sie Ihre Stärken und treten Sie glaubwürdig auf.

1. Passgenauigkeit

Je besser Sie in Ihrer Bewerbung auf die Anforderungen der Stelle eingehen, desto höher ist Ihre Erfolgsquote. Machen Sie sich den Blick der Personalverantwortlichen zu Eigen. Die Ausgangslage Ihrer Argumentation sollten immer die Anforderungen des Unternehmens und der zu vergebenden Stelle bilden. So wird Ihre Bewerbung passgenau.

2. Stärkenorientierung

Niemand lässt sich durch Krisen- und Problemschilderungen überzeugen – auch Unternehmen nicht! Verzichten Sie deshalb auf Abwertungen und Relativierungen und stellen Sie lieber Ihre Vorzüge in den Mittelpunkt Ihrer Bewerbung. So werden Ihre Stärken sichtbar.

3. Glaubwürdigkeit

Verbiegen Sie sich nicht im Bewerbungsverfahren, Ihre Persönlichkeit ist gefragt! Verstecken Sie sich nicht hinter Leerfloskeln und abstrakten Formulierungen, sondern liefern Sie stattdessen nachvollziehbare Beispiele, die Ihre Bewerbung mit Leben füllen. So gewinnen Sie Glaubwürdigkeit.

Profitieren auch Sie vom Wissen der Experten. Nutzen Sie dieses Handbuch dazu, sich Schritt für Schritt Ihr eigenes Profil zu entwickeln und es im Bewerbungsverfahren zu vermitteln.

Teil 1
Die Vorbereitung der Bewerbung

1
Potenzialanalyse: Was haben Sie zu bieten?

Die meisten Menschen verfügen über wesentlich mehr Erfahrungen und Kenntnisse, als sie zur Bewältigung ihrer täglichen Arbeit benötigen. Verschaffen Sie sich einen Überblick über Ihre tagtäglich eingesetzten Fähigkeiten. Analysieren Sie Ihre gesamten Kenntnisse und Fähigkeiten. Durch die lückenlose Auflistung der Stationen Ihres bisherigen Lebensweges erarbeiten Sie sich die Grundlage für Ihre aussagekräftige Bewerbung.

Ermitteln Sie Ihr Potenzial

Eine umfassende Analyse Ihres Potenzials ist die Grundlage für Ihre überzeugende Bewerbung. Sie werden später immer wieder auf die hier gewonnenen Fakten zurückgreifen. Erst eine ausgearbeitete Bilanz Ihrer Erfahrungen versetzt Sie in die Lage, nicht nur formell, sondern inhaltlich zu argumentieren. Wir erleben es in unserer Beratungspraxis häufig, dass jemand den abstrakten Begriff seiner Berufstätigkeit in den Raum stellt und denkt, dass nun alle wüssten, was seine Aufgabe ist. Hierbei wird übersehen, dass sich hinter ein und derselben Berufsbezeichnung ganz unterschiedliche Tätigkeitsinhalte verbergen können. Es reicht nicht aus, seinem Gegenüber einfach zu sagen »Ich bin Controller«: Weil heutige Berufsfelder immer spezieller werden, ist für Außenstehende häufig unklar, woraus der konkrete Berufsalltag eigentlich besteht. Mit Ihrer Bewerbung werden Sie aber erst dann Erfolg haben, wenn andere nachvollziehen können, was Sie zu leisten vermögen.

Erkennen Sie Ihr Potenzial

Ihr Potenzial setzt sich nicht nur aus dem zusammen, was Sie tagtäglich tun, sondern auch aus früheren Tätigkeiten, Ihren Weiterbildungsanstrengungen und Ihren Freizeitaktivitäten. Damit Sie eine breite Grundlage für die Darstellung Ihres Profils gewinnen, sollten Sie Ihre beruflichen Leistungen umfassend und lückenlos dokumentieren. Beschränken Sie sich an diesem Punkt Ihrer Vorbereitung nicht: Die für Ihre Bewerbung relevanten Erfahrungen und Erfolge wählen Sie später aus.

Dokumentieren Sie Ihre Leistungen lückenlos

Beruf: Ihre Erfahrungen

Erstaunlicherweise fällt es den meisten Menschen schwer, ihren Einsatz im Tagesgeschäft detailliert zu beschreiben. Routineaufgaben gehen schnell in Fleisch und Blut über, sodass sie nicht mehr als etwas Besonderes erkannt werden. Sie sollten also zunächst einmal innehalten und versuchen, Ihre Erfahrungen aus immer wiederkehrenden Aufgabenstellungen detailliert zu beschreiben. Damit dürfte aber das Reservoir Ihrer beruflichen Tätigkeiten noch längst nicht erschöpft sein. Sicherlich haben sich die Schwerpunkte in Ihrem Einsatzgebiet schon einmal verschoben. Notieren Sie deshalb alles, was Sie an Ihrem momentanen Arbeitsplatz an Aufgaben bewältigt haben.

Sie können mehr, als Sie glauben

Denken Sie auch an die Vertretung von Kollegen, an Sonderaufgaben, die Sie übernommen haben oder an Projektgruppen, in die Sie involviert waren, und listen Sie diese Tätigkeiten umfassend auf. Gerade Ihre über das normale Maß hinausgehenden Anstrengungen lassen sich sehr gut für Ihre Bewerbung verwerten. Denn wer zeigt, dass er gelegentlich über den Tellerrand blickt und sich auch außerhalb des Kernbereichs seiner eigenen Tätigkeiten engagiert, ist gefragt. Das Verständnis für die Sorgen und Nöte anderer Firmenbereiche (und damit der Einsatz für das Gesamtunternehmen) ist ein Pfund, mit dem Sie später wuchern können. Außerdem: Wenn Sie wissen, welche speziellen Wünsche Entscheidungsträger in anderen Abteilungen haben, werden Sie später leichter bei ihnen Gehör finden.

Benennen Sie präzise Ihre Erfahrungen

Damit Ihre Analyse Substanz bekommt, sollten Sie Ihre beruflichen Erfahrungen präzise benennen. Verfassen Sie keine langatmigen Abhandlungen, sondern erarbeiten Sie eine stichwortartige Darstellung Ihrer Erfahrungen. So verdichten Sie Informationen, kommen auf den Punkt und können später schneller auf relevante Aspekte zugreifen.

Da beim bloßen Grübeln über die bisherigen Aufgabenbereiche sicherlich der eine oder andere Punkt unter den Tisch fallen würde, sollten Sie auf alle möglichen Gedächtnisstützen zurückgreifen. Als Anhaltspunkte können Ihnen Arbeitsverträge, Projektberichte, Arbeitszeugnisse, Zwischenzeugnisse, Stellenbeschreibungen und alte Bewerbungsunterlagen dienen. Werden Sie zum Detektiv in eigener Sache und durchleuchten Sie Ihre berufliche Vergangenheit! Am einfachsten ist es, wenn Sie so vorgehen, wie wir es in Übersicht 1 vorstellen.

Werden Sie zum Detektiv in eigener Sache

Übersicht 1:
Systematische Auswertung der beruflichen Erfahrungen

1. Wie lautet Ihre offizielle Berufsbezeichnung?
2. Welche Unternehmensbereiche oder Abteilungen haben Sie kennen gelernt?
3. Welche Tätigkeiten im Tagesgeschäft üben Sie aus?
4. In welchen Abteilungen haben Sie bereits Kollegen vertreten?
5. Welche Sonderaufgaben sind Ihnen anvertraut worden?
6. An welchen Projekten haben Sie mitgearbeitet?

Bevor Sie am Ende dieses Kapitels selbst zur Tat schreiten, möchten wir Ihnen anhand eines Beispiels exemplarisch aufzeigen, welche Ergebnisse sich mit einer intensiven Analyse gewinnen lassen.

Beispiel
Analyse eines Mitarbeiters im Controlling

Die in der momentanen Berufsausübung eingesetzten Erfahrungen und Kenntnisse eines Controllers lassen sich in das vorgestellte Schema folgendermaßen einordnen:

1. *Offizielle Berufsbezeichnung:*
   Controller

2. *Kennen gelernte Unternehmensbereiche oder Abteilungen:*
   Abteilung Controlling, Unternehmensbereich Vertrieb, Marketingabteilung, Personalabteilung, Geschäftsleitung, Niederlassungen

3. *Tätigkeiten im Tagesgeschäft:*
   Tätigkeit 1: Erstellung von Reportings
   Tätigkeit 2: Umsetzung der Kostenverrechnungssystematik
   Tätigkeit 3: Koordination des Budgetierungsprozesses
   Tätigkeit 4: Kommentierung der Kostenentwicklung
   Tätigkeit 5: Vor- und Nachkalkulation von Projekten
   Tätigkeit 6: Analyse von Schwachstellen und Erarbeitung von Verbesserungsmaßnahmen
   Tätigkeit 7: Regelmäßige Erstellung von Forecasts

4. *Vertretungen:*
   wiederholte Urlaubsvertretung eines Kollegen aus dem operativen Controlling, Krankheitsvertretung des Controlling-Leiters

5. *Sonderaufgaben:*
   Sonderaufgabe 1: Zusammenarbeit mit Wirtschaftsprüfern
   Sonderaufgabe 2: Optimierung von Controlling-Instrumenten
   Sonderaufgabe 3: Umstellung der Bilanzierung auf US-GAAP

6. *Projekte:*
   Projekt 1: Bewertung der kurz- und mittelfristigen Geschäftsentwicklung einzelner Unternehmensstandorte
   Projekt 2: Weiterentwicklung des Vertriebscontrollings
   Projekt 3: Mitwirkung bei der Umsetzung von Controlling-Informationen in Steuerimpulse und Maßnahmenempfehlungen

Auch eigene Welten wollen entdeckt werden

Sie haben gesehen, welche Aktivposten sich hinter der simplen Berufsbezeichnung Controller verbergen können. Es gibt für diesen Bewerber also keinen Grund, sein Licht unter den Scheffel zu stellen. Schon seine jetzige Arbeitsstelle bietet interessantes und vielfältiges Material für seine Bewerbung. Doch es geht noch weiter, denn der Controller hat bei seinem früheren Arbeitgeber etwas andere Aufgaben bearbeitet. Auch diese vergangene berufliche Phase hat er intensiv durchleuchtet.

Beispiel

Der Blick in die Vergangenheit

Der Controller, der zunächst seine aktuellen Aufgaben erfasst hat, geht nun einen Schritt zurück und analysiert seine Erfahrungen aus seiner vorigen Position als Controlling-Assistent.

1. *Offizielle Berufsbezeichnung:*
   Controlling-Assistent

2. *Kennen gelernte Unternehmensbereiche oder Abteilungen:*
   Vertriebsinnendienst, Marketingabteilung, Produktmanagement

3. *Tätigkeiten im Tagesgeschäft:*
   Tätigkeit 1: Erstellung und Auswertung von Vertriebsstatistiken
   Tätigkeit 2: Abweichungsanalyse
   Tätigkeit 3: Mitwirkung am internen Rechnungs- und Berichtswesen
   Tätigkeit 4: Kostenrechnung
   Tätigkeit 5: Budgetierung
   Tätigkeit 6: Erstellung von Quartalsabschlüssen

4. *Vertretungen:*
   Urlaubsvertretung einer Kollegin aus dem Konzern-Controlling

5. *Sonderaufgaben:*
   Sonderaufgabe 1: Beratung der Vertriebsleitung
   Sonderaufgabe 2: SAP R/3 Integration

6. *Projekte:*
   Projekt 1: Analysen mit Vertrieb, Marketing und Produktmanagement
   Projekt 2: Vorbereitung der Übernahme eines Mitbewerbers

Waren auch Sie in mehreren Stellen tätig, sollten Sie ebenso vorgehen: Nehmen Sie sich nach und nach jeden einzelnen Arbeitsplatz vor, und gehen Sie zurück bis zu Ihrer Einstiegsposition. Sie werden auf interessante Details in Ihrem beruflichen Werdegang stoßen, die Sie später in Ihre Bewerbung einbauen können. Aber nicht nur Ihre beruflichen Erfahrungen sind wichtig, auch Ihr Engagement in Sachen Weiterbildung bringt Ihnen wichtige Pluspunkte.

Weiterbildung: Ihre Lernbereitschaft

Ihre Weiterentwicklung ist interessant

Mit Ihrer Bewerbung wollen Sie andere auf sich aufmerksam machen und ihnen signalisieren, dass Sie noch lange nicht am Ende Ihrer Entwicklung sind. Dabei kommt der Darstellung Ihrer Lernbereitschaft eine wichtige Rolle zu. Machen Sie anderen klar, dass Sie am Ball bleiben und sich aktiv um Ihre berufliche und persönliche Weiterentwicklung kümmern.

Thematisieren Sie den Ausbau Ihrer Kenntnisse

Zur Weiterbildung zählen nicht nur Seminare und Trainings, in denen Sie punktuell Ihre Kenntnisse erweitert haben, sondern auch Ihr täglicher Einsatz in Sachen Erkenntnisfortschritt. Viele Berufstätige glauben – zu Unrecht –, dass ihre Kollegen genauso viel Zeit wie sie investieren, um auf dem Laufenden zu bleiben. Wenn Sie denken, dass die regelmäßige Lektüre von Fachliteratur oder das Durcharbeiten von Branchenblättern eigentlich selbstverständlich ist, unterliegen Sie jedoch einem Trugschluss.

Wenn Sie sich in Ihrem Berufsfeld aktiv um einen Ausbau Ihrer Kenntnisse kümmern, sollten Sie dies auch in Ihrer Bewerbung thematisieren. Dazu müssen Sie aber erst einmal Ihre Aktivitäten katalogisieren. Erfassen Sie Ihre Weiterbildungsaktivitäten anhand der in Übersicht 2 vorgestellten Systematik.

Übersicht 2:
Systematische Auflistung des Weiterbildungsengagements

1. (Fach-)Zeitschriften und Zeitungen, die Sie regelmäßig lesen
2. Weiterbildungsmaßnahmen, die im Rahmen der Personalentwicklung stattgefunden haben
3. Weiterbildungsmaßnahmen, die Sie selbst initiiert haben
4. selbst angeeignetes Wissen
5. Messen, Tagungen, Kongresse

Auch für den Bereich Weiterbildung zeigen wir Ihnen anhand eines Beispiels, wie Sie selbst später vorgehen sollen.

Beispiel

Weiterbildung eines Controllers

1. *(Fach-)Zeitschriften und Zeitungen, die er regelmäßig liest:*
   Zeitschrift 1: ManagerMagazin
   Zeitschrift 2: Wirtschaftswoche
   Zeitschrift 3: Der Controller
   Zeitung 1: Financial Times Deutschland

2. *Weiterbildungsmaßnahmen, die im Rahmen der Personalentwicklung stattgefunden haben:*
   Maßnahme 1: Führen von Analyse- und Abweichungsgesprächen
   Maßnahme 2: SAP R/3 Basiskurs
   Maßnahme 3: SAP R/3 Aufbaukurs
   Maßnahme 4: SAP R/3 im Controlling
   Maßnahme 5: Effizientes Projekt-Controlling
   Maßnahme 6: Seminar Sensitivitätsanalysen
   Maßnahme 7: Seminar Bilanzierung nach US-GAAP

3. *Weiterbildungsmaßnahmen, die er selbst initiiert hat:*
   Maßnahme 1: Präsentationstraining
   Maßnahme 2: Ausbildereignungsprüfung
   Maßnahme 3: Verhandlungsseminar
   Maßnahme 4: Evaluierung von Marktanalysesystemen
   Maßnahme 5: Business-Englisch

4. *Selbst angeeignetes Wissen:*
   PC-Kenntnisse 1: PowerPoint Präsentationsgrafiken
   PC-Kenntnisse 2: Corel Draw Grafikprogramm
   PC-Kenntnisse 3: Regelmäßige Aktualisierung der Anwenderkenntnisse in MS-Office

5. *Messen, Tagungen, Kongresse:*
   Tagung 1: regelmäßiger Besuch der Jahrestagung Deutsche Gesellschaft für Controlling
   Kongress 1: Marketing und Controlling, zwei Welten oder ein Universum?
   Kongress 2: Controlling im Vertrieb

Bei den meisten Berufstätigen kommt im Laufe der Jahre einiges an Einsatz für die Weiterbildung zusammen. Für eine erfolgreiche Bewerbungsstrategie ist es wichtig, auch diesen Bereich zu durchleuchten. Wer engagiert daran arbeitet, sein Wissen nicht veralten und sich nicht von neuen Entwicklungen überrollen zu lassen, ist aus Unternehmenssicht besonders interessant. Schließlich können Unternehmen nur dann überleben, wenn sie Mitarbeiter in ihren eigenen Reihen haben, die sich auf veränderte Rahmenbedingungen einstellen können.

Weiterbildung setzt Sie ins rechte Licht

Freizeit: Ihre Bonuspunkte

Ihre Persönlichkeit lässt sich nicht ausschließlich aus Ihrem Berufsleben erkennen. Die meisten Menschen haben mehr Potenzial, als sie an ihrem Arbeitsplatz einbringen können. Dies liegt zum Teil an fehlenden Freiräumen, zu vielen Routineaufgaben oder an einer ständigen Unterforderung. Es lohnt sich für Sie, Ihre außerberuflichen Aktivitäten einmal daraufhin zu überprüfen, ob nicht verborgene Talente in Ihnen schlummern, zu denen Sie sich auch im Berufsleben bekennen können. Machen Sie sich klar, was Sie in Ihrer Freizeit alles leisten. Lassen Sie sich dabei von unseren Kategorien aus der Übersicht 3 inspirieren.

Was machen Sie in Ihrer Freizeit?

Übersicht 3: Systematische Erfassung der Freizeitaktivitäten

1. *Hobbys*
2. *Interessen*
3. *Vereinsmitgliedschaften*
4. *Ehrenamt*

Auch der Controller aus den vorhergehenden Beispielen hat sich die Mühe gemacht, seine Freizeitaktivitäten detailliert zu erfassen. Seine Anstrengungen erbrachten dieses Ergebnis:

Beispiel

Auch Controller haben Freizeit

1. *Hobbys:* Surfen, Wasserski, Joggen, Motorradreisen
2. *Interessen:* Motortuning, Auswertung von Prüfstandsdiagrammen, technische Börsenanalyse
3. *Vereinsmitgliedschaften:* Anlegerclub „Die wilden Bären", Motorradclub „Bad Segeberger Rebels"
4. *Ehrenamt:* Stellvertretender Vorsitzender der Wirtschaftsjunioren Ostholstein

Auf den ersten Blick ist der Controller vielseitig interessiert und engagiert sich in mehreren Vereinen. Allerdings wird deutlich, dass er auch außerhalb des Berufsalltages bevorzugt seine analytischen Fähigkeiten einsetzt. Sowohl beim Motortuning als auch bei der Börsenanalyse sichtet er Datenmaterial, um anderen die richtigen Schlüsse daraus vermitteln zu können. Seine Arbeit ist also nicht von seiner Persönlichkeit abgekoppelt. Erkennbar wird auch sein Streben nach Verantwortung und der Übernahme von Leitungsfunktionen wie bei den Wirtschaftsjunioren.

Zeigen Sie Ihre Interessen

Ihre Potenzialanalyse

Überzeugen Sie sich nun selbst vom Wert Ihrer bisherigen Leistungen. Nehmen Sie sich dazu die Zeit, die nachfolgenden Übungen gründlich durchzuarbeiten. Sie werden sehen, dass Sie einen neuen Zugang zu Ihrem Leistungsvermögen finden. Erstellen Sie in diesem Abschnitt Schritt für Schritt eine Bilanz Ihrer Fähigkeiten und Kenntnisse, um sich die Ausgangsbasis für Ihre Bewerbungsstrategie zu erarbeiten. Denn Ihr individuelles Profil ist der Schlüssel zum Erfolg.

Erschließen Sie Schritt für Schritt Ihr Profil

Ihre momentane Position spielt für Ihr Profil eine zentrale Rolle. Außerdem können Sie auf relativ frische Erinnerungen zurückgreifen. Der Einstieg in die Analyse wird Ihnen leichter fallen, wenn Sie mit Ihren gegenwärtigen Aufgaben starten und dann rückwärts schauen.

Übung

Auswertung Ihrer momentanen Position

Füllen Sie Ihre Berufsbezeichnung mit Inhalten. Schreiben Sie auf, welche Aufgaben Sie an Ihrem Arbeitsplatz übernehmen. Als weitere Anhaltspunkte können Ihnen auch Ihr Arbeitsvertrag, Zwischenzeugnisse und Ihre Stellenbeschreibung dienen. Denken Sie besonders daran, den Block 3 – Ihre Tätigkeiten – sehr umfassend darzustellen. Lassen Sie aber auch Vertretungen, Sonderaufgaben und Projekte nicht unter den Tisch fallen. Blättern Sie noch einmal in Projektberichten, wenn Ihnen Ihre Rolle im Team nicht mehr klar vor Augen steht.

1. Offizielle Berufsbezeichnung: . . . .
. . . .

2. Kennen gelernte Unternehmensbereiche oder Abteilungen: . . . . .
. . . .
. . . .

3. Tätigkeiten im Tagesgeschäft:
Tätigkeit 1: . . . .
Tätigkeit 2: . . . .
Tätigkeit 3: . . . .
Tätigkeit 4: . . . .
Tätigkeit 5: . . . .
Tätigkeit 6: . . . .
Tätigkeit 7: . . . .

4. Vertretungen:
Vertretung 1: . . . .
Vertretung 2: . . . .

5. Sonderaufgaben:
Sonderaufgabe 1: . . . .
Sonderaufgabe 2: . . . .
Sonderaufgabe 3: . . . .

6. Projekte:
   Projekt 1: . . . .
   Projekt 2: . . . .
   Projekt 3: . . . .

Der Blick in die Vergangenheit

Im nächsten Schritt beschäftigen Sie sich mit Ihrer vorhergehenden Position. Hier sind Ihre grauen Zellen besonders gefragt, denn die Erinnerung an zurückliegende Tätigkeiten verblasst im Laufe der Jahre. Vielleicht hilft es Ihnen, wenn Sie sich fragen, welche der damaligen Erfahrungen die Voraussetzung für die Bewältigung Ihrer momentanen Aufgaben sind. Nutzen Sie für die Erfassung der Tätigkeiten in Ihrer vorhergehenden Position das gleiche Schema wie zur Auswertung Ihrer derzeitigen Position.

Lang ist es her …

Erinnern Sie sich noch an Ihren Berufseinstieg? Unmittelbar verwertbar für Ihre Bewerbung ist Ihr Berufseinstieg vor allem dann, wenn er vor zwei oder drei Jahren stattfand. Aber auch wenn Ihre erste Stelle schon länger zurückliegt, lohnt sich die Beschäftigung damit: Schließlich ist für die Darstellung Ihrer beruflichen Entwicklung von Relevanz, wo Sie gestartet sind. Haben Sie den damals eingeschlagenen Weg konsequent fortgesetzt oder längst verlassen? Definieren Sie einen Fixpunkt, um sich Gewissheit über Ihren heutigen Stand zu verschaffen. Nutzen Sie auch hierzu das gleiche Schema wie in der Übung zur Auswertung Ihrer derzeitigen Position.

Stillstand ist gefährlich

Nachdem Sie sich einen Überblick darüber verschafft haben, was Sie an beruflichen Erfahrungen vorweisen können, geht es jetzt um Ihre Weiterentwicklung. Stellen Sie die Belege zusammen, mit denen Sie sich als lernbereit, interessiert und engagiert darstellen können.

Übung

Auflistung Ihres Weiterbildungsengagements

Bilanzieren Sie nun Ihre Lernbereitschaft. Öffnen Sie den Ordner mit Ihren Weiterbildungszertifikaten, oder nehmen Sie sich das Weiterbildungsangebot Ihrer Firma zur Hand, um sich an alle Maßnahmen zu erinnern, die Sie durchlaufen haben. Oftmals werden Sie sich auch in Eigenregie Wissen angeeignet haben. Auch dieser Einsatz darf nicht unter den Tisch fallen. Ebenfalls festgehalten werden sollte Ihre Teilnahme an Messen, Tagungen oder Kongressen.

1. (Fach-)Zeitschriften und Zeitungen, die Sie regelmäßig lesen:
   Zeitungen: . . . .
   Zeitschriften: . . . .
2. Weiterbildungsmaßnahmen, die im Rahmen der Personalentwicklung stattgefunden haben:
   Maßnahme 1: . . . .
   Maßnahme 2: . . . .
   Maßnahme 3: . . . .
3. Weiterbildungsmaßnahmen, die Sie selbst initiiert haben:
   Maßnahme 1: . . . .
   Maßnahme 2: . . . .
   Maßnahme 3: . . . .
4. Selbst angeeignetes Wissen:
   Wissensbereich 1: . . . .
   Wissensbereich 2: . . . .
5. Messen, Tagungen, Kongresse:
   Messen: . . . .
   Tagungen: . . . .
   Kongresse: . . . .

Freizeit und Beruf

Die letzte Übung wird Ihnen leicht fallen: Halten Sie Ihre Hobbys und Interessen fest, um das Bild Ihrer Persönlichkeit abzurunden. Erfassen Sie Vereinsmitgliedschaften und Ehrenämter, um auch gesellschaftliches Engagement nachzuweisen.

Übung

Erfassung Ihrer Freizeitaktivitäten

1. Hobbys: ....
   ....
   ....
2. Interessen: ....
   ....
   ....
3. Vereinsmitgliedschaften: ....
   ....
4. Ehrenamt: ....
   ....

☑ *Checkliste*

für Ihre Potenzialanalyse

- ☐ Haben Sie eine lückenlose Bestandsaufnahme Ihrer beruflichen Positionen in Gegenwart und Vergangenheit erstellt?
- ☐ Geht aus Ihrer Liste hervor, in welchen Abteilungen Sie gearbeitet haben?
- ☐ Haben Sie aufgelistet, welche verschiedenen Tätigkeiten zu Ihrem Tagesgeschäft gehören?
- ☐ Haben Sie vermerkt, in welchen Abteilungen Sie bereits Kollegen vertreten haben und welche zusätzlichen Aufgaben dabei von Ihnen bewältigt wurden?
- ☐ Sind alle Sonderaufgaben erfasst, die man Ihnen anvertraut hat?
- ☐ Ist die Liste Ihrer Projekte vollständig?
- ☐ Haben Sie alle Fachzeitschriften aufgeführt, die Sie regelmäßig lesen?
- ☐ Ist die Liste Ihrer Weiterbildungsmaßnahmen vollständig?
- ☐ Geht aus der Aufstellung Ihrer Weiterbildungsmaßnahmen hervor, welche Sie selbst initiiert haben?

- ☐ Haben Sie aufgeführt, welches Wissen Sie sich aus eigener Initiative angeeignet haben?
- ☐ Ist die Liste der von Ihnen besuchten Tagungen, Messen und Kongresse vollständig?
- ☐ Finden sich unter Ihren Freizeitaktivitäten alle Ihre Hobbys, Interessen, Vereinsmitgliedschaften und Ehrenämter?

2
Reflexion: Entdecken Sie Ihre Stärken

Jetzt geht es an die Bewertung Ihres Potenzials. In welchen Bereichen liegen Ihre Stärken? Was können Sie besonders gut? Aber auch: Womit haben Sie Schwierigkeiten? Reflektieren Sie Ihre Stärken und Schwächen. Je ehrlicher Sie Ihre Bestandsaufnahme durchleuchten, desto glaubwürdiger wird Ihre Bewerbung wirken.

Nur den wenigsten Menschen ist klar, wo ihre Stärken liegen. Dies ist nicht verwunderlich, schließlich kommen Lob und Anerkennung im Berufsalltag viel zu kurz – gute Arbeitsergebnisse werden von Kollegen und Vorgesetzten in der Regel einfach hingenommen und als selbstverständlich betrachtet.

Wenn Sie bei dünner Personaldecke in die Bresche springen, für Sonderaufgaben bereitstehen und dafür sorgen, dass dringende Aufgaben fristgerecht abgeschlossen werden, werden Sie im Berufsalltag immer gefragt sein. Leider kann es aber passieren, dass Sie um die Früchte Ihrer Arbeit betrogen werden. Gute Arbeit allein genügt nicht, Sie müssen selbst Ihre Stärken erkennen, um sie dann zielgerichtet kommunizieren zu können.

Wer erntet die Früchte Ihrer Arbeit?

Damit Ihre Reflexion nicht einseitig wird, sollten Sie sich jedoch auch mit Ihren Schwächen auseinander setzen. Das bedeutet, dass Sie sich vor Augen führen, was Ihnen weniger liegt. Kurz gesagt: Sie müssen neben Ihren Stärken auch Ihre Schwächen realistisch einschätzen können. Wenn Sie sich auf eine neue Stelle bewerben, sollten Sie ehrlich zu sich selbst sein. Sie tun sich selbst keinen Gefallen, wenn Sie sich überschätzen und schließlich in einem beruflichen Umfeld landen, das Sie letztendlich überfordert. Deshalb gehört die Kenntnis der eigenen Schwächen unbedingt zu einem gesunden Selbstbewusstsein.

Setzen Sie sich auch mit Ihren Schwächen auseinander

Fachliche und soziale Kompetenz

Bevor wir Ihnen erläutern, wie Sie Ihre Stärken und Schwächen erfassen können, möchten wir kurz auf die Unterscheidung zwischen Hard Skills und Soft Skills eingehen. Als *Hard Skills* bezeichnet man Ihr Fachwissen, auch fachliche Kompetenz genannt. Es geht darum, welche Kenntnisse Sie in Ihrer Ausbildung oder Ihrem Studium und in der anschließenden Berufspraxis so vertieft haben, dass man Sie als Spezialisten bezeichnen kann.

Hard Skills und Soft Skills

Soft Skills werden auch als soziale Kompetenz, außerfachliche Fähigkeiten oder Persönlichkeitseigenschaften bezeichnet. Die Bedeutung der Soft Skills für die Bewältigung beruflicher Aufgaben hat in den vergangenen Jahren kontinuierlich zugenommen. Aus Stellenanzeigen und Arbeitsplatzbeschreibungen kennen Sie sicher typische Schlagworte aus dem Bereich der Soft Skills, wie Teamfähigkeit, Eigeninitiative, Flexibilität, kommunikatives Geschick, Verhandlungsstärke, Lernbereitschaft und Belastbarkeit.

Kompetente Persönlichkeiten sind gefragt

Die Unterscheidung in Hard und Soft Skills ist für Ihr weiteres Vorgehen aus einem ganz besonderen Grund elementar: Ihre erfolgreiche Bewerbungsstrategie beruht darauf, dass Sie als »kompetente Persönlichkeit« erkannt werden. Deshalb ist sowohl Ihre fachliche Kompetenz als auch Ihr persönliches Auftreten im beruflichen Alltag gefragt. Betonen Sie nur einen dieser beiden Bausteine Ihres Potenzials, wird Ihre Bewerbung keinen Erfolg haben: Kompetenz ohne Persönlichkeit überzeugt ebenso wenig wie Persönlichkeit ohne Kompetenz.

Stellen Sie Ihre Stärken und Schwächen differenziert dar

Natürlich gibt es Berufsfelder, in denen einem der beiden Bereiche eine stärkere Relevanz zukommt. Allerdings erwartet man heutzutage selbst von ausgewiesenen Spezialisten, dass sie sich in ein Team integrieren, ihre Arbeitsergebnisse präsentieren und ihre Ideen kommunizieren können.

Erarbeiten Sie sich deshalb ein stimmiges Profil, indem Sie zunächst sowohl Ihre Hard Skills als auch Ihre Soft Skills reflektieren. Benennen Sie Ihre Stärken in beiden Bereichen, um je nach ausgeschriebener Position stärker Ihre Fachkompetenz oder Ihre Persönlichkeit in den Vordergrund stellen zu können. Setzen Sie sich aber auch mit Ihren Schwächen in beiden Berei-

Defizite rechtzeitig aufspüren

chen auseinander, um nicht auf dem falschen Fuß erwischt zu werden. Es ist wichtig, Defizite rechtzeitig aufzuspüren, um gezielt an ihnen arbeiten zu können.

Stärken und Schwächen erkennen

Mit Worthülsen und abstrakten Selbstbeschreibungen allein werden Sie niemanden für sich einnehmen. Sie müssen in der Lage sein, Ihre Individualität anhand von konkreten Beispielen deutlich zu machen. Die Aufgabe, konkrete Beispiele für Ihre Stärken zu finden, nimmt in Ihrer Bewerbungsstrategie daher eine zentrale Rolle ein.

Sie sind kein Abziehbild

Bevor Sie sich am Ende dieses Kapitels daranmachen, Ihre individuellen Stärken und Schwächen aus Ihrer Bestandsaufnahme herauszulesen, zeigen wir Ihnen, wie man einen Zugang zu Stärken und Schwächen findet.

Stärken benennen

Um Stärken benennen zu können, sollten Sie Ihre Berufsbiografie durchgehen und gezielt nach herausragenden Ereignissen, besonderen Aufgaben und Erfolgen suchen. Sie erkennen nun den Sinn unserer Aufforderung, sich bei der Bestandsaufnahme nicht zu beschränken und umfassend die aktuelle Berufstätigkeit, vorhergehende Anstellungen, die Einstiegsposition sowie Weiterbildungen und den Freizeitbereich aufzulisten: Nun gilt es, aus der Masse die Klasse herauszulesen.

Von der Masse zur Klasse

Beim Durcharbeiten Ihrer Bestandsaufnahme werden sicherlich viele Hinweise auf Stärken deutlich werden. Ein erster Checkpunkt könnte sein, welche Empfindungen sich bei der Erinnerung an einzelne Aufgaben einstellen: Denken Sie gerne an eine Aufgabe zurück, lohnt es sich zu überlegen, was genau man gemacht hat, welche speziellen Kenntnisse gefragt waren und welche persönlichen Eigenschaften hilfreich waren.

Wichtig sind auch Erlebnisse, die neue Impulse geliefert haben, wie Sonderaufgaben, Projektmitarbeit oder Urlaubsvertretungen. Gerade wenn man einmal »ins kalte Wasser« geworfen wurde, kann dies nachhaltige Wirkungen zeigen. Denn häufig mobilisiert dies ungeahnte Kräfte: Bei neuen Aufgaben greift man zumeist intuitiv auf seine Stärken zurück, um der Herausforderung Herr oder Frau zu werden.

Feedback von außen

Weitere Hinweise auf Stärken bekommen Sie durch die Rückmeldungen von Kollegen, Kunden oder Vorgesetzten. Da wir wissen, wie selten ausdrückliches Lob im Berufsalltag ist, sollte man hier eher nach indirekten Rückmeldungen suchen. Wer beispielsweise von Kollegen immer wieder um Rat zu speziellen Themen gebeten wird, hat offensichtlich in diesen Themenbereichen einiges zu bieten. Wenn Vorgesetzte bestimmte Sonderaufgaben immer wieder an die gleiche Person vergeben, tun sie dies in der Regel deshalb, weil sie sicher sind, dass die Aufgaben wegen einer besonderen individuellen Stärke gut gelöst werden. Kundenkontakte können ebenfalls sehr aufschlussreich sein, da hier der Blick von außen zum Tragen kommt: Wenn sich zufriedene Kunden stets den gleichen Ansprechpartner für bestimmte Belange wünschen, so muss dieser über eine individuelle Stärke verfügen, die ihn von anderen abhebt.

Wie eine konkrete Auswertung der Bestandsaufnahme hinsichtlich der eigenen Stärken aussehen kann, zeigt Ihnen das nachfolgende Beispiel.

Beispiel

Die Stärken einer Marketingexpertin

Eine Marketingexpertin möchte ihre Stärken anhand ihrer Bestandsaufnahme erkennen und auch belegen können. Zunächst bildet sie die zwei Kategorien Hard Skills und Soft Skills, um ihre Stärken im fachlichen und im sozialen Bereich getrennt aufzulisten. Damit vermeidet sie, dass sie sich in ihrem Profil nur auf einen Bereich beschränkt. Dann geht sie anhand der folgenden Fragen vor:

- Was mache ich gerne?
- Was geht mir leicht von der Hand?
- Was schätzen Kollegen an mir?
- Worauf könnte ich nicht verzichten?
- Wofür werde ich gelobt?
- Welche Arbeiten geben mir ein Gefühl der Zufriedenheit?

Hard Skills

1. *Stärke:* Marktforschung
   1. Beleg: Regelmäßige Auswertung von Marktdaten und interne Präsentation der Ergebnisse
   2. Beleg: Permanente Kundenanalyse und Rückmeldung an die Produktentwicklung
   3. Beleg: Weiterbildung »Statistische Auswertungen im Marketing«

2. *Stärke:* Konzeptentwicklung
   1. Beleg: Entwicklung eines umfassenden Konzeptes für das Event-Marketing
   2. Beleg: Konzipierung eines Messeauftrittes in Zusammenarbeit mit der Vertriebsabteilung
   3. Beleg: Entwicklung von Werbekonzepten zusammen mit Großkunden

3. *Stärke:* Zusammenarbeit mit Werbeagenturen
   1. Beleg: Insiderwissen durch Ausbildung zur Werbekauffrau
   2. Beleg: Viele persönliche Kontakte zu Werbern, bis in den Freizeitbereich
   3. Beleg: Umsetzung der Marketingstrategien in Werbekampagnen

4. *Stärke:* Akzeptanzanalysen
   1. Beleg: Zielgruppenerfassung
   2. Beleg: Projekt »Modifikation von Kampagnen für ausgewählte Zielgruppen«
   3. Beleg: Berücksichtigung der Ansprüche von Kunden an die Produkte

5. *Stärke:* Verkaufsförderung
   1. Beleg: Projekt »Vertriebsunterstützung für den Großhandel«
   2. Beleg: Übernahme von Aufgaben im Business Development während der Vakanz einer Assistentenstelle
   3. Beleg: Erstellung von Produktliteratur und Broschüren

Soft Skills

1. *Stärke:* Begeisterungsfähigkeit
   1. Beleg: Beteiligung am Aufbau des Event-Marketing im Unternehmen

2. Beleg: Stets auf der Suche nach neuen Ansprachemöglichkeiten für die Zielgruppe
3. Beleg: Regelmäßige Gespräche mit Trendscouts

2. *Stärke:* Ausdauer
1. Beleg: Sonderaufgaben wie Event-Marketing bringen viele Überstunden mit sich
2. Beleg: Gewinnung von Kooperationspartnern für Co-Branding nur möglich, wenn man hartnäckig am Ball bleibt
3. Beleg: In der Produktentwicklung deutlich machen, dass langfristiger Markenaufbau betrieben wird und nicht kurzfristigen Trends hinterhergelaufen wird

3. *Stärke:* Kontaktfreude
1. Beleg: Kann schnell das Vertrauen von Gesprächspartnern gewinnen
2. Beleg: Marketingideen lassen sich nur im persönlichen Kontakt richtig vermitteln
3. Beleg: Finde sowohl in Gesprächen mit Kollegen aus den Fachabteilungen als auch mit Vertretern von Werbeagenturen schnell den richtigen Ton

4. *Stärke:* Konfliktfähigkeit
1. Beleg: Gebe bei Widerstand bezüglich einer Konzeptpräsentation nicht gleich auf
2. Beleg: Bin es gewohnt, meine Vorschläge immer und immer wieder begründen zu müssen
3. Beleg: Obwohl der eigene Messestand im Unternehmen stark umstritten war, habe ich ihn durchgesetzt und dafür einen Preis bekommen

5. *Stärke*: Analytische Fähigkeit
1. Beleg: Permanente Kundenanalyse in Bezug auf Profit, Umsatz, Produkteinsatz und Produktentwicklung
2. Beleg: Umsetzen von Marktforschungsdaten in Marketingstrategien
3. Beleg: Muss aus den Informationen der Fachabteilungen für das Marketing verwertbare Produkteigenschaften herauslesen

Sie sehen an unserem Beispiel, wie wichtig es ist, die Stärken auch zu belegen. Es reicht nicht aus, mit Schlagworten um sich zu werfen. Außerdem müssen

Sie bei der Bewerbung um eine konkrete Position ebenfalls Belege für Ihre Stärken nennen können. Daher ist es sinnvoll, bei der Reflexion Ihrer Stärken mit den Ergebnissen Ihrer Bestandsaufnahme zu arbeiten.

Machen Sie Ihr Stärkenprofil nachvollziehbar

Die Unterteilung in Hard und Soft Skills gibt die Richtung vor. Fachlichen Stärken sollten genauso wie persönlichen Stärken zwei bis drei Belege zugeordnet werden können. Manchmal ergibt sich der Hinweis auf bestimmte Stärken auch erst aus dem Vorhandensein ausgewählter Belege. Je genauer Sie bei Ihrer Stärkenanalyse eigene Erfahrungen deutlich machen, desto nachvollziehbarer wird Ihr Stärkenprofil für andere werden.

Schwächen bekennen

Beim Umgang mit dem Thema Schwächen kennen wir aus unserer Beratungspraxis zwei unterschiedliche Typen Bewerber: Die einen haben keine Schwierigkeiten damit, Schwäche an Schwäche zu reihen und sich schlechter zu machen als sie sind. Die anderen dagegen glauben, gar keine Schwächen zu haben. Zwar halten sie sich nicht für perfekt, neigen aber dazu, Schwierigkeiten und Probleme zu verdrängen. Wie so oft führt sowohl das eine als auch das andere Extrem in die Sackgasse: Die einen blockieren sich selbst, die anderen unterminieren ihre Glaubwürdigkeit. Eine produktive Auseinandersetzung mit den eigenen Schwächen ist daher unverzichtbar, um ein gesundes Selbstbewusstsein zu entwickeln und glaubwürdig aufzutreten.

Niemand ist perfekt

Das Wissen um die eigenen Schwächen ist außerdem noch aus einem anderen Grund wichtig: Einige Schwächen können produktiv genutzt werden. Denn häufig sind mit ihnen Stärken verbunden, die im bisherigen Arbeitsbereich nur noch nicht zum Tragen gekommen sind. Je nachdem, in welchem Umfeld man sich bewegt, kann eine bestimmte Eigenschaft einmal hinderlich erscheinen und ein anderes Mal eher förderlich. Beispielsweise ist es für einen Programmierer eher ungünstig, wenn er zu großen IT-Visionen neigt; als IT-Consultant dagegen ist diese Fähigkeit auf jeden Fall eine Stärke. Dem Consultant wiederum wird man nachsehen, dass er nicht alle Details einer Programmiersprache kennt, dem Programmierer wohl nicht. Bevor Sie aber darangehen können, für die eigenen

Schwächen können auch produktiv sein

Schwächen ein passenderes Umfeld zu suchen, müssen Sie sie zunächst lokalisieren.

Viele Schwächen lassen sich auch beheben oder zumindest abschwächen, wenn man sich ihrer nur rechtzeitig bewusst wird. Beispielsweise können durch geeignete Weiterbildungsmaßnahmen fachliche Defizite behoben werden. Durch Trainings lassen sich persönliche Fähigkeiten weiter ausbauen, wie beispielsweise rhetorisches Geschick oder die Fähigkeit zum Konfliktmanagement. Denken Sie deshalb in puncto Weiterbildung nicht nur an den Ausbau Ihrer Stärken, sondern berücksichtigen Sie auch die eine oder andere Schwäche.

Defizite lassen sich beheben

Da Sie momentan in der Vorbereitungsphase Ihrer Bewerbung sind, können Sie in Ruhe über Ihre Schwächen nachdenken. In dieser Situation fällt es immer leichter, zu überdenken, welche Aufgaben einmal schief gelaufen sind und was man hätte besser machen können. Es geht also nicht darum, sich zu verdammen, sondern realistisch die Gründe von Fehlern und auch die eigenen Grenzen zu erkennen.

Die Bestandsaufnahme spielt auch diesmal wieder eine große Rolle. Wie man sie zum Herausfinden der Schwächen nutzen kann, zeigen wir Ihnen auch diesmal wieder anhand der Marketingexpertin.

Beispiel

Die Schwächen einer Marketingexpertin

Um die Auseinandersetzung mit ihren Schwächen produktiv zu gestalten, orientiert sich die Marketingexpertin ebenfalls an der Unterscheidung in Hard und Soft Skills. Sie weiß, dass sie in ihrer nächsten Position ein Umfeld finden möchte, in dem sich ihre Schwachpunkte nicht negativ auswirken. Dazu stellt sie sich die folgenden Fragen:

- Wo habe ich Wissenslücken, die mir den Zugang zu bestimmten Aufgaben erschweren?
- Was wurde bisher an Kritik an mich herangetragen?
- Wann fühle ich mich unsicher?
- Wo sehe ich Optimierungsmöglichkeiten für meine tägliche Arbeit?
- Wann fühle ich mich überfordert?

Hard Skills

1. *Schwäche:* Keine Erfahrung in internationalen Marketingkampagnen
   1. Beleg: Bisher nur an nationalen Marketingkampagnen mitgearbeitet
   2. Beleg: Zur Projektgruppe »Globale Marketingstrategien« nicht berufen worden
   3. Beleg: Eigene Arbeitsergebnisse werden unternehmensintern im internationalen Marketing als Leistung anderer ausgegeben

2. *Schwäche:* Keine SAP-Kenntnisse
   1. Beleg: Kann ich einfach nicht
   2. Beleg: Weiterbildung müsste ich selbst bezahlen, ist mir zu teuer
   3. Beleg: Bewerbung wegen mangelnder SAP-Kenntnisse gescheitert

3. *Schwäche:* Keine zweite Fremdsprache
   1. Beleg: Kann nur Englisch
   2. Beleg: Beschäftige mich in der Freizeit lieber mit anderen Dingen
   3. Beleg: Mache schon seit Jahren Urlaub nur in den USA

Soft Skills

1. *Schwäche:* Mangelhaftes Zeitmanagement
   1. Beleg: Musste zwei Marketingkampagnen verspätet vorstellen
   2. Beleg: Weiß oft nicht, wo mir der Kopf vor Arbeit steht
   3. Beleg: Lasse gerne Routineaufgaben liegen

2. *Schwäche:* Kein Spaß an Detailarbeit
   1. Beleg: Beschäftige mich lieber mit Strategien
   2. Beleg: Musste bei einem Kampagnenstart feststellen, dass von meinem Konzept fast nichts mehr übrig geblieben war
   3. Beleg: Bin ohne meinen Assistenten ziemlich aufgeschmissen

3. *Schwäche:* Fehlendes Selbstmarketing
   1. Beleg: Leiste mehr als im Unternehmen deutlich wird
   2. Beleg: Gerate des Öfteren mit F & E-Vertretern aneinander
   3. Beleg: Müsste karrieremäßig bald den nächsten Schritt tun, dies ist im jetzigen Unternehmen nicht möglich

Bei dieser Analyse ist es hilfreich, die Schwächen einzukreisen und auf den Punkt zu bringen, um mit möglichen Abhilfemaßnahmen exakt ansetzen zu können. Die Belege für Ihre Schwächen bringen Ihnen außerdem einen weiteren Erkenntnisgewinn: Einzelne Schwächen behindern uns nicht generell, sondern in Bezug auf konkrete berufliche Positionen. Es ist deshalb nützlich für Sie festzustellen, welche Schwäche in welchem Job welche negativen Konsequenzen mit sich bringt. Diese Reflexion löst das diffuse Bild der Unvollkommenheit auf und liefert Ansatzpunkte, die für die fachliche und persönliche Weiterentwicklung genutzt werden können.

Erkenntnisgewinn durch Schwächenreflexion

Reflektieren Sie Ihre Stärken und Ihre Schwächen

Nach der umfassenden Sichtung Ihrer Kenntnisse und Erfahrungen in der Bestandsaufnahme geht es nun daran, die richtigen Schlüsse zu ziehen. Lassen Sie die Liste Ihrer beruflichen Tätigkeiten, Ihres Weiterbildungsengagements und Ihrer Freizeitaktivitäten auf sich wirken. Überlegen Sie, was Ihnen wichtig ist und welche Aufgaben Sie besonders engagiert erledigen. Machen Sie sich klar, was Sie gern machen und in Zukunft vertiefen möchten. Aber überdenken Sie auch, wann es einmal nicht so gut geklappt hat und wo Sie sich selbst im Weg stehen. Erkennen Sie Ihre Stärken und bekennen Sie sich zu Ihren Schwächen.

Ansatzpunkte für Ihre Weiterentwicklung

Ihre Stärkenanalyse

Ihren Stärken kommt eine herausragende Rolle in Ihrer Bewerbung zu. Schließlich wollen Sie anderen mitteilen, was Sie besonders gut können und gerne machen. Die Unterteilung Ihrer Stärken in Hard Skills und Soft Skills hilft Ihnen dabei, ein System in Ihre Untersuchung zu bringen. Am Ende dieses Schritts werden Sie erstaunt feststellen, was Sie alles können. Und Sie werden über Beispiele aus dem Berufsalltag verfügen, mit denen Sie Ihre Stärken belegen können. Die Gefahr, sich unter Wert zu verkaufen, wird damit ebenso gebannt wie die Gefahr, sich selbst zum Alleskönner zu stilisieren.

Stärken systematisch erfassen

Aus unserer Beratungspraxis wissen wir, dass diese Übung immer zu »Aha«-Effekten bei den Menschen führt. Denn die meisten haben sich noch nie die Zeit genommen, um systematisch ihre Vorlieben und Stärken zu reflektieren. Auch die Kunst, sich die richtigen Fragen zu stellen, um das eigene Potenzial auszuloten, beherrschen nur die wenigsten. Deshalb haben wir für Sie in Übersicht 4 einen Fragenkatalog ausgearbeitet, dessen Beantwortung Sie bei der Durchsicht Ihrer Bestandsaufnahme auf die richtige Fährte führt. Diese Fragen werden Ihnen dabei helfen, sich über Ihre Stärken klar zu werden. Fixieren Sie dann die Ergebnisse Ihrer Selbstreflexion in der nachfolgenden Übung.

Die Kunst der richtigen Fragen

Übersicht 4 : Stärkenanalyse

- Was mache ich gerne?
- In welchen Bereichen gelte ich als Experte?
- Was geht mir leicht von der Hand?
- Was schätzen Kollegen an mir?
- Wann bittet man mich um Rat?
- Worauf konnte ich nicht verzichten?
- Wofür werde ich gelobt?
- Welche Arbeiten geben mir ein Gefühl der Zufriedenheit?
- Gibt es bestimmte Kenntnisse und Fähigkeiten, die ich anderen gerne beibringe?
- Was sind meine Lieblingsaufgaben?
- In welchen Bereichen habe ich mich aktiv um Weiterbildungen gekümmert?
- Was sind meine Lieblingsthemen bei Fachgesprächen mit Kollegen?
- Bei welchen Aufgaben vergeht die Zeit wie im Fluge?
- Welche Arbeitsergebnisse verteidige ich vehement gegen Widerstände?
- Welche Aufgaben gebe ich ungern ab?
- Aus welchen Sonderaufgaben sind Bestandteile meiner täglichen Arbeit geworden?

- Welche Aufgaben traut mein Vorgesetzter nur mir zu?
- Welche Urlaubsvertretung hat mein Interesse für einen bestimmten Tätigkeitsbereich geweckt?
- Für welche Projekte melde ich mich freiwillig?
- Bei welchen Tätigkeiten fallen mir Überstunden leicht?

Übung

Erkennen Sie Ihre Stärken

Damit Sie Ihre Stärken später überzeugend vermitteln können, brauchen Sie Belege, um Ihre Vorzüge sichtbar zu machen. Erarbeiten Sie sich nun die Beispiele, durch die Ihre Bewerbung Substanz bekommt. Gehen Sie Ihre Bestandsaufnahme durch, und durchleuchten Sie momentane und zurückliegende Tätigkeiten genauso wie Ihr Weiterbildungsengagement und Ihre Freizeitaktivitäten. Halten Sie die besonderen fachlichen Kenntnisse fest und stellen Sie Ihre individuellen Soft Skills heraus.

Hard Skills

1. Stärke: ....
   1. Beleg: ....
   2. Beleg: ....
   3. Beleg: ....
2. Stärke: ....
   1. Beleg: ....
   2. Beleg: ....
   3. Beleg: ....
3. Stärke: ....
   1. Beleg: ....
   2. Beleg: ....
   3. Beleg: ....

4. Stärke: . . . .
   1. Beleg: . . . .
   2. Beleg: . . . .
   3. Beleg: . . . .

5. Stärke: . . . .
   1. Beleg: . . . .
   2. Beleg: . . . .
   3. Beleg: . . . .

Soft Skills

1. Stärke: . . . .
   1. Beleg: . . . .
   2. Beleg: . . . .
   3. Beleg: . . . .

2. Stärke: . . . .
   1. Beleg: . . . .
   2. Beleg: . . . .
   3. Beleg: . . . .

3. Stärke: . . . .
   1. Beleg: . . . .
   2. Beleg: . . . .
   3. Beleg: . . . .

4. Stärke: . . . .
   1. Beleg: . . . .
   2. Beleg: . . . .
   3. Beleg: . . . .

5. Stärke: . . . .
   1. Beleg: . . . .
   2. Beleg: . . . .
   3. Beleg: . . . .

Ihre Schwächenanalyse

Bei der Reflexion Ihrer Schwächen sollten Sie sich nicht mit Vorwürfen überhäufen, denn zu viel Kritik macht handlungsunfähig. Wenn Sie eine neue Position suchen, brauchen Sie stattdessen einen sinnvollen Zugang zu Ihren Schwächen, der sich produktiv nutzen lässt. Schließlich können auch Ihre Schwächen dabei helfen, einen für Sie besseren Weg in der zukünftigen beruflichen Entwicklung herauszufinden.

Die Lust an der Selbstkritik

Bleiben Sie ehrlich zu sich selbst, denn diese Auseinandersetzung wird Sie auf Dauer weiterbringen. Mit den konkreten Beispielen für Ihre Schwächen werden Sie die Reichweite dieser Defizite einschränken können. Dadurch finden Sie den Kontext heraus, in dem ein fachlicher Mangel und eine persönliche Eigenart tatsächlich als Schwäche gedeutet werden müssen. Diese Perspektive hilft Ihnen, sich von dem Druck, den die Beschäftigung mit Schwächen bewirkt, zu befreien. Denn die Einsicht, dass Ihre Schwächen sich nur in ganz bestimmten Situationen negativ auswirken, lässt die kritischen Punkte gleich etwas kleiner erscheinen.

Kritische Punkte werden kleiner

Übersicht 5 unterstützt Sie dabei, Ihre Schwächen einzukreisen. In der anschließenden Übung sollten Sie die Ergebnisse Ihrer Überlegungen festhalten. Wenn Sie beim Durchgehen der Fragen in massive Selbstzweifel verfallen, sollten Sie schnell zur Auflistung Ihrer Stärken zurückblättern. Vergessen Sie nicht, dass Stärken immer auch Schwächen bedingen. Jeder, der etwas besonders gut kann und gerne macht, wird in anderen Bereichen zwangsläufig Abstriche machen müssen.

Übersicht 5: Schwächenanalyse

- Was gefällt mir an meinem Arbeitsplatz gar nicht?
- Wo sehe ich Wissenslücken?
- Bei welchen Gelegenheiten gibt es häufig Streit im Team?
- Mit welchen Aufgaben tue ich mich schwer?

- Wann fahre ich aus der Haut?
- Bei welchen Anlässen wünsche ich mir, mich ins Mauseloch verkriechen zu können?
- Wo hätte ich mich früher mehr anstrengen müssen?
- Welche Tätigkeiten liegen mir nicht?
- Was schiebe ich solange wie möglich vor mir her?
- Bei welchen Gelegenheiten kommt mir der Gedanke, dass ich einen anderen Beruf hätte wählen sollen?
- Mit welchen Menschen kann ich nur schwer zusammenarbeiten?
- Was stört mich am Verhalten von Kollegen?
- Wo fühle ich mich zurückgesetzt?
- Wann halte ich mich mit meiner Meinung zurück?
- Was hat mich in meiner beruflichen Entwicklung enttäuscht?
- Welche drei Eigenschaften würde mein Lebenspartner oder ein guter Freund an mir kritisieren?
- Was habe ich bisher nicht erreichen können?
- Wo fehlt mir Unterstützung im Arbeitsalltag?
- Was waren meine größten Misserfolge?
- Wo gebe ich schneller auf als sonst?
- Welche Weiterbildungen sollte ich noch in Angriff nehmen?
- Durch welche unangenehmen Situationen musste ich mich durchbeißen?
- Auf welchen Gebieten habe ich den Anschluss an aktuelle Entwicklungen verpasst?

Übung

Ihren Schwächen auf der Spur

In Ihrer Bewerbungsstrategie werden Ihre Stärken die Hauptrolle spielen. Für Sie selbst und Ihr weiteres Vorgehen ist es aber wichtig zu wissen, welchen beruflichen Situationen Sie zukünftig lieber aus dem Weg gehen möchten und wo Sie noch etwas für Ihre fachliche und persönliche Weiterentwicklung tun können. Sie werden nur dann zu einem stärkeren Selbstbewusstsein finden, wenn Sie sich darüber im Klaren sind, wo Ihre fachlichen und persönlichen Grenzen sind.

Hard Skills

1. Schwäche:. . . . .
   1. Beleg: . . . .
   2. Beleg: . . . .
   3. Beleg: . . . .

2. Schwäche:. . . . .
   1. Beleg: . . . .
   2. Beleg: . . . .
   3. Beleg: . . . .

3. Schwäche:. . . . .
   1. Beleg: . . . .
   2. Beleg: . . . .
   3. Beleg: . . . .

Soft Skills

1. Schwäche:. . . . .
   1. Beleg: . . . .
   2. Beleg: . . . .
   3. Beleg: . . . .

2. Schwäche:. . . . .
   1. Beleg: . . . .
   2. Beleg: . . . .
   3. Beleg: . . . .

3. Schwäche:. . . . .
   1. Beleg: . . . .
   2. Beleg: . . . .
   3. Beleg: . . . .

☑ *Checkliste*
für Ihre Stärken-Schwächen-Analyse

- ☐ Können Sie mindestens fünf Ihrer Stärken auf der fachlichen Ebene benennen?
- ☐ Können Sie Ihre Stärken im Bereich der Hard Skills belegen?
- ☐ Haben Sie mindestens fünf Stärken in Ihrer sozialen Kompetenz identifiziert?
- ☐ Können Sie auch diese Stärken mit Beispielen untermauern?
- ☐ Können Sie drei Schwächen im Bereich der Hard Skills benennen?
- ☐ Haben Sie Belege für diese Schwächen gefunden?
- ☐ Wie können Sie diese Schwächen ausgleichen?
- ☐ Können Sie drei Schwächen im Soft-Skill-Bereich nennen?
- ☐ Haben Sie diese Schwächen mit Beispielen belegen können?
- ☐ Womit können Sie diese drei Schwächen ausgleichen?

3

Auswertung von Stellenanzeigen: Was erwarten Unternehmen von Ihnen?

Wir zeigen Ihnen in diesem Kapitel, wie Sie erkennen, welche fachlichen Kenntnisse und welche persönlichen Fähigkeiten in Stellenanzeigen gefragt sind. So erarbeiten Sie in Ihrer Bewerbungsvorbereitung die wichtigsten Schlüsselbegriffe, die Sie in Anschreiben, Lebenslauf und Vorstellungsgespräch parat haben sollten.

Auf dem Weg zur überzeugenden Bewerbungsmappe

Ihre gründliche Auseinandersetzung mit den Erwartungen von Unternehmen in Stellenanzeigen ist der nächste Schritt auf dem Weg zur überzeugenden Bewerbungsstrategie. Wenn Sie wissen, was von Ihnen erwartet wird, können Sie diese Anforderungen aufgreifen, in Ihre Unterlagen einarbeiten und so zeigen, dass Sie die Erwartungen erfüllen.

Die Anforderungen der Firmen an Bewerberinnen und Bewerber lassen sich in zwei Gruppen einteilen: in fachliche Kenntnisse und in persönliche Fähigkeiten, also Hard Skills und Soft Skills. In Ihrer Bestandsaufnahme haben Sie sich bereits damit auseinander gesetzt, was Sie mitbringen. Hier sehen Sie, welche Ihrer Kenntnisse und Fähigkeiten Sie am besten in welchen Kategorien einsetzen können.

Hard Skills

Fachlich passgenaue Bewerber

Weil Sie ohne Fachkenntnisse keinen Beruf ausüben können, nennt man fachliche Kenntnisse auch klassische Anforderungen. Ohne Fachkenntnis geht überhaupt nichts. Fast alle Unternehmen suchen den fachlich passgenauen Mitarbeiter. Das heißt, dass die fachliche Kompetenz des Wunschbewerbers möglichst genau mit den Anforderungen des Unternehmens übereinstimmen sollte. Die Hard Skills selbst werden in verschiedene Wissensbereiche eingeteilt. Wenn Sie sich auf einen neuen Arbeitsplatz bewerben, sind folgende Anforderungen immer gefragt:

- Berufskenntnisse
- Fremdsprachenkenntnisse
- Computerkenntnisse

Berufskenntnisse Berufskenntnisse bestehen aus dem im Studium oder in der Ausbildung erworbenen Fachwissen und den im Berufsalltag vertieften Kenntnissen. Wenn Sie beispielsweise als Werbekauffrau in der Werbeabteilung eines Unternehmens tätig sind, wissen Sie, wie man Kataloge und Mailings erstellt und wie Verkaufsunterlagen konzipiert, getextet und grafisch gestaltet werden. Sie können Anzeigenwerbung koordinieren, Direktwerbeaktionen organisieren und Redaktionsbeiträge für Fachzeitschriften verfassen. Als Kreditbetreuer für Immobilien besteht Ihre Berufskenntnis darin, dass Sie wissen, wie man Gutachten beurteilt, Sicherheiten bewertet, Kreditvorlagen erarbeitet, Kreditverträge erstellt und laufende Verträge überwacht.

Erworbene Berufserfahrung

In Ihrer Bestandsaufnahme haben Sie Ihre Berufskenntnisse bereits umfassend dokumentiert. Sie wissen also bereits genau, über welche Kenntnisse Sie verfügen.

Weltweite Kommunikation

Fremdsprachenkenntnisse Die meisten Unternehmen sind heutzutage europaweit beziehungsweise weltweit tätig. Deshalb steigen auch ihre Anforderungen an die Sprachkenntnisse ihrer Mitarbeiter. Zumeist geht es nicht um die perfekte Beherrschung der Sprache. Wenn aber für eine ausgeschriebene Stelle bestimmte Kenntnisse verlangt werden, sollte der Bewerber deutlich machen, dass er in der gewünschten Sprache Verhandlungen am Telefon führen und im Schriftverkehr bestehen kann.

Computerkenntnisse Fachkenntnisse in PC-Anwendungsprogrammen, wie Textverarbeitung, Tabellenkalkulation oder Datenbanken, sind aus dem Arbeitsalltag der meisten Menschen nicht mehr wegzudenken. Auch wenn sich bestimmte Standardprogramme durchgesetzt haben, verwenden noch längst nicht alle Unternehmen identische PC-Programme. Werden in Stellenausschreibungen von Ihnen bestimmte PC-Kenntnisse verlangt, über die Sie nicht verfügen, heißt dies nicht, dass Sie mit Ihrer Bewerbung chancenlos sind. Oft ist es ausreichend, wenn Sie schlüssig belegen, dass Sie über tägliche PC-Praxis verfügen und deshalb in der Lage sind, sich schnell in neue Programme einzuarbeiten.

Im Vordergrund: die tägliche Praxis

Soft Skills

Wenn Sie die Stellenanzeigen einer beliebigen Zeitung überfliegen, merken Sie schnell, dass bestimmte Worte in den einzelnen Anzeigen immer wieder auftauchen: Teamfähigkeit, Flexibilität, Motivation, Engagement, Selbstverantwortung, Kommunikationsfähigkeit, Initiative, Organisationsgeschick und viele andere. Diese Anforderungen beziehen sich auf die Person. Im Mittelpunkt steht,

Soziale Kompetenz

- wie Sie Ihre Fachkenntnisse bei der Lösung von beruflichen Aufgaben einsetzen und
- wie Sie bei der Arbeit mit Kollegen, Mitarbeitern und Kunden umgehen.

Da die beruflichen Anforderungen stets wachsen, ist es heute nicht mehr möglich, die komplexen Aufgabenstellungen im Alleingang zu bewältigen. Darum ist Ihre Fähigkeit und Flexibilität im Umgang mit Kunden und in der Zusammenarbeit mit Kollegen gefragt. Die wichtigsten fünf persönlichen Fähigkeiten lauten deshalb:

- Kundenorientierung
- Teamarbeit und Projektarbeit
- selbstständiges Arbeiten
- Belastbarkeit und Kritikfähigkeit
- Lernbereitschaft

Kundenorientierung Bei vielen qualifizierten Berufen wird die Orientierung auf den Kunden und seine speziellen Wünsche immer wichtiger. Der

Grund liegt darin, dass die angebotenen Produkte und Dienstleistungen immer austauschbarer werden. Deswegen sind andere Faktoren im Wettbewerb um die Gunst des Kunden entscheidend geworden: Wer behandelt seine Kunden so, dass sie auch noch das nächste Mal gerne kommen? Wer bietet den besten Service? Wer ist in der Lage, individuell zu beraten und Terminvorgaben einzuhalten?

Erfolg durch Kundenorientierung

Wenn Ihre anvisierte Stelle stark kundenorientiert ist, müssen Sie in Anschreiben, Lebenslauf und Vorstellungsgespräch herausstellen, dass Sie wissen, wie wichtig enge Kundenbindungen für den Unternehmenserfolg sind, dass Sie keine Angst vor Kundenkontakt haben und dass Sie über die notwendigen sprachlichen Ausdrucksfähigkeiten und eine gute Portion an Verhandlungsgeschick verfügen.

Team- und Projektarbeit Teamfähigkeit bedeutet, mit anderen Menschen zusammen eine Aufgabe gemeinsam zu lösen. Diese persönliche Fähigkeit wird von Unternehmen heute als unverzichtbar angesehen. Projektarbeit ist eine moderne Form der Teamarbeit. Im Unterschied zur klassischen Teamarbeit werden zur Bewältigung von Aufgaben nicht nur Mitarbeiter aus einer Abteilung oder Arbeitsgruppe, sondern aus verschiedenen Abteilungen eingesetzt. Soll beispielsweise in einer Bank ein neues Modell für Girokonten entwickelt werden, ist für diese Arbeit das Wissen von unterschiedlichen Experten gefragt. Die Werbeprofis schmieden Pläne für eine Marketingkampagne, die Kostenexperten errechnen am Computer, zu welchen Preisen das neue Konto angeboten werden kann, und die Kundenberater überlegen, wie sie im Gespräch am Schalter möglichst viele Kunden von den Vorzügen des neuen Girokontos überzeugen können. Dies alles geschieht in ständiger Abstimmung untereinander.

Teamfähigkeit und Wissensvernetzung

Teamfähigkeit und die Fähigkeit zur Projektarbeit sind Erfahrungs- und Übungssache. Sie müssen deshalb in Ihren schriftlichen Unterlagen und im Gespräch erkenntlich machen, dass Sie diese Fähigkeiten bereits während der Ausbildung und während der ersten Berufsjahre entwickelt und ausgebaut haben.

Teamfähigkeit kenntlich machen

Eigeninitiative und Selbstverantwortung hervorheben

Selbstständiges Arbeiten Um im Team etwas erreichen zu können, muss jeder Einzelne seinen Beitrag leisten. Optimale Teamergebnisse gelingen nur dann, wenn Mitarbeiter mitdenken, Vorschläge machen und sich selbst überlegen, wie sie Arbeitsabläufe verbessern können.

Umgang mit Stress

Belastbarkeit und Kritikfähigkeit Die stärkere Arbeitsbelastung während der Arbeitsspitzen führt dazu, dass die Beschäftigten zeitweise großem Druck ausgesetzt sind. Firmen erwarten, dass Mitarbeiter in der Lage sind, diesen stärkeren Druck und seine Folgen im Umgang der Mitarbeiter untereinander eine gewisse Zeit lang auszuhalten. Das heißt, Ihre Fähigkeiten zur Reaktion auf Stress am Arbeitsplatz sind gefragt.

Flexibilität und Einsatzbereitschaft

Lernbereitschaft Um im Wettbewerb um die Kunden zu bestehen, ist die regelmäßige Teilnahme der Mitarbeiter an Fort- und Weiterbildungsmaßnahmen unverzichtbar. Deshalb überprüfen Personalverantwortliche bereits bei der Sichtung der schriftlichen Bewerbungsunterlagen, ob die Bereitschaft zu regelmäßigem Lernen vorhanden ist. Aus Ihren Unterlagen muss ersichtlich sein, dass Sie immer am Ball bleiben und sich mit neuen Anforderungen in Ihrem Berufsfeld auseinander setzen können.

Bewertung persönlicher Fähigkeiten

Persönliche Fähigkeiten überzeugend darlegen

Natürlich hängen die von Unternehmensseite gewünschten persönlichen Fähigkeiten von den zu bewältigenden Aufgaben ab. Die Schwierigkeit liegt in der Beurteilung: Persönliche Fähigkeiten lassen sich nicht erfassen und in Noten ausdrücken wie Fachkenntnisse. In Schul- und Ausbildungszeugnissen gibt es keine Noten für Flexibilität, Kreativität oder Teamfähigkeit, und Arbeitszeugnisse sind diesbezüglich ebenfalls selten aussagekräftig. Hinzu kommt das Problem, dass viele dieser persönlichen Fähigkeiten wie Schlagwörter benutzt werden. Mittlerweile schreibt jede Bewerberin und jeder Bewerber, sie oder er sei »motiviert, kreativ und teamfähig«.

Eine der wesentlichen Aufgaben von Personalabteilungen ist es deshalb, diejenigen Bewerberinnen und Bewerber, die über die gewünschten persönlichen Fähigkeiten wirklich verfügen, von denen zu unterscheiden, die dies nur behaupten. Damit Sie positiv auffallen, werden wir Ihnen durch unsere Übungen und Tipps zeigen, wie Sie gegenüber Firmen die gefragten persönlichen Fähigkeiten in Anschreiben, Lebenslauf, Leistungsbilanz, Vorstellungsgespräch und Assessment-Center überzeugend belegen.

Muss- und Kann-Anforderungen unterscheiden

Für die Ausarbeitung Ihrer Bewerbungsmappe und Ihrer Selbstdarstellung im Interview ist es weiterhin wichtig, Muss- und Kann-Anforderungen in Stellenanzeigen zu unterscheiden und auf die Vorgaben des potenziellen Arbeitgebers entsprechend zu reagieren.

Stellenanzeigen sorgfältig auswerten

Wenn Sie Muss-Vorgaben nicht erfüllen, können Sie sich Ihre Bewerbung in der Regel sparen. Wenn Sie dagegen Kann-Vorgaben nicht erfüllen, lohnt sich die Bewerbung trotzdem. Es steht Ihnen ein größerer Spielraum zur Verfügung, den Sie taktisch nutzen können.

Unumgängliche Forderungen

Die folgenden Formulierungen verweisen auf Muss-Anforderungen, die von Unternehmensseite als unverzichtbar für die Ausübung der ausgeschriebenen Stelle angesehen werden:

- »Für diese Tätigkeit ist eine nachweisbar erfolgreiche Berufspraxis als . . . . erforderlich.«
- »Sie wissen, dass Mobilität ein wesentlicher Karrierefaktor ist.«
- »Aufgrund der Internationalität des Hauses werden gute englische und französische Sprachkenntnisse vorausgesetzt.«
- »Vorausgesetzt werden praktische Erfahrungen in Netzwerkprojekten.«
- »Es werden nur Bewerbungen berücksichtigt, bei denen . . . . -Kenntnisse nachgewiesen sind.«
- »Sie verfügen über mindestens fünf Jahre Berufserfahrung.«
- »Kenntnisse in . . . . müssen wir voraussetzen.«
- »Der sichere Umgang mit . . . . ist unabdingbar.«

Wenn Firmen bestimmte Kenntnisse und Fähigkeiten nicht für unabdingbar bei der Besetzung einer neuen Stelle halten, werden die folgenden Kann-Formulierungen gewählt:

- »Einige Jahre Vertriebserfahrung wären ideale Voraussetzungen, aber Engagement und das Interesse, sich dieser neuen Aufgabe zu stellen, sind entscheidend.«
- »Branchenkenntnisse wären von Vorteil.«
- »Nach erfolgter Einarbeitung sind Sie in der Lage, . . . durchzuführen.«
- »Sie verfügen idealerweise über . . . .«
- »Für diese Aufgabenstellung haben Sie vorzugsweise bereits mehrjährige Einkaufs- und Führungsverantwortung.«
- »Wenn Sie über . . . . verfügen, haben Sie die besten Voraussetzungen.«
- »Erfahrungen mit . . . . sind erwünscht.«

Spielraum geschickt ausnutzen

Mit Kann-Formulierungen meinen Unternehmen nicht, dass ihnen die genannten Qualifikationen eigentlich egal sind – sie werden nur nicht so stark gewichtet. Versuchen Sie daher, auch für Kann-Formulierungen Anknüpfungspunkte zu finden, mit denen Sie verdeutlichen, dass Sie ausbaufähige Grundlagen in den Kann-Bereichen besitzen.

Beispiel

Ausbaufähige Grundlagen dokumentieren

Wenn in einer Stellenanzeige die Formulierung »Erfahrung im Produktmanagement wäre von Vorteil« auftaucht, könnte ein Bewerber, der aus dem Vertrieb ins Produktmanagement wechseln möchte, folgendermaßen darauf reagieren: »Eine wesentliche Aufgabe meiner derzeitigen Tätigkeit ist die Rückmeldung von Kundenwünschen in die Produktentwicklung und die Abstimmung von Verkaufsförderungsaktionen mit dem Produktmanagement. An der Entwicklung und Markteinführung eines neuen Produktes war ich bereits in einer abteilungsübergreifenden Projektgruppe beteiligt.«

Bei Kann-Vorgaben, die Sie nicht unmittelbar belegen können, sollten Sie überlegen, ob Sie über Qualifikationen verfügen, die der neue Arbeitgeber als gleichwertig akzeptieren könnte. Selbst wenn andere Bewerber die Kann-Vorgaben besser erfüllen, können Sie dennoch überzeugen, wenn Sie zusätzliche Kenntnisse und Fähigkeiten anbieten, die für die ausgeschriebene Position wichtig sind.

Beispiel

Kann-Anforderung ersetzen

Ein Unternehmen verwendet in der Stellenanzeige für einen Projektleiter Controlling die folgende Kann-Vorgabe: »Sie verfügen idealerweise über SAP-Kenntnisse.« Wenn der Bewerber die anderen Vorgaben aus der Stellenanzeige erfüllt, zwar Computerkenntnisse, aber keine SAP-Kenntnisse hat, sollte er im Anschreiben versuchen, diesen Mangel durch seine Flexibilität und Lernbereitschaft auszugleichen, beispielsweise so: »Die Arbeit mit unterschiedlichen Tabellenkalkulations- und Datenbankprogrammen gehört zu meinen täglichen Aufgaben. In neue Programme habe ich mich stets schnell eingearbeitet.«

Der Aufbau von Stellenanzeigen

Teamarbeit bei der Stellenbesetzung

Bevor Stellen neu besetzt werden, wird im Unternehmen einiges an Vorarbeit geleistet. Die Fachabteilung muss auflisten, über welche Kenntnisse und Erfahrungen der oder die Neue mindestens verfügen muss und welche Qualifikationen darüber hinaus wünschenswert wären. In der Personalabteilung macht man sich Gedanken darüber, welche persönlichen Fähigkeiten gut zum Unternehmen und zu den neuen Aufgaben passen würden. Wird ein kontaktstarker Mitarbeiter für den Vertrieb gesucht, werden andere Anforderungen festgelegt als bei einem Konstrukteur, dessen analytische Fähigkeiten besonders gefragt sind.

Es kommt leider häufig vor, dass Bewerber viel schreiben, aber dabei überhaupt keinen Bezug zu den in der Stellenanzeige genannten Anforderungen herstellen. Damit Sie dies vermeiden, sollten Sie sich mit dem üblichen Aufbau von Anzeigen vertraut machen. Diese sind fast immer in die Blöcke *Informationen über das Unternehmen*, *Beschreibung der zukünftigen Aufgaben*, *Ihre Voraussetzungen* und *Kontaktdaten* gegliedert. In allen Blöcken verstecken sich wesentliche Informationen für Ihre Bewerbung.

Informationen über das Unternehmen Es werden Hinweise über die Unternehmensgröße, die Branche und die Standorte gegeben. Daneben können Sie aus der Unternehmensbeschreibung oft auch erkennen, ob das Unternehmen auf Wachstumskurs ist, es eher traditionsorientiert auftritt oder neue Märkte erschlossen werden sollen.

Das Unternehmen stellt sich vor

Die zukünftigen Aufgaben In kurzen Sätzen werden die Aufgaben, die die ausgeschriebene Stelle umfasst, umrissen. Hier ist eine intensive Analyse der gegebenen Informationen besonders wichtig, damit Sie später in Anschreiben, Lebenslauf, Leistungsbilanz und Vorstellungsgespräch passgenau darauf eingehen können.

Voraussetzungen des Bewerbers Die Informationen, die Sie in diesem Block finden, sind für Ihre Bewerbung besonders wichtig. Lesen Sie ihn besonders gründlich, teilen Sie die Anforderungen nach Hard und Soft Skills auf und unterscheiden Sie Muss- beziehungsweise Kann-Anforderungen.

Das erwartet man von Ihnen

Kontaktdaten und Formelles Beachten Sie die in den Kontaktdaten des Unternehmens aufgeführten Vorgaben. Wird ein Eintrittstermin von Ihnen verlangt, sollten Sie ihn ebenso angeben wie eine gewünschte Gehaltsvorstellung. Ist ein persönlicher Ansprechpartner mit telefonischer Durchwahl aufgeführt, können Sie sich einen weiteren Informationsvorsprung erarbeiten, indem Sie ihn anrufen. Fragen Sie beispielsweise, in welcher Gewichtung einzelne Aufgaben zueinander stehen.

Kontaktaufnahme erwünscht

Nun geht es darum, Ihr neu gewonnenes Wissen anzuwenden. Dazu haben wir für Sie eine Übung vorbereitet. Analysieren Sie Stellenanzeigen, indem Sie die Informationen über das Unternehmen erfassen, die fachlichen Kenntnisse und persönlichen Fähigkeiten herausfiltern, Kann- von Muss-Anforderungen unterscheiden und die Kontaktdaten des Unternehmens entschlüsseln.

Übung

Stellenanzeigen auswerten

Versuchen Sie, in den folgenden Stellenanzeigen die Anforderungen zu erkennen, und ordnen Sie die einzelnen Anforderungsmerkmale dem Bereich der Fachkenntnis oder dem der persönlichen Fähigkeiten zu. Unterscheiden Sie zusätzlich Muss- von Kann-Anforderungen und beachten Sie die Informationen, die das Unternehmen über sich selbst gibt. Zunächst ein Beispiel dafür, wie Sie bei der Übung vorgehen.

Wir sind ein Hersteller von technisch anspruchsvollen Produkten des Maschinenbaus. In unserem Segment gehören wir zu den europaweit führenden Unternehmen. Für unser Hamburger Werk mit über 250 Mitarbeitern suchen wir für den Bereich Disposition eine/n **Vertriebsdisponenten/in**

Ihre neuen Aufgaben umfassen:

- die gesamte Auftragsabwicklung
- Verhandlungen über Liefermengen
- die Lieferterminfestlegung
- Kundenbetreuung
- Fertigungssteuerung
- Disposition

Sie passen zu uns, wenn Sie einsatzfreudig sind und Ihren beruflichen Erfolg eigenverantwortlich und kreativ gestalten wollen und die folgenden Qualifikationen mitbringen:

• Ausbildung als Industriekaufmann/-kauffrau oder Groß- und Außenhandelskaufmann/-kauffrau • Berufserfahrung (mindestens 3 Jahre) • sehr gute Englisch- und Spanischkenntnisse • zumindest grundlegende SAP R/3-Kenntnisse

Haben wir Ihr Interesse geweckt? Dann senden Sie Ihre vollständigen Bewerbungsunterlagen mit der Kennziffer 32 31 52 an die unten stehende Adresse. Für einen ersten Kontakt steht Ihnen Frau Kalde unter der Telefonnummer 0 40/11 22 33-455 zur Verfügung.

Maschinenbau GmbH / Abteilung Personalwesen
Leinpfad 75
22299 Hamburg
www.maschinenbau-hh.de

Auswertung

Unternehmen:	Branche »Maschinenbau«; »technisch anspruchsvolle Produkte«; Mittelstand (»250 Mitarbeiter«), »europaweit« tätig
Zukünftige Aufgaben:	»Auftragsabwicklung«, »Liefermengenverhandlung«, »Kundenbetreuung«, »Fertigungssteuerung«, »Disposition«
Berufskenntnisse:	»Ausbildung als Industriekaufmann/-kauffrau oder Groß- und Außenhandelskaufmann/-kauffrau«, »Berufserfahrung (mindestens 3 Jahre)«
Sprachkenntnisse:	»sehr gute Englisch- und Spanischkenntnisse«
Computerkenntnisse:	»SAP R/3«
Kundenorientierung:	»Kundenbetreuung«, Verhandlungsführung (»Liefermengenverhandlung«)
Teamarbeit/Projektarbeit:	
Selbstständiges Arbeiten:	»beruflichen Erfolg eigenverantwortlich und kreativ gestalten«
Belastbarkeit und Kritikfähigkeit:	»einsatzfreudig«
Lernbereitschaft:	grundlegende SAP R/3-Kenntnisse vertiefen
Muss-Anforderungen:	»Ausbildung als Industriekaufmann/-kauffrau oder Groß- und Außenhandelskaufmann/-kauffrau«, »Berufserfahrung (mindestens 3 Jahre)«, »sehr gute Englisch- und Spanischkenntnisse«
Kann-Anforderungen:	»SAP R/3-Kenntnisse«
Kontaktdaten:	vollständige Adresse, Internetadresse, Ansprechpartnerin »Frau Kalde«
Formelles:	»vollständige Bewerbungsunterlagen«, »Kennziffer 32 31 52«

Jetzt sind Sie am Zug. Werten Sie bitte die folgende Stellenanzeige aus. Analysieren Sie sorgfältig, welche Anforderungen genannt sind, und ob es sich dabei um fachliche oder persönliche Fähigkeiten, um Muss- oder Kann-Anforderungen handelt.

Willkommen in dem mittelständischen, erfolgreichen Unternehmen der IT-Branche. Wir expandieren und suchen für unser Datenzentrum eine/n

ANGESTELLTE/N IN DER DATENVERARBEITUNG

Ihre Aufgabe:
Sie werden in einer hochleistungsfähigen Infrastruktur aus vielfältigen Workstations/PC und Servern (Unix, MS-Windows) tätig sein. In unserem Datenzentrum arbeitet ein Team von derzeit 12 qualifizierten Fachfrauen und -männern. Die Arbeitsabläufe in unseren Unternehmensbereichen sollen weiter optimiert werden. Dafür benötigen wir qualifizierte personelle Verstärkung.

Unsere Anforderungen:
Wir erwarten von Ihnen eine Ausbildung zur Wirtschaftsinformatikerin/zum Wirtschaftsinformatiker oder eine gleichwertige Ausbildung. Gute Kenntnisse in den Betriebssystemen Unix und Windows in verschiedenen Versionen sind ebenso erforderlich wie gute Kenntnisse der Microsoft-Office-Produktpalette und zumindest einer Programmiersprache. Sie kennen sich in hochvernetzten Server-Workstation-Umgebungen aus. Im Umgang mit Datenbanken sind Sie sicher. Selbstständigkeit sollten Sie ebenso mitbringen wie die Fähigkeit, Konzepte zu erarbeiten. Interesse an einer ständigen Weiterentwicklung in Ihrem Aufgabengebiet setzen wir voraus.

Wir freuen uns auf Ihre aussagefähige Bewerbung unter Angabe Ihrer Gehaltsvorstellung. Bitte senden Sie Ihre Unterlagen an Frau Kirsten Hadler.

Pro Tech AG
Personalmanagement • Frankfurter Straße 257 • 55252 Mainz
www.pro-tech-ag.com

Ihre Auswertung

Unternehmen: . . . .

Zukünftige Aufgaben: . . . .

Berufskenntnisse: . . . .
Sprachkenntnisse: . . . .
Computerkenntnisse: . . . .

Kundenorientierung: . . . .
Teamarbeit/Projektarbeit: . . . .
Selbstständiges Arbeiten: . . . .
Belastbarkeit und Kritikfähigkeit: . . . .
Lernbereitschaft: . . . .

Muss-Anforderungen: . . . .

Kann-Anforderungen: . . . .

Kontaktdaten: . . . .

Formelles: . . . .

Suchen Sie noch mindestens drei weitere Anzeigen aus aktuellen Stellenmärkten, und analysieren Sie diese nach dem vorgegebenen Schema.

Welchen Eindruck haben Sie?

Sie haben nun gesehen, wie wichtig eine sorgfältige Auswertung der Stellenanzeigen ist. Diese Informationen sollten Sie nicht nur nutzen, um Ihre Bewerbung passgenau aufzubereiten, sondern auch, um sich ein erstes Bild vom Unternehmen machen. Drehen Sie den Spieß doch einmal um und schlüpfen Sie in die Rolle des Prüfenden: Welchen Eindruck hinterlässt die Anzeige bei Ihnen? Ist sie modern gestaltet oder sehr traditionell gehalten? Könnte das Unternehmen überhaupt zu Ihnen passen? Auch der Blick ins Internet oder die Anforderung von Informationsmaterial werden Sie bei Ihrer Meinungsbildung weiterbringen.

Was Personalverantwortliche von einer Bewerbung erwarten – und was leider viele Bewerber ignorieren – ist eine »realistische Tätigkeitsvorausschau«. Personalverantwortliche gehen davon aus, dass Bewerber sich mit den zukünftigen Aufgaben der neuen Stelle gründlich auseinander gesetzt haben. Dazu gehört, herauszufinden und zu belegen, ob man die richtigen Stärken mitbringt, und natürlich auch, ob man wirklich im neuen Aufgabengebiet tätig sein möchte. Es reicht also nicht aus, nur auf die eingeforderten Voraussetzungen einzugehen. Liefern Sie auch Beispiele dafür, dass Sie schon mit den neuen Aufgaben in Berührung gekommen sind.

Realistische Tätigkeitsvorschau

Nehmen Sie auch die Forderung nach bestimmten Soft Skills ernst. Schreiben Sie die jeweiligen Soft Skills aus der Stellenanzeige heraus und überlegen Sie dann, ob es berufliche Aufgaben gibt, bei denen Sie die gewünschten Fähigkeiten eingesetzt haben. Denn diese sollten Sie anhand von Beispielen aus Ihrem Berufsalltag belegen.

Unumgänglich: eine gründliche Auswertung

Mit einer gründlichen Auswertung von Stellenanzeigen schaffen Sie die Grundlage für die Ausarbeitung passgenauer Bewerbungsunterlagen. Nur wenn Sie herausfinden, was genau das Unternehmen von Ihnen will, können Sie sich auch optimal darstellen.

☑ Checkliste
für die Auswertung von Stellenanzeigen

- ☐ Wie ist Ihr erster Eindruck von der Stellenanzeige (konservativ, modern, sachlich, dynamisch)?
- ☐ Handelt es sich bei dem Unternehmen um einen Konzern, ein mittelständisches Unternehmen, einen Kleinbetrieb oder sucht der öffentliche Dienst?
- ☐ Kennen Sie das Unternehmen oder haben Sie schon einmal etwas darüber gehört?
- ☐ Ist das Unternehmen auf besondere Produkte oder Dienstleistungen stolz?
- ☐ Sind weitere Standorte des Unternehmens aufgeführt?
- ☐ Wird das Aufgabenfeld der zukünftigen Tätigkeit deutlich?

- ☐ Haben Sie die geforderten Fachkenntnisse in der Stellenanzeige identifiziert?
- ☐ Sind die verlangten Soft Skills von Ihnen erkannt worden?
- ☐ Werden Sprachkenntnisse verlangt?
- ☐ Sind bestimmte EDV-Kenntnisse gewünscht?
- ☐ Welche Anforderungen werden als Muss- und welche als Kann-Anforderungen definiert?
- ☐ Welche Voraussetzungen erfüllen Sie Ihrer Meinung nach? Und welche nicht?
- ☐ Ist ein bestimmter Ausbildungs-/Studienabschluss gefordert?
- ☐ Werden auch Führungsfähigkeiten eingefordert (Aufbauarbeit, Vertriebsorganisation, repräsentative Pflichten, Mitarbeitercoaching, Teambuilding)?
- ☐ Verlangt man eine mehrjährige Berufserfahrung?
- ☐ Ist eine Altersgrenze genannt (Mindestalter, Höchstalter)?
- ☐ Sind Geschäftsreisen vorgesehen (Inland, Ausland)?
- ☐ Gibt es Hinweise auf Einarbeitung, Fortbildung, Entwicklungschancen?
- ☐ Werden Sie aufgefordert, Ihre Gehaltsvorstellungen zu äußern?
- ☐ Möchte man Ihren frühesten Eintrittstermin erfahren?
- ☐ Ist eine Bewerbungsfrist angegeben?
- ☐ Enthält die Stellenanzeige eine Kennziffer?
- ☐ Wird eine vollständige Bewerbung oder eine Kurzbewerbung gefordert?
- ☐ Ist ein persönlicher Ansprechpartner mit Durchwahl oder E-Mail-Adresse für die Bewerbung genannt?
- ☐ Gibt es einen Hinweis auf eine Homepage des Unternehmens?

4
Warum sollten wir gerade Sie einstellen? Ihre Selbstpräsentation

Das Herzstück unserer Beratungstätigkeit ist die individuelle Entwicklung des beruflichen Stärkenprofils von Bewerbern. Wir zeigen Ihnen in diesem Kapitel, mit welchen Überzeugungsregeln sich eine schlüssige Selbstdarstellung für Ihr Anschreiben und das Vorstellungsgespräch ausarbeiten lässt. Sie lernen, Ihre Stärken in einem Kurzvortrag so darzustellen, dass Sie sowohl fachlich als auch persönlich überzeugen.

Um eine Firma davon zu überzeugen, dass gerade Sie die optimale Besetzung für die ausgeschriebene Position sind, müssen Sie Ihre fachlichen Kenntnisse und Ihre persönlichen Fähigkeiten im Anschreiben und im Vorstellungsgespräch so darstellen, dass Sie sich von anderen Bewerberinnen und Bewerbern positiv abheben. Bedenken Sie immer: Nicht derjenige, der die Anforderungen des Arbeitsplatzes am besten erfüllt, wird eingestellt, sondern derjenige, der sich im Bewerbungsverfahren am überzeugendsten darstellt. Die Entwicklung einer glaubwürdigen Selbstpräsentation ist deshalb das Fundament für Ihr Anschreiben und für das persönliche Gespräch.

Sich positiv von anderen abheben

Mit den Informationen und den Übungen in diesem Kapitel werden wir Sie in die Lage versetzen, Ihre eigene Selbstpräsentation zu entwickeln. Los geht es damit, dass Sie lernen, sich schriftlich und mündlich so darzustellen, dass klar wird, dass Sie die beziehungsweise der Richtige für den Arbeitsplatz sind. Ihre Ausführungen zum Thema »Warum ich in Ihrer Firma als XYZ arbeiten will!« wird eine Länge von etwa einer DIN-A4-Seite beziehungsweise drei Minuten haben. Mit diesem Rahmen vermeiden Sie langatmige Ausführungen und präsentieren sich als Bewerber, der in der Lage ist, die Dinge auf den Punkt zu bringen. Ihre Selbstpräsentation wird Ihnen dabei helfen, Ihr individuelles Qualifikationsprofil auszuarbeiten.

Entwicklung auf den Punkt gebracht

Der Aufbau der Selbstpräsentation

Sie sollten Ihre Selbstpräsentation so aufbauen, dass der Bezug zur ausgeschriebenen Stelle deutlich wird. Das bedeutet für Sie, dass Sie zuerst Ihre jetzige Tätigkeit darstellen, da diese die Basis für Ihren Stellenwechsel ist. Die Aufgaben, Projekte und Verantwortungsbereiche, die Sie momentan wahrnehmen, sind für den neuen Arbeitgeber besonders wichtig. Fangen Sie daher Ihre Selbstpräsentation nicht bei Ihrer Ausbildung, Ihrem Studium oder womöglich Ihrer Schulzeit an, sondern arbeiten Sie sich von Ihren jetzigen Aufgaben schrittweise zurück.

Beginnen Sie mit Ihrer jetzigen Tätigkeit

Orientieren Sie sich an dem von uns aus der Beratungspraxis entwickelten Schema:

1. Stellen Sie die Aufgaben, die Sie in Ihrer momentanen Position bearbeiten, an den Anfang Ihrer Selbstpräsentation.
2. Heben Sie die Tätigkeiten hervor, die einen Bezug zu der neuen Stelle haben.
3. Erläutern Sie Ihre berufliche Entwicklung. Machen Sie klar, welche Stationen in Ihrem Leben Sie für Ihre jetzige Position qualifiziert haben.

Die derzeitigen Aufgaben Sie beginnen Ihre Selbstpräsentation mit der Darstellung Ihrer momentanen Tätigkeit. Die bloße Nennung Ihrer beruflichen Position ist zu wenig. Stellen Sie umfassend Ihre Aufgaben und Tätigkeiten in der beruflichen Position dar.

Stellen Sie Ihre derzeitigen Aufgaben konkret dar

Der Bezug zur neuen Stelle Die Tätigkeiten, die einen Bezug zur neuen Stelle haben, sollten Sie ausführlicher darstellen. Dies können von Ihnen wahrgenommene Sonderaufgaben, umfassende Branchenkenntnisse oder die Leitung von Projekten sein. Sie sollten aber auch betonen, wie Sie Routineaufgaben, die Sie auch in der neuen Stelle erwarten, erfolgreich bewältigen. Den Bezug zur neuen Stelle können Sie auch durch die Darstellung von Fort- und Weiterbildungsmaßnahmen herstellen. Wenn Sie neue Kenntnisse und Fähigkeiten, die für die neue Stelle wichtig sind, durch Kurse oder Seminare erworben haben, sollten Sie auch diese hervorheben.

Bezüge zur neuen Position herstellen

Die berufliche Entwicklung Gehen Sie von Ihrer momentanen Position aus zurück und nennen Sie die beruflichen Stationen, die vor Ihrer heutigen Tätigkeit liegen. Erläutern Sie, wie Sie sich bei Ihrem jetzigen Arbeitgeber entwickelt haben, für welche anderen Firmen Sie bereits gearbeitet haben, mit welcher Einstiegsposition Sie Ihre berufliche Entwicklung begonnen haben und welche Ausbildung oder welches Studium Sie absolviert haben.

Gehen Sie von Ihrer momentanen Position aus rückwärts

Beispiel

Präsentation eines IT-Beraters

Die derzeitigen Aufgaben: »Ich bin momentan als IT-Berater tätig. Zu meinen Aufgaben gehört die Konfiguration von Netzwerken, die Softwareschulung und das Programmieren von arbeitsplatzbezogenen Tools.«

Der Bezug zur neuen Stelle: »Ich möchte als IT-Projektmanager bei Ihnen tätig werden, da ich meine Erfahrungen in der Leitung von Projektteams ausbauen möchte. Im E-Commerce-Bereich habe ich bereits Aufbauarbeit geleistet. Die Arbeit mit Intra- und Internet-Technologien ist mir vertraut.«

Die berufliche Entwicklung: »Vor meiner derzeitigen Position als IT-Berater war ich als Softwareentwickler tätig. Der Schwerpunkt lag damals auf der objektorientierten Programmierung von Bedienungsoberflächen. Mein Studium der Informatik war die Basis für meinen Berufseinstieg. Die aktuellen Entwicklungen im Hard- und Softwarebereich habe ich stets verfolgt. Neben dem Besuch von Fachmessen habe ich Seminare in der Internetprogrammierung belegt.«

Übung

Der Aufbau der Selbstpräsentation

Lernen Sie, Ihre Selbstdarstellung richtig aufzubauen. Suchen Sie sich eine interessante Stellenanzeige aus, und entwickeln Sie Ihre Selbstpräsentation anhand unseres Schemas:

1. Die derzeitigen Aufgaben
   »Momentan arbeite ich als ....«
   (Berufsbezeichnung)
   »Zu meinen Aufgaben gehören ....
   (Tätigkeit 1)
   ....
   (Tätigkeit 2)
   ....«
   (Tätigkeit 3)
2. Bezug zur neuen Stelle
   »Ich habe bereits die folgenden Aufgaben erfolgreich bearbeitet: ..
   ....
   (Zur neuen Stelle passende Tätigkeiten hervorheben
   ....
   und ausführlich darstellen)
   ....«
   »Eine Weiterbildung zum ....
   .... habe ich berufsbegleitend durchgeführt.«
3. Die berufliche Entwicklung
   »Vor meiner jetzigen Tätigkeit war ich als ....
   bei der Firma .... beschäftigt.«
   Oder:
   »Vor meinem Aufstieg zum ....
   habe ich in meiner Firma die Aufgaben eines ....
   .... übernommen.
   Meine berufliche Entwicklung begann ich als ....
   ....
   Basis dafür war meine Ausbildung zum ....
   ....
   /mein Studium der ....«

Präsentieren Sie sich neuen Arbeitgebern, indem Sie die für die neue Position wichtigsten Kenntnisse und Fähigkeiten hervorheben. Machen Sie den roten Faden in Ihrer beruflichen Entwicklung deutlich und zeigen Sie, wie er folgerichtig zu der angestrebten Position führt.

Aus unserer Beratungstätigkeit wissen wir, dass Bewerberinnen und Bewerbern die Werbung in eigener Sache oftmals schwer fällt. Schließlich ist es nicht einfach, den richtigen Ton für die Darstellung der eigenen Person, der eigenen Fähigkeiten und Kenntnisse zu finden. Deshalb zeigen wir Ihnen im Folgenden zuerst die häufigsten Fehler, die in Selbstpräsentationen gemacht werden. Anschließend erfahren Sie, wie Sie es in Ihrer Bewerbung besser machen können.

Werbung in eigener Sache

Fehler in der Selbstpräsentation

Aus unseren Kontakten zu Personalverantwortlichen und Personalberatungen und aus unserer eigenen Beratungstätigkeit heraus wissen wir, dass bei der Selbstdarstellung im Anschreiben immer die gleichen Fehler auftauchen. Die Ursachen für diese Schnitzer liegen zumeist in einer mangelnden Vorbereitung. Damit Sie sehen, welche Fehler Sie unbedingt vermeiden sollten, folgt zunächst ein Negativbeispiel für eine misslungene Selbstpräsentationen.

Mit guter Vorbereitung auf der sicheren Seite

Beispiel

Selbstpräsentation ohne Aussagekraft

Die Zahlen – ❶, ❷, ❸, ❹, ❺, ❻, ❼ – weisen auf die Art des Fehlers hin. Die Erläuterungen dazu finden Sie im Anschluss an unser Negativbeispiel.

Wir konstruieren und fertigen Analysesysteme. Zur Einsatzplanung unseres Montageteams sowie zur Koordinierung der Termine unserer Zulieferer suchen wir eine/n

Industriemeister(in)

mit folgenden Kenntnissen

- Arbeitsplanung, Arbeitsvorbereitung
- Materialplanung, Materialfluss
- Vorkalkulation, Nachkalkulation
- Computerkenntnisse Windows, Word
- Grundkenntnisse CAD-System
- Sprachkenntnisse Englisch

Selbstpräsentation

»Sie suchen einen Industriemeister. Die in der Anzeige geschilderten Aufgaben finde ich sehr reizvoll. ❶, ❷

Da mich mein derzeitiges Aufgabengebiet nicht ausfüllt, suche ich zum nächstmöglichen Zeitpunkt eine Tätigkeit mit größerer Verantwortung und vielfältigeren Aufgabenbereichen. ❷

Mein beiliegendes Zwischenzeugnis ist leider nicht besonders gut, aber das liegt daran, dass ich mit meinem Vorgesetzten nicht besonders gut auskomme. ❸, ❼

Ich verfüge über eine hohe Leistungs- und Lernbereitschaft und bin teamfähig, kreativ, motiviert und nicht aufbrausend. ❹, ❺ Ich glaube, dass ich der Richtige für Sie bin.« ❻

Hierauf sollten Sie achten

Dieses Negativbeispiel enthält Fehler, die Sie bei der Erstellung Ihrer Selbstpräsentation vermeiden können:

Fehler ❶: Fachliche Anforderungen werden nicht erkannt beziehungsweise nicht aufgegriffen Bewerberinnen und Bewerber, die nicht auf die fachlichen Anforderungen der ausgeschriebenen Stelle eingehen, sammeln Minuspunkte.

Der Bewerber aus dem Beispiel gibt keine Hinweise auf die Inhalte seiner bisherigen Tätigkeit, auch die Berufsbezeichnung fehlt. Personalverantwortliche fürchten nichts mehr als Berufstätige, die es schlicht reizvoll finden, einmal etwas Neues auszuprobieren. Auf die weiteren fachlichen Anforderungen aus der Stellenanzeige geht der Bewerber aus unserem Negativbeispiel nicht ein. Die verlangten Kenntnisse in der Arbeitsplanung, der Arbeitsvorbereitung und der Materialplanung nennt der Bewerber mit keinem Wort.

Gehen Sie auf die verlangten Kenntnisse ein

Fehler ❷: Profillosigkeit Personalverantwortliche suchen Bewerber, die aus der Masse herausragen. Bewerber, die sich – wie im Beispiel – weniger für die einzelnen Aufgaben innerhalb der zu vergebenden Position interessieren und stattdessen angeben, dass sie »vom derzeitigen Aufgabengebiet nicht ausgefüllt sind«, lassen bei Personalverantwortlichen die Alarmglocken klingeln.

Argumentieren Sie von der neuen Position aus

Die erste Reaktion, die sich einstellt, lautet: »Warum hat sich der Bewerber nicht am derzeitigen Arbeitsplatz darum bemüht, zusätzliche Aufgaben und Projekte zu übernehmen?«

Der Bewerber argumentiert zu wenig von den zu vergebenden Positionen und deren Anforderungen her. Er vermittelt das Bild eines durchschnittlichen und abwartenden Bewerbers.

Fehler ❸: Kontraproduktive Ehrlichkeit Im Bewerbungsverfahren ist die Ehrlichkeit der Bewerber immer dann kontraproduktiv, wenn sie – ohne dazu verpflichtet zu sein – Dinge aussprechen, mit denen sie sich selbst in ein ungünstiges Licht setzen.

Präsentieren Sie sich überzeugend

Probleme mit dem Vorgesetzten lassen den Bewerber als Kandidaten erscheinen, der immer dann, wenn es Probleme am Arbeitsplatz gibt, auf »die anderen« als Schuldige verweist.

Fehler ❹: Leerfloskeln für persönliche Fähigkeiten Die bloße Aufzählung von Begriffen aus dem Bereich persönliche Fähigkeiten ist ein typischer Bewerberfehler. Ohne berufsbezogene Beispiele und Belege sind die verwendeten Begriffe »kreativ«, »flexibel«, »teamfähig« und »motiviert« leere Hülsen.

Belegen Sie Ihre Fähigkeiten

Fehler ❺: Nicht- und Negativ-Formulierungen Formulierungen wie im Beispiel, »ich bin nicht aufbrausend«, verwirren den Leser. Die Verwendung des Wortes »nicht« ist in Selbstpräsentationen grundsätzlich problematisch. Ins Auge springt nur das Reizwort »aufbrausend«. Um den negativen Eindruck, der beim Lesen entsteht, aus dem Weg zu räumen, müsste ein Personalverantwortlicher für sich übersetzen, was der Bewerber eigentlich sagen will.

Formulieren Sie positiv

Selbst wenn ein Personalverantwortlicher es schafft, den Übersetzungsschritt zu leisten, bleibt die eigentlich gewünschte positive Selbstbeschreibung der Bewerberin – »ich behalte bei der Lösung von anspruchsvollen beruflichen Aufgaben stets meine Gelassenheit und bin ausdauernd, wenn es darum geht, Ziele zu erreichen« – unklar.

Auch eine Bewerberin, die sich in ihrer Selbstpräsentation so beschreibt: »Ich bin bei der Umsetzung von Projekten nicht detailverliebt und verliere die Aufgabe nicht aus den Augen«, stellt den Leser bei der Übersetzung dieser

Aussagen vor große Probleme. Stattdessen sichert sie sich mit einer positiven Formulierung die Konzentration des Lesers und liefert eine Selbstbeschreibung, die aussagekräftig ist und ihr Profil unterstützt: »Ich behalte bei der Projektleitung das Ziel vor Augen und strukturiere die Teilaufgaben so, dass auch komplexe Aufgaben erfolgreich gelöst werden.«

Auch wenn ein Bewerber angibt, dass sein Vorgesetzter »nicht unzufrieden« mit ihm war, öffnet er Spekulationen über den Grad der Zufriedenheit Tür und Tor. Die Darstellung einer erfolgreichen Tätigkeit gelingt ihm so besser: »Neben meinen Aufgaben aus dem Tagesgeschäft habe ich immer wieder Sonderprojekte übernommen. Meinen Vorgesetzten konnte ich so entlasten, er war sehr zufrieden mit mir.«

Wählen Sie eindeutige Formulierungen

Vermeiden Sie es, sich selbst mit Aussagen zu beschreiben, die negativ verstanden werden können. Formulieren Sie in Ihrer Selbstpräsentation eindeutig und positiv.

Fehler ❻: Übertriebene positive Selbstbewertung Vorsicht mit zu positiven Bewertungen. Wenn Sie Ihre fachlichen Kenntnisse und Ihre persönlichen Fähigkeiten zu sehr loben, zwingen Sie Ihre Zuhörer automatisch dazu, die Gegenposition einzunehmen.

Vermeiden Sie Selbstbewertungen

Formulierungen wie im Beispiel, »Ich glaube, dass ich der Richtige für Sie bin«, oder »Ich bin der Beste für diese Stelle!«, »Sie können aufhören zu suchen, nehmen Sie mich!« oder »Ich bin mir ganz sicher, dass ich für diese Position optimal geeignet bin!«, dürfen deshalb in Ihrer Selbstpräsentation auf keinen Fall auftauchen. Personalverantwortliche fühlen sich durch jede übertrieben positive Selbstbewertung von Bewerbern herausgefordert, besonders gründlich nach den Einwänden zu suchen, die gegen den Bewerber sprechen.

Stellen Sie Ihre Fähigkeiten und Kenntnisse dar

Fehler ❼: Selbstanklage Niemand wird eingestellt, weil er etwas nicht oder besonders schlecht kann. Vor Gericht wie im Bewerbungsverfahren gilt: Es besteht keine Selbstanklagepflicht. Wer wie im Beispiel auf schlechte Arbeitszeugnisse hinweist oder anspricht, dass er nicht weiß, ob er den Anforderungen der neuen Position gerecht wird, macht es sich unnötig schwer. Die Kunst der Selbstdarstellung in der Selbstpräsentation besteht nicht darin, seine Schwächen aufzuzählen, sondern darin, zu zeigen, was man für die neue Stelle an Kenntnissen und Fähigkeiten mitbringt.

Mit den typischen Fehlern bei der Werbung in eigener Sache haben wir Sie vertraut gemacht. Jetzt zeigen wir Ihnen, mit welchen Überzeugungstechniken Sie es besser machen.

Überzeugungsregeln für die Selbstpräsentation

Bevor wir Ihnen Regeln und Tipps für eine erfolgreiche und aussagekräftige Selbstpräsentation vorstellen, zeigen wir Ihnen, wie das vorherige Negativbeispiel als Positivbeispiel klingen könnte. Das folgende Positivbeispiel bezieht sich ebenso wie das vorherige Negativbeispiel auf die Stellenausschreibung für die Position »Industriemeister«.

Optimieren Sie Ihre Selbstpräsentation

Beispiel

Erfolgreiche Selbstpräsentation

Die Zahlen – ❶, ❷, ❸, ❹, ❺, ❻ – weisen auf die eingesetzte Überzeugungstechnik hin. Mehr dazu im Anschluss an die Positivbeispiele.

Selbstpräsentation

»Ich habe Erfahrung in der Leitung von Montageteams und verfüge über umfassende Berufserfahrung in der Arbeits- und Materialplanung sowie der Auftragskalkulation. ❶, ❻

Momentan arbeite ich für die Deutsche Metall GmbH und bin dort als Industriemeister zuständig für die Erstellung von Materialstücklisten, die Zuliefererkoordination und die Arbeitsplanung. ❶, ❺, ❻

In Zusammenarbeit mit der Produktionsleitung war ich in der Fertigungsoptimierung mitverantwortlich für die Investitionsplanung und die Werkzeugauswahl. ❸, ❹, ❺

In einem abteilungsübergreifenden Projekt zur Senkung der Herstellungskosten wurden vor zwei Jahren auch für meinen Arbeitsbereich CAD-Arbeitsplätze eingeführt. ❺, ❻

Meine Ausbildung zum Maschinenbaumechaniker führte ich bei der Stahl AG durch. Nach vier Jahren begann ich meine berufsbegleitende Weiterbildung zum Industriemeister, die ich vor zwei Jahren erfolgreich abgeschlossen habe. ❷, ❸, ❹

Ich verfüge über grundlegende CAD-Kenntnisse und englische Sprachkenntnisse. Daneben sind mir die Betriebssysteme Windows 98/XP/NT 4.0 und die Textverarbeitung Word vertraut.« ❶, ❻

So überzeugen Sie

Unser Positivbeispiel hat sicherlich auch bei Ihnen eine ganz andere Wirkung hinterlassen als das vorangegangene Negativbeispiel. Damit auch Sie sich eine überzeugende Selbstpräsentation für Ihre Bewerbung erarbeiten können, stellen wir Ihnen jetzt die Überzeugungsregeln vor, mit denen Sie Ihr Ziel erreichen:

Regel ❶: fachliche Anforderungen erkennen
Regel ❷: Aktivität zeigen
Regel ❸: individuelles Profil darstellen
Regel ❹: Beispiele für persönliche Fähigkeiten geben
Regel ❺: beschreiben statt bewerten
Regel ❻: der Joker: Schlüsselbegriffe aus dem Tagesgeschäft benutzen

Präzisieren Sie Ihre Angaben

Regel ❶: Fachliche Anforderungen erkennen Der Bewerber aus dem Positivbeispiel macht klar, dass er sich mit den fachlichen Anforderungen, die an ihn gestellt werden, auseinander gesetzt hat.

Der Bewerber verweist auf seine Kenntnisse in den Bereichen Arbeits-, Materialplanung und Auftragskalkulation und ergänzt diese Angaben dadurch, dass er seine Erfahrung in der Erstellung von Materialstücklisten und der Zuliefererkoordination nennt. Abgerundet wird der gute Eindruck durch seine CAD-Kenntnisse und durch seine Erfahrungen im Umgang mit der verlangten PC-Software.

Belegen Sie Ihre Leistungsbereitschaft

Regel ❷: Aktivität zeigen Aktivität zeigen Bewerberinnen und Bewerber mit Weiterbildungsmaßnahmen und Kursen, die belegen, dass sie mehr als das übliche Maß geleistet haben, um sich für neue Aufgaben zu qualifizieren.

Der Bewerber aus dem Beispiel verweist auf seine berufsbegleitende Weiterbildung zum Industriemeister. Er macht damit deutlich, dass er in seiner beruflichen Entwicklung nicht stagniert und weiter vorankommen will.

Regel ❸: Individuelles Profil darstellen Jede Bewerberin und jeder Bewerber hat etwas Besonderes zu bieten, das sie beziehungsweise ihn von anderen unterscheidet. Das muss in der Selbstpräsentation kenntlich werden. So stellt der Bewerber aus dem Positivbeispiel heraus, dass er in Zusammenarbeit mit der Produktionsleitung mitverantwortlich war für Investitionsplanung und Werkzeugauswahl.

Schärfen Sie Ihr Profil

Regel ❹: Beispiele für persönliche Fähigkeiten geben Unser Bewerber für die Position »Industriemeister« zeigt, dass er über die persönlichen Fähigkeiten »Leistungsbereitschaft und Lernbereitschaft« verfügt, indem er erklärt, dass er seine Weiterbildung zum Industriemeister berufsbegleitend durchgeführt hat. Seine »Projekt- und Teamfähigkeit« wird erkennbar in der Zusammenarbeit mit der Produktionsleitung bei Investitionsplanung und Werkzeugauswahl.

Beispiele statt Leerfloskel

Der Bewerber vermeidet durch die Verwendung konkreter Beispiele den Fehler, Leerfloskeln aufzuzählen, unter denen sich der Leser alles und nichts vorstellen kann.

Regel ❺: Beschreiben statt bewerten Die Fehler »kontraproduktive Ehrlichkeit« und »Selbstanklage« bei der Darstellung Ihrer Kenntnisse und Fähigkeiten können Sie durch die Verwendung der Überzeugungsregel »Beschreiben statt bewerten« vermeiden. Diese Überzeugungsregel hat außergewöhnlich große Wirkung, wenn sie richtig eingesetzt wird.

Geeignete Formulierungen haben wir in den Positivbeispielen benutzt. Im Beispiel heißt es: »In Zusammenarbeit mit der Produktionsleitung war ich in der Fertigungsoptimierung mitverantwortlich für die Investitionsplanung und die Werkzeugauswahl« und »ich bin dort als Industriemeister zuständig für die Erstellung von Materialstücklisten, die Zuliefererkoordination und die Arbeitsplanung«.

Überzeugen Sie mit sachlichen Formulierungen

Mit solchen sachlichen Formulierungen fallen Sie positiv auf, denn jede in der Selbstpräsentation geäußerte Kritik an Vorgesetzten, Kollegen oder

Beschreiben Sie neutral

dem Arbeitsklima würde immer auf Sie zurückfallen und nicht auf die Firma, bei der Sie beschäftigt sind. Üben Sie deshalb, Ihre Erlebnisse und Erfahrungen aus Ihrem Berufsalltag wertfrei zu beschreiben.

Übung

Beschreiben statt bewerten

Nehmen Sie Ihre Bestandsaufnahme zur Hand und beschreiben Sie, welche Aufgaben Sie übernommen haben, welche Projekte Sie geleitet haben und über welche Erfahrungen Sie verfügen. Üben Sie, die wesentlichen Tätigkeiten Ihrer beruflichen Stationen schlagwortartig und ohne Eigenbewertung aufzuzählen. Verwenden Sie dabei Formulierungen wie:

- »Ich habe . . . . gemacht/organisiert.«
- »Ich war verantwortlich für . . . .«
- »Durch meine Erfolge in . . . . konnte ich mich für den Aufstieg zum . . . . qualifizieren.«
- »Ich habe die Aufgaben eines . . . . wahrgenommen.«
- »Ich habe an . . . . teilgenommen.«
- »Die Beschäftigung mit . . . . und . . . . ermöglichte es mir, auch umfassendere Aufgaben im Bereich . . . . zu übernehmen.«
- »Ich habe am Projekt . . . . mitgearbeitet.«
- »Ich habe als . . . . die Bereiche . . . . und . . . . kennen gelernt.«
- »In meiner Tätigkeit als . . . . habe ich . . . . bearbeitet.«
- »Ich verfüge über Kenntnisse in . . . . und . . . .«
- »Bei meinem derzeitigen Arbeitgeber bin ich für . . . . und . . . . zuständig.«

- »Vor meiner heutigen Tätigkeit habe ich als . . . . gearbeitet und die Aufgaben . . . . und . . . . übernommen.«

Regel ❻: Der Joker: Schlüsselbegriffe aus dem Tagesgeschäft benutzen Personalabteilungen bevorzugen Bewerber, die von ihrem bisherigen Arbeitsplatz her bereits kennen, was in der zu vergebenden Stelle verlangt wird. Bewerber, die hier punkten wollen, müssen Schlüsselbegriffe aus dem Tagesgeschäft benutzen. Es geht darum, genau die Schlagworte zu finden und herauszustellen, die Ihre beruflichen Aufgaben kennzeichnen.

Demonstrieren Sie Praxiserfahrung und Berufsnähe

Der Bewerber aus dem Positivbeispiel verwendet die Schlagworte »Leitung von Montageteams«, »Arbeits- und Materialplanung«, »Fertigungsoptimierung«, »Investitionsplanung«, »CAD-Arbeitsplätze«, »Windows 98/XP/NT 4.0« und »WinWord«. Falsche Stellenbesetzungen sind teuer und werden später den Personalabteilungen angelastet. Um auf Nummer Sicher zu gehen, stellen Personalabteilungen daher lieber Bewerber ein, für die die neuen Aufgaben eine Fortsetzung der bisherigen Tätigkeiten sind. Deshalb sind Schlüsselbegriffe aus dem Tagesgeschäft bei der Ausgestaltung der Selbstpräsentation der Joker, mit dem Sie sich Vorteile gegenüber Mitbewerbern sichern können.

Vorteile sichern durch Schlüsselbegriffe

Sie finden die für Ihr Berufsfeld wichtigen Schlüsselbegriffe und Schlagworte in Stellenanzeigen, in Fachzeitschriften, in den Imagebroschüren der Firmen und in den Unternehmensdarstellungen im Internet. Unser Beispiel zeigt Ihnen, auf welche Vielfalt von Schlagworten Sie bei der Selbstpräsentation zurückgreifen können.

Beispiel

Schlüsselbegriffe für Account-Manager

Ein Mitarbeiter im Vertriebsaußendienst möchte sich auf die Stelle eines Account-Managers bewerben. In Stellenanzeigen fand er für die Darstellung seiner bisherigen Tätigkeiten diese Schlüsselbegriffe und Schlagworte:

- Neukundengewinnung
- Kundenbetreuung
- Verkaufspräsentation
- Beratung
- Marktanalyse
- Angebotserstellung
- Wettbewerbervergleiche
- Analyse der Kundenwünsche
- Workshop-Durchführung
- Mitarbeitertraining
- Produktschulung
- Verkaufsförderung
- Marktbeobachtung
- Umsetzung von Marketingmaßnahmen
- Zielgruppendefinition
- Erarbeitung von Vertriebsstrategien
- Kundenpflege
- Großkundenbetreuung
- Werbemitteleinsatz
- Entwicklung von Planungs- und Steuerungssystemen
- Erschließung neuer Vertriebskanäle
- Unterstützung des Direktvertriebs
- Messedurchführung
- Kongressplanung
- Realisierung von Vertriebszielen
- Kunden- und Gebietsstrukturierung
- Gestaltung der Preis- und Konditionspolitik
- Erstellung von Umsatzprognosen
- Verkaufsprogramm entwickeln
- Markteinführung

Nun geht es darum, diese Schlüsselbegriffe und Schlagworte in die Selbstpräsentation einfließen zu lassen. Die stichwortartige Beschreibung Ihrer beruflichen Erfahrungen vermittelt Personalverantwortlichen innerhalb kurzer Zeit wichtige Informationen über Ihr Qualifikationsprofil.

Beschreiben Sie stichwortartig Ihre beruflichen Erfahrungen

Der Bewerber auf die Position Account-Manager hat beispielsweise dreißig Begriffe, mit denen er sich darstellen kann. Aus diesen Begriffen muss er für seine Selbstpräsentation die zur neuen Position passenden Schlagworte auswählen und in Satzform bringen. Er könnte sich so beschreiben:

- »Ich bin momentan verantwortlich für die Neuakquisition, die Kundenbetreuung und die Kunden- und Gebietsstrukturierung.«
- »Neben meiner Tätigkeit im Außendienst habe ich Umsatzprognosen erstellt, Verkaufsprogramme entwickelt und Maßnahmen der Verkaufsförderung umgesetzt.«
- »Die Markteinführung von Produkten und die Vorstellung der Produkte auf Messen und Fachkongressen habe ich in Projektgruppen mitbegleitet.«

Die Zusammenfassung der für Sie zutreffenden Schlagworte und Schlüsselbegriffe in einem Satz ist der optimale Einstieg in Ihre Selbstpräsentation und zugleich der Beginn Ihres Anschreibens.

Der optimale Einstieg für Ihr Anschreiben

Übung

Schlüsselbegriffe und Schlagworte finden und einsetzen

Suchen Sie die für Ihr Tätigkeitsfeld geeigneten Schlüsselbegriffe und Schlagworte heraus. Beschränken Sie sich dabei nicht. Notieren Sie auf einem separaten Blatt alle Begriffe, die Ihre Tätigkeiten charakterisieren. Finden Sie mindestens 30 Schlüsselworte.

Formulieren Sie nun drei Sätze mit jeweils zwei bis drei Schlagworten. So erarbeiten Sie sich die Fähigkeit, mit großer Informationsdichte zu kommunizieren, das heißt, in kurzer Zeit oder in wenigen Sätzen möglichst konkrete und aussagekräftige Formulierungen zu benutzen.

1. »Ich bin verantwortlich für (Schlagwort), (Schlagwort) und (Schlagwort).«
2. »Zu meinen Aufgaben gehörte (Schlagwort), (Schlagwort) und (Schlagwort).«
3. »Ich habe (Schlagwort), (Schlagwort) und (Schlagwort) betreut.«

Das typische Problem von Bewerbern, eine zutreffende Beschreibung ihrer Tätigkeiten zu liefern, haben Sie jetzt gelöst. Sie können Ihre beruflichen Erfahrungen komprimiert vermitteln und gleichzeitig ein aussagekräftiges Profil liefern.

Das eigene Profil herausarbeiten

Als Vorarbeit für Ihr Anschreiben und das Vorstellungsgespräch werden Sie jetzt eine individuelle Selbstpräsentation erstellen. Das Aufbauschema für Selbstpräsentationen haben Sie bereits kennen gelernt, ebenso die Überzeugungsregeln für eine optimale Selbstdarstellung. Es kommt nun darauf an,

Bereiten Sie Ihre beruflichen Erfahrungen stellengerecht auf

dass Sie Ihre beruflichen Erfahrungen passend zur neuen Stelle aufbereiten.

Suchen Sie sich eine interessante Stellenanzeige heraus, und erarbeiten Sie eine darauf abgestimmte Selbstpräsentation. Schreiben Sie die Anforderungen aus der Stellenanzeige heraus und finden Sie Belege dafür, dass Sie diese erfüllen. Entwickeln Sie mit geeigneten Schlagworten und Schlüsselbegriffen ein Grundgerüst an Argumenten für Ihre Eignung. Wählen Sie die Schlagworte und Schlüsselbegriffe aus, die sowohl einen Bezug zur neuen Stelle als auch zu Ihrer momentanen Tätigkeit haben. Auf diese Weise wird Ihr individuelles Profil für neue Arbeitgeber deutlich.

Stimmen Sie Ihr Profil auf die ausgeschriebene Stelle ab

Durch den Einsatz verschiedener Schlagworte in Ihrer Selbstpräsentation können Sie Ihr Profil auf unterschiedliche berufliche Positionen ausrichten. Die Koppelung Ihrer bisherigen Tätigkeiten mit der ausgeschriebenen Position wird Personalverantwortliche überzeugen. Mit einem individuell ausgearbeiteten Profil signalisieren Sie, dass Sie sich aktiv mit den Anforderungen der neuen Stelle auseinander gesetzt haben. Ausgewählte Beispiele aus Ihrer beruflichen Praxis belegen Ihre persönlichen Fähigkeiten und Kenntnisse.

Bereiten Sie Ihre beruflichen Qualifikationen auf, indem Sie unsere Übung »Der Zuschnitt Ihrer Selbstpräsentation auf unterschiedliche Anforderungsprofile« machen. Zuvor möchten wir Ihnen anhand eines Beispiels verdeutlichen, wie Sie diese Übung mit Erfolg einsetzen können.

Beispiel

Vertriebsaußendienstmitarbeiter

Ein Bewerber aus dem Vertriebsaußendienst möchte sich beruflich weiterentwickeln. Er will sich für Tätigkeiten als Key-Account-Manager, als Marketingmitarbeiter und als Schulungsreferent bewerben.

Für die Darstellung seiner bisherigen Tätigkeiten hat er die gleichen Schlüsselbegriffe und Schlagworte gefunden wie der Mitarbeiter im Außendienst aus dem vorherigen Beispiel.

Um sich nun auf verschiedene Stellen zu bewerben, muss er jetzt aus seiner Liste die geeigneten Schlagworte und Schlüsselbegriffe herausfiltern.

Vom Vertriebsaußendienst in den Key-Account Für eine Bewerbung als Key-Account-Manager sind diese Schlüsselbegriffe geeignet: Kundenbetreuung, Marktanalyse, Analyse der Kundenwünsche, Kundenpflege, Großkundenbetreuung, Erarbeitung von Vertriebsstrategien, Erschließung neuer Vertriebskanäle, Gestaltung der Preis- und Konditionenpolitik. Entsprechende Formulierungen für die Selbstpräsentation könnten so lauten:

1. »Momentan arbeite ich im Vertriebsaußendienst. Zu meinen Aufgaben gehört die Kundenpflege und die Großkundenbetreuung.«
2. »Meine Aufgaben in der Großkundenbetreuung schließen die Erarbeitung von Vertriebsstrategien in Zusammenarbeit mit dem Kunden ebenso ein wie die Gestaltung der Preise und Konditionen. Durch Marktanalysen und die Erschließung neuer Vertriebskanäle habe ich erfolgreich neue Produkte am Markt eingeführt.«
3. »Die Basis meiner Tätigkeit ist meine erfolgreich abgeschlossene Ausbildung zum Kaufmann im Groß- und Außenhandel.«

Vom Vertriebsaußendienst ins Marketing Auf Marketing-Positionen kann er sich mit diesen Schlüsselbegriffen bewerben: Marktanalyse, Wettbewerbervergleiche, Marktbeobachtungen, Zielgruppendefinition, Verkaufsförderung, Umsetzung von Marketingmaßnahmen, Entwicklung von Verkaufsprogrammen. In Selbstpräsentationen gemäß unseres Schemas klänge dies so:

1. »Zurzeit arbeite ich im Vertrieb und in der Verkaufsförderung. Marktbeobachtungen, Zielgruppendefinitionen und die Umsetzung von Marketingmaßnahmen gehören zu meinen täglichen Aufgaben.«
2. »Neben den oben erwähnten Tätigkeiten habe ich für meine Firma Verkaufsprogramme entwickelt und Wettbewerbervergleiche durchgeführt. Um neue Vertriebskanäle erschließen zu können, habe ich Seminare zum Direkt-Marketing besucht.«
3. »Die Basis meiner Tätigkeit ist meine erfolgreich abgeschlossene Ausbildung zum Kaufmann im Groß- und Außenhandel.«

Vom Vertriebsaußendienst in die Schulung Der Sprung auf eine Tätigkeit in der Schulung gelingt mit den folgenden Schlüsselbegriffen: Workshop-Durchführung, Mitarbeitertraining, Produktschulung, Verkaufspräsentation, Messedurchführung, Kongressplanung, Realisierung von Vertriebszielen. Unter Berücksichtigung unseres Schemas lauten die Formulierungen dann so:

1. »Ich arbeite zurzeit im Vertrieb. Neben meiner Tätigkeit im Außendienst habe ich bereits Produktschulungen und Mitarbeitertrainings durchgeführt.«
2. »Die Umsetzung von Schulungsmaßnahmen in Workshops und Seminaren ist mir vertraut. Zur besseren Realisierung von Vertriebszielen habe ich mich umfassend in den Bereich der Verkaufspräsentationen eingearbeitet. Für meinen derzeitigen Arbeitgeber habe ich die Schulungsmaßnahmen für den Vertriebsnachwuchs konzipiert.«
3. »Die Basis meiner Tätigkeit ist meine erfolgreich abgeschlossene Ausbildung zum Kaufmann im Groß- und Außenhandel.«

Übung

Der Zuschnitt Ihrer Selbstpräsentation auf unterschiedliche Anforderungsprofile

Wie Sie Ihre Selbstpräsentation aufbauen, wissen Sie aus der Übung »Der Aufbau der Selbstpräsentation«. In der Übung »Schlüsselbegriffe und Schlagworte finden und einsetzen« haben Sie Begriffe gesammelt, mit denen Sie Ihre beruflichen Tätigkeiten charakterisieren können. Mit den von Ihnen herausgefundenen Schlagworten haben Sie in der Übung auch schon Sätze formuliert. Nun kommt es darauf an, Ihre Selbstpräsentation auf unterschiedliche Anforderungsprofile hin auszurichten.

Wählen Sie mindestens drei interessante Stellenanzeigen mit unterschiedlichen Tätigkeitsschwerpunkten aus und schneiden Sie Ihre Selbstpräsentation darauf zu.

Tätigkeitsschwerpunkt 1: . . . .
Tätigkeitsschwerpunkt 2: . . . .
Tätigkeitsschwerpunkt 3: . . . .

Suchen Sie für jeden Tätigkeitsschwerpunkt geeignete Schlagworte heraus.

Tätigkeitsschwerpunkt 1: ....

Schlagwort 1: ....

Schlagwort 2: ....

Schlagwort 3: ....

Tätigkeitsschwerpunkt 2: ....

Schlagwort 1: ....

Schlagwort 2: ....

Schlagwort 3: ....

Tätigkeitsschwerpunkt 3: ....

Schlagwort 1: ....

Schlagwort 2: ....

Schlagwort 3: ....

Verbinden Sie die geeigneten Schlagworte mit aussagekräftigen Beispielen aus Ihrer Berufstätigkeit. Nutzen Sie die geeigneten Schlagworte und die aussagekräftigen Beispiele, um Ihre Selbstpräsentation anhand des von uns vorgestellten Schemas auszuformulieren.

☑ *Checkliste* ***für Ihre Selbstpräsentation***

- ☐ Ist in Ihrer Selbstpräsentation Ihr individuelles Profil klar zu erkennen?
- ☐ Haben Sie Ihre Selbstpräsentation in einem beschreibenden Stil ausgearbeitet?
- ☐ Verkaufen Sie sich in Ihrer Selbstpräsentation auch nicht unter Wert?
- ☐ Haben Sie auf Übertreibungen verzichtet?
- ☐ Haben Sie die für Ihr Berufsfeld wichtigen Schlüsselbegriffe herausgearbeitet?
- ☐ Sind in Ihrer Selbstpräsentation genug Schlüsselbegriffe enthalten, um eine hohe Informationsdichte zu erreichen?

- ☐ Ist Ihre Selbstpräsentation positiv ausgerichtet? Berichten Sie von Erfolgen und Stärken?
- ☐ Haben Sie Probleme, Krisen und Schwierigkeiten ausgeklammert?
- ☐ Enthält Ihre Selbstpräsentation genügend Beispiele?
- ☐ Sind die Beispiele allgemein verständlich?
- ☐ Haben Sie Ihre Selbstpräsentation passgenau auf die speziellen Wünsche der umworbenen Firma zugeschnitten?

5
Gute Gründe für den Stellenwechsel

Eine wichtige Aufgabe im Bewerbungsprozess ist es, den Stellenwechsel nachvollziehbar zu begründen. Wenn Sie unnötige Spekulationen vermeiden wollen, müssen Sie sich gut vorbereiten. Wir zeigen Ihnen in diesem Kapitel, wie Sie Ihren Umstieg für Personalverantwortliche plausibel machen. Diese Vorbereitung brauchen Sie für Ihr Anschreiben, besonders aber für Telefoninterviews und das Vorstellungsgespräch.

Begründen Sie den Stellenwechsel

Nicht alle Bewerber suchen eine neue Stelle, weil der nächste Karriereschritt ansteht. Dies wissen auch Personalverantwortliche und werden daher hellhörig, wenn Bewerber den Wunsch nach einer neuen Stelle nicht plausibel begründen können. Bei unvorbereiteten Bewerbern entsteht schnell der Eindruck, dass sie im neuen Unternehmen nicht den Wunscharbeitgeber sehen, sondern eher die Notlösung für Probleme am alten Arbeitsplatz. Für die Personalverantwortlichen ist das natürlich keine tragfähige Basis für ein Arbeitsverhältnis.

Weshalb wird gewechselt?

Es gibt die unterschiedlichsten Gründe, warum Menschen einen neuen Arbeitsplatz suchen:

- Mit dem neuen Vorgesetzten ist eine Zusammenarbeit unmöglich geworden.
- Eine Kollegin bekommt die intern ausgeschriebene Stelle, auf die man sich selbst beworben hat. Dies geschieht bereits zum zweiten, dritten, vierten Mal.

- Gehaltserhöhungen lassen sich nicht in dem angestrebten Maße durchsetzen.
- Die Firma ist übernommen worden und im Rahmen der Umstrukturierung »rollen Köpfe«.
- Die ständige Belastung durch Überstunden ohne finanziellen oder zeitlichen Ausgleich ist von der Leistungsfähigkeit her mittelfristig nicht mehr zu bewältigen.
- Der Vorgesetzte, der bisher unterstützt und gefördert hat, hat sich wegbeworben.

Erarbeiten Sie überzeugende Begründungen

Alle diese Begründungen werden von potenziellen neuen Arbeitgebern nicht gerne gesehen. Deutlich unproblematischer ist es, wenn Sie den Stellenwechsel als konsequente Entwicklung darstellen und ihn auf diese Weise nachvollziehbar machen. Keine Sorge: Mit gutem Argumentationstraining lassen sich für jeden Bewerber entsprechend glaubwürdige Begründungen erarbeiten.

Akzeptierte Wechselgründe

Der Stellenwechsel als konsequenter Schritt

Als Grundregel gilt, dass innerhalb von zehn Berufsjahren zwei bis drei Stellenwechsel akzeptiert werden, wenn der Bewerber zielgerichtet gewechselt hat, um seine Fähigkeiten auszubauen und so seine berufliche Entwicklung voranzutreiben. Folgende Argumentationslinien sind dazu geeignet, einen Wechsel überzeugend darzustellen:

- wenn der Bewerber deutlich macht, dass die Bewerbung erfolgt ist, weil die ausgeschriebene Position eine planmäßige Fortsetzung des eingeschlagenen Berufszieles ist;
- wenn der Bewerber seinen beruflichen Erfolg beim alten Arbeitgeber konkret belegen kann (Umsatz oder Gewinnsteigerung, Abschlüsse etc.) und überzeugend darstellt, dass die neue Firma von diesen Erfahrungen profitieren wird;
- wenn der Bewerber seine fachlichen Kenntnisse und persönlichen Fähigkeiten am alten Arbeitsplatz konsequent weiterentwickelt hat und diese Kenntnisse und Fähigkeiten nun in der neuen Position gebündelt einsetzen möchte.

Diese Argumentationslinien müssen in Ihrer Bewerbungsstrategie deutlich werden. Sie müssen plausible Begründungen dafür finden, warum der angestrebte Wechsel eine Weiterentwicklung bedeutet und wie die neue Firma von Ihren Kenntnissen profitieren kann. Der Blick nach vorn bewahrt Sie davor, auf Fehlentwicklungen in der Vergangenheit einzugehen. Um diese Strategie gezielt vorzubereiten, sollten Sie die folgende Übung sehr gründlich durcharbeiten.

Klare Argumentationslinien

Übung

Den Wechsel begründen

In dieser Übung geht es darum, Personalverantwortliche davon zu überzeugen, dass der von Ihnen anvisierte Stellenwechsel eine Fortsetzung Ihrer beruflichen Erfolgsstory ist. Suchen Sie zunächst aus den drei von uns vorgestellten Argumentationslinien diejenige, die auf Sie am ehesten zutrifft. Jetzt brauchen Sie Belege, die diese Argumentation untermauern. Für die gewählte Argumentationslinie müssen Sie jetzt mindestens zwei, besser drei Beispiele finden, die Ihre Behauptung glaubwürdig machen.

Wenn Sie sich beispielsweise für die zweite Argumentationslinie entschieden haben, müssen Sie Zahlen für das Vorstellungsgespräch so aufbereiten, dass Umsatzsteigerungen oder die Erhöhung der Produktionskapazität nachvollziehbar werden.

Das erste Beispiel eines überzeugenden Bewerbers könnte dann lauten: »Im Jahr vor der von mir initiierten Marketingkampagne lag der Produktabsatz bei 50 000 Einheiten im Jahr. Nach dem Produkt-Relaunch stieg der Absatz auf 80 000 Einheiten. Dieses Wissen möchte ich gerne für Ihre Firma einsetzen. Meine erfolgreiche Arbeit möchte ich als Marketingleiter fortführen.«

Wenn Sie sich dafür entschieden haben, eine Weiterbildung in den Vordergrund zu stellen, könnten Sie so argumentieren: »Ich habe berufsbegleitend zu meiner Tätigkeit als Techniker eine Weiterbildung zum Industriemeister gemacht und möchte jetzt umfassendere berufliche Aufgaben übernehmen.«

Jetzt sind Sie an der Reihe. Nennen Sie zwei bis drei Beispiele, durch die Sie Personalverantwortlichen Ihren Wechselgrund glaubhaft und sich zum interessanten Bewerber machen können.

1. ....

....

2. ....

....

3. ....

....

Auf dem Weg zum Wunschkandidaten

Der »rote Faden« Ihrer beruflichen Entwicklung

Mit Ihrer ausgearbeiteten Selbstpräsentation haben Sie schon die optimale Basis, um potenziellen Arbeitgebern Ihren Stellenwechsel plausibel zu machen. Bewerber, die sich ihrer beruflichen und persönlichen Qualifikationen bewusst sind, strahlen Überzeugungskraft aus, die sie zum Wunschkandidaten von Personalverantwortlichen macht.

Weiter geht es damit, Ihre bisherige berufliche Situation als eine nach oben aufsteigende Entwicklungslinie zu beschreiben. Üblicherweise haben Sie zunächst eine Ausbildung oder ein Studium absolviert und dann bei verschiedenen Arbeitgebern beziehungsweise in verschiedenen Funktionen gearbeitet. Finden Sie konkrete Beispiele dafür, wie Sie Ihre Kenntnisse und Fähigkeiten in den einzelnen Stationen weiterentwickelt haben.

Zielorientierte Kommunikation

Trainieren Sie, zielorientiert zu kommunizieren. Zielorientierung meint in diesem Zusammenhang, Ihre bisherige berufliche Entwicklung so darzustellen, dass diese genau auf die neue Position hinführt. Machen Sie klar, was Sie bisher zum Erreichen von Unternehmenszielen beigetragen haben, und verdeutlichen Sie, dass Sie auch für das neue Unternehmen Erfolge erzielen werden.

Legen Sie beispielsweise dar, welche der Erfahrungen, die Sie in konkreten Projekten gewonnen haben, auch für die neue Position wichtig sind. Machen

Sie klar, dass Sie Ihre Fähigkeiten im Laufe der Zeit stetig ausgebaut haben. Zeigen Sie auf, dass Sie in der Berufspraxis Defizite erkannt haben, die Sie durch gezielte Fort- und Weiterbildungsmaßnahmen ausgeräumt haben.

Beispiel

PC-Supporterin

Eine Bewerberin, die sich für eine Stelle als PC-Supporterin interessiert, könnte ihren Stellenwechsel so begründen: »Ich bin in meiner jetzigen Firma für die Betreuung der installierten Hardware und die Weiterentwicklung der Bürokommunikationssoftware verantwortlich. Außerdem führe ich Schulungen zur Microsoft-Produktpalette durch. Die Abstimmung der Anforderungen der Fachabteilungen mit den Möglichkeiten der Datenverarbeitung ist ein wesentlicher Aspekt meiner Arbeit, den ich in meiner neuen Position vertiefen möchte. Um diese Aufgabe sicher zu bewältigen, habe ich mich laufend mit den Möglichkeiten neuer Softwarelösungen beschäftigt. Neben meiner Berufstätigkeit habe ich mich in den Bereichen Projektorganisation und Projektverfolgung weitergebildet.«

Beispiel

Werbeassistent

Der Stellenwechsel eines Werbeassistenten wird für Personalverantwortliche mit der folgenden Formulierung nachvollziehbar: »Mein Aufgabenbereich in einer Werbeagentur umfasst momentan die Planung und Realisierung von Direktmarketingprojekten. Daneben habe ich Katalogprojekte realisiert. Die Zusammenarbeit mit Druckereien und Lithoanstalten ist mir vertraut. Nach meiner Ausbildung zum Verlagskaufmann habe ich insbesondere den Bereich Erfolgskontrolle von Direktmarketingaktionen vertieft. Ich möchte jetzt zusätzlich die Verantwortung für Kommunikationsbudgets übernehmen und bin deshalb an der ausgeschriebenen Stelle interessiert.«

☑ *Checkliste für Ihren Wechsel*

- ☐ Wird aus Ihrer Begründung deutlich, dass Sie sich bewerben, weil die ausgeschriebene Position eine planmäßige Fortsetzung Ihres Berufsweges ist?
- ☐ Haben Sie Ihren beruflichen Erfolg beim jetzigen Arbeitgeber konkret belegt?
- ☐ Zeigen Sie, wie die neue Firma von Ihren Erfahrungen profitieren wird?
- ☐ Wird deutlich, dass Sie Ihre Hard Skills und Soft Skills am alten Arbeitsplatz konsequent weiterentwickelt haben?
- ☐ Wird erkennbar, dass Sie Ihre fachlichen Kenntnisse und persönlichen Fähigkeiten in der neuen Position gebündelt einsetzen können?
- ☐ Haben Sie Ihre Argumentation mit mindestens zwei Beispielen glaubwürdig belegt?
- ☐ Haben Sie Ihre berufliche Entwicklung so dargestellt, dass sie genau auf die neue Position hinführt?

6
Die Suche nach potenziellen Arbeitgebern

Für die gezielte Ansprache von neuen Arbeitgebern gibt es verschiedene Wege. Sie können den offenen Stellenmarkt für sich nutzen, indem Sie zum Beispiel auf Zeitungen und Fachzeitschriften oder auf das Internet zugreifen.

So finden Sie das geeignete Unternehmen

Wenn Sie nach Unternehmen suchen, denen Sie sich und Ihre Fähigkeiten präsentieren wollen, können verschiedene Wege zum Ziel führen. Sie müssen aber potenzielle Arbeitgeber nicht nur ausfindig machen, sondern auch in der Lage sein, einen Kontakt zur neuen Firma herzustellen. Bevor wir Ihnen erläutern, wie Sie am Telefon oder mit Ihrer Bewerbungsmappe überzeugen, stellen wir Ihnen zuerst die Möglichkeiten vor, wie Sie die für Sie geeigneten Unternehmen finden.

Klassische Suche

Der klassische Weg ist immer noch die Reaktion auf Stellenausschreibungen von Unternehmen, die neue Mitarbeiter suchen. Sie finden offene Stellen, indem Sie

- den Stellenteil in den Wochenendausgaben der Tageszeitungen und/oder branchentypische Fachmagazine mit Stellenmarkt lesen;
- zum Stellen-Informations-Service/SIS der Agentur für Arbeit gehen;
- gezielt im Internet suchen.

Regionale Suche

Sie können aber auch nach Branchen, Regionen und Unternehmen suchen, ohne dass diese Stellenanzeigen geschaltet haben. Dies können Sie, indem Sie Firmenverzeichnisse bei den Industrie- und Handelskammern und den Handwerkskammern einsehen.

Im Folgenden machen wir Sie mit den Besonderheiten und den Vor- und Nachteilen dieser Wege bekannt.

Der Stellenteil in Zeitungen und Fachmagazinen

Einer der erfolgversprechendsten Wege

Die Bewerbung auf eine Stellenanzeige in Tageszeitungen ist nach wie vor einer der erfolgversprechendsten Wege, einen neuen Arbeitsplatz zu finden. Regionale Zeitungen haben den Vorteil, dass sich Bewerberinnen und Bewerber aus dem lokalen Umfeld der Firma ansprechen lassen. Überregionale Zeitungen ermöglichen eine gezielte Kontaktanbahnung mit speziellen Zielgruppen.

Beschränken Sie sich bei der Suche nach einem neuen Arbeitgeber nicht auf Ihre Tageszeitung. Kaufen Sie die Samstagsausgaben von verschiedenen Zeitungen, und arbeiten Sie den Stellenmarkt systematisch durch. Schneiden Sie die für Sie interessanten Anzeigen aus und vermerken Sie dabei das Erscheinungsdatum und den Namen der Zeitung.

Ziehen Sie auch Fachmagazine hinzu

Nutzen Sie auch Fachmagazine, die es mittlerweile für fast alle Branchen gibt. Üblicherweise enthalten sie einen eigenen Stellenteil. Unternehmen greifen bei der Bewerbersuche gerne auf Fachmagazine zurück, weil die Bewerberansprache gezielt erfolgen kann. Je spezieller die nachgefragten Kenntnisse sind, desto eher wird eine Anzeige in Fachmagazinen geschaltet.

Stellen-Informations-Service/SIS der Agentur für Arbeit

Effektive Wege bei der Arbeitsagentur

Die flächendeckende Einführung des Stellen-Informations-Service in allen Agenturen für Arbeit hat dazu geführt, dass kleine und mittelständische Unternehmen weniger Stellenanzeigen schalten. Die Bewerbersuche findet aus Kostengründen oft über die Agentur für Arbeit statt. Der Bewerber kann die ausgeschriebenen Positionen direkt am Terminal ansehen, was von Unternehmensseite sehr positiv gewertet wird, da dies die Eigeninitiative des Stellensuchenden dokumentiert.

Die Angebote im SIS sind eher auf das mittlere und untere Qualifikations- und Gehaltssegment zugeschnitten. Aus Platzgründen sind die Stellenbeschreibungen zum Teil sehr oberflächlich. Wenn Sie nicht sicher sind, ob Sie für die ausgeschriebene Position geeignet sind, rufen Sie zunächst bei der Firma an. Achten Sie auch auf das Eingabedatum der Stellenangebote: Senden Sie Ihre Bewerbungsunterlagen auf im SIS ausgeschriebene Stellen nur dann, wenn die Stelle vor weniger als vier Wochen eingegeben wurde. Ist die Position älter als vier Wochen, rufen Sie zunächst bei der Firma an und erkundigen sich, ob die Stelle noch zu haben ist. Beachten Sie hierzu auch die im nächsten Kapitel (»Das Telefon: der schnelle Weg zum neuen Arbeitsplatz«) gegebenen Hinweise zur überzeugenden Selbstdarstellung.

Achten Sie auf das Eingabedatum

Den Stellen-Informations-Service der Agentur für Arbeit können Sie auch im Internet unter *www.arbeitsagentur.de* abrufen.

Stellensuche im Internet

Eine sehr wichtige Rolle bei der Stellensuche spielt das Internet. Viele Firmen machen ihren Bedarf an neuen Mitarbeitern parallel zu Stellenanzeigen, zum Teil aber auch ausschließlich im Internet bekannt. Sie finden im Internet Stellenangebote

Alle Möglichkeiten nutzen

- direkt auf den Homepages der Firmen,
- in Jobbörsen,
- in den Online-Stellenmärkten von Zeitungen.

Homepages der Firmen Über Werbeanzeigen, Prospekte, Branchenblätter oder notfalls Suchmaschinen finden Sie die Internetadresse Ihrer gesuchten Firma. Auf der Startseite der Homepage werden Sie einen Verweis auf Stellenangebote finden. Wenn Sie vor Ihrer Bewerbung weitergehenden Informationsbedarf haben, sollten Sie sich mithilfe eines Telefonanrufes Klarheit über die besonderen Anforderungen der zu vergebenden Stelle verschaffen.

Stellensuche online

Jobbörsen Es gibt im Internet allgemeine, aber auch spezielle Börsen für einzelne Branchen. Magazine, die regelmäßig über Karrierethemen berichten, bieten auf ihren Internetseiten Verweise zu Börsen an. In Kapitel 26 (»Jobs im Internet«) finden Sie in Übersicht 18 eine Auswahl der wichtigsten

Jobbörsen. Übe 50 weitere Jobbörsen haben wir auf unserer Homepage www. karriereakademie.de für Sie zusammen gestellt.

Online-Stellenmärkte der Zeitungen Die in den Wochenendausgaben der Tageszeitungen geschalteten Stellenanzeigen finden Sie ebenfalls im Internet unter der Homepage der jeweiligen Zeitung. Ihr Vorteil hier: Die Anzeigen bleiben meist länger geschaltet als in der parallel erschienenen Printausgabe. Sie können also ein größeres Angebot nutzen. Sie können sich auch ohne weiteres auf Anzeigen bewerben, die bis zu vier Wochen alt sind. Sind die Anzeigen älter als vier Wochen, empfiehlt sich zunächst ein Anruf bei der Firma, um zu überprüfen, ob es noch Sinn macht, die Bewerbungsunterlagen abzusenden.

Zusätzliche Angebote der Zeitungen

Firmenverzeichnisse der Industrie- und Handelskammern und der Handwerkskammern

Wenn Sie einen Arbeitgeber in einer ganz bestimmten Region suchen, können Sie in den Industrie- und Handelskammern und Handwerkskammern nach Firmenverzeichnissen fragen. Schreiben Sie die für Sie interessanten Anschriften aus den Verzeichnissen heraus oder lassen Sie sich einen Ausdruck aus der Datenbank der Kammer anfertigen. Einige Kammern machen dies kostenlos, andere verlangen Gebühren für diese Dienstleistung. Erkundigen Sie sich vorher, damit Sie keine unangenehme Überraschung erleben. Die Verzeichnisse enthalten jedoch keine Informationen darüber, ob die Firmen aktuellen Einstellungsbedarf haben. Dies müssen Sie selbst mit einem Anruf erfragen.

Suchen Sie gezielt Arbeitgeber Ihrer Branche

In vielen Kammern bekommen Sie auch Verzeichnisse, die die Adressen von Wirtschaftsorganisationen enthalten. In diesen Verzeichnissen sind die Verbände, Vereinigungen und Interessengruppen in den einzelnen Wirtschaftszweigen aufgeführt. Es gibt beispielsweise spezielle Verbände innerhalb des Groß- und Außenhandels, des Kreditgewerbes, der Industrie und des Einzelhandels.

Sie können gezielt Arbeitgeber in Ihrer Branche herausfinden, wenn Sie den für Sie interessanten Fachverband anschreiben und um eine Mitgliederliste bitten. Auf diese Weise haben Sie die Möglichkeit, attraktive Arbeitgeber in Ihrer Nähe zu entdecken.

Die klassische Suche bietet Ihnen den Vorteil, dass Sie die Adressen von sehr vielen Firmen bekommen. Das ist gleichzeitig aber auch der Nachteil an dieser Methode, vielleicht möchten Sie zielgerichteter vorgehen. Wenn ja, können Sie unsere Tipps und Hinweise zur Suche im verdeckten Stellenmarkt nach einem neuen Arbeitsplatz nutzen. Sie finden Sie in Teil 3 dieses Buches (»Initiativbewerbungen«).

Suche im verdeckten Stellenmarkt

☑ *Checkliste*
für die Suche nach potenziellen Arbeitgebern

- ☐ Haben Sie auf Ihrer Suche nach einer neuen Arbeitsstelle die Stellenmärkte der Tageszeitungen und der branchentypischen Fachmagazine durchgearbeitet?
- ☐ Haben Sie nicht nur die großformatigen Anzeigen, sondern auch die kleinen Ausschreibungen genau geprüft?
- ☐ Haben Sie auch die Online-Stellenmärkte der Zeitungen durchsucht?
- ☐ Haben Sie den Stellen-Informations-Service der Agentur für Arbeit genutzt?
- ☐ Haben Sie sich informiert, ob die ausgeschriebene Stelle noch aktuell ist?
- ☐ Haben Sie gezielt auf den Homepages von Unternehmen nach Jobangeboten gefahndet?
- ☐ Haben Sie Jobbörsen im Internet in Ihre Suche mit einbezogen?
- ☐ Haben Sie Firmenverzeichnisse bei den Industrie- und Handelskammern und den Handwerkskammern eingesehen?

7

Das Telefon: der schnelle Weg zum neuen Arbeitsplatz

In diesem Kapitel zeigen wir Ihnen, wie Sie das Telefon nutzen können, um Bewerbungen auf Stellenanzeigen hin vorzubereiten. Wir erläutern Ihnen, wie Sie sich am Telefon so darstellen, dass die Firmen Sie von Anfang an als interessanten Bewerber einschätzen.

Mehr Erfolg durch telefonischen Kontakt

»Für Vorabinformationen steht Ihnen Frau Müller unter der Telefonnummer (0 40) 1 23 45 67 gerne zur Verfügung.« Hinweise wie diesen finden sich in vielen Stellenanzeigen. Doch Personalverantwortliche und Personalberater klagen darüber, dass lediglich ein sehr kleiner Teil der Bewerber tatsächlich anrufen. Und von diesen wenigen ist der größte Teil auch noch unvorbereitet ...

Bewerbungen auf Stellenanzeigen haben aber wesentlich mehr Erfolg, wenn Bewerberinnen und Bewerber die Möglichkeit zum telefonischen Kontakt nutzen und damit Eigeninitiative zeigen. Darüber hinaus lassen sich im Gespräch erfragte Zusatzinformationen später in die Bewerbungsunterlagen einarbeiten.

Positive Aufmerksamkeit erregen

Der Vorteil für Sie Schon nach einem kurzen Telefongespräch mit potenziellen Arbeitgebern können Sie einschätzen, ob sich das Anforderungsprofil des Unternehmens und Ihre Qualifikationen grundsätzlich decken. Zudem finden Sie mehr über die Anforderungen der jeweiligen Stelle heraus und erfahren Schlüsselbegriffe, auf die die Firma »anspringt«. Wenn Sie diese Informationen in Ihre Bewerbungsunterlagen einfließen lassen, heben Sie sich wohltuend von passiven Massenbewerbern ab.

Der Nachteil für Sie Der erste Eindruck ist prägend. Das bedeutet, dass Sie den besonderen Anforderungen der Selbstdarstellung am Telefon gerecht werden müssen. Handeln Sie deshalb nie nach der Devise: »Mal sehen, was passiert, wenn ich bei der Firma anrufe«. Dies befördert Sie schneller ins Aus, als Ihnen lieb ist.

Der erste Eindruck zählt

Die Bewerbung am Telefon unterliegt besonderen Anforderungen, die nicht ohne weiteres ersichtlich sind. Sie sollten die Grundregeln des überzeugenden Telefonierens vor dem Anruf kennen und trainieren.

Die richtige Stimmung erzeugen

Vor einem Telefongespräch müssen Sie zunächst die optimalen Rahmenbedingungen herstellen. Überlegen Sie sich, welche Störfaktoren aus Ihrer Umgebung das Telefonat beeinträchtigen könnten.

Störfaktoren ausschalten

Telefonieren Sie auf keinen Fall von Ihrem momentanen Arbeitsplatz aus. Sie setzen sich nur unter unnötigen Druck, wenn man am alten Arbeitsplatz erfährt, dass Sie wechseln wollen. Auch Ihr potenzieller neuer Arbeitgeber wird es nicht schätzen, wenn Sie während der Arbeitszeit Bewerbungsaktivitäten entfalten.

Wenn Sie von zu Hause aus anrufen, sollten Sie dafür sorgen, dass Sie konzentriert telefonieren können. Schalten Sie die Wohnungsklingel ab. Informieren Sie die Menschen in Ihrer Umgebung, dass Sie ein wichtiges Telefongespräch führen möchten. Falls Sie die Funktion »Anklopfen« in Ihrem Telefon haben, schalten Sie sie aus. Das Tonsignal, mit dem ein parallel eingehender Anruf gemeldet wird, entnervt sonst Sie und Ihren Gesprächspartner.

Schaffen Sie die nötige Ruhe

Im Telefongespräch gibt es nur einen akustischen und keinen visuellen Eindruck. Das bedeutet, dass über Klang und Ausdruck der Stimme Aufregung, Unsicherheit und Ängstlichkeit genauso wie Sicherheit und Selbstbewusstsein vermittelt werden. Rufen Sie deshalb nur an, wenn Sie sich fit und selbstbewusst fühlen. Telefonieren Sie im Stehen, Sie sind dann länger konzentriert, Ihre Stimme klingt voller, und der Spannungsbogen reißt nicht so schnell ab.

Für das Gespräch sollten Sie immer Stift und Papier bereithalten. Wenn Sie aufgrund einer Stellenanzeige anrufen, sollten Sie diese so positionieren, dass Sie sie im Blick behalten. Notieren Sie sich Datum und Uhrzeit Ihres

Telefonates und, falls bekannt, den Namen Ihres Ansprechpartners im Unternehmen.

Wenn Sie die Rahmenbedingungen geklärt haben, müssen Sie sich noch mit der inhaltlichen Seite des Gespräches auseinander setzen. Wir erläutern Ihnen nun im Folgenden, was Sie beachten müssen, wenn Sie aufgrund einer Stellenanzeige anrufen. Anschließend erfahren Sie, welche besonderen Spielregeln gelten, wenn Sie mit einem Telefongespräch eine Initiativbewerbung vorbereiten.

Notieren Sie alles Wesentliche

Telefonischer Kontakt bei Stellenanzeigen

Bevor Sie zum Telefonhörer greifen und auf eine Stellenanzeige hin in einer Firma anrufen, müssen Sie Ihre Gesprächsziele präzise definieren, sich intensiv mit den Anforderungen der Stellenanzeige beschäftigen und sich als interessanter Bewerber darstellen.

Die Gesprächsziele präzise definieren

Gesprächsziele und eigene Fragen

Aus unserer Beratungspraxis wissen wir, dass Bewerberinnen und Bewerber sich oft über die Ziele, die sie mit einem Anruf bei einer Firma erreichen wollen, nicht im Klaren sind. Die meisten glauben, dass sie am Telefon gleich in ein Vorstellungsgespräch verwickelt werden. Damit bauen sie einen viel zu großen Druck auf und verzichten in der Konsequenz dann lieber auf einen Anruf.

Bei diesem Anruf geht es jedoch nicht um die Beantwortung der Frage »Bekomme ich die ausgeschriebene Stelle oder nicht?«. Im Vordergrund sollte die Vorbereitung der schriftlichen Bewerbung stehen. Im Gespräch erfragte Zusatzinformationen können im Anschreiben und im Lebenslauf aufgegriffen werden. Je individueller Sie auf Firmenanforderungen eingehen, desto größer sind Ihre Chancen, zu einem Vorstellungsgespräch eingeladen zu werden.

Je umfangreicher die Information, desto individueller die Bewerbung

Legen Sie vor dem Gespräch fest, in welchen Punkten Sie noch Klärungsbedarf haben:

- Möchten Sie mehr Informationen über die ausgeschriebene Stelle haben, weil die Stellenanzeige sehr allgemein formuliert ist?
- Möchten Sie herausfinden, auf welche Kenntnisse und Fähigkeiten die Firma besonderen Wert legt?
- Möchten Sie erfahren, in welchem Verhältnis einzelne Aufgaben des Tätigkeitsbereiches zueinander stehen (Innendienst zu Außendienst, Projekttätigkeiten zu Routineaufgaben, Dienstreisen zu Aufenthalt in der Firma)?
- Möchten Sie herausfinden, ob Sie Ihr Profil ausbauen müssen?
- Möchten Sie im Anschreiben auf ein Telefongespräch verweisen können?
- Möchten Sie wissen, ob noch andere als in der Stellenanzeige genannte Positionen zu besetzen sind?
- Möchten Sie den optimalen Bewerbungszeitpunkt erfragen?
- Möchten Sie Informationen über die Firma anfordern (Produktkataloge, Unternehmensbroschüren, Geschäftsberichte)?

Wenn Sie sich über Ihre Gesprächsziele klar geworden sind, sollten Sie dazu passende Fragen entwickeln, auf die Sie die von Ihnen gewünschten Informationen erhalten. Auf diese Weise können Sie Ihren Informationsbedarf im Telefongespräch vermitteln und zeigen, dass Sie sich auf das Gespräch angemessen vorbereitet haben. Sie beeindrucken Ihre Gesprächspartner dann, wenn Sie Fragen stellen, deren Beantwortung am Telefon auch aus Sicht des Unternehmens einen Sinn machen.

Bereiten Sie gezielte Fragen vor

An Stellenanzeigen anknüpfen

Mit der Auswertung von Stellenanzeigen haben wir Sie im Kapitel 3 vertraut gemacht. Sie wissen, dass sich die Anforderungen der Unternehmen aus einer Mischung von fachlichen Kenntnissen und persönlichen Fähigkeiten zusammensetzen.

Bei Ihrer telefonischen Kontaktaufnahme mit dem Unternehmen haben Sie nicht die Möglichkeit, Ihre fachlichen Kenntnisse und persönlichen Fähigkeiten so umfassend darzustellen, wie Sie es im Anschreiben und im Lebenslauf können. In Ihrem Telefongespräch müssen Sie sich beschränken. Sie können Ihrem Gesprächspartner am anderen Ende der Leitung nur eine begrenzte Menge von Informationen über sich vermitteln.

Beim Anruf aufgrund einer Stellenanzeige können Sie Anknüpfungspunkte für Ihr Gespräch aus der Stellenanzeige herauslesen. Es versteht sich von selbst, dass Sie hier nicht die Stellenanzeige vorlesen und behaupten, alle Anforderungen zu erfüllen. Das Interesse der Firmenseite wecken Sie erst in dem Moment, in dem Sie konkrete Beispiele liefern, aus denen deutlich wird, dass Sie einzelne Anforderungen erfüllen.

Nutzen Sie die Möglichkeiten des Telefongesprächs sinnvoll

Beispiel

Account-Manager gesucht

Ein Bewerber für die Position »Account-Manager« in einem Telekommunikationsunternehmen hat aus einer Stellenanzeige diese Anforderungen herausgeschrieben:

- Erfahrung in der Telekommunikationsbranche
- Erfahrung in der Großkundenbetreuung
- selbstständige Initiierung von Kundenprojekten
- sichere Präsentationstechniken
- Argumentationsstärke

Für diese Anforderungen hat er in seinem Werdegang diese Belege gefunden:

Anforderung 1: Erfahrung in der Telekommunikationsbranche
Beleg 1: Vertriebsinnendienst bei einem Internetserviceprovider
Beleg 2: Vertrieb von Telefonanlagen an Firmenkunden im Außendienst

Anforderung 2: Erfahrung in der Großkundenbetreuung
Beleg 1: Großkundenbetreuung beim Telefonanlagenverkauf
Beleg 2: Produktpräsentationen auf Fachmessen

Anforderung 3: Selbstständige Initiierung von Kundenprojekten
Beleg 1: Projekt »Bonusheft« für Internetproviderkunden
Beleg 2: Kundenbindung durch Einladungen zu Sport-Events

Anforderung 4: Sichere Präsentationstechniken
Beleg 1: Produktpräsentationen im Außendienst
Beleg 2: Produktpräsentationen auf Messen

Anforderung 5: Argumentationsstärke
Beleg 1: Durchgesetzt auf dem hart umkämpften Markt der Telefonanlagen
Beleg 2: Steigerung der Kundenzahlen des Internetproviders

Für ein Telefongespräch muss er nun diejenigen Belege heraussuchen, die sein Profil im Hinblick auf die ausgeschriebene Stelle am besten deutlich machen. Geeignete Belege für ein Telefongespräch mit einem Telekommunikationsunternehmen sind:

- Großkundenbetreuung beim Telefonanlagenverkauf
- Projekt »Bonusheft« für Internetproviderkunden
- Berufserfahrung im Vertriebsinnendienst und -außendienst
- Vertriebserfolge

Damit Sie nicht erst im Telefongespräch mit dem Unternehmen überlegen, wie Sie sich interessant darstellen, müssen Sie sich vorbereiten. Machen Sie dazu die nachfolgende Übung, um eine fundierte Materialsammlung zur Hand zu haben, aus der Sie »zugeschnittene« Belege anführen können.

Bereiten Sie eine fundierte Materialsammlung vor

Übung
Belege für die Selbstdarstellung am Telefon

Nehmen Sie eine für Sie interessante Stellenanzeige zur Hand. Unterstreichen Sie in der Stellenanzeige alle Anforderungen, und suchen Sie für jede Anforderung mehrere passende Beispiele aus Ihrem Werdegang. Wenn Sie mehrere Beispiele zur Auswahl haben: Am besten geeignet sind die Belege, die möglichst aus derselben Branche sind und Nähe zu den Tätigkeiten der ausgeschriebenen Stelle haben.

Listen Sie hier die Anforderungen aus der für Sie interessanten Stellenanzeige auf und belegen Sie sie:

Anforderung 1: . . . .
Beleg 1: . . . .
Beleg 2: . . . .

Anforderung 2: ....
Beleg 1: ....
Beleg 2: ....

Anforderung 3: ....
Beleg 1: ....
Beleg 2: ....

Die richtige Selbstdarstellung am Telefon

Ihr Hauptziel ist, das Interesse an Ihnen zu erwecken. Dann können Sie im zweiten Schritt mit der Zusendung Ihrer Bewerbungsunterlagen punkten, weil Sie sich erste Aufmerksamkeit und Sympathie schon am Telefon gesichert haben.

Wecken Sie Interesse

Positiv reagieren die meisten Unternehmen, wenn sich Bewerberinnen und Bewerber als zukünftige Problemlöser für die Aufgaben in der neuen Position anbieten. Es muss auch klar werden, dass Sie aktiv an Ihrer Karriere arbeiten. Argumentieren Sie vom neuen Tätigkeitsfeld her.

Es kommt für Sie im Telefongespräch darauf an, mit wenigen Sätzen zu verdeutlichen, dass Sie in Ihrer bisherigen beruflichen Praxis Erfolg gehabt haben. Machen Sie klar, wie Sie Ihre Kenntnisse und Fähigkeiten bisher eingesetzt haben, um berufliche Aufgaben zu lösen. Beschreiben Sie sich als aktiv und zupackend, dies gelingt Ihnen am besten mit unseren folgenden Formulierungen.

Verdeutlichen Sie in wenigen Sätzen Ihre beruflichen Erfolge

- »Ich verfüge über Erfahrungen in ....«
- »Ich habe mich mit .... auseinander gesetzt.«
- »Ich habe bereits als .... gearbeitet.«
- »Die Aufgaben eines .... sind mir bekannt aus ....«
- »In die Bereiche .... und habe ich mich neben meinen Aufgaben im Tagesgeschäft eingearbeitet.«
- »Ich habe .... organisiert/geleitet/durchgeführt/koordiniert.«
- »Projektverantwortung konnte ich als .... übernehmen.«

- »Mit den Tätigkeiten einer .... bin ich vertraut.«
- »Ich habe einen Umsatz von .... verantwortet.«
- »Ich habe .... Mitarbeiter geführt.«
- »Ich habe Gewinnsteigerungen realisiert.«
- »Den Markt für .... habe ich erfolgreich erschlossen.«
- »Auf dem umkämpften Markt für ..... habe ich mich durchgesetzt.«

Um Ihnen die Unterschiede von Telefongesprächen klarzumachen, möchten wir Ihnen am Beispiel einer Facheinkäuferin zeigen, wie ein negativer Eindruck und wie ein positiver Eindruck aufseiten des jeweiligen Personalverantwortlichen entsteht. Zuerst das Negativbeispiel: So sollten Sie es nicht machen!

Negativbeispiel

Das unvorbereitete Gespräch

Eine Facheinkäuferin, die sich nach einer abgeschlossenen Fortbildung zur Wirtschaftsingenieurin bei einem Sportwagenhersteller bewerben möchte, präsentiert sich am Telefon als durchschnittliche und uninteressante Kandidatin, wenn sie nicht auf die Anforderungen der zu besetzenden Stelle eingeht. Das unvorbereitete Telefongespräch läuft so ab:

Personalverantwortlicher: »Sportwagen AG, Herbert Holzauer.«

Facheinkäuferin: »Guten Tag, mein Name ist Sabrina Schmidt, ich möchte mich gerne beruflich verändern.«

Personalverantwortlicher: »Guten Tag, Frau Schmidt, wie kann ich Ihnen da weiterhelfen?«

Facheinkäuferin: »In der Zeitung stand doch, Sie suchen eine Facheinkäuferin.«

Personalverantwortlicher: »Welche Fragen kann ich Ihnen zu der Stelle beantworten?«

Facheinkäuferin: »Glauben Sie, dass ich für die Stelle geeignet bin?«

Personalverantwortlicher: »Das weiß ich im Moment nicht, was haben Sie denn bisher gemacht?«

Facheinkäuferin: »Ich habe gerade eine Fortbildung durchlaufen und suche jetzt Arbeit.«

Personalverantwortlicher: »Schicken Sie uns doch Ihre Bewerbungsmappe.«
Facheinkäuferin: »Ja, das mache ich, vielen Dank.«

Die Facheinkäuferin hat die Chance verpasst, Interesse aufseiten des Personalverantwortlichen zu wecken. Sie hat am Gesprächsanfang nicht gesagt, um welche Stellenausschreibung es geht. Sie ist mit keinem Wort auf die Inhalte der zu besetzenden Position eingegangen. Sie hat keine Verbindung zwischen ihrer Berufspraxis und der neuen Stelle hergestellt. Ihre berufliche Entwicklung wird nicht deutlich. Es wird nicht klar, was sie für die neue Position qualifiziert.

Bereiten Sie sich gründlich vor

Räumen Sie die typischen Bewerberfehler bei Telefongesprächen mit Firmenvertretern durch gezielte Vorbereitung aus. Sie nehmen Personalverantwortliche am Telefon für sich ein, wenn Sie sich an unserem Schema für Telefongespräche orientieren:

1. Sprechen Sie die Personalverantwortlichen mit Namen an. Den Namen finden Sie üblicherweise in der Stellenanzeige. Sonst fragen Sie in der Telefonzentrale der Firma nach, wer die Stellenausschreibung bearbeitet.
2. Nennen Sie die ausgeschriebene Position, für die Sie sich interessieren, und die Fundstelle der Anzeige.
3. Geben Sie ein oder zwei Beispiele dafür, dass Sie mit den Stellenanforderungen in Berührung gekommen sind, beispielsweise durch Ihre bisherigen Tätigkeitsschwerpunkte, Branchenerfahrung, Sonderaufgaben, Projekte.
4. Stellen Sie ein oder zwei geeignete Fragen, die zeigen, dass Sie sich mit Ihrem Qualifikationsprofil und dem Tätigkeitsfeld auseinander gesetzt haben.
5. Bedanken Sie sich für die gegebenen Informationen.
6. Weisen Sie gegebenenfalls darauf hin, dass Sie in Ihrem Wunsch, sich in diesem Unternehmen zu bewerben, bestärkt worden sind und Ihre Bewerbungsmappe unverzüglich zu Händen Ihres Gesprächspartners schicken werden.

So machen Sie es richtig

Die Umsetzung dieser Regeln für Telefongespräche mit Unternehmen sieht für das eben dargestellte Beispiel der Facheinkäuferin, die sich bei einem Sportwagenhersteller bewirbt, so aus:

Positivbeispiel

Die vorbereitete Facheinkäuferin

Personalverantwortlicher: »Sportwagen AG, Herbert Holzauer.«

Facheinkäuferin: »Guten Tag, Herr Holzauer, mein Name ist Sabrina Schmidt. Es geht um die Stelle als Facheinkäuferin Elektrik und Elektronik, die am letzten Samstag in der *Kölnischen Rundschau* erschienen ist. Können Sie mir einige Fragen zu der Stelle beantworten?«

Personalverantwortlicher: »Ja, was interessiert Sie?«

Facheinkäuferin: »Ich habe in der Automobilbranche Lieferantenbeurteilungen und Audits durchgeführt und war für Vertragsgestaltung und Preisverhandlungen zuständig. Ist die ausgeschriebene Stelle mit intensiver Reisetätigkeit verbunden?«

Personalverantwortlicher: »Da wir vermehrt internationale Zulieferer einbinden, müssen sich unsere Facheinkäufer auch zeitweise im Ausland aufhalten. Diese Aufenthalte betragen insgesamt ungefähr sechs Wochen pro Jahr. Kommen Sie aus dem betriebswirtschaftlichen oder aus dem technischen Bereich?«

Facheinkäuferin: »Ich habe als Diplom-Ingenieurin begonnen und mich dann zur Diplom-Wirtschaftsingenieurin weitergebildet. Als technische Einkäuferin möchte ich mich weiterentwickeln und auch internationale Projekte bearbeiten.«

Personalverantwortlicher: »Diese Möglichkeiten haben Sie bei uns.«

Facheinkäuferin: »Vielen Dank für die Informationen. Darf ich meine Bewerbung direkt an Sie schicken, Herr Holzauer?«

Personalverantwortlicher: »Machen Sie das bitte und verweisen Sie kurz auf unser Gespräch.«

Facheinkäuferin: »Auf Wiederhören, Herr Holzauer.«

Personalverantwortlicher: »Auf Wiederhören, Frau Schmidt.«

Sie sehen an unserem Positivbeispiel, dass Personalverantwortliche durchaus ein Ohr für Sie haben, vorausgesetzt, Sie sind in der Lage, auf die ausgeschriebene Position einzugehen. Dies gelingt, indem Sie kurz auf berufliche Erfahrungen und Erfolge verweisen. Stellen Sie heraus, was Sie für die ausgeschriebene Position mitbringen und wo Sie bereits Erfolge erzielt ha-

So gewinnen Sie die Sympathie Ihrer Gesprächspartner

ben. Sie gewinnen damit die Sympathie Ihrer Gesprächspartner auf der Unternehmensseite.

Und nun sind Sie wieder am Zug: Anhand unserer Ausführungen und Beispiele sollen Sie nun selbst üben, sich überzeugend und mit Verbindung zur ausgeschriebenen Position am Telefon darzustellen.

Übung
Überzeugen am Telefon

Werten Sie eine für Sie interessante Stellenanzeige aus und suchen Sie in Ihrem Werdegang nach Belegen für die beruflichen Anforderungen. Orientieren Sie sich dazu an der Übung »Belege für die Selbstdarstellung am Telefon«. Rufen Sie eine Person Ihres Vertrauens an, und spielen Sie das Telefongespräch mehrmals durch.

Beachten Sie unser Schema für Telefongespräche. Setzen Sie den Namen des in der Anzeige genannten Personalverantwortlichen im Gespräch ein. Stellen Sie Ihre Belege für die Anforderungen aus der Stellenanzeige aktiv, zupackend und berufsnah dar. Stellen Sie eine oder mehrere Fragen. Beenden Sie das Gespräch mit dem Hinweis, dass Sie Ihre Bewerbungsunterlagen zuschicken werden.

☑ *Checkliste*
für den Telefonkontakt

- ☐ Telefonieren Sie von zu Hause aus?
- ☐ Haben Sie alle Störfaktoren vor Beginn des Telefonats beseitigt?
- ☐ Fühlen Sie sich fit und konzentriert genug für das Telefonat?
- ☐ Haben Sie Stift und Papier parat? Liegt die Stellenanzeige, auf die Sie hin anrufen, in Sichtweite?
- ☐ Haben Sie realistische Gesprächsziele definiert?
- ☐ Haben Sie Anknüpfungspunkte an die Stellenanzeige herausgearbeitet?

- [ ] Können Sie in knappen Schlüsselworten darlegen, dass sich Ihr Qualifikationsprofil mit den Anforderungen der Stellenanzeige deckt?
- [ ] Können Sie die Schlüsselworte durch Beispiele belegen?
- [ ] Argumentieren Sie vom neuen Tätigkeitsfeld aus?
- [ ] Zeigen Sie, dass Sie in Ihrer bisherigen beruflichen Praxis Erfolg gehabt haben?
- [ ] Kennen Sie den Namen Ihres Ansprechpartners? Haben Sie ihn mit Namen angesprochen?
- [ ] Haben Sie die konkrete Stellenanzeige, auf die Sie sich beziehen, genannt (inklusive Fundort der Anzeige)?
- [ ] Haben Sie mehrere Fragen vorbereitet, die zeigen, dass Sie sich mit Ihrem Qualifikationsprofil und dem Tätigkeitsfeld auseinander gesetzt haben?
- [ ] Haben Sie sich am Ende des Gesprächs für die erhaltenen Informationen bedankt?
- [ ] Haben Sie das Gespräch vorab mit einem Menschen Ihres Vertrauens mehrfach geübt?

Teil 2
Die schriftliche Bewerbung

8
Die Bewerbungsmappe

In diesem Kapitel erklären wir Ihnen, wie Sie Ihre Bewerbungsunterlagen so aufbereiten, dass Sie die erste Stufe der Unterlagensichtung – die formale Prüfung – überstehen und im Bewerberrennen bleiben.

Nur einwandfrei gestaltete Unterlagen

Bei der Aufbereitung Ihrer Bewerbungsunterlagen wird die Unterscheidung zwischen formalen und inhaltlichen Fehlern wesentlich. Durch einwandfrei gestaltete Unterlagen bleiben Sie im Rennen. Aber auch wenn Sie formale Fehler vermeiden, werden Sie noch nicht automatisch zu einem Vorstellungsgespräch eingeladen – erst, wenn auch die inhaltliche Prüfung Ihrer Unterlagen ergibt, dass Sie interessant für das Unternehmen sind, erreichen Sie die nächste Runde.

Was gehört in die Bewerbungsmappe?

In kleinen Unternehmen findet die formale und inhaltliche Prüfung Ihrer Bewerbungsunterlagen gleichzeitig statt. In mittelgroßen und großen Unternehmen werden jedoch die Massen an Bewerbungen im ersten Schritt nur formal geprüft. Fehler auf dieser Stufe führen zum sofortigen Ausscheiden aus dem weiteren Bewerbungsprozess.

Ausschließlich vollständige Unterlagen

Die Vollständigkeit Ihrer Unterlagen ist die erste Prüfungsstufe. Die Formulierungen in den Stellenanzeigen lauten »Richten Sie bitte Ihre vollständigen Bewerbungsunterlagen an ...«, »Wir freuen uns auf Ihre kompletten Bewerbungsunterlagen« oder auch »Bewerben Sie sich bitte mit aussagekräftigen Unterlagen«. Was gehört zu vollständigen, kompletten beziehungsweise aussagekräftigen Bewerbungsunterlagen? Vollständige Unterlagen beinhalten:

- das Anschreiben
- den Lebenslauf mit dem Bewerbungsfoto
- Arbeitszeugnisse für alle bisher ausgeübten Berufstätigkeiten
- das berufsqualifizierende Zeugnis (Ausbildung oder Hochschuldiplom/ -examen)
- sonstige Leistungsnachweise (Weiterbildungsveranstaltungen, Sprach- oder Computerkurse und Ähnliches)

Ist Ihre Bewerbungsmappe nicht vollständig, wird man kaum bei Ihnen anrufen und fehlende Unterlagen nachfordern. Es gibt genügend andere Kandidaten, die vollständige Mappen einsenden.

Manche Unternehmen wünschen allerdings ausdrücklich eine Kurzbewerbung. Eine Kurzbewerbung besteht aus einem Anschreiben und dem Lebenslauf mit Foto. Zusätzlich kann noch eine Leistungsbilanz für mehr Aussagekraft sorgen. Auf den Versand der Unterlagen in einer Mappe können Sie in diesem Fall ebenso verzichten wie auf das Mitschicken von Arbeitszeugnissen, des berufsqualifizierenden Abschlusses, Weiterbildungszertifikaten und sonstiger Leistungsnachweise.

Die Reihenfolge der Unterlagen

Unterlagen chronologisch rückwärts sortieren

Ihre Unterlagen sortieren Sie in folgender Reihenfolge in die Bewerbungsmappe ein: Ganz oben liegt das Anschreiben, darunter der Lebenslauf mit aufgeklebtem Foto. Dann geht es in chronologischer Reihenfolge weiter mit den Arbeitszeugnissen, dem berufsqualifizierenden Abschluss und den sonstigen Leistungsnachweisen. Fangen Sie mit den aktuellen Belegen an und gehen Sie dann zeitlich rückwärts. Schulzeugnisse brauchen Sie als Jobwechsler nicht mitzuschicken. Sie erleichtern mit dieser Anordnung die Arbeit der Personalverantwortlichen, da nun zuerst die für die Anstellung wesentlichen und damit aussagekräftigsten Unterlagen ins Auge stechen.

Ein Beispiel für diese Form der klassischen Zusammenstellung finden Sie in Übersicht 6.

Übersicht 6:
Die klassische Zusammenstellung

❶ Anschreiben	❷ Lebenslauf mit Foto Seite 1	❸ Lebenslauf Seite 2
❹ Zwischenzeugnis oder selbst erstellte Tätigkeitsbeschreibung oder Referenzen	❺ Arbeitszeugnis des vorherigen Arbeitgebers	❻ Arbeitszeugnis des vor-vorherigen Arbeitgebers
❼ Studienabschluss oder Meisterbrief oder Ausbildungsabschluss	❽ Weiterbildungszertifikat 1	❾ Weiterbildungszertifikat 2
❿ Weiterbildungszertifikat 3	⓫ Weiterbildungszertifikat 4	⓬ Weiterbildungszertifikat 5

Fügen Sie Ihrer Bewerbung eine Leistungsbilanz hinzu (mehr dazu finden Sie im Kapitel 13), können Sie den Aufbau in Übersicht 7 verwenden:

Übersicht 7:
Die klassische Zusammenstellung mit Leistungsbilanz

❶ Anschreiben	❷ Lebenslauf mit Foto Seite 1	❸ Lebenslauf Seite 2
❹ Leistungsbilanz	❺ Arbeitszeugnis des vorherigen Arbeitgebers	❻ Arbeitszeugnis des vor-vorherigen Arbeitgebers
❼ Studienabschluss oder Meisterbrief oder Ausbildungsabschluss	❽ Weiterbildungszertifikat 1	❾ Weiterbildungszertifikat 2
❿ Weiterbildungszertifikat 3	⓫ Weiterbildungszertifikat 4	⓬ Weiterbildungszertifikat 5

Weitere Variationsmöglichkeiten für die Zusammenstellung Ihrer Bewerbungsunterlagen erhalten Sie, wenn Sie zusätzlich ein Deckblatt verwenden. Das Deckblatt liegt obenauf und gibt Ihnen die Möglichkeit, ein individuelles Titelblatt für Ihre Bewerbungsmappe zu entwerfen.

Individualisierung der Unterlagen durch ein Deckblatt

Das Deckblatt können Sie bereits mit Ihrem Bewerbungsfoto versehen, was Ihnen zusätzlich ermöglicht, ein etwas größeres Foto zu verwenden. Wenn Sie auf dem Deckblatt nur schreiben »Bewerbungsunterlagen von ...« wirkt die Bewerbung allerdings beliebig. Deshalb sollten Sie auf dem Deckblatt die genaue Position angeben, auf die Sie sich bewerben. Es bietet sich außerdem an, schon hier Ihre Kontaktdaten aufzuführen. Verzichten Sie aber nicht darauf, diese Daten auf dem Anschreiben und dem Lebenslauf erneut zu vermerken.

Möglichkeiten, wie Sie Ihre Mappe mit Deckblatt sortieren, finden Sie in Übersicht 8 und Übersicht 9. Gestaltungsmöglichkeiten für Ihr Deckblatt zeigen Ihnen Übersicht 10 und Übersicht 11.

Übersicht 8:
Variation mit Deckblatt vor dem Anschreiben

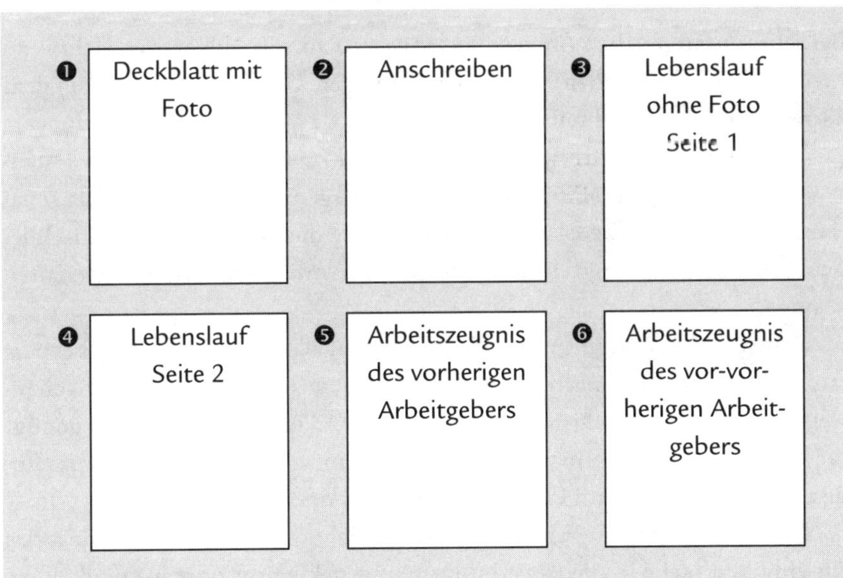

Übersicht 9:
Variation mit Deckblatt nach dem Anschreiben

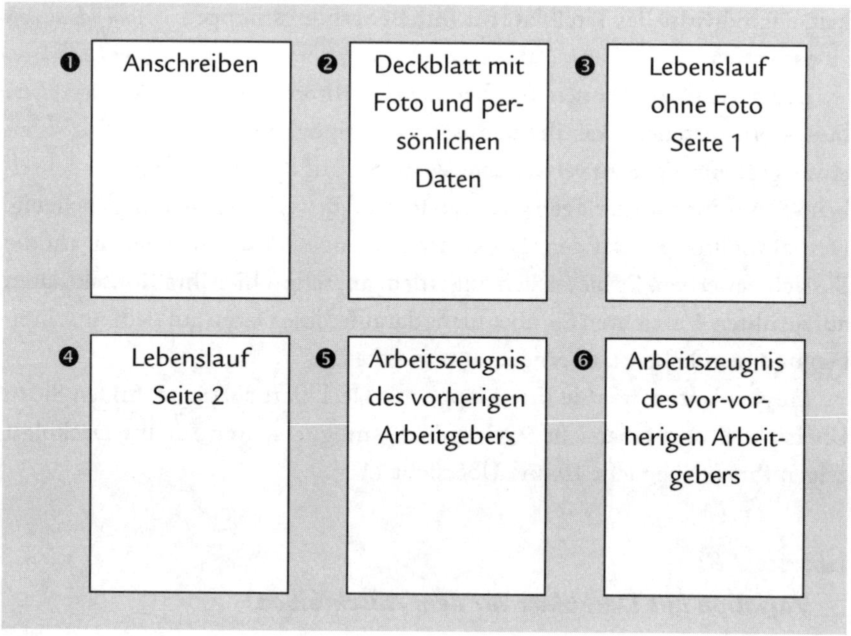

Ein Anlagenverzeichnis ermöglicht Orientierung

Bei sehr umfangreichen Anlagen bietet es sich an, ein Anlagenverzeichnis zu erstellen, damit der Leser den Überblick behält. Auf dem Anschreiben ist in der Regel zu wenig Platz für eine längere Auflistung, deshalb reicht dort der bloße Vermerk »Anlagen«. Ein ausführliches Anlagenverzeichnis kann als separates Blatt an den Lebenslauf beziehungsweise die Leistungsbilanz anschließen. Übersicht 12 zeigt Ihnen, wie Sie das Anlagenverzeichnis gestalten können.

Generell gilt: Was im Anschreiben erwähnt wird, muss auch im Lebenslauf stehen und sollte nach Möglichkeit belegt werden. Nicht weiter nachzuweisen brauchen Sie allgemeine Sprach- oder EDV-Kenntnisse. Hier genügt die Angabe Ihrer Kenntnisse mit Bewertung im Lebenslauf. Mehr dazu finden Sie in den Kapiteln 11 (»Der Lebenslauf«) und 14 (»Zeugnisse«).

Gerade konservative Personalverantwortliche legen Wert darauf, dass das Anschreiben nicht in die Bewerbungsmappe geklemmt oder womöglich ge-

Übersicht 10:
Muster Deckblatt 1

Frank Grenz
Bankkaufmann
Ernst-Barlach-Straße 56
71023 Böblingen
Tel. 0 76 - 1 21 12 21
E-Mail: F.Grenz@freenet.de

Bewerbung als **Kreditsachbearbeiter**
bei der Leipziger Bank AG

locht und eingeheftet wird. Diese Trennung von Anschreiben und Bewerbungsmappe hat zum einen rechtliche Gründe: Das Anschreiben gehören der Firma, die Bewerbungsmappe und deren Inhalt gehören Ihnen. Sie haben

Übersicht 11:

Muster Deckblatt 2

Bewerbungsunterlagen für die Firma Prototypenbau GmbH

Katrin Schubert
Frankfurter Chaussee 212
68009 München

Position: Personalassistentin

Tel.: (0 62 62) 4 56 32 34
Mobil: (01 72) 3 45 32 34
E-Mail: Karin.Schubert@web.de

einen Anspruch darauf, Ihre Mappe samt Inhalt (ohne das Anschreiben) bei einer Ablehnung zurückzuerhalten.

Zum anderen werden Anschreiben und Mappe bei der Prüfung der Unter-

Übersicht 12: Muster Anlagenverzeichnis

ANLAGENVERZEICHNIS

Arbeitszeugnisse

- Sales AG
- Vertriebs GmbH
- Spedition Meyer GmbH

Zeugnisse über Studium und Ausbildung

- Diplomurkunde Diplom-Volkswirt
- Ausbildungszeugnis Speditionskaufmann

Weiterbildungszertifikate

- Teambildungsseminar
- Kundenbetreuung per Telefon
- Strategischer Key Account
- Verkaufsförderung
- Verhandlungsführung
- Ausbildereignung

lagen oft getrennt. So verbleibt das Anschreiben bei der Personalabteilung und wird dort abgeheftet. Die Mappe wird an andere Entscheidungsträger, beispielsweise Fachabteilungen, Geschäftsleitung, Betriebsrat, weitergeleitet.

Das Anschreiben nur lose einlegen

Legen Sie deshalb das Anschreiben lose unter den Mappendeckel in die Bewerbungsmappe. Sie zeigen damit, dass Sie sich über juristische Vorgaben und die Arbeitsabläufe bei der Personalauswahl informiert haben.

Das richtige Material für die Präsentation

Wählen Sie neutrale Farben

Als Mappe eignen sich stabile Plastikhefter, wobei es egal ist, ob die Unterlagen gelocht und eingeheftet oder mit einer Klemmschiene eingeklemmt werden. Wählen Sie Bewerbungsmappen in neutralen und eher dunklen Farben, beispielsweise Blau, Schwarz oder Grau. Verschicken Sie keine Mappen in Reizfarben wie Rot, Gelb oder Lila. Manche Personalverantwortliche vermuten sonst bei Ihnen eine mangelnde Anpassungsbereitschaft oder andere persönliche Auffälligkeiten.

Bei Bewerbungen, die an Personalberatungen gehen, sollten die Mappen so beschaffen sein, dass der Leser mit einer Hand den Telefonhörer halten und mit der anderen in Ihren Unterlagen blättern kann. Problematisch sind Mappen mit durchgehender Klemmleiste beziehungsweise Klemmschiene. Machen Sie im Fachgeschäft den »Telefontauglichkeitstest«, bevor sich ein Personalberater über Ihre Mappe ärgert.

Für alle Unterlagen die gleiche Papiersorte

Auch wenn sich immer mehr Unternehmen zur Schonung der Umwelt bekennen: Verwenden Sie kein Recycling-Papier mit Grauschleier. Verwenden Sie außer für Bewerbungen bei Umweltstiftungen oder Naturschutzorganisationen normales weißes Schreibmaschinenpapier guter Qualität.

▶ **Das sollten Sie sich merken:** Benutzen Sie die gleiche Schriftart, Schriftgröße und Papiersorte für Anschreiben und Lebenslauf. Sonst unterstellt man Ihnen, dass Sie das Anschreiben zwar angepasst, aber einen alten Lebenslauf noch einmal benutzt haben.

Klarsichthüllen stören mehr, als sie nützen. Die Unterlagen von Bewerbern, die in die engere Auswahl gekommen sind, werden oft kopiert, um die Kopien an die Fachabteilungen weiterzureichen. Klarsichthüllen stören den

Einzelblatteinzug der Kopierer, und das Vervielfältigen Ihrer Bewerbung wird zum ungeliebten Geduldsspiel.

Fotokopien von Zeugnissen und sonstigen Leistungsnachweisen sollten Sie immer erstklassig anfertigen lassen. Verwenden Sie nicht die billigen Kopien, die sich durch Streifen oder Schatten auf der Kopie verraten. Die Zusammenfassung von Vorlagen, sodass aus vier DIN-A4-Originalen plötzlich vier auf einem Blatt angeordnete DIN-A6-Verkleinerungen werden, geht auf Kosten der Übersichtlichkeit und Lesbarkeit und ist deshalb nicht zu empfehlen. Kopieren Sie auch doppelseitig bedruckte Originale immer nur einseitig. Da die Personalabteilungen Ihre Unterlagen per Einzelblatteinzug vervielfältigen, würden die auf der Blattrückseite abgebildeten Belege sonst untergehen. Die Kopien müssen nicht beglaubigt werden (einzige Ausnahme: Bewerbung um einen Arbeitsplatz im öffentlichen Dienst).

Nur perfekte Kopien

☑ *Checkliste für Ihre vollständige Bewerbungsmappe*

- ☐ Sind die Anlagen in der richtigen Reihenfolge einsortiert?
- ☐ Sind die beigefügten Kopien von guter Qualität?
- ☐ Beinhaltet Ihre Bewerbungsmappe zumindest das Anschreiben, den Lebenslauf, das Bewerbungsfoto und den berufsqualifizierenden Abschluss?
- ☐ Haben Sie ein Zwischenzeugnis beigefügt (kein Muss)?
- ☐ Möchten Sie als Alternative zum Zwischenzeugnis eine selbst verfasste Tätigkeitsbeschreibung über Ihre momentanen Aufgaben beifügen (kein Muss)?
- ☐ Möchten Sie Referenzen von Fürsprechern beilegen (kein Muss)?
- ☐ Haben Sie eine Leistungsbilanz ausgearbeitet (kein Muss)?
- ☐ Liegen die Arbeitszeugnisse früherer Arbeitgeber bei?
- ☐ Haben Sie die Weiterbildungszertifikate ausgewählt, die für die ausgeschriebene Position wichtig sind?

- ☐ Gibt es nicht nur Bestätigungen über fachliche Weiterbildungen, sondern auch über Trainings im Bereich Soft Skills (Verhandlungsführung, Präsentieren, Rhetorik, Moderation)?
- ☐ Haben Sie bei sehr umfangreichen Anlagen ein Anlagenverzeichnis erstellt?
- ☐ Sind die Anlagen insgesamt stimmig und aussagekräftig?
- ☐ Wirkt die Mappe wie aus einem Guss?
- ☐ Haben Sie für Anschreiben, Lebenslauf und Leistungsbilanz die gleiche Papiersorte, die gleiche Schriftart und -größe benutzt?
- ☐ Haben Sie eine Mappe in dunklen, seriösen Farben gewählt?

9
Das Anschreiben

Mit dem Anschreiben liefern Sie ein Gutachten über Ihre eigenen Fähigkeiten und Kenntnisse. Das Anschreiben ist das zentrale Schriftstück in Ihrer Bewerbungsmappe; aus ihm muss deutlich werden, dass Sie die von dem Unternehmen gestellten Anforderungen erfüllen.

Die Formulierung eines Anschreibens stellt fast alle Bewerberinnen und Bewerber vor große Probleme: Was soll ich schreiben? Wie stelle ich mich überzeugend dar? Diese Schwierigkeiten führen leider häufig dazu, dass Bewerber anfangen zu schludern. In den Personalabteilungen herrscht häufig Entsetzen darüber, wie achtlos manche Bewerber ihre Anschreiben verfassen, obwohl es sich gerade beim Anschreiben um einen besonders wichtigen Bestandteil der Bewerbungsmappe handelt. Aus Sicht der Personalverantwortlichen sollten jede Bewerberin und jeder Bewerber einige Worte über die eigenen Qualifikationen verlieren und die Informationen gut strukturiert in einem Anschreiben unterbringen können.

Das Anschreiben: die erste Arbeitsprobe

Mit dem Lesen des Anschreibens beginnt im Unternehmen die Überprüfung der Bewerbungsmappe: Können Bewerber damit nicht überzeugen, steht die weitere Prüfung der Unterlagen von vornherein unter einem schlechten Stern, und der Bewerber hat es schwer, diesen ungünstigen ersten Eindruck zu korrigieren.

Warum überhaupt ein Anschreiben?

Es gibt offensichtlich ein Missverständnis zwischen Bewerbern und Personalverantwortlichen über den Stellenwert des Anschreibens. Bei Bewerbern ist das Anschreiben immer der ungeliebte Teil der Bewerbungsunterlagen.

Viele zermartern sich stundenlang den Kopf darüber, was sie schreiben könnten – nur um letztendlich aufzugeben und das Blatt mit einigen belanglosen Sätzen zu füllen. Einige Bewerber verwechseln das Anschreiben auch mit einem Begleitbrief zu den Bewerbungsunterlagen. Sie halten es absichtlich informationsarm und fordern den Leser nur dazu auf, sich die gewünschten Informationen doch (gefälligst) selbst aus den restlichen Unterlagen herauszusuchen.

Anschreiben sind Gutachten in eigener Sache

Bei Personalverantwortlichen hat das Anschreiben jedoch einen herausragenden Stellenwert. Aus ihrer Sicht ist es eine Art Selbstgutachten über die beruflichen Qualifikationen eines Bewerbers. Deshalb sollte schon im Anschreiben die wichtigste Frage (»Passt der Bewerber zur ausgeschriebenen Stelle?«) beantwortet werden – und zwar vom Bewerber selbst. Schließlich bewirbt er sich, und nicht das Unternehmen. Er muss daher den Entscheidern klarmachen, dass er sich zutraut, die neuen Aufgaben zu bewältigen, und dass er sich zielgerichtet auf eine Stelle bewirbt, die zu seinem Profil passt. Das Anschreiben muss also fachliche und persönliche Stärken herausstellen und aussagekräftige Informationen über bisherige berufliche Tätigkeiten liefern.

Das ist neu: Personalverantwortliche erwarten, dass sie schon in Ihrem Anschreiben Argumente für Ihre Einstellung finden. Betrachten Sie Ihr Anschreiben als eine Art Gutachten in eigener Sache!

Statt sich an den Bedürfnissen des Lesers in der Personalabteilung zu orientieren, füllen zu viele Bewerber ihre Anschreiben mit nichtssagenden Floskeln und irrelevanten Angaben. Zwar liefern einige auch detaillierte Informationen über ihre Berufserfahrung im Anschreiben, doch sind diese oft in einem Fachchinesisch verfasst, das nur für Spezialisten aus dem eigenen Arbeitsgebiet verständlich ist. Dieser Versuch, mit fachlicher Autorität den Personalverantwortlichen förmlich zu »erschlagen«, wird jedoch misslingen, da der Bewerber auf diese Weise nur seine mangelnde Kommunikationsfähigkeit unter Beweis stellt. Der häufigste Fehler, den Bewerber im Anschreiben begehen, ist jedoch der, sich mit möglichst dürren Angaben alle Türen offen

Konkrete Informationen bringen Sie weiter

halten zu wollen. Dies widerspricht aber dem Informationsbedürfnis der Personalprofis, deren Aufgabe es schließlich ist, das Profil des Bewerbers mit den Anforderungen der zu vergebenden Stelle abzugleichen. Verweigert ein Bewerber die Mitarbeit bereits an diesem Punkt, indem er ein nichtssagendes Anschreiben und damit kein deutliches Profil liefert, bringt er die Personalverantwortlichen gegen sich auf.

Tipps für gelungene Anschreiben

Grundsätzlich müssen Sie zwischen formalen und inhaltlichen Fehlern unterscheiden. Fehlt beispielsweise ein persönlicher Ansprechpartner, ist die Rechtsform des Unternehmens falsch aufgeführt oder häufen sich Rechtschreibfehler, so ist dies keine Empfehlung. Erweckt das Anschreiben inhaltlich den Eindruck eines Rundschreibens oder wird es zur Abrechnung mit dem momentanen Arbeitgeber genutzt, werden Personalverantwortliche keine Einladung zum Vorstellungsgespräch versenden. Damit Sie in beiden Bereichen punkten, sowohl auf der formalen als auch auf der inhaltlichen Ebene, stellen wir Ihnen nun die wichtigsten Regeln für optimale Anschreiben vor.

Inhaltlich und formal überzeugen

Formelles im Griff

Bewerber, die im Anschreiben Fehler an Fehler reihen, verspielen die Chance auf eine wohlwollende Prüfung. Achten Sie deshalb darauf, dass die Firmenanschrift und die Rechtsform des Unternehmens korrekt angegeben sind. Auch die Abteilung, die sich mit der Prüfung Ihrer Unterlagen befasst, muss so angegeben werden, wie sie auch im Unternehmen bezeichnet wird. Schreiben Sie also nicht »Rudolf Müller Industrie GmbH, Personalabteilung«, wenn Sie Ihre Bewerbung an die »Rudolf Müller Industrie AG, Abteilung Personal« richten sollten. Achten Sie besonders darauf, wie der richtige Name des Personalverantwortlichen lautet. Erkundigen Sie sich im Zweifelsfall lieber noch einmal in der Telefonzentrale der Firma, und lassen Sie sich den Namen buchstabieren.

Vermeiden Sie formale Fehler

Ihren Absender können Sie konventionell als Block über der Firmenanschrift angeben, als Kopfzeile aufführen oder auch rechtsbündig neben die Firmenanschrift stellen. Mit den letzten beiden Varianten verschaffen Sie sich gleichzeitig mehr Platz für den eigentlichen Text. Ihre Telefonnummer und eine private (!) E-Mail-Adresse dürfen nicht fehlen. Geben Sie keinesfalls Ihre Durchwahl am Arbeitsplatz oder Ihre Firmen-E-Mail-Adresse an. Abgesehen von dem ungünstigen Eindruck, den Sie damit bei dem Personalverantwortlichen des beworbenen Unternehmens hinterlassen, könnten dadurch auch an Ihrem jetzigen Arbeitsplatz Ihre Wechselabsichten zu früh bekannt werden.

Das gehört in die Betreff- und Bezugzeile

Überkommene Kürzel wie »Betr.«, »Bez.« oder »z. Hd.« gehören nicht in heutige Anschreiben. Sie sollten natürlich eine Betreffzeile genauso wie eine Bezugzeile aufführen, verzichten Sie dabei aber auf die vorangestellten Kürzel. Schreiben Sie in der Betreffzeile nicht bloß »Bewerbung«; besser ist die Angabe »Bewerbung als Sachbearbeiter Export« oder »Bewerbung als Marketingreferentin«. Auf diese Weise machen Sie auch klar, dass Sie Ihr Anschreiben passgenau aufbereitet haben.

Verwenden Sie am Ende des Anschreibens die übliche Abschlussformel »Mit freundlichen Grüßen«, und kürzen Sie sie keinesfalls als »MfG« ab. Unterschreiben Sie Ihr Anschreiben am besten mit einem Füller. Auf die detaillierte Auflistung der mitgesandten Anlagen können Sie im Anschreiben verzichten, dies kostet nur wertvollen Platz. Es genügt der Hinweis »Anlagen« unterhalb der Unterschrift.

Gliedern Sie Ihre Argumente

Ihr Anschreiben muss lesefreundlich verfasst sein. Gliedern Sie den Text dazu in mehrere Absätze. Üblicherweise werden Anschreiben im Block- oder im linksbündigen Flattersatz erstellt. Achten Sie auf die Silbentrennung, damit nicht zu große Lücken den Lesefluss behindern. Die Schriftgröße des Textes sollte nicht zu klein sein; bewährt hat sich eine Schriftgröße um 12 Punkt.

Inhaltlich überzeugen

Bei der inhaltlichen Ausgestaltung Ihres Anschreibens können Sie auf Ihre Selbstpräsentation zurückgreifen. Das individuelle Profil, das Sie sich dort erarbeitet haben, werden Sie nun in eine Briefform überführen.

Das Anschreiben ist das Herzstück Ihrer schriftlichen Bewerbungsunterlagen, weil Personalverantwortliche bereits nach einem kurzen Blick auf Ihre Selbstdarstellung auf dem Papier entscheiden, ob Sie ein interessanter Bewerber oder ein Durchschnittskandidat sind. Die abstrakte Erfolgsformel für die Formulierung eines Anschreibens lautet: Sie suchen einen Mitarbeiter für die Tätigkeit als XYZ – ich als Bewerber biete die passenden fachlichen Kenntnisse und persönlichen Fähigkeiten.

Das Anschreiben: überzeugen mit dem ersten Eindruck

Sie füllen diese Formel für Anschreiben mit Ihrer Selbstpräsentation inhaltlich aus. Vergegenwärtigen Sie sich noch einmal unsere Anleitung für überzeugende schriftliche Selbstpräsentationen aus der Übung »Der Aufbau der Selbstpräsentation« in Kapitel 4.

Beispiel

Selbstpräsentation im Anschreiben umsetzen

Eine Bewerberin für die Position als Exportsachbearbeiterin kann ihr Anschreiben beispielsweise so formulieren:

»Sehr geehrte Frau Kläschen,

zurzeit betreue ich die Steuerung weltweiter Transporte. Daneben bin ich für Kosten- und Serviceoptimierungen zuständig.

In der Exportabteilung der Import-Export GmbH bin ich momentan verantwortlich für die weltweite Transportorganisation inklusive der dazugehörigen Zollabwicklung. In der Kundenbetreuung bearbeite ich die Auftragsabwicklung sowie die Angebotsabgabe und -verfolgung. Im Zollrecht habe ich mich ständig weitergebildet und mir SAP R/3-Kenntnisse in Seminaren angeeignet. Ich spreche verhandlungssicher Englisch und bringe auch gute MS-Office-Kenntnisse mit.

Vor meiner jetzigen Tätigkeit habe ich für die Europaspedition GmbH gearbeitet. Dort habe ich die Ablauforganisation umstrukturiert und europaweit Frachtabschlüsse auf dem Land- und Seeweg vermittelt. Vor meinem Berufseinstieg habe ich eine Ausbildung zur Speditionskauffrau erfolgreich abgeschlossen.«

Der erste Satz des Anschreibens, gleich nach der Anrede, sollte Sie bereits von den anderen Bewerbern unterscheiden. Gehen Sie gleich auf die Anforderungen der Firma ein. Zählen Sie Ihre Fähigkeiten und Kenntnisse stichwortartig auf, setzen Sie wichtige Schlüsselbegriffe ein.

Der richtige Aufbau

Im zweiten Absatz führen Sie auf, was Sie in Ihren bisherigen Positionen getan haben, um auf die Anforderungen der neuen Stelle vorbereitet zu sein. Machen Sie Ihre Leistungsbereitschaft durch die Übernahme von Sonderprojekten deutlich. Stellen Sie Ihre Lernbereitschaft heraus, indem Sie auf geeignete Weiterbildungsseminare verweisen.

Stellen Sie im dritten Absatz Ihres Anschreibens Ihre berufliche Entwicklung dar. Führen Sie die Aufgaben auf, die Sie bei früheren Arbeitgebern übernommen haben. Nennen Sie am Ende des Absatzes auch die Ausbildung oder das Studium, das Sie für Ihren Berufseinstieg qualifiziert hat.

Gehen Sie in Ihrem Anschreiben auf die Anforderungen der ausgeschriebenen Stelle möglichst ausführlich ein. Erwähnen Sie zusätzlich noch ein bis zwei Fähigkeiten oder Kenntnisse, die für die Bewältigung der ausgeschriebenen Position nützlich sind und über die Sie verfügen. So stellt sich beim lesenden Personalverantwortlichen der »Kandidat-denkt-mit-Effekt« ein.

Gehen Sie deutlich auf die gefragten Anforderungen ein

Beispiel

Kandidat-denkt-mit-Effekt

In einer ausgeschriebenen Stelle für einen zukünftigen kaufmännischen Mitarbeiter werden folgende Anforderungen genannt:

- zentraler Ansprechpartner für die kommerzielle Vertragsabwicklung und -verfolgung
- Verantwortung für die Administration und Pflege der Originalverträge
- Klärungsstelle für Rechnungen und Services
- analytische, strukturierte Arbeitsweise
- Berufserfahrung im Projektgeschäft (Planung, Monitoring, Abwicklung)
- Eigeninitiative und Durchsetzungsvermögen

Ein Bewerber kann die genannten Anforderungen ergänzen durch Belege für seine

- Verhandlungs- und Abschlusssicherheit oder
- Kundenorientierung oder
- Überzeugungsfähigkeit oder
- selbstständige Arbeitsweise.

So sammelt er Pluspunkte und rundet sein Profil ab. Im Anschreiben könnte der Beleg für Verhandlungs- und Abschlusssicherheit so aussehen: »Neben meiner Erfahrung im Projektgeschäft bringe ich aus dem Außendienst Verhandlungs- und Abschlusssicherheit mit. Für meinen derzeitigen Arbeitgeber habe ich Großkunden betreut und konnte den Umsatz deutlich steigern.«

Die Überzeugungsfähigkeit und selbstständige Arbeitsweise ließe sich so dokumentieren: »Im Rahmen der Lieferantenbetreuung habe ich selbstständig Preisverhandlungen geführt und war für die Vertragsausgestaltung zuständig.«

Trainieren Sie anhand von Stellenanzeigen

Wenn es Ihnen schwer fällt, zusätzliche Kenntnisse und Fähigkeiten zu finden, mit denen Sie den »Kandidat-denkt-mit-Effekt« erzielen können, sollten Sie Stellenanzeigen durcharbeiten. Suchen Sie Anzeigen heraus, in denen Ihre Wunschposition ausgeschrieben wird. Machen Sie eine Liste der in den Stellenanzeigen aufgeführten Anforderungen. So erarbeiten Sie sich einen Fundus an Kenntnissen und Fähigkeiten, die zu Ihrem Berufsfeld passen.

Beschreiben statt bewerten Vorsicht mit Bewertungen im Anschreiben: Beschreiben Sie Ihre Qualifikationen und bisherigen Tätigkeiten, ohne in Kritik oder Eigenlob zu verfallen. Dies ist der Königsweg, durch den Sie eigene Erfolge belegen, ohne als überheblich oder zur Selbstkritik unfähig abgestempelt zu werden.

Beschreiben Sie Ihre Qualifikationen

Die Überzeugungsregel für gelungene Selbstpräsentationen »Beschreiben statt bewerten« legen wir Ihnen für Ihr Anschreiben noch einmal besonders ans Herz: Beschreiben, beschreiben, beschreiben – die Bewertung stellt sich automatisch beim Leser ein. Wenn Sie sich selbst bewerten, fordern Sie Personalverantwortliche nur heraus, Ihnen zu zeigen, dass Sie sich irren.

Sie erkennen jetzt, warum Ihre Selbstpräsentation zentral für Ihre Bewerbung ist. Alles, was wir Ihnen für die überzeugende Selbstdarstellung vorgestellt haben, ist wichtig für Ihr Anschreiben.

Ein überzeugendes Anschreiben gelingt Ihnen, wenn Sie unsere Überzeugungsregeln für die Präsentation Ihrer Qualifikationen berücksichtigen:

- Gehen Sie auf die fachlichen Anforderungen der neuen Stelle ein.
- Zeigen Sie eine aktiv gestaltete berufliche Entwicklung auf.
- Machen Sie Ihr individuelles Profil deutlich.
- Geben Sie Beispiele für persönliche Fähigkeiten.
- Beschreiben Sie Ihre beruflichen Tätigkeiten, ohne sie zu bewerten.
- Verwenden Sie Schlüsselbegriffe aus dem Tagesgeschäft.

Ihr frühestmöglicher Eintrittstermin

Eintrittstermin Wenn das Unternehmen wissen möchte, ab wann Sie zur Verfügung stehen könnten, müssen Sie in Ihrem Anschreiben Ihren frühestmöglichen Eintrittstermin nennen. Auch wenn Ihre Kündigungsfristen den gesetzlichen Bestimmungen entsprechen, sollten Sie darauf verweisen. Dies können Sie zum Beispiel mit folgender Formulierung machen: »Ich bin zurzeit in ungekündigter Stellung tätig. Meine Kündigungsfristen bemessen sich nach den üblichen gesetzlichen/tarifvertraglichen Vorschriften.«

Viele Unternehmen möchten von Ihnen auch Gehaltsvorstellungen wissen. Dem haben wir ein eigenes Kapitel (»Die Gehaltsfrage«, S. 142 ff.) gewidmet, um Ihnen Grundsätzliches zu diesem sensiblen Thema zu vermitteln.

Der gelungene Abschluss

Abschlussformel Verwenden Sie am Ende Ihres Anschreibens keine Demutsgesten. Vermeiden Sie Formulierungen wie: »Sie können mich Tag und Nacht anrufen«, »Wann dürfte ich mich bei Ihnen persönlich vorstellen?« oder »Falls ich Ihr Interesse geweckt haben sollte, würde ich mich über eine Nachricht freuen.«

Zerstören Sie den guten Eindruck Ihres Anschreibens aber auch nicht durch eine Schlussformel, die Personalverantwortliche unter Druck setzen soll. Ungeeignet sind die folgenden Formulierungen: »Wann werden Sie mich zu einem Vorstellungsgespräch einladen?«, »Lernen Sie mich kennen, laden Sie mich ein!«, »Greifen Sie zu, bevor andere es tun!« oder »Lassen Sie mich mit Ihrer Antwort nicht zu lange warten.«

Benutzen Sie deshalb für den Abschluss Ihres Anschreibens Formulierungen, die den realistischen Stil Ihres Anschreibens abrunden:

- »Für ein Vorstellungsgespräch stehe ich Ihnen gerne zur Verfügung.«

- »Über die Einladung zu einem persönlichen Gespräch würde ich mich freuen.«
- »Weiterführende Aspekte würde ich gerne in einem persönlichen Gespräch mit Ihnen klären.«

Weitere Beispiele für Anschreiben und zusätzliche Anregungen für Ihre Formulierungen finden Sie im Kapitel 15 (»Gelungene Bewerbungsunterlagen«).

Witzige und kreative Anschreiben?

Was halten Sie davon: Das Anschreiben an Beiersdorf in einer leeren Niveadose? Oder die Bewerbung per Videokassette?

Wir können davon nur abraten. Sie zeigen mit solchen Einfällen nur, dass Sie betriebliche Abläufe – hier in der Personalauswahl – nicht durchschauen. Denn Sie stören den firmeninternen Informationsfluss eher, als dass Sie ihn fördern. Auf welchen Schreibtischen von Personalreferenten oder vorgeschalteten Personalassistenten steht denn ein Videorekorder und ein Fernseher?

Denken Sie daran: das Anschreiben ist Ihre erste Arbeitsprobe

Ihr Anschreiben ist ein Selbstgutachten über Ihre berufliche Eignung. Auch in Ihrer neuen beruflichen Position werden Sie Aufgaben und Projekte analysieren und bewerten müssen und die Ergebnisse in Entscheidungsvorlagen präsentieren. Zeigen Sie schon jetzt, in und mit Ihrem Anschreiben, dass Sie dazu in der Lage sind.

In Kreativbranchen, wie Werbung, Film, Theater, dürfen Sie die übliche Form verlassen. Dort gilt die Kreativität Ihrer Bewerbung als erste Arbeitsprobe. Ansonsten sollte sich Ihre Kreativität auf die gezielte Abstimmung auf die Firma und die Anforderungen des ausgeschriebenen Tätigkeitsfeldes beschränken: Ihre Fähigkeit, die Einstellungshürden durch detaillierte Auseinandersetzung mit den Anforderungen zu überspringen, ist ein weitaus besserer Beweis für Ihre Kreativität als der Einsatz von Gags.

Anschreiben aus der Bewerbungspraxis

In diesem Abschnitt stellen wir Ihnen anhand eines misslungenen Anschreibens vor, welchen Eindruck Flüchtigkeitsfehler, Leerfloskeln und ähnliche

Fehler auf Personalverantwortliche machen. Die verbesserte Version dieses Anschreibens zeigt Ihnen, wie Sie mit der richtigen Wortwahl und dem passenden Profil überzeugen.

Negativbeispiel

Aussagelose Massenbewerberin

Sabine Hausmann, Goethestraße 98, 38122 Braunschweig
Tel. 05 31 / 43 44 56, E-Mail: s.hausmann@autozubehör24.de

Sitzgut Büromöbelgesellschaft
Frau Schmell
Graf-Zeppelin-Allee 112–118
38003 Braunschweig

26.Mai 2003

Meine Bewerbung
Ihre Anzeige

Sehr geehrte Frau Schnell,

ich suche die neue Herausforderung. Die von Ihnen ausgeschriebene Stelle klingt für mich sehr interessant.

Viele der von Ihnen in der Anzeige angesprochenen Tätigkeitsbereiche habe ich bereits kennen gelernt. Meine anayltischen und konzeptionellen Fähigkeiten haben mich auch bisher schon erfolgreich in der Buchhaltung arbeiten lassen. Mit aktivem und kreativem Denken konnte ich neue Wege in der Büroorganisation einführen.

Der von Ihnen ausgeschriebene Posten wäre für mich eine interessante Aufgabe. Bei meinem derzeitigen Arbeitgeber sind mir, wegen der sehr konservativen Strukturen, die Hände gebunden. Ich hoffe, dass ich in der neuen Stelle endlich mein gesamtes Potenzial einsetzen kann. Da ich auch in dem von Ihnen genannten Altersschnitt liege, sollte einem Gespräch nichts im Wege stehen. Rufen Sie mich an!

Hochachtungsvoll

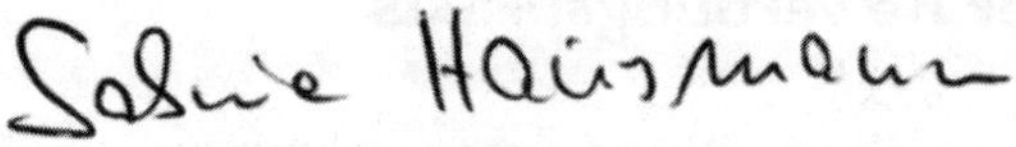

Fehler: Massensendung Hier liegt ein äußerst nichtssagendes Anschreiben vor: Man hat den Eindruck, dass die Bewerberin lieber keine Informationen preisgibt, um nichts Falsches zu sagen – ein großer Fehler. Frau Hausmann hätte ihre Berufserfahrung herausstellen müssen. Die Schlagworte Buchhaltung und Büroorganisation sind nicht genug. Die fehlende Stellenbezeichnung in der Betreffzeile und die vage Angabe »Ihre Anzeige« in der Bezugzeile hinterlassen den Eindruck einer Bewerbungsrundsendung.

Berufserfahrung herausstellen

Fehler: Schlampigkeit Gerade bei einer Stelle in der Finanzbuchhaltung kommt es auf genaues Arbeiten an. Die Bewerberin hat ihr Anschreiben jedoch sehr schlampig verfasst. In der Unternehmensanschrift ist der Name der Personalverantwortlichen falsch geschrieben, statt »Frau Schnell« adressiert die Bewerberin das Anschreiben an »Frau Schmell«. Auch der Firmenname ist falsch aufgeführt. Bei genauem Lesen hätte Frau Hausmann merken müssen, dass die Rechtsform fehlt und dass die »Sitzgut Büromöbelgesellschaft« eigentlich »Sitzgut Büromöbel GmbH« heißt. Einmal auf die Spur gebracht, wird Frau Schnell weitere Rechtschreibfehler suchen. Finden wird sie das falsch geschriebene Wort »anayltischen«. Zudem fehlt in der Datumsangabe zwischen dem Tagesdatum 26. und der Monatsangabe Mai ein Leerzeichen. Es fällt auch jedem professionellen Leser unangenehm auf, dass die E-Mail-Adresse beim Arbeitgeber angegeben ist. Dies zeigt, dass Frau Hausmann nicht ihre ganze Energie auf ihre Arbeit konzentriert, sondern während der Arbeitszeit anderen Beschäftigungen – hier ihrer Bewerbung – nachgeht.

Prüfen Sie Ihr Anschreiben sorgfältig

Fehler: Nullaussagen Der Anschreibentext liest sich wie eine Aneinanderreihung von Nullaussagen: »Ich suche die neue Herausforderung«, »Mit aktivem und kreativem Denken konnte ich neue Wege in der Büroorganisation einführen« oder »Der ... Posten wäre für mich eine interessante Aufgabe«. Nur einmal wird sie konkret, nämlich bei der Angabe, dass sie im gewünschten Altersschnitt liegt. Wenn dies das einzige Argument ist, das sie in die Waagschale werfen kann, sieht es traurig aus. Der Slogan »Rufen Sie mich an!« krönt das Ganze. Personalverantwortliche werden gern darauf verzichten.

Nur konkrete Aussagen überzeugen

Fehler: Arbeitgeberschelte Frau Hausmann kreidet in ihrem Anschreiben dem momentanen Arbeitgeber »konservative Strukturen« an, die sie an ihrer Entwicklung hindern. Dies ist sehr problematisch, da sie damit mangelnde Loyalität zu ihrem Arbeitgeber zeigt.

Die eigenen Stärken hervorheben

Fazit Eine Bewerberin, die sich wenig Mühe gegeben hat. Statt Informationen über ihre berufliche Qualifikation zu geben, verliert sie sich in Allgemeinplätzen. Statt sich positiv darzustellen und eigene Stärken hervorzuheben, greift sie lieber zur Kritik am momentanen Arbeitgeber. Absage!

Positivbeispiel

Ganz anders wirkt dagegen das Positivbeispiel auf der gegenüberliegenden Seite:

Erleichtern Sie die Prüfung Ihrer Unterlagen

Überzeugend: sorgfältige Detailarbeit Erste Bonuspunkte erarbeitet sich Frau Hausmann durch ihre sorgfältige Detailarbeit. Die Zuordnung des Anschreibens zur ausgeschriebenen Stelle wird durch die Angabe »Bewerbung als Finanzbuchhalterin« in der Betreffzeile erleichtert. Der Verweis auf ein vorab geführtes Telefonat in der Bezugzeile macht die gute Vorarbeit der Kandidatin deutlich. Das Anschreiben ist lesefreundlich in mehrere Absätze gegliedert, wodurch die Prüfung erleichtert wird. Die angeschriebene Personalverantwortliche wird so positiv eingestimmt für die eingehendere Prüfung.

Schlüsselbegriffe aus dem Tagesgeschäft aufgreifen

Überzeugend: Anforderungen aufgegriffen Frau Hausmann hat sich mit den Anforderungen des neuen Arbeitsplatzes auseinander gesetzt. Es werden konkrete Argumente genannt. Die Bewerberin beschreibt anschaulich, womit sie sich im Einzelnen beschäftigt. Sie ist auch zurzeit schon verantwortlich für den Bereich Buchhaltung. Das »direkte Berichten an die Geschäftsführung« zeigt die Wertschätzung, die man ihr im Unternehmen entgegenbringt. Auch die Aufgaben im Tagesgeschäft wie »Debitoren-, Kreditoren- und Anlagenbuchhaltung« sind klar genannt. Die Kandidatin lässt auch erkennen, dass sie weiß, wie wichtig eine enge Zusammenarbeit mit »Steuerberatern und Wirt-

Positivbeispiel

Die kompetente Finanzbuchhalterin

Sabine Hausmann, Goethestraße 98, 38122 Braunschweig
Tel. 05 31 / 43 44 56, E-Mail: s.hausmann@web.de

Sitzgut Büromöbel GmbH
Frau Schnell
Graf-Zeppelin-Allee 112–118

38003 Braunschweig

Braunschweig, 26. Mai 2003

Bewerbung als Finanzbuchhalterin
Braunschweiger Zeitung vom 24. Mai 2003, Telefonat von heute

Sehr geehrte Frau Schnell,

über Ihr Interesse an meiner Bewerbung habe ich mich sehr gefreut. Zurzeit arbeite ich als verantwortliche Buchhalterin und berichte direkt an die Geschäftsführung. In der Finanzbuchhaltung verfüge ich über acht Jahre Berufserfahrung. Auch im Office-Management bringe ich fundierte Erfahrungen mit.

Mein Tagesgeschäft besteht momentan in der Debitoren-, Kreditoren- und Anlagenbuchhaltung. Monats- und Jahresabschlüsse bereite ich vor und arbeite dabei eng mit Steuerberatern und Wirtschaftsprüfern zusammen.

Vor meiner jetzigen Position habe ich vier Jahre für die Immobilien KG in Celle gearbeitet. Neben der Projektabrechnung war ich dort für die Betriebsdatenauswertung zuständig. Bei diesem Arbeitgeber habe ich auch das Office-Management mitgestaltet. Nach der Einführung einer neuen Buchhaltungssoftware war es notwendig geworden, Arbeitsabläufe neu zu planen. Mit meinen Vorschlägen konnte ich eine bessere Abstimmung der Teamaufgaben erreichen.

Das MS-Office-Paket beherrsche ich sicher. Auch die Arbeit mit Datenbanken ist mir vertraut. In meinen bisherigen Tätigkeiten habe ich mich auch in die Programme KHK und QuickBooks eingearbeitet. Selbstverständlich bringe ich die notwendige Sicherheit im Schriftverkehr mit. Für ein persönliches Gespräch stehe ich Ihnen gerne zur Verfügung.

Mit freundlichen Grüßen

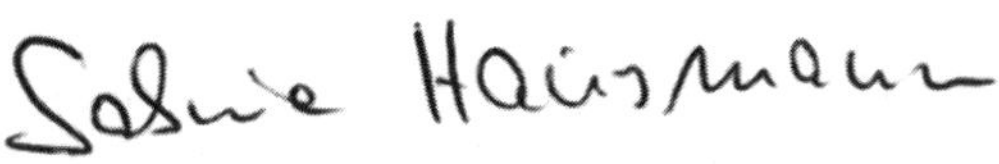

Anlagen

schaftsprüfern« bei der Erstellung von Abschlüssen ist. Auch ihre EDV-Kenntnisse listet sie stichwortartig auf. Als Zusatzpunkt stellt sie ihre Sicherheit in der Geschäftskorrespondenz heraus. Damit schafft sie es, sich als grundsätzlich geeignete Bewerberin zu empfehlen.

Soft Skills belegen

Überzeugend: Einsatzwille Da nicht nur Erfahrungen in der Buchhaltung, sondern auch im Office-Management gefordert sind, geht Frau Hausmann auch auf ihre vorherige Stelle ein. Dort hat sie das Office-Management sogar neu strukturiert und Arbeitsabläufe optimiert. Es erscheint plausibel, dass sie erfolgreich im Team arbeiten kann und selbstständig an Arbeitsaufgaben herangeht. Sie ruht sich nicht auf Bestehendem aus, sondern macht auch Vorschläge für Verbesserungen. Eine engagierte und mitdenkende Bewerberin, die bestimmt interessant für jedes Unternehmen wäre.

Fazit Ein überzeugendes Anschreiben, das mit seiner Passgenauigkeit besticht. Die momentanen Aufgaben werden ebenso klar erkennbar wie die berufliche Ausrichtung. Mit dieser Bewerberin möchte man gerne ins (Vorstellungs-)Gespräch kommen.

☑ *Checkliste für Ihr Anschreiben*

- ☐ Haben Sie Ihre private Telefonnummer und E-Mail-Adresse angegeben?
- ☐ Stimmt die Firmenanschrift?
- ☐ Sind Erstellungsort und Tagesdatum aufgeführt?
- ☐ Haben Sie in der Betreffzeile die Position aufgeführt, für die Sie sich bewerben?
- ☐ Ist in der Bezugzeile die Fundstelle der Stellenausschreibung genannt?
- ☐ Richtet sich Ihr Anschreiben an einen persönlichen Ansprechpartner? Haben Sie seinen Namen richtig geschrieben?

- ☐ Ist das Anschreiben lesefreundlich aufbereitet (Absätze, Schriftgröße, Schrifttyp, Seitenrand)?
- ☐ Sind Sie auf die Anforderungen der neuen Position eingegangen?
- ☐ Haben Sie Ihre Erfahrungen in Gutachtenform beschrieben und auf unnötige Bewertungen verzichtet?
- ☐ Ist Ihr Anschreiben frei von Problemschilderungen, Thematisierungen persönlicher Krisen oder Vorwürfen an den jetzigen Arbeitgeber?
- ☐ Ist der von Ihnen angegebene Wechselgrund plausibel (sonst lieber darauf verzichten)?
- ☐ Gibt es Beispiele für Ihre erfolgreiche Arbeit?
- ☐ Ist Ihr Anschreiben auch für Fachfremde (Personalverantwortliche) verständlich?
- ☐ Haben Sie Ihre Soft Skills mit aussagekräftigen Praxisbeispielen umschrieben?
- ☐ Erleichtert Ihr Anschreiben dem Leser den Abgleich von Bewerberprofil und Stellenprofil?
- ☐ Haben Sie Angaben zu Ihrem Eintrittstermin und Ihren Gehaltswünschen gemacht, wenn dies verlangt wurde?
- ☐ Haben Sie eine Endkontrolle durchgeführt, besser durchführen lassen?
- ☐ Ist Ihr Anschreiben unterschrieben?
- ☐ Finden Sie sich selbst in Ihrem Anschreiben wieder?

10
Die Gehaltsfrage

Bei der Suche nach einer verantwortungsvolleren und interessanteren Position steht für viele Bewerber auch der Wunsch nach einem höheren Gehalt im Vordergrund. In diesem Kapitel erläutern wir Ihnen, wie Sie mit dem Thema »Gehalt« in Ihren schriftlichen Unterlagen umgehen.

Viele Bewerber machen sich darüber Sorgen, dass sie zu wenig Gehalt beim Stellenwechsel verlangen könnten, sich unter Preis verkaufen und die Chance einer spürbaren Gehaltsverbesserung nicht ausreichend nutzen. Oder sie befürchten, dass sie sich durch zu hohe Gehaltsforderungen frühzeitig selbst ins Aus katapultieren.

Bei der Gehaltsfrage gilt es zunächst, die Ausgangssituation zu berücksichtigen. Bewerber, die nach einer Kündigung freigestellt worden sind, oder die schon längere Zeit arbeitssuchend sind, sind in der Regel nicht so sehr an einer Gehaltssteigerung, sondern überhaupt an einer neuen Stelle interessiert. So mancher nimmt dann auch einen Gehaltsabschlag in Kauf, um nicht in der Dauerarbeitslosigkeit zu enden. Aber es gibt auch in wirtschaftlich schwierigen Zeiten das Gegenteil: Wer sich beruflich weiterentwickelt hat, weil er seine Kenntnisse und Erfahrungen kontinuierlich ausgebaut hat, sollte bei einem Stellenwechsel auch die Möglichkeiten einer realistischen Gehaltssteigerung ausloten.

Aus der Sicht der Personalverantwortlichen sollte es Ihnen in diesem Fall vorrangig um Ihr berufliches Vorwärtskommen gehen. Sie müssen gegenüber Ihrem potenziellen Arbeitgeber Fortschritte in der Karriere inhaltlich plausibel machen, das Gehalt dagegen ist nur der formale Rahmen Ihrer zukünftigen Tätigkeit. Argumentieren Sie deshalb inhaltlich: Stellen Sie mit Ihrer Bewerbung heraus, dass Sie ein Gewinn für die neue Firma sind. Heben Sie Ihre Qualifikationen hervor, machen Sie an Beispielen fest, wie Ihnen Ihre persönlichen Fähig-

Argumentieren Sie inhaltlich

keiten und fachlichen Kenntnisse dabei helfen, berufliche Aufgaben zu lösen. Es sollte klar werden, dass Ihre Arbeitsleistung für die Firma von Anfang an gewinnbringend ist.

Einige Punkte müssen Sie bei Ihren Gehaltsvorstellungen beachten. Da bei einem Karriereschritt deutlich werden soll, dass Sie aufsteigen möchten, also mehr Verantwortungs- und Gestaltungsmöglichkeiten in einer neuen Position suchen, sollte die neue Stelle auch besser dotiert sein als Ihre bisherige. Als Richtschnur gilt: Verlangen Sie etwa 15 Prozent mehr Brutto-Jahresgehalt.

Gehaltshöhe ermitteln

Argumentieren Sie immer mit Brutto-Jahresgehältern. Wenn Sie Monatsgehälter als Verhandlungsbasis angeben, haben Sie noch nicht die Anzahl der Monatsgehälter (12 oder 13) geklärt. Ebenso wenig haben Sie in Ihre Gehaltsvorstellungen Sonderleistungen und Vergünstigungen einbezogen. Überlegen Sie anhand der folgenden Übung, welche Zahlungen und Leistungen Sie in Ihrer momentanen Stelle erhalten, um Ihr Wunschgehalt bei einem neuen Arbeitgeber zu ermitteln.

Beziehen Sie sich immer auf Brutto-Jahresgehälter

Übung

Ihr Gehalt

Stellen Sie sich die folgenden Fragen, um Ihr momentanes Jahresgehalt komplett zu erfassen:

- Erhalten Sie Urlaubs- oder Weihnachtsgeld?
- Stellt man Ihnen einen Dienstwagen zur Verfügung?
- Erhalten Sie vermögenswirksame Leistungen?
- Hat Ihre Firma für Sie Zusatzversicherungen abgeschlossen?
- Kommen Sie in den Genuss von Firmenrabatten?
- Erhalten Sie kostengünstiges Mittagessen in der Kantine?
- Wie sind die Reisekostenvergütungen bemessen?

- Gibt es eine zusätzliche betriebliche Altersvorsorge?
- Erhalten Sie Zusatzvergütungen für Außendienst oder Auslandseinsätze?
- Werden Überstunden ausbezahlt?
- Welche Weiterbildungskosten werden übernommen?

Wenn Sie Ihr momentanes Jahresgehalt komplett erfasst haben, verfügen Sie über eine Basis zur Ermittlung Ihres Wunschgehalts. Durch einen 15-prozentigen Aufschlag können Sie nun grob das Gehalt errechnen, das Sie bei einem Stellenwechsel erzielen möchten.

Als Richtschnur: 15 Prozent mehr

Berücksichtigen Sie aber auch, dass durch einen Arbeitsplatzwechsel höhere finanzielle Belastungen entstehen können. Diese sollten Sie im Blick behalten, damit Sie in der neuen Position trotz nomineller Gehaltssteigerungen nicht finanziell verlieren. Beziehen Sie die folgenden Punkte in Ihre Gehaltsüberlegungen mit ein:

- Wie hoch ist Ihre bisherige Mietbelastung, und wie hoch sind die Mietpreise an Ihrem neuen Tätigkeitsort (Stadt-Land-/Nord-Süd-/Ost-West-Gefälle)?
- Entstehen Ihnen höhere Fahrtkosten?
- Haben Sie aus Nebentätigkeiten zusätzliches Einkommen, das bei Ihrer neuen Stelle wegfallen würde?
- Kann Ihre Lebenspartnerin beziehungsweise Ihr Lebenspartner weiterhin beruflich tätig sein?

Nachdem Sie Ihr derzeitiges Gehalt ermittelt haben, sollten Sie Informationen über den Gehaltsrahmen der neuen Stelle einholen. Informieren Sie sich über die in Ihrer Branche und der von Ihnen angestrebten Position gezahlten Gehälter. Ihre Vertrautheit mit den Anforderungen der neuen Stelle zeigt sich auch daran, dass Sie die übliche Gehaltshöhe kennen. Nutzen Sie die Veröffentlichungen auf den Berufsseiten großer Tageszeitungen oder in Wirtschaftsjournalen. Dort werden in regelmäßigen Abständen die durchschnittlich erzielten Gehälter von Angestellten aufgeführt. Für eine erste Orientierung können Sie unsere Gehaltsübersicht nutzen, die auf einer Befragung von 25 000 Angestellten beruht.

Ermitteln Sie die übliche Gehaltshöhe

Übersicht

Gehaltstabelle

Gehälter von Angestellten				
Unternehmensgröße	**Abteilungsleiter**	**Gruppen- und Projektleiter**	**Qualifizierte Spezialisten**	**Sachbearbeiter**
bis 150 Beschäftigte	64 526	54 280	48 384	40 434
151 bis 500 Beschäftigte	68 672	56 285	49 855	41 794
501 bis 1500 Beschäftigte	73 310	57 708	50 034	43 048
1501 bis 6500 Beschäftigte	77 467	60 168	52 715	45 190
Branchen				
Maschinen- und Fahrzeugbau	72 292	56 305	56 305	45 530
Elektrotechnik, Elektronik	76 695	56 436	49 576	43 436
Chemie, Pharma	69 374	61 298	56 625	42 568
Bau, Baustoffe	71 024	59 863	47 998	41 479
Flugzeugbau	72 186	63 783	54 444	49 773
Nahrungs- und Genussmittel	71 849	54 712	49 088	41 553
Metall	74 161	56 552	47 975	39 561
Fein mechanik, Optik	73 431	55 049	50 777	47 481
Finanzdienstleistungen	71 286	59 838	53 145	43 572
Unternehmensberatung	59 749	62 085	49 550	41 675
Verkehr, Tourismus	68 347	61 411	48 536	43 794
Handel	68 384	56 096	49 749	42 412
Handwerk	55 770	56 636	39 359	k. A.

Quelle: Vergütungsstudie der Gesellschaft für Verhaltensanalyse und Evaluation, München (Befragung von 25 000 Fach- und Führungskräften)/eigene Berechnungen

Gehälter, die für ein und dieselbe berufliche Tätigkeit gezahlt werden, unterliegen einer gewissen Schwankungsbreite. Das Gehalt, das Sie in Ihrer neuen Position erzielen können, hängt davon ab, wie gut Sie es schaffen, Ihren Nutzen für die neue Firma zu verdeutlichen. Bei überzeugenden Kandidaten gibt es durchaus die Möglichkeit, das Grundgehalt durch Zulagen zu erhöhen. Dies können leistungsabhängige Prämien, ein Dienstwagen auch zur privaten Nutzung, Aktienoptionen oder die Übernahme von Weiterbildungskosten sein.

Zulagen sind möglich

Gehaltsvorstellungen im Anschreiben

In vielen Stellenanzeigen steht am Ende: »Bewerben Sie sich bitte unter Angabe Ihrer Gehaltsvorstellung.« Auf diese Forderung müssen Sie in Ihrem Anschreiben eingehen. Fangen Sie Ihr Anschreiben aber nicht gleich mit Ihren Gehaltswünschen an. Ihr Qualifikationsprofil ist für die Einstellung wesentlich wichtiger als eine abstrakte Zahl. Zuerst muss im Anschreiben der Wert Ihrer beruflichen Qualifikationen deutlich werden, erst danach sollten Sie die gewünschte Vergütung Ihrer Qualifikationen thematisieren. Nennen Sie Ihre Gehaltsvorstellung erst am Ende Ihres Anschreibens.

Geben Sie Ihre Gehaltsvorstellung konkret an

Geben Sie Ihre Gehaltsvorstellung konkret an, beispielsweise mit den folgenden Formulierungen:

- »Meine Gehaltsvorstellung beträgt 48 500,– € brutto im Jahr.«
- »Ich strebe ein Bruttogehalt von 48 500,– € p. a. an.«
- »Mein Gehaltswunsch liegt bei 48 500,– € Bruttogehalt pro Jahr.«

Wenn Sie noch nicht wissen, was in der neuen Position an Belastungen auf Sie zukommt, können Sie auch einen Gehaltsrahmen angeben. Ist Ihnen unklar, wie umfangreich der Anteil von Dienstreisen, Auslandseinsätzen oder Überstunden sein wird, können Sie die Frage nach Ihrer Gehaltsvorstellung so beantworten: »Zu meinen genauen Gehaltsvorstellungen möchte ich mich erst nach weitergehenden Informationen über die ausgeschriebene Position äußern. Ein Rahmen von 46 000,– bis 51 000,– € brutto pro Jahr wäre für mich akzeptabel.«

Legen Sie einen Rahmen fest

Aber Vorsicht: Geben Sie nie Ihr letztes Jahresgehalt an. Wenn Sie formulieren: »Mein Bruttogehalt betrug im letzten Jahr 40 900,– €«, beantworten Sie nicht die Frage nach Ihrer Gehaltsvorstellung!

Äußerst problematisch ist es, wenn Sie in Ihrem derzeitigen Arbeitsvertrag Stillschweigen über Ihr Gehalt vereinbart haben. Dann dürfen Sie Ihre Gehaltshöhe auf keinen Fall schriftlich Dritten mitteilen. Wenn Personalverantwortliche lesen: »Aus der beiliegenden Kopie meiner Gehaltsabrechnung können Sie meinen Verdienst ersehen«, werden ihnen Zweifel an der Integrität des Absenders kommen.

Gehen Sie sorgfältig mit firmeninternen Informationen um

Wenn die Angabe Ihrer Gehaltsvorstellung nicht ausdrücklich gefordert wird, sollten Sie sich im schriftlichen Bewerbungsverfahren bedeckt halten. Vermitteln Sie Personalverantwortlichen erst ein Bild Ihrer Kenntnisse und Fähigkeiten. Überzeugen Sie sie davon, dass Sie ein geeigneter Kandidat sind. Das Ziel Ihrer schriftlichen Bewerbung ist, dass Sie wegen Ihres interessanten Profils zu einem Vorstellungsgespräch eingeladen werden. Im Gespräch lässt sich ein Abgleich Ihrer Gehaltsvorstellungen mit den Vorstellungen der Unternehmensseite besser durchführen.

Ihr Ziel: die Einladung zum Vorstellungsgespräch

☑ *Checkliste* *für Ihre Gehaltsangabe im Anschreiben*

- ☐ Haben Sie bei der Ermittlung Ihres derzeitigen Gehaltes sämtliche geldwerten Vorteile miteinbezogen (Weihnachtsgeld, Urlaubsgeld, Firmenwagen, Reisekostenvergütungen, ausbezahlte Überstunden, Weiterbildungskosten et cetera)?
- ☐ Haben Sie mit eingerechnet, ob durch den neuen Job höhere Kosten auf Sie zukommen (Miete, Umzug, Wegfall des Einkommens des Partners, Fahrtkosten)?
- ☐ Haben Sie sich über den Gehaltsrahmen informiert, der für die von Ihnen angestrebte Position üblich ist?
- ☐ Liegt Ihr Gehaltswunsch rund 15 Prozent über dem, was Sie nun verdienen (gilt für einen Karriereschritt)?

- ☐ Argumentieren Sie mit Brutto-Jahresgehältern?
- ☐ Haben Sie Ihren Gehaltswunsch als Spanne wiedergegeben oder einen konkreten Betrag genannt?
- ☐ Haben Sie womöglich Ihr derzeitiges Gehalt angegeben?
- ☐ Steht Ihre Gehaltsvorstellung am Ende des Anschreibens?

11
Der Lebenslauf

Nach Ihrem Anschreiben wird Ihr Lebenslauf gelesen und ausgewertet. In diesem Kapitel zeigen wir Ihnen, wie Sie Ihre bisherige berufliche Entwicklung in Ihrem Lebenslauf so darstellen, dass Sie zum gefragten »passgenauen« Bewerber werden. Unsere Tipps und Beispiele ermöglichen Ihnen die Ausarbeitung Ihres individuellen Lebenslaufes.

Der Lebenslauf ist neben dem Anschreiben das zentrale Element in Ihrer Bewerbungsmappe. Er soll Ihre berufliche Entwicklung nachvollziehbar machen und verdeutlichen, welche Erfahrungen und Kenntnisse Sie mitbringen, und dies nicht nur für Ihren aktuellen Arbeitsplatz, sondern auch für vorhergehende. Darüber hinaus sind Personalverantwortliche auch daran interessiert, welche Ausbildung(en) Sie durchlaufen und in welchen Themengebieten Sie sich fortgebildet haben.

Die berufliche Entwicklung nachvollziehbar machen

Weg vom Standardlebenslauf

Verabschieden Sie sich von der Vorstellung, dass Sie Erfolg haben werden mit einem Standardlebenslauf, das heißt: mit ein und demselben Lebenslauf, den Sie unverändert an alle möglichen Firmen verschicken. Ihr individuelles Profil ist auch beim Lebenslauf gefragt. Schließlich möchten Sie sich ja mit Ihren individuellen beruflichen Stärken eine Einladung zum Vorstellungsgespräch erarbeiten.

Passgenau und individuell

Ein häufiger Fehler von Bewerbern ist das Aufbereiten alter Lebensläufe, also das stete Hinzufügen von ein paar Zeilen, um ihn im Laufe der Jahre zu aktualisieren. Stehen im Lebenslauf eines Stellensuchenden mit umfassender Berufserfahrung noch die jahrelang zurückliegenden Praktika aus dem

Studium, so wirkt dies auf die Leser sehr befremdlich. Zudem ergibt sich beim Recycling-Versuch meist auch eine falsche Gewichtung der verschiedenen Blöcke.

Das ist neu: Nicht nur das Anschreiben, sondern auch der Lebenslauf muss passgenau erstellt werden. Personalverantwortliche wollen daraus ersehen, ob der Bewerber genug Wissen und Erfahrung mitbringt, um die ausgeschriebene Stelle ausfüllen zu können.

Nutzen Sie den Gestaltungsspielraum

Sie haben bei der Ausformulierung Ihres Lebenslaufes einen Gestaltungsspielraum, den Sie nutzen sollten. Haben Sie in den vergangenen Jahren beispielsweise an vier verschiedenen Arbeitsplätzen gewirkt, sollten Sie bei der Darstellung der dazugehörigen Arbeitsinhalte den Schwerpunkt auf die letzten beiden Stellen legen und diese wesentlich ausführlicher beschreiben als weiter zurückliegende.

Gehen Sie auf Ihre beruflichen Tätigkeiten ein

Bei der Darstellung der beruflichen Stationen ist die bloße Angabe des Arbeitgebers und der Berufsbezeichnung viel zu wenig. Schreiben Sie also nicht »10/2001 bis 04/2004, Fa. Müller, Einzelhandelskaufmann«. Sie wissen bestimmt selbst, wie sehr heutige Arbeitsfelder spezialisiert sind. Gehen Sie daher auch auf die von Ihnen ausgeübten Tätigkeiten ein. Im vorliegenden Beispiel wäre daher diese Version besser: »10/2001 bis 04/2004, Müller Handelsgesellschaft mbH, Abteilung Einkauf, Einkäufer, Tätigkeiten: Lieferantenauswahl, Preisverhandlungen, Bedarfsermittlung, Festlegung von Produktspezifikationen«. An diesem Beispiel können Sie außerdem sehen, dass Personalverantwortliche viel Wert auf korrekte Angaben im Lebenslauf legen. Dazu gehört auch der volle Firmenname mit der richtigen Rechtsform.

Viele Lebensläufe sind schlichtweg zu umfangreich. Wer in seinem Lebenslauf Wichtiges nicht von Unwichtigem unterscheiden kann, setzt sich dem Verdacht aus, dass ihm dies auch im Berufsalltag nicht gelingt. Sie müssen deshalb vorwiegend diejenigen Informationen herausstellen, die für die angeschriebenen Unternehmen interessant sind.

Die Übersichtlichkeit von Lebensläufen leidet häufig auch darunter, dass Bewerber einfach ihren Lebensweg nacherzählen. Dies ist aus Sicht der Personalprofis jedoch ein großer Fehler, denn der Lebenslauf muss schließlich ein berufliches Profil erkennen lassen. Informationen müssen strukturiert werden, damit der Leser sie aufnehmen und verwerten kann. Daher ist eine sinnvolle Blockbildung als Strukturierung des Lebenslaufes unerlässlich.

Übersicht durch Struktur

Die Überprüfung von Lebensläufen in der Personalabteilung beinhaltet auch eine Rechenaufgabe: Es wird untersucht, ob der Bewerber etwas verschweigen will. Deshalb sind Lücken im Lebenslauf immer sehr problematisch. Führen Sie deshalb in einer Zeitleiste lückenlos Ihre Verweildauer in den einzelnen Stationen an. Geben Sie den Personalprofis keinen Anlass zum Grübeln, und füllen Sie eventuelle Lücken mit sinnvollen Tätigkeiten auf.

Lückenlos und plausibel

▶ **Vorsicht Falle:** Geben Sie die Zeiten im Lebenslauf in Monaten und nicht nur in Jahreszahlen an, sonst fangen Personalprofis zu rechnen und dann zu spekulieren an – in der Regel zu Ihren Ungunsten!

So gelingt Ihr Lebenslauf

Tun Sie den ersten wichtigen Schritt: Füllen Sie Ihre beruflichen Stationen durch Tätigkeitsangaben mit Leben. Achten Sie darauf, dass Sie die ausgeschriebene Stelle im Blick haben, und stellen Sie diejenigen Erfahrungen besonders heraus, die eine Nähe zur angestrebten, neuen Stelle aufweisen. Sie haben in Ihrer Vorbereitung schließlich schon eine Bilanz darüber erstellt, was Sie sich in Ihren einzelnen beruflichen Stationen an Kenntnissen und Fähigkeiten erarbeitet haben. Diese Bestandsaufnahme sollten Sie nun für Ihren Lebenslauf nutzen.

Wichtig: die Nähe zur neuen Stelle

Untergliedern Sie Ihren Lebenslauf in Blöcke, um für Übersichtlichkeit und Prüfungsfreundlichkeit zu sorgen. Nicht alle Lebensläufe müssen nach der gleichen Struktur verfasst sein. Manch einer hat erst eine Ausbildung gemacht und dann die Fachhochschulreife nachgeholt, andere haben ein Studium an einer Universität abgebrochen, um dann das Diplom an der Fachhochschule zu machen. Je nach individuellem Werdegang ist der Lebenslauf anzupassen. Bewährt haben sich die Blöcke

- Persönliche Daten,
- Berufstätigkeit,
- Ausbildung/Studium,
- Schule,
- eventuell Wehrdienst, Zivildienst, soziales Jahr, Au-pair,
- Weiterbildung,
- Zusatzqualifikationen.

Persönliche Daten Bei den persönlichen Daten führen Sie Ihren Namen, Ihren Geburtstag und -ort sowie Ihren Familienstand und eventuell Ihre Kinder auf. Ihre vollständige Adresse mit Telefonnummer und privater E-Mail-Adresse können Sie ebenfalls in diesen Block stellen oder oberhalb als Kopfzeile einfügen. Wie dies im Einzelnen aussehen kann, zeigen wir Ihnen weiter unten an ausgewählten Beispielen.

Berufstätigkeit Dieser Block hat eine zentrale Bedeutung. Geben Sie Ihre beruflichen Stationen immer nach dem folgenden Schema an: Firma (mit richtiger Rechtsform), Bereich oder Abteilung, Tätigkeitsbezeichnung (wie im Arbeitszeugnis), ausgewählte Aufgaben. Mit dieser Form der Beschreibung Ihrer beruflichen Stationen sorgen Sie für Aussagekraft. Beschränken Sie sich nicht nur auf Ihre Tätigkeiten im Tagesgeschäft. Wenn Sie besondere Aufgaben übernommen oder in Projekten mitgewirkt haben, sollten Sie diese ebenfalls aufnehmen. Eine Zusammenstellung Ihrer Tätigkeiten haben Sie bereits in Ihrer Bestandsaufnahme erarbeitet. Orientieren Sie sich daran und nehmen Sie die erarbeiteten Schlüsselbegriffe auf, die Sie in Kapitel 4 (»Warum sollten wir gerade Sie einstellen? Ihre Selbstpräsentation«), Übung »Schlüsselbegriffe und Schlagworte finden und einsetzen« zusammengestellt haben.

Besonders wichtig: der Block »Berufstätigkeit«

Beispiel

Bewerbung als Ableitungsleiter Einkauf

Ein Bewerber, der sich von der Position des stellvertretenden Abteilungsleiters Einkauf auf die Stelle eines Abteilungsleiters Einkauf bewirbt, formuliert überzeugend, wenn er diese Beschreibung wählt:

3/1995 – heute	Import AG, Bremen, Abteilung Einkauf, stellvertretender Abteilungsleiter • Leitung des Einkaufs für die Teilsortimente Textil und Hartwaren, Sortimentsanalyse und -planung für Niederlande, Österreich und Deutschland • Projektgruppe Zentralisierung des europäischen Beschaffungsmanagements • verantwortlich für die Führung von zwölf Mitarbeitern
01/1990 – 02/1995	Hans-Jörg Müller GmbH, Bielefeld, Abteilung Einkauf und Vertrieb, kaufmännischer Angestellter • Warenwirtschaft, Planung und Beschaffung, Kostenkontrolle Einkauf • Betreuung von Einkaufszentralen und Großhändlern

Alle im Lebenslauf angegebenen Tätigkeiten müssen Sie mit Beispielen aus Ihrer Berufstätigkeit belegen können – spätestens im Vorstellungsgespräch. Geben Sie daher keine Tätigkeiten an, die Ihnen nur aus der Beobachtung bekannt sind, bei denen Sie etwa Ihrem Kollegen »über die Schulter geschaut« haben! Dennoch sollten Sie sich bei der Ausarbeitung Ihres Lebenslaufes nicht zu sehr beschränken. Wenn Sie eine Tätigkeit angeben, heißt dies nicht, dass Sie sie durchgehend im Tagesgeschäft ausgeübt haben. Sie können durchaus Tätigkeiten nennen, mit denen Sie in einem zeitlich begrenzten Projekt in Berührung gekommen sind. Es gilt die Regel: Wenn Sie für eine Tätigkeit ein Beispiel aus Ihrer Berufspraxis finden, dürfen Sie sie auch im Lebenslauf anführen.

Ein häufiger Bewerberfehler ist die mangelhafte Darstellung einer beruflichen Entwicklung, wenn ein größerer Zeitraum in ein und derselben Firma verbracht wurde. Wenn im Lebenslauf nur die aktuelle Position angegeben und nicht näher auf die Entwicklung, die der Bewerber im Laufe seiner Verweildauer in der Firma gemacht hat, eingegangen wird, vermuten Personalverantwortliche einen jahrelangen Stillstand in der Entwicklung.

Heben Sie Ihre berufliche Entwicklung deutlich hervor

Beispiel

Zwölf Jahre Stillstand?

Eine Bewerberin schreibt in ihrem Lebenslauf die folgende Angabe:

07/1989 - 12/2001	Auto AG, Assistentin im Vertrieb

Dies gibt Anlass zu Spekulationen. Wenn Personalverantwortliche diese knappe Angabe über einen Zeitraum von zwölf Jahren im Lebenslauf lesen, stellen sie sich automatisch die folgenden Fragen:

- Ist die Bewerberin zwölf Jahre auf ihrer Einstiegsposition als Vertriebsassistentin hängen geblieben?
- Hat man die Bewerberin wegen schlechter Leistungen zurückgestuft?
- Ist die Bewerberin unflexibel, nicht lernfähig und nicht aufstiegsorientiert?
- Hat man der Bewerberin gekündigt, weil man sie nicht in eine Position mit neu definierten Aufgaben einbinden kann?
- Hat man die Bewerberin von einer anderen Position entbunden und sie auf der Assistentinnenposition kaltgestellt, damit sie von sich aus kündigt?

Die Chance, Missverständnisse auszuräumen, hätte diese Bewerberin erst im Vorstellungsgespräch. Dazu wird es wegen der Zweifel aber üblicherweise nicht kommen.

Besser ist es für die Bewerberin, in ihrem Lebenslauf ihre Tätigkeit für die Firma Auto AG in einzelne Entwicklungsschritte zu untergliedern und jeden Schritt inhaltlich mit Tätigkeitsbeschreibungen zu füllen. Dadurch wird auch deutlich, dass sich hinter der Berufsbezeichnung »Assistentin im Vertrieb« keine Vertriebsassistentin, sondern die Assistentin des Konzernvertriebschefs verbarg. Die überarbeitete Darstellung lautet:

07/1989 - 12/2001	Auto AG, Stuttgart
09/1997 - 12/2001	Assistentin des Konzernvertriebschefs, Planung und Umsetzung internationaler Vertriebsaktivitäten, Aufbau und Betreuung internationaler Handelspartner, Organisation internationaler Verkaufsmessen, Leitung des Key-Account-Teams
01/1992 - 08/1997	Account-Managerin, aktives Kunden-Beziehungsmanagement, Messeplanung und Koordination, Produktpotenzialanalysen, Projektleitung »Strategische Geschäftsentwicklung«

07/1989 – 12/1991	Vertriebsassistentin, Markt- und Wettbewerberbeobachtung, Außendienstunterstützung, Kundenakquisition

Ausbildung/Studium Wenn Sie bereits über mehrere Jahre Berufserfahrung verfügen, können Sie die Angaben in diesem Block knapp halten. Geben Sie entweder die Ausbildungsfirma, den Ausbildungsgang und den Abschluss an, oder nennen Sie die Hochschule, den Studiengang und den erworbenen Studienabschluss.

Ihr Studium, Ihre Ausbildung im Verhältnis zur Berufserfahrung

Beispiel

Bewerber mit mehr als drei Jahren Berufserfahrung

09/1988 – 10/1993	Universität Münster, Studium der Betriebswirtschaftslehre
15.10.1993	Diplom-Kaufmann, Gesamtnote »gut«

Beispiel

Bewerber mit Hochschulabschluss und weniger als drei Jahren Berufserfahrung

09/1998 – 10/2003	Universität Münster, Studium der Betriebswirtschaftslehre, Schwerpunkte: Distribution, Handel und Marketing
15.10.2003	Diplom-Kaufmann, Gesamtnote »gut«

Beispiel

Bewerberin mit Berufsausbildung und weniger als drei Jahren Berufserfahrung

08/2001 – 07/2004	ABC-Bank AG, Hamburg, Ausbildung zur Bankkauffrau, Mitarbeit in den Abteilungen Privatkredite und Wertpapiere
15.07.2004	Abschlussprüfung Bankkauffrau, Gesamtnote »gut«

Schule Dieser Block ist nur für Berufseinsteiger relevant. Für Stellensuchende mit mehrjähriger Berufserfahrung ist es besser, die Schule mit dem Block Ausbildung/Studium zusammenzufügen. Sie brauchen dann nur den letzten erworbenen Schulabschluss zu nennen, denn ihre Grundschulzeit interessiert Personalverantwortliche wirklich nicht mehr.

Wehrdienst, Zivildienst, soziales Jahr, Au-pair Damit keine Lücken im Lebenslauf auftauchen, sollten Sie Angaben in diesem Block machen, ansonsten kann er jedoch entfallen.

Zeigen Sie Ihre Leistungsbereitschaft

Weiterbildung Unternehmen sind immer auf der Suche nach Bewerbern, die fachlich am Ball bleiben. Aber auch Trainings und Seminare im Soft Skill-Bereich werden gerne gesehen. Die Kurse werden mit dem Träger, also der für die Durchführung verantwortlichen Organisation und dem Originaltitel des Kurses wiedergegeben. Die Inhalte brauchen Sie nur anführen, wenn der Seminartitel nicht aussagekräftig ist. Geben Sie auch Weiterbildungsmaßnahmen mit einer Zeitangabe an, damit man erkennen kann, dass Ihr Wissen aktuell ist.

Beispiel

Auf dem neuesten Stand

04/2003	Haus der Technik e. V. Außeninstitut der RWTH Aachen, Seminar: Autonome Arbeitsgruppen in der Produktion, Inhalt: Minimierung der Rüstzeiten bei Produktionsumstellungen
05/2003	Bildungswerk für Gesundheitsberufe e. V., Workshop: Akupressur
10/2003	Allfinanz Akademie, Seminar: Kundengespräche erfolgreich führen

Sprach- und EDV-Kenntnisse bewerten

Zusatzqualifikationen Hier führen Sie Ihre Sprach- und EDV-Kenntnisse auf. Denken Sie daran, dass Sie Ihre Kenntnisse auch bewerten. Gängige Abstufungen sind »Grundkenntnisse, gut, sehr gut« und als höchste Stufe

»verhandlungssicher« bei Sprachen oder »ständig in Anwendung« bei Computerprogrammen.

Zusätzlich zu den genannten Blöcken können Sie in einem Block »Sonstiges« noch Ihr ehrenamtliches Engagement und Ihre (berufsbezogenen) Vereinsmitgliedschaften sowie Hobbys aufführen. Sehen Sie sich jedoch vor bei der Darstellung Ihrer Hobbys: Führen Sie nicht zu viele auf, sonst nimmt der Personalverantwortliche leicht an, dass Sie lieber in der Freizeit als am Arbeitsplatz aktiv sind. Geben Sie keine Hobbys an, aus denen man schließen könnte, dass sie in irgendeiner Form Ihre Berufstätigkeit negativ beeinflussen. Dazu gehören Risikosportarten (hohe Verletzungsgefahr), Leistungssport (keine Zeit für den Beruf) und Sportarten, die an geografische Vorgaben gebunden sind (Skifahren, Klettern oder Segeln).

Unterschreiben Sie mit Ort und Datum

Versehen Sie Ihren Lebenslauf am Ende mit Erstellungsort und Tagesdatum, und unterschreiben Sie ihn. So wirkt er bis zuletzt individuell erstellt und passgenau für die ausgeschriebene Stelle aufbereitet.

Lücken im Lebenslauf

Füllen Sie Lücken mit sinnvollen Tätigkeiten

Gestalten Sie Ihren Lebenslauf immer so, dass links auf dem Blatt eine Zeitachse zu erkennen ist. Die Vorprüfung von Lebensläufen in Personalabteilungen ist auch eine Rechentätigkeit: Es sollen Fehlzeiten aufgespürt und Lücken entdeckt werden. Lücken sind Zeiträume über zwei Monate, für die Sie keine Tätigkeiten angeben. Versuchen Sie, eventuelle Lücken mit sinnvollen Tätigkeiten auszufüllen.

Wenn Sie zwischen zwei Stellen einen mehrmonatigen Leerlauf haben, sollten Sie darstellen, was Sie in dieser Zeit gemacht haben. Beispielsweise sind Bewerber durchaus gefragt, die größere Zeiträume zur eigenen Verfügung haben und von sich aus tätig werden, um sich sinnvoll zu beschäftigen. Es spricht für Ihre Berufsorientierung und Ihren Einsatzwillen, wenn Sie innerhalb Ihrer sechsmonatigen Arbeitslosigkeit Computer-, Sprach- und Fachkurse belegt haben, um die Chancen für einen Neueinstieg in Ihrem Berufsfeld zu erhöhen.

Beispiel

Freiberufliche Tätigkeit statt Arbeitslosigkeit

Statt eine unfreiwillige Wartezeit einfach so darzustellen: »04/2003 - 08/2003 arbeitslos«, beschreiben Sie, was Sie getan haben:

04/2003 - 08/2003	arbeitssuchend, parallel dazu Besuch von EDV-Schulungen (Excel und PowerPoint) und Sprachkursen (Business-Englisch)

Belegen Sie Ihre Eigeninitiative

Bewerberinnen, die ihre Berufstätigkeit wegen der Erziehung ihrer Kinder unterbrochen haben, sollten dies auch im Lebenslauf erwähnen. Die bloße Angabe von Kindern im Block »Persönliche Daten« ist dazu nicht ausreichend. Stellen Sie nach Möglichkeit dar, dass Sie nach einer gewissen Auszeit wieder damit begonnen haben, sich mit beruflichen Inhalten auseinander zu setzen. Dies kann eine Aushilfstätigkeit beim alten Arbeitgeber sein, aber auch der Besuch von Computerkursen. Wenn Sie sich zur Vorbereitung auf Ihren Wiedereinstieg in Eigenarbeit PC-Programme erschlossen haben, sollten Sie dies mit einem passenden Zeitrahmen im Lebenslauf angeben. Am geeignetsten sind die letzten zwölf Monate vor Ihrer Bewerbung. Zeigen Sie, dass Sie sich für die Neuaufnahme Ihrer beruflichen Tätigkeit fit gemacht und den Anschluss an aktuelle Entwicklungen gefunden haben.

Beispiel

Die aktive Mutter

Die Darstellung: »05/1995 - 03/2001 Erziehung meiner Kinder« ist zu wenig. Aussagekräftiger ist eine Darstellung, die auch auf Weiter-/Fortbildung und Aushilfstätigkeiten Bezug nimmt und damit zeigt, dass sich die Bewerberin auf einen Wiedereinstieg in das Berufsleben vorbereitet hat. Beispielsweise so:

05/1997 - 03/2004	Erziehung meiner Tochter Andrea und meines Sohnes Patrick
02/2003 - 09/2003	Vertiefung der PC-Kenntnisse, insbesondere Textverarbeitung und Datenbanken

10/2003 - 03/2004	Rechtsanwaltskanzlei Meyer & Schmidt, Aushilfstätigkeiten im Sekretariat
seit 01/2004	Einarbeitung ins Internet

Durchgesehene Lebensläufe aus der Bewerbungspraxis

Wir werden Ihnen nun anhand von einem Praxisbeispiel erläutern, wie sich Bewerber mit ihren Lebensläufen ins Abseits stellen. Sie werden den Lebenslauf von Herrn Jörg Rusitzki sehen, der als kaufmännisch-technischer Sachbearbeiter tätig ist und das Unternehmen wechseln möchte (S. 160 f.).

Die Sicht der Personalverantwortlichen

Da Kritik allein Ihnen natürlich nicht weiterhilft, liefern wir Ihnen nach dem misslungenen Beispiel eine überarbeitete Version. Sowohl das Negativ- als auch das Positivbeispiel erläutern wir Ihnen aus der Sicht von Personalverantwortlichen, damit Ihnen klar wird, worauf es im Lebenslauf ankommt und worauf der professionelle Leser von Bewerbungsunterlagen achtet.

Fehler: falscher Aufbau Nur auf den ersten Blick hat der Bewerber seinen Lebenslauf gut gegliedert. Er beginnt mit den persönlichen Daten, beschreibt dann Schule, Wehrdienst, Berufsausbildung und Beruf. Der Lebenslauf schließt mit der Angabe von Fremdsprachen, EDV-Kenntnissen und Hobbys. Diese chronologische Gliederung empfiehlt sich in der Regel nicht für eine Person, die mitten im Berufsleben steht, sondern eher für Schulabgänger. Denn sämtliche Informationen auf der ersten Seite des Lebenslaufes bringen Personalverantwortliche bei der Überprüfung der Bewerberqualifikation nicht weiter. Es wäre besser gewesen, wenn Herr Rusitzki zu einem rückwärts chronologischen Aufbau gegriffen hätte. Wenn er also nach den persönlichen Daten gleich in den Block Beruf eingestiegen wäre. Dort hätte er dann die aktuelle Position als Erstes nennen sollen, um dann Schritt für Schritt weiter zurück bis zur Einstiegsposition zu gehen.

Wichtig: der richtige Aufbau

Negativbeispiel

Sachbearbeiter ohne Inhalt

Lebenslauf

Persönliche Daten

Vor- und Familienname:	Jörg Rusitzki
Adresse:	Schaffhauser Gasse 18
Geburtstag:	12. Oktober 1967
Geburtsort:	Darmstadt
Familienstand:	geschieden

Schulausbildung

7/73–7/77	Grundschule Darmstadt IV
8/78–7/79	Adenauer Gymnasium Darmstadt
8/79–6/85	Realschule Darmstadt

Wehrdienst

7/85–10/68	Heer

Berufsausbildung

9/87–7/90	Ausbildung zum Bürokaufmann bei der Glasbau GmbH & Co. KG, Darmstadt

Beruf

8/90–7/91	Weiterbeschäftigung als Bürokraft bei der Ausbildugsfirma
10/91–9/94	Einkäufer bei der Metallproduktion GmbH
10/94–12/99	Mitarbeiter in der Materialwirtschaft bei der Baumaschinen GmbH & Co. KG, Mitarbeit an diversen Projekten
1/00–heute	Kaufmännisch-technischer Sachbearbeiter bei der Handelsgesellschaft mbH, Abwicklung von Aufträgen, Teilnahme an Weiterbildungsveranstaltungen
Fremdsprachen	Englisch
EDV-Kenntnisse	Word, Excel
Hobbys	Rad fahren, Autorennen

Augsburg, 25. August 2003

Fehler: übertriebene Ehrlichkeit Bereits im Block Schulausbildung kommt der professionelle Leser ins Grübeln: Warum hat Herr Rusitzki vom Gymnasium auf die Realschule wechseln müssen? Der Wechsel an sich ist nicht problematisch, aber dass Herr Rusitzki meint, dies so deutlich angeben zu müssen, lässt vermuten, dass er seinen »Abstieg« bis zum heutigen Tage nicht verwunden hat. Einmal auf die Fährte gebracht, werden Personalverantwortliche nach weiteren Ungereimtheiten suchen. Schnelles Kopfrechnen macht klar: Zwischen dem Ende des Wehrdienstes und dem Beginn der Berufsausbildung klafft eine Lücke von einem Jahr. Hierzu fehlen Angaben. Will der Bewerber etwa verbergen, dass ihn zunächst keine Ausbildungsfirma haben wollte?

Zeigen Sie Ihre Stärken

Fehler: Flüchtigkeit Je nach angestrebtem Tätigkeitsfeld werden einzelne Rechtschreib- oder Kommafehler mehr oder weniger großzügig verziehen. Dass der Bewerber »Ausbildugsfirma« statt »Ausbildungsfirma« schreibt, könnte also noch durchgehen. Treten daneben aber noch weitere Flüchtigkeitsfehler auf, wird man dem Bewerber eine grundsätzlich mangelhafte Sorgfalt unterstellen. In diesem Fall fehlt im Block Persönliche Daten die Angabe des Wohnortes mit Postleitzahl. Auf eine Ortsangabe verzichtet Herr Rusitzki auch bei allen seinen Arbeitgebern. Und dann hat sich noch im Block Wehrdienst ein Zahlendreher eingeschlichen. Sicherlich dauerte der Wehrdienst bis 10/86 und nicht bis 10/68.

Lassen Sie auch Ihren Lebenslauf gegenlesen

Fehler: Informationsarmut Der Bewerber ist nicht in der Lage, die für Personalverantwortliche wirklich wichtigen Informationen in den Vordergrund zu stellen. Seine Grundschulzeit interessiert nun wirklich nicht mehr. Diesen verschwendeten Platz hätte er lieber für eine ausführlichere Darstellung seiner beruflichen Stationen verwenden sollen. Im Block Beruf gibt er fast keine Informationen zu den Aufgaben, die er bei den verschiedenen Arbeitgebern bewältigt hat. Die Angabe »Abwicklung von Aufträgen« ist viel zu knapp, um seine momentane Tätigkeit erfassen zu können. Auch die Beschreibungen »Mitarbeit an diversen Projekten« und »Teilnahme an Weiterbildungsveranstaltungen« sind ohne eine konkrete Auflistung von Projekten oder Seminaren nichtssagend. Besondere berufliche Erfahrungen werden aus dem Lebenslauf von Herrn Rusitzki nicht deutlich.

Berufliche Erfahrungen hervorheben

Fehler: Fremdsprachen- und EDV-Kenntnisse nicht bewertet Aus der bloßen Nennung von Sprach- und EDV-Kenntnissen lässt sich für Personalverantwortliche noch nicht erschließen, wie gut diese sind. Eine Bewertung durch den Bewerber ist daher unerlässlich. Herr Rusitzki verzichtet darauf. Man ist also gezwungen, Vermutungen anzustellen. Seine Englischkenntnisse könnten durchaus noch Restbestände der Schulbildung sein. Vielleicht beschränken sich auch seine EDV-Kenntnisse auf veraltete Programmversionen, die er vor vielen Jahren einmal bedient hat.

Konkrete Angaben bringen Sie weiter

Fehler: mehrdeutige Hobbys Dass sich Herr Rusitzki mit Rad fahren fit hält, ist prima. Warum er aber seine Gesundheit bei Autorennen aufs Spiel setzt, ist weniger verständlich. Wieder einmal wirkt sich die mangelnde Detailarbeit des Bewerbers zu seinen Ungunsten aus. Wohlmeinende Personalverantwortliche könnten zwar vermuten, dass Herr Rusitzki eher als Zuschauer an Autorennen teilnimmt oder eine Carrerabahn in seinem Hobbykeller aufgebaut hat. Geschrieben hat er es aber nicht. Und nicht alle Personalverantwortlichen sind wohlmeinend.

Wählen Sie auch Ihre Hobbys sorgfältig aus

Fehler: Stillstand Detaillierte Angaben zu Weiterbildungen fehlen völlig. Es genügt nicht, dass der Bewerber bei seiner jetzigen Tätigkeit vermerkt »Teilnahme an Weiterbildungsveranstaltungen«. Arbeitnehmer, die nicht zum Stillstand gekommen sind, sondern sich aktiv um ihre Entwicklung kümmern, sind in den Unternehmen gern gesehen. Schade, dass Herr Rusitzki diese Chance hat verstreichen lassen.

Aktive Weiterentwicklung ist wichtig

Fazit Ein Standardlebenslauf, mit dem der Bewerber sich nicht von der Masse abheben kann. Ein individuelles Profil und besondere Stärken werden nicht deutlich. Wegen des nur eingeschränkten Informationsgehaltes fallen die groben Schnitzer, die sich Herr Rusitzki geleistet hat, umso schwerer ins Gewicht. Eine Einladung zum Vorstellungsgespräch wird nicht erfolgen.

Damit Sie sehen, wie sich Missverständnisse vermeiden lassen, zeigen wir Ihnen nun eine zweite, verbesserte Version des Lebenslaufes.

Positivbeispiel

Sachbearbeiter mit überzeugendem Profil

Persönliche Daten
Jörg Rusitzki
Schaffhauser Gasse 18, 86878 Augsburg
geb. am 12. Oktober 1967 in Darmstadt, geschieden
Tel. 08 21 / 1 23 45 67
E-Mail: j.rusitzki@web.de

Lebenslauf

Berufstätigkeiten

01/2000 - heute	Kaufmännisch-technischer Sachbearbeiter bei der Handelsgesellschaft mbH, Augsburg Stellvertretender Leiter der Abwicklungsabteilung Tätigkeiten: Koordinierung von Vertrieb und Produktion, Auftragsabwicklung, Produktübergabe an den Kunden, Gestaltung von Kundenbeziehungen
10/1994 - 12/1999	Kaufmann in der Materialwirtschaft bei der Baumaschinen GmbH & Co. KG, Augsburg Tätigkeiten: Planung und Steuerung der Materialwirtschaft, Lagerbestandskontrolle, Materialplanung, Versandabwicklung Projekte: Einführung eines neuen Materialwirtschaftssystems, Inbetriebnahme eines hochautomatisierten Lagers
10/1991 - 09/1994	Einkäufer bei der Metallproduktions GmbH, Darmstadt Tätigkeiten: Lieferantenauswahl, Konditionenverhandlung, Sicherstellung von Lieferterminen, Bedarfsermittlung, Verantwortung für die Warengruppe Kleinteile
08/1990 - 07/1991	Vertriebsmitarbeiter im Innendienst bei der Glasbau GmbH & Co. KG, Darmstadt Tätigkeiten: Datenpflege, Terminvereinbarung, Projektverfolgung

Ausbildung, Wehrdienst, Praktikum, Schule

09/1987 - 07/1990	Ausbildung zum Bürokaufmann bei der Glasbau GmbH & Co. KG, Darmstadt
01/1987 - 07/1987	Praktikum bei der Im- und Export AG, Darmstadt
07/1985 - 10/1986	Wehrdienst beim Heer
25.06.1985	Realschulabschluss

Weiterbildung	1/2003, IHK Darmstadt, Lotus Notes
	05/2002, PC-Akademie, MS-Project für Praktiker
	08/2001, PC-Akademie, Excel für Fortgeschrittene
	05/2000, Karriereakademie, Verhandlungsführung
Fremdsprachen	Englisch (gut)
EDV-Kenntnisse	WinWord und Excel (beide ständig in Anwendung)
	MS-Project (gut)
	Lotus Notes (gut)
Hobbys	Rad fahren, Besuch von Oldtimer-Rennveranstaltungen

Augsburg, 25. August 2003

Überzeugend: wichtige Informationen zuerst Herr Rusitzki führt nun die persönlichen Daten direkt neben dem Bewerbungsfoto auf, womit er zusätzlichen Platz gewinnt. Er beginnt die Darstellung seiner Berufserfahrung mit der Beschreibung der Arbeitsinhalte in seiner momentanen Position. Die für den neuen Arbeitgeber wichtigen Tätigkeiten beschreibt er ausführlich. Ausgewählte Projekte, die Herr Rusitzki bei seinem vorherigen Arbeitgeber durchgeführt hat, werden ebenfalls hervorgehoben. Auf einen Blick wird klar, in welchen Bereichen er im Tagesgeschäft gearbeitet hat und in welchen er zusätzliche Verantwortung übernommen hat.

Stimmen Sie Ihren Lebenslauf auf die neue Position ab

Unterscheiden Sie Wesentliches von Unwesentlichem

Überzeugend: roter Faden im Lebenslauf Der berufliche Werdegang von Herrn Rusitzki lässt einen roten Faden erkennen. Im Berufsleben hat er Schritt für Schritt anspruchsvollere Aufgaben übernommen. Mit den von ihm in allen vier Stationen im Block Berufstätigkeiten angegebenen Tätigkeiten macht er dies auch für Personalverantwortliche nachvollziehbar. Er gibt geschickt ausgewählte Tätigkeiten an, die zeigen, dass er sich weiterentwickelt hat. Die momentane und die davor liegende Position werden ausführlicher beschrieben. Die Einstiegsposition und die danach folgende werden knapp, aber aussagekräftig abgehandelt. So wird schon optisch deutlich, dass Herr Rusitzki seinen Erfahrungsschatz immer weiter ausgebaut hat.

Engagement statt Leerlauf

Überzeugend: Lücken und Stolpersteine aus dem Weg geräumt In der ersten Version des Lebenslaufes gab die Lücke zwischen Wehrdienst und Berufsausbildung Anlass zu Spekulationen. Diese Lücke ist nun geschlossen: Herr Rusitzki hat in dem fraglichen Zeitraum ein Praktikum abgeleistet. Dadurch können Personalverantwortliche auch erkennen, dass er die Wahl seines kaufmännischen Ausbildungsplatzes zielgerichtet durch ein Praktikum vorbereitet hat.

Zahlendreher, Rechtschreibfehler und andere Flüchtigkeitsfehler sind in diesem Lebenslauf nicht mehr zu finden. Herr Rusitzki hat eine sorgfältige Endkontrolle durchgeführt und vermeidet es dadurch, dass Spekulationen über mangelnde Sorgfalt überhaupt erst entstehen können. Auch der Stolperstein Wechsel vom Gymnasium auf die Realschule ist verschwunden.

Dokumentieren Sie Ihre Lernbereitschaft

Überzeugend: Lernbereitschaft Herr Rusitzki hat sich gezielt weitergebildet. Dies belegt er mit dem neu hinzugekommenen Block Weiterbildung. Aus den aufgeführten Weiterbildungen ist zu erkennen, dass er insbesondere im schnelllebigen EDV-Bereich stets am Ball bleibt. Zusätzlich hat er ein Seminar aus dem Bereich Soft Skills, nämlich die Verhandlungsführung, angegeben. Dadurch runden die Seminare und Trainings sein berufliches Profil ab. Denn auch im Block Berufstätigkeit hat Herr Rusitzki Flexibilität und seine Fähigkeit, sich auf veränderte Anforderungen einstellen zu können, bewiesen. Mit den Weiterbildungen belegt er nun, dass auch weiterhin noch viel von ihm zu erwarten ist.

Überzeugend: Bewertung der Sprach- und EDV-Kenntnisse Die Sprach- und EDV-Kenntnisse sind diesmal bewertet. Die Angabe »Englisch (gut)« bedeutet zwar, dass er Englisch nicht sofort im Beruf einsetzen könnte. Es ist aber dennoch für Personalverantwortliche interessant, dass der Bewerber über ausbaufähige Grundlagen und eine ausgeprägte Weiterbildungsbereitschaft verfügt. Mit der Bewertung »ständig in Anwendung« für die Programme WinWord und Excel unterstreicht der Bewerber, dass er diese Software täglich für seine Arbeit nutzt. Die ebenfalls aufgeführten und bewerteten Programme MS-Project und Lotus Notes sind spezieller und heben ihn aus der Masse der Mitbewerber heraus.

Zeigen Sie, was Sie bieten

Fazit Herr Rusitzki gehört mit seinem überarbeiteten Lebenslauf zur Minderheit der Bewerber, die Profil zeigen. Glückwunsch, die Einladung zum Vorstellungsgespräch wird folgen!

☑ *Checkliste für Ihren Lebenslauf*

- ☐ Ist der erste Eindruck von Ihrem Lebenslauf gefällig?
- ☐ Haben Sie Ihre Kontaktdaten aufgeführt (Name, Anschrift, Telefon, private E-Mail-Adresse, Handy)?
- ☐ Sind die persönlichen Daten vollständig (Geburtsdatum, -ort, Familienstand, Kinder, Nationalität)?
- ☐ Haben Sie aussagekräftige Blöcke gebildet (beispielsweise Berufstätigkeit, Studium/Ausbildung, Weiterbildung, Fremdsprachen, EDV-Kenntnisse, Hobbys)?
- ☐ Sind die Zeitangaben zu den einzelnen Stationen in den jeweiligen Blöcken (rückwärts) chronologisch?
- ☐ Haben Sie die Zeitangaben in Monat und Jahr aufgeführt?
- ☐ Ist der Lebenslauf lückenlos (keine Fehlzeiten)?
- ☐ Haben Sie berufliche Stationen korrekt angegeben (Firma mit richtiger Rechtsform, Ort, Unternehmensbereich, Abteilung, Positionsbezeichnung)?

- ☐ Sind die von Ihnen in den einzelnen beruflichen Stationen wahrgenommenen Aufgaben stichwortartig beschrieben?
- ☐ Nennen Sie auch Sonderaufgaben und/oder Projekte?
- ☐ Falls Sie über Führungserfahrung verfügen: Geben Sie die Anzahl der Ihnen zugeordneten Mitarbeiter an? Stellen Sie Ihre Führungsaufgaben deutlich genug heraus (Projektleitung, Stellvertretung von Führungskräften, Weisungsbefugnisse)?
- ☐ Sind die wichtigsten beruflichen Stationen (üblicherweise die letzten beiden) ausführlich genug beschrieben?
- ☐ Wird ein roter Faden im Lebenslauf deutlich, der auf die ausgeschriebene Position hinführt?
- ☐ Haben Sie berufliche Erfolge konkret genug herausgestellt (Umsatz- und Gewinnsteigerungen, Qualitätsverbesserungen, Ausweitung des Kundenstammes)?
- ☐ Haben Sie längere Verweildauern bei einem Arbeitgeber unterteilt und so Ihren innerbetrieblichen Aufstieg deutlich gemacht?
- ☐ Sind die von Ihnen angegebenen Weiterbildungsmaßnahmen relevant für die neue Position?
- ☐ Wird deutlich, dass Sie nicht nur Ihre Fachkenntnisse, sondern auch Ihre Soft Skills in Seminaren und Trainings weiterentwickelt haben?
- ☐ Haben Sie sowohl auf weitschweifige Umschreibungen wie auch auf unverständliche Abkürzungen verzichtet?
- ☐ Sind Ihre Sprach- und EDV-Kenntnisse bewertet?
- ☐ Ist der Lebenslauf von Ihnen unterschrieben worden und haben Sie Erstellungsort und -datum angegeben?

12
Das Bewerbungsfoto

Mit dem Bewerbungsfoto liefern Sie einen ersten persönlichen Eindruck von sich. Sie zeigen, wie Sie Ihre zukünftige Position einschätzen, und wie Sie das Unternehmen nach außen darstellen wollen. Diese Tatsache sollten Sie sich auch bei der Auswahl der Kleidung bewusst machen.

Personalprofis sind darauf spezialisiert, einzelne Detailinformationen aus der Bewerbungsmappe so zusammenzufügen, dass ein positiver oder negativer Gesamteindruck des Bewerbers entsteht. Hierbei spielt das Bewerbungsfoto eine wichtige Rolle. Ist das Foto beispielsweise abgegriffen oder zerknickt, entstehen Spekulationen darüber, von wie vielen Unternehmen der Bewerber bereits abgelehnt worden ist. Auch auf eingescannte und direkt auf den Lebenslauf gedruckte Fotos sollten Sie verzichten. Studenten wird vielleicht noch nachgesehen, dass sie bei dem Bewerbungsfoto Kosten sparen möchten. Um- und Aufsteiger sollten aber nicht den Eindruck erwecken, dass sie ihre Bewerbung als kostengünstige Massendrucksache abwickeln möchten.

Ein wesentlicher Bestandteil Ihrer Bewerbungsunterlagen

Damit keine Missverständnisse aufkommen: Sie werden nicht eingestellt, nur weil Sie auf dem Foto überzeugend lächeln und richtig angezogen sind. Wichtig ist jedoch, dass Sie mit dem Bewerbungsfoto keine Fehler machen – dann nämlich werden Sie aussortiert, bevor Sie überhaupt eine Chance zur Darstellung Ihrer Fähigkeiten im Gespräch bekommen.

Damit Sie erkennen, was alles schief gehen kann und wie gute Fotos aussehen sollten, werden wir nun sechs Bewerbungsfotos besprechen. Bei jedem Bewerber beziehungsweise jeder Bewerberin ist eine Aufnahme ungünstig und die andere zeigt, welchen Ansprüchen ein gutes Bewerbungsfoto genügen sollte.

Verwenden Sie nur gute und aktuelle Fotos

Eine zu offenherzige Teamsekretärin

Frau Kauselmann bewirbt sich als Teamsekretärin mit dem nebenstehenden Foto – eine schlechte Wahl. Ein häufiger Fehler bei Bewerbungsfotos, der zu dunkle Hintergrund, findet sich auch hier. Zusammen mit dem trüben Gesichtsausdruck der Bewerberin wird nicht der Eindruck einer zupackenden und engagierten Teamsekretärin entstehen. Die weit aufgerissenen Augen lassen eher Unsicherheit vermuten und erinnern fatal an Automatenfotos. Ein Übriges tut die gewählte Kleidung: Sie ist nicht positionsangemessen und viel zu offenherzig für diesen Job. Insgesamt stellt dieses Foto keine Empfehlung dar!

Das Foto muss zur angestrebten Position passen

Einen ganz anderen Eindruck hinterlässt Frau Kauselmann mit diesem gelungenen Bewerbungsfoto:

Nicht nur der Hintergrund ist aufgehellt, sondern auch die Stimmung, die die Bewerberin transportiert. Mit wachem Blick und einem angedeuteten, aber nicht übertriebenen Lächeln signalisiert Frau Kauselmann Ausdauer und ein freundliches Wesen. Der Betrachter wird diesmal angesehen und nicht angestarrt. Die gelungene Ausleuchtung des Hintergrundes bringt Lebendigkeit ins Bild. Mit Jackett und Bluse hat die Kandidatin diesmal eine Kleidung gewählt, in der sie überzeugend, aber nicht steif wirkt. Dieses Foto schafft Sympathie beim Betrachter. Man kann sich Frau Kauselmann ohne Schwierigkeiten als Mitarbeiterin vorstellen, die sich ohne Reibungsverluste ins Team integrieren wird und die von den Mitarbeitern geschätzt wird.

Zeigen Sie sich souverän

Auf der Suche nach Beamtenstatus?

Dieses Foto hat Herr Ratzinger seinen Unterlagen beigefügt, um sich vom kaufmännischen Angestellten zum Assistenten der Geschäftsleitung weiterzuentwickeln. Ungewöhnlich sind das fehlende Jackett und die unkonventionell über der Weste hängende Krawatte. Er wirkt dadurch wie ein auf die Mittagspause wartender Beamter alten Schlages. Mit gesenktem Kopf blinzelt er den Betrachter über den Brillenrand hinweg an. Die Körperhaltung wirkt durch die nach vorne gezogenen Schultern eingefallen, und der Lichtreflex auf seinem Kopf betont seine eher spärliche Haarfülle. Zusammen mit dem zu dunklen Hintergrund strahlt das Bewerbungsfoto eher Trübsinn als Dynamik aus, auf jeden Fall keinerlei Motivation. Damit ist es auch völlig ungeeignet für eine Bewerbung!

Beachten Sie Ihre Körperhaltung

Auf diesem Foto wird Herr Ratzinger dem Erscheinungsbild eines verlässlichen Assistenten der Geschäftsleitung besser gerecht. Das Format hat der Bewerber diesmal bewusst anders gewählt. Damit wirkt er nicht mehr so bedrängt wie auf dem schlechten Foto und hat genügend Raum, sich dem Betrachter zu präsentieren. Der Hintergrund ist gut strukturiert und professionell ausgeleuchtet. Mit offenem Blick und freundlichem Lächeln bringt sich ein leistungsbereiter Bewerber ins Gespräch. Bei der Kleidung gibt sich Herr Ratzinger diesmal bewusst konventionell: Er hat Business-Kleidung gewählt, so wie sie auch bei Repräsentationspflichten in seiner Wunschposition angemessen ist. Der Sinn eines Bewerbungsfotos ist es, zu verdeutlichen, wie ein Bewerber sich im Außenkontakt präsentieren will. Diesen Kandidaten möchte man auch persönlich kennen lernen.

So gewinnen Sie Sympathiepunkte

Kein Paradies für diesen Vogel

Herr Geesen scheint sich gerne als Paradiesvogel zu präsentieren: Mit Hawaiihemd und Yuppie-Tolle blickt er den Betrachter schmunzelnd an. Auch wenn es im Vertrieb und im Marketing genügend Plätze für Individualisten gibt: Beim Bewerbungsfoto dürfen keine Zweifel an der Anpassungsfähigkeit des Bewerbers aufkommen. In der von Herrn Geesen gewählten Kleidung wird kein Unternehmen ihn gerne zum Kunden schicken. Problematisch ist auch, dass der Freizeittouch vermuten lässt, dass der Bewerber nicht besonders an einem harten Berufsalltag interessiert ist. Das Lächeln ist fast schon spöttisch. Es scheint so, dass das Foto nicht mit der für den Bewerbungsprozess angemessenen Ernsthaftigkeit angefertigt wurde. Dieses Foto wird den Bewerber daher nicht weiterbringen.

Im Zweifelsfall konservativ

Erstaunlich ist die Verwandlungsfähigkeit von Herrn Geesen – auf dem gelungenen Bewerbungsfoto scheint ein anderer Mensch abgebildet zu sein! Trotzdem ist der Bewerber seinem individuellen Stil treu geblieben. Mit der zum Betrachter hin abgesenkten Schulter nimmt er eine sehr dynamische Körperhaltung ein. Das ausgeprägte Lächeln unterstützt den Eindruck eines Bewerbers, der zupackend ist und endlich loslegen will. Im klassischen Business-Look mit Hemd und Krawatte wäre Herr Geesen jederzeit ein angemessener Repräsentant des Unternehmens. Es werden also die Eigenschaften vermittelt, die von einem zukünftigen Assistenten Vertrieb und Marketing erwartet werden. Hier empfiehlt sich ein kontaktstarker Bewerber, der auch Vertriebsaufgaben problemlos in den Griff bekommen wird.

Individualität und Dynamik wird sichtbar

☑ *Checkliste* ***für Ihr Bewerbungsfoto***

- ☐ Ist das Bewerbungsfoto aktuell?
- ☐ Ist Ihr Gesichtsausdruck freundlich, aber nicht anbiedernd?
- ☐ Wirkt Ihre Mimik und Gestik auf dem Foto aufgesetzt oder glaubwürdig?
- ☐ Sind Freunde, Bekannte, Lebenspartner der Meinung, dass Sie auf dem Foto gut getroffen sind?
- ☐ Wirken Sie – je nach den Bedürfnissen der Position – auf dem Foto dynamisch, souverän, verlässlich oder zielstrebig?
- ☐ Passt die Kleidung auf dem Foto zur Position?
- ☐ Ist der Hintergrund hell genug?
- ☐ Ist Ihr Gesicht gut ausgeleuchtet?
- ☐ Bei Frauen: Sind Make-up und Schmuck dezent?
- ☐ Bei Männern: Ist kein Bartschatten zu sehen? Ist ein Haarschnitt zu erkennen?
- ☐ Hat der Fotograf ein Porträtfoto angefertigt (auch ein Teil der Schultern ist zu sehen)?
- ☐ Ist das Foto groß genug (etwas größer als ein Passfoto)?
- ☐ Haben Sie auf der Rückseite des Fotos Namen und Adresse angegeben?
- ☐ Ist das Foto mit wieder ablösbaren Haftpunkten, Montagekleber oder Fotoecken auf dem Lebenslauf beziehungsweise Deckblatt befestigt?
- ☐ Sind ausreichend Fotos vorhanden, um auf interessante Anzeigen schnell genug reagieren zu können?

13
Ihre Leistungsbilanz

Eine zusätzliche Seite, die an den Lebenslauf anschließt, kann sinnvoll sein, wenn sie einen zusätzlichen Informationswert hat. Diese Form der Extraseite haben wir in unserer Beratungspraxis entwickelt und nennen sie Leistungsbilanz. Sie unterscheidet sich von herkömmlichen »dritten Seiten« dadurch, dass sie das Profil eines Bewerbers unterstützt und vorrangig die Berufspraxis thematisiert.

In unserer Beratungspraxis werden wir häufig gefragt, ob es nicht möglich sei, zusätzlich zu Anschreiben und Lebenslauf in der Bewerbungsmappe etwas über sich mitzuteilen. Grundsätzlich ist dies eine legitime Überlegung, denn die Mappen müssen schließlich nicht nach einer starren Norm verfasst werden. Letztendlich besteht die Grundanforderung an eine Bewerbungsmappe darin, dass sie ein aussagekräftiges Profil des Bewerbers liefern soll.

Profil durch eine Leistungsbilanz

An dieser Stelle tauchen allerdings schon die ersten Probleme mit einer zusätzlichen Seite auf: Wer seine Energie ganz auf dieses neue Element konzentriert, vernachlässigt oft das Engagement für ein wirklich gutes Anschreiben und einen passgenauen Lebenslauf – dabei sind dies die zentralen Dokumente! Aus diesem Grund ist Personalverantwortlichen auch die manchmal propagierte »dritte Seite« eher suspekt. In diesen Seiten wird selten individuelle Überzeugungsarbeit geleistet, stattdessen reiht sich Floskel an Floskel – manchmal sogar garniert mit besserwisserischen Phrasen. Schon so mancher Bewerber musste nach zahlreichen Absagen einsehen: So lassen sich Personalverantwortliche nicht überzeugen.

Eine Extraseite in der Bewerbungsmappe

Es gibt aber durchaus eine Möglichkeit, zusätzliche Argumente für eine Einstellung zu liefern. Die von uns entwickelte »Leistungsbilanz« greift den Trend zur immer individuelleren und passgenaueren Bewerbung auf. Sie unterscheidet sich von der dritten Seite dadurch, dass sie das Profil eines Bewerbers unterstützt und vorrangig die Berufspraxis thematisiert. Solch eine Leistungsbilanz empfiehlt sich beispielsweise, wenn ein Bewerber so viele Projekte und Sonderaufgaben bewältigt hat, dass ihre Auflistung den Lebenslauf sprengen würde, oder wenn ein Bewerber in verschiedenen Berufen tätig war und nun die Gemeinsamkeiten der einzelnen Tätigkeiten herausstellen will. Dies ist im Lebenslauf manchmal nur auf Kosten der Übersichtlichkeit möglich. Damit die für eine Einstellung relevanten Argumente dem Leser im Unternehmen sofort ins Auge springen, bietet es sich in diesen Fällen an, eine zusätzliche Seite in die Mappe einzufügen.

Zusätzliche Argumente für Ihre Einstellung

Das ist neu: Die von uns entwickelte »Leistungsbilanz« als zusätzliche Seite berücksichtigt den Trend zur immer individuelleren und passgenaueren Bewerbung. Deshalb thematisiert sie vorrangig die Berufspraxis und unterstützt damit das Profil eines Bewerbers.

Ihre Leistungsbilanz überzeugt aber nur dann, wenn Sie konkret werden. Liefern Sie Angaben zu den Inhalten Ihrer bisherigen Berufstätigkeit: Listen Sie spezielle Projekterfahrungen auf, machen Sie Ihr Engagement in Sonderaufgaben deutlich, verweisen Sie auf Qualitätsverbesserungen, oder streichen Sie Umsatz- und Gewinnsteigerungen heraus. Auch mehrmalige Auslandseinsätze lassen sich gut in der Leistungsbilanz zusammenfassen. Wie sich dies im Detail umsetzen lässt, werden wir Ihnen anhand einer Gegenüberstellung von einer misslungenen dritten Seite und einer gelungenen Leistungsbilanz zeigen.

Unterstreichen Sie Ihre Erfolge

Negativbeispiel

Ich über mich

Klaus Wildhorn, Berghauser Str. 88, 42859 Remscheid

Ich über mich

Zu meiner Bewerbung: Meine Aufenthalte in vielen Ländern dieser Welt prägten nachhaltig meinen Wunsch, in Ihrem international ausgerichteten Unternehmen tätig zu werden. Ich freue mich auf den interkulturellen Austausch und auf Kollegen aus aller Herren Länder.

Meine Motivation: Stets habe ich die Interessen meines Arbeitsbereiches fest, aber auch mit Einfühlungsvermögen vertreten. Die häufige Praktizierung der Teamarbeit schulte meine Überzeugungskraft. Mit dem notwendigen Maß an Offenheit und Kreativität treibe ich mit aller Kraft Weiterentwicklungen voran.

Was Sie noch über mich wissen sollten: Gerne beschäftige ich mich auch in meiner Freizeit mit intelektuellen Herausforderungen. Engagement ist für mich kein Fremdwort. Schon seit frühester Jugend bin ich sehr an der Lösung technischer Aufgaben interessiert.

Mein Motto: Keep discovering!

Remscheid, im Sommer 2004

Machen Sie Ihr Profil deutlich

Mit dieser dritten Seite beweist der Bewerber nur, dass er mit den Gegebenheiten des Bewerbungsverfahrens nicht vertraut ist, denn der Erkenntnisgewinn, den man aus dieser Zusatzseite ziehen könnte, ist gleich null. Damit verkehrt sich die gute Absicht des Bewerbers ins Gegenteil, denn er weckt mehr Zweifel an seiner Persönlichkeit, als Antworten zu geben. Es drängt sich der Eindruck auf, dass Herr Wildhorn nicht zu einer echten Auseinandersetzung mit seinen beruflichen Fähigkeiten und seinen persönlichen Stärken in der Lage war. Er versteckt sich lieber hinter Floskeln, als Aussagen zu seinem individuellen Profil zu machen, und hat anscheinend Probleme, auf den Punkt zu kommen.

Aber nicht nur, dass der Bewerber die Seite mit Belanglosigkeiten füllt. Er schafft es sogar, Zweifel an seiner beruflichen Eignung zu wecken. Waren seine »Aufenthalte in vielen Ländern dieser Welt« Arbeitsaufenthalte oder eher Urlaubsreisen? Hat der »interkulturelle Austausch« sich vielleicht nur auf gastronomische Erlebnisse beschränkt? Seine beruflichen Erfahrungen werden auf jeden Fall nicht thematisiert.

Im Block »Meine Motivation« folgen die von Personalverantwortlichen gefürchteten Platitüden zum Soft Skill-Potenzial. Auch hier muss man dem Bewerber vorwerfen, dass er sich nicht wirklich mit sich selbst auseinander gesetzt hat, sondern einfach nur gängige Floskeln herunterbetet. Der Sprachstil ist dabei so gestelzt, dass sich sogar der Verdacht einstellt, dass Herr Wildhorn diesen Absatz irgendwo abgeschrieben hat.

Auch dass Herr Wildhorn sich gerne »intelektuellen Herausforderungen« stellt, wirkt bei dem Rechtschreibfehler, dem fehlenden zweiten »l«, unfreiwillig komisch. Dass frühkindliches Technikinteresse aber der Beleg für eine gezielte Entwicklung einer gestandenen Arbeitskraft im technischen Bereich sein soll, ist nicht mehr lustig. Hier hätte es praxisnaher Belege bedurft.

Argumente statt Floskeln

Alles in allem spricht diese informationslose dritte Seite eher gegen den Bewerber als für ihn.

Positivbeispiel

Die folgende Leistungsbilanz (S. 178) unterscheidet sich deutlich von der dritten Seite zuvor. Herr Wildhorn hat seine beruflichen Kenntnisse und Erfahrungen auf einer Extraseite deutlich herausgestellt. Er hat einen guten Aufbau gewählt: Seine Leistungsbilanz ist untergliedert in die Abschnitte »Branchenerfahrung«, »Tätigkeitsschwerpunkt«, »Weitere Arbeitsschwerpunkte« und »Auslandseinsätze«. Damit greift er diejenigen Punkte seines beruflichen Profils auf, die für Personalverantwortliche besonders interessant sind und die ihn von seinen Mitbewerbern unterscheiden werden.

Stellen Sie Ihre Kenntnisse heraus

Herr Wildhorn kann auf einer Seite Antworten auf die zentralen Fragen eines jeden Unternehmens liefern: Kennt sich der Bewerber in unserer Branche aus? Qualifizieren ihn seine bisherigen Tätigkeiten für die ausgeschriebene Stelle? Bringt der Bewerber die gewünschte räumliche Mobilität mit?

Positivbeispiel

Profil durch Leistungsbilanz

Klaus Wildhorn, Berghauser Str. 88, 42859 Remscheid
Tel. 0 21 91/1 23 32 44, mobil 01 72/1 98 89 76

LEISTUNGSBILANZ

Branchenerfahrung
10 Jahre Branchenerfahrung im Sondermaschinenbau

Tätigkeitsschwerpunkt
Konstruktion und Inbetriebnahme von CNC-Bearbeitungszentren

Weitere Arbeitsschwerpunkte
- Kundenschulung
- Service
- Lieferanteneinbindung
- Messepräsentationen
- Endmontage
- Realisierung kundenspezifischer Umbauten und Erweiterungen

Auslandseinsätze
- Inbetriebnahme von Kunststoffbearbeitungsmaschinen in Italien und Spanien
- Erweiterung eines Bearbeitungszentrums für Kunststoffe in Polen
- Internationale Serviceeinsätze vor Ort
- Kundenbetreuung in englischer Sprache

Die sehr umfassenden beruflichen Erfahrungen von Herrn Wildhorn rechtfertigen diese zusätzliche Seite zu Anschreiben und Lebenslauf. Alle wesentlichen Informationen werden stichwortartig und klar herausgestellt. Auf Überflüssiges ist bewusst verzichtet worden, um die Seite übersichtlich zu halten.

Es ist zudem zu erkennen, dass sich die beruflichen Erfahrungen rund um die »Konstruktion und Inbetriebnahme von CNC-Bearbeitungszentren« gruppieren. Die weiteren Arbeitsschwerpunkte haben alle etwas mit dieser

Kernaufgabe zu tun. Somit gelingt es dem Bewerber, seine vielfältigen beruflichen Erfahrungen zu bündeln. Personalverantwortliche können schnell ersehen, dass sich Herr Wildhorn um eine umfassende Qualifikation für seinen Arbeitsbereich gekümmert hat.

Bündeln Sie Ihre beruflichen Erfahrungen

Neben den fachlichen Stärken werden auch die Soft Skills deutlich, ohne dass sie explizit erwähnt werden müssen. »Lieferanteneinbindung« kann ohne Teamfähigkeit nicht funktionieren, »Messepräsentationen« lassen auf rhetorisches Geschick schließen, und bei der »Kundenschulung« muss man pädagogisches Können vorweisen.

Im letzten Block »Auslandseinsätze« wird der Bewerber ebenfalls konkret: Er benennt die beruflichen Aufgaben und die Länder, in denen er bereits eingesetzt wurde. Seine Englischkenntnisse koppelt er mit der Aufgabe »Kundenbetreuung«, wodurch er zeigt, dass seine Sprachkenntnisse nicht nur auf dem Papier stehen.

Unterstreichen Sie Ihre Persönlichkeit

Diese Art der Darstellung seiner Fähigkeiten lässt die Persönlichkeit des Bewerbers viel besser erkennen als der unreflektierte Einsatz von belanglosen Floskeln, die Herr Wildhorn noch in seiner misslungenen Version der dritten Seite benutzt hatte.

▶ **Das sollten Sie sich merken:** Wenn Sie sich entschließen, Ihrer Bewerbung eine Leistungsbilanz hinzuzufügen, dürfen Sie auf keinen Fall in Ihren Anstrengungen bei Anschreiben und Lebenslauf nachlassen. Denn nur wenn Anschreiben und Lebenslauf überzeugt haben, wird sich ein Personalverantwortlicher noch weitere Elemente Ihrer Mappe ansehen.

☑ *Checkliste für Ihre Leistungsbilanz*

- ☐ Ist in Ihrer Leistungsbilanz Ihr individuelles Profil klar zu erkennen?
- ☐ Welche Arbeiten haben Sie bisher übernommen?
- ☐ Wo lagen Ihre besonderen Arbeitsschwerpunkte?
- ☐ Welche Branchenerfahrung bringen Sie mit?

- ☐ Haben Sie an Projekten mitgearbeitet?
- ☐ Gibt es Sonderaufgaben, die Sie übernommen haben?
- ☐ Konnten Sie besondere Erfolge in Ihrer täglichen Arbeit erzielen?
- ☐ Haben Sie die Möglichkeit, Ihre Erfolge in Zahlen auszudrücken (Kostensenkung, Qualitätsverbesserung, Umsatzsteigerung)?
- ☐ Gab es Gelegenheiten, bei denen Sie das Unternehmen in der Öffentlichkeit vertreten haben?
- ☐ Haben Sie Projekte aufgeführt, die Sie in Zusammenarbeit mit Unternehmensberatungen bewältigt haben (Umstrukturierungen, Rationalisierungsmaßnahmen, Ausweitung der Geschäftstätigkeit)?
- ☐ Können Sie auf besondere Initiative in der Mitarbeiterbetreuung verweisen (Auszubildendenbetreuung, Mitarbeiterschulung)?
- ☐ Haben Sie die Aufgaben von Kollegen miterledigt?
- ☐ Sind Sie offiziell mit Aufgaben außerhalb Ihres Arbeitsbereiches betraut worden (Weisung, Besetzungssperre, Krankheit oder Urlaub von Kollegen)?
- ☐ Bringen die Angaben in der Leistungsbilanz dem Leser in der Personalabteilung einen Mehrwert gegenüber dem Lebenslauf?
- ☐ Sind alle aufgeführten Projekte und Sonderaufgaben für die ausgeschriebene Stelle von Bedeutung?

14 Zeugnisse

Die Trennung von der alten Firma ist nicht immer konfliktfrei. Manch ein verlassener Arbeitgeber übt Vergeltung, beispielsweise durch missverständliche Formulierungen im Arbeitszeugnis. Mit den Hinweisen aus diesem Kapitel können Sie böse Überraschungen in Arbeitszeugnissen vermeiden. Weiter erläutern wir Ihnen, welche Ausbildungszeugnisse und Weiterbildungsbescheinigungen in Ihre Bewerbungsmappe gehören.

In die Bewerbungsmappe gehören zusätzlich zum Anschreiben und zum Lebenslauf mit Foto Kopien

- Ihrer bisherigen Arbeitszeugnisse,
- Ihres berufsqualifizierenden Zeugnisses,
- Ihrer Weiterbildungsbelege.

Arbeitszeugnisse

Strategische Vorüberlegungen

Viele Bewerber möchten ihren aktuellen Arbeitgeber im schriftlichen Bewerbungsverfahren so lange wie möglich ungenannt lassen, damit am derzeitigen Arbeitsplatz keine Unruhe aufkommt. Wenn Sie ein Zwischenzeugnis Ihres jetzigen Arbeitgebers in die Bewerbungsmappe legen, kann es passieren, dass der neue Arbeitgeber in der alten Firma anruft und Auskünfte über Sie einholen will. Dieses würde dazu führen, dass Sie aufgrund der entstehenden Abwanderungsgerüchte Einschränkungen in Ihrer täglichen Arbeit hinnehmen müssten.

Wenn Sie also befürchten, dass die angeschriebene Firma an Ihrem alten Arbeitsplatz Informationen über Sie einholen könnte, müssen Sie Ihren derzeitigen Arbeitgeber auch im Anschreiben und im Lebenslauf umschreiben, beispielsweise als »mittelständisches Unternehmen« der XYZ-Branche. Auch sollten Sie zu diesem Zweck den Briefkopf von Zwischenzeugnissen auf den Kopien unkenntlich machen.

Nur wenigen Bewerbern ist bekannt, dass sie statt eines Zwischenzeugnisses eine selbst verfasste Tätigkeitsbeschreibung beilegen können. Diese Tätigkeitsbeschreibung sollte stichwortartig Ihre Arbeitsbereiche, Ihre Haupttätigkeiten und eventuell von Ihnen durchgeführte Projekte und wahrgenommene Sonderaufgaben enthalten. Auf eine Bewertung Ihrer Leistungen, wie in einem Arbeitszeugnis, verzichten Sie selbstverständlich. Eine Alternative zu dieser Tätigkeitsbeschreibung ist eine von Ihnen angefertigte Leistungsbilanz. Sowohl die selbst erstellte Tätigkeitsbeschreibung als auch die Leistungsbilanz sollte dem Leser jedoch einen echten Mehrwert gegenüber den Angaben im Lebenslauf bieten. Sonst verzichten Sie lieber darauf.

Eine Alternative: die selbst verfasste Tätigkeitsbeschreibung

Nach diesen strategischen Überlegungen geht es nun zu den inhaltlichen Anforderungen, denen Ihr Arbeitszeugnis genügen muss. Man unterscheidet bei Arbeitszeugnissen zwischen dem einfachen Zeugnis und dem qualifizierten Zeugnis.

Das einfache Zeugnis enthält lediglich Angaben über die Art und Dauer der Beschäftigung. Zu Ihren Aufgaben und Tätigkeiten werden keine Angaben gemacht. Es findet auch keine Bewertung Ihrer Leistungen statt. Im Bewerbungsverfahren sind einfache Zeugnisse jedoch problematisch: Personalverantwortliche unterstellen Bewerberinnen und Bewerbern, die eine vorhergehende Berufstätigkeit mit einem einfachen Zeugnis belegen wollen, dass ihre Leistungen so schlecht waren, dass das Unternehmen sich geweigert hat, ein qualifiziertes Zeugnis auszustellen. Geben Sie sich deshalb niemals mit einem einfachen Zeugnis zufrieden. Bestehen Sie auf einem qualifizierten Zeugnis.

Qualifizierte Arbeitszeugnisse

Das qualifizierte Zeugnis enthält wie das einfache Zeugnis die Art und Dauer der Beschäftigung, aber darüber hinaus detaillierte Tätigkeitsangaben und eine Beurteilung Ihrer Leistung. Ihr Arbeitgeber drückt auf diese Weise seinen Grad der Zufriedenheit mit Ihnen aus.

Der Grad der Zufriedenheit

Arbeitgeber können die Leistungen von Mitarbeitern im qualifizierten Zeugnis hinsichtlich der Qualität der Arbeit, des Arbeitstempos, der Fachkenntnisse, der Arbeitsbereitschaft, des Umgangs mit Kunden und der Verhandlungsfähigkeiten bewerten. Bei Führungsleistungen beschreiben Arbeitgeber, wie ausgeprägt die Bereitschaft des Mitarbeiters war, Verantwortung zu übernehmen, wie sein Sozialverhalten war und wie er sich gegenüber Vorgesetzten und Mitarbeitern verhielt.

Einmalige, nicht typische Vorfälle im Arbeitsverhalten oder im Führungsverhalten des Mitarbeiters dürfen in das Arbeitszeugnis nicht aufgenommen werden. Wenn beispielsweise ein Außendienstmitarbeiter einmal an einer Verkaufsschulung der Firma nicht teilgenommen hat, weil er den Termin verschlafen hat, darf er nicht im Arbeitszeugnis als unpünktlich oder unzuverlässig beschrieben werden.

Darauf sollten Sie achten

Achten Sie bei der Überprüfung Ihres Zeugnisses sowohl auf eine umfassende Tätigkeitsbeschreibung als auch auf eine angemessene Bewertung Ihrer Leistungen. Die nachfolgenden Aspekte sollten in einem qualifizierten Zeugnis enthalten sein:

Persönliche Daten, Art und Dauer der Beschäftigung Üblicherweise wird zuerst der Arbeitnehmer mit Vor- und Zunamen, Geburtsdatum und -ort aufgeführt. Die Dauer der Beschäftigung umfasst den rechtlichen Zeitrahmen des Arbeitsverhältnisses. Die Art der Beschäftigung ist so darzustellen, dass Dritte sich ein Bild davon machen können (»Herr Frank Müller, geboren am 7. November 1964 in Braunschweig, war in der Zeit vom 1. Januar 1999 bis zum 30. Juni 2003 als Techniker in unserem Haus tätig.«)

Detaillierte Tätigkeitsangabe Ihr Zeugnis sollte eine genaue Beschreibung Ihrer Aufgabenbereiche enthalten. Zukünftigen Arbeitgebern muss klar werden, welche fachlichen Kenntnisse und persönlichen Fähigkeiten Sie mitbringen. Bei längerer Beschäftigung in einem Unternehmen muss auch Ihre berufliche Entwicklung deutlich werden.

Beurteilung der Arbeitsleistungen Die Beurteilung Ihrer Arbeitsleistungen drückt den Grad der Zufriedenheit Ihres Arbeitgebers aus. Achten Sie darauf, dass die Beurteilung keine mehrdeutigen oder missverständlichen Formulierungen enthält.

Formulieren Sie eindeutig

Mit den gängigen Formulierungen zur Leistungsbeurteilung machen wir Sie im nächsten Abschnitt vertraut.

Führungsverhalten Haben Sie Mitarbeiter angeleitet und geführt, muss hierzu eine Bewertung im Zeugnis enthalten sein. Hatten Sie eine Position mit Führungsverantwortung und es fehlen Bewertungen zu Ihren Führungsfähigkeiten, so wird daraus geschlossen, dass Ihre Führungsleistungen eher dürftig waren.

Gründe für die Beendigung des Arbeitsverhältnisses Vorsicht bei der Formulierung: »Die Trennung erfolgte in gegenseitigem Einverständnis«. Dies bedeutet, dass man Ihnen gekündigt hat. Besser ist eine Formulierung, die zum Ausdruck bringt, dass Sie auf eigenen Wunsch die Firma verlassen haben, um eine neue Position anzutreten. Beispiel: »Herr Müller scheidet auf eigenen Wunsch aus unserem Unternehmen aus.«

Der Firmenwechsel als Karriereschritt

Gute Wünsche für die weitere berufliche Zukunft Wenn Arbeitgeber mit Arbeitnehmern besonders zufrieden waren, bringen sie dies mit Zukunftswünschen zum Ausdruck. Beispiel: »Wir danken Frau Schmidt für ihre stets guten Leistungen und bedauern ihr Ausscheiden sehr. Für ihren weiteren Berufs- und Lebensweg wünschen wir ihr alles Gute und weiterhin viel Erfolg.«

Leistungsbeurteilungen

Zeugnisse dürfen das weitere Fortkommen des Beurteilten nicht unnötig erschweren. Aus diesem Grund sind Arbeitszeugnisse durch die immer drohende Überprüfung durch Arbeitsgerichte ein Kompromiss zwischen der Pflicht zur wohlwollenden Förderung des Arbeitnehmers auf der einen und der Wahrheitspflicht des Arbeitgebers auf der anderen Seite. Manche Personalabteilungen reagieren darauf, indem sie negative Beurteilungen verklausuliert im Zeugnistext unterbringen. Wenn Sie Zeugnisse erhalten, sollten Sie diese immer kritisch daraufhin prüfen und gegebenenfalls eine Nachbesserung verlangen.

Überprüfen Sie Ihre Zeugnisse

Im Personalwesen haben sich Standardformulierungen für die Leistungsbeurteilung entwickelt, die in Zeugnisnoten übersetzt werden können. Am wichtigsten bei der zusammenfassenden Leistungsbeurteilung ist der Grad der Zufriedenheit Ihres Arbeitgebers. Er wird verklausuliert ausgedrückt und sollte der Note 1 oder der Note 2 entsprechen.

Die Formulierung »Er hat sich bemüht, unseren Anforderungen zu entsprechen«, umschreibt eine unzureichende Leistung des Mitarbeiters (Note 6). Besser ist: »Sie hat die ihr übertragenen Arbeiten stets zu unserer vollen Zufriedenheit erledigt.« (gute Leistungen: Note 2) Am besten ist: »Sie hat die ihr übertragenen Aufgaben stets zu unserer vollsten Zufriedenheit erledigt.« (sehr gute Leistungen: Note 1) Unsere nachfolgende Übersicht hilft Ihnen dabei, Leistungsbewertungen in Ihren Arbeitszeugnissen zu entschlüsseln.

Standardformulierungen zur Leistungsbeurteilung

Welche Formulierung welcher Note entspricht, sehen Sie in Übersicht 13.

Übersicht 13:
Leistungsbewertung in Arbeitszeugnissen

Note 1 (sehr gute Leistungen)

- »Sie hat die ihr übertragenen Arbeiten stets zu unserer vollsten Zufriedenheit erledigt.«
- »Er hat den Erwartungen und Anforderungen in jeder Hinsicht und allerbester Weise entsprochen.«
- »Wir waren mit seinen Leistungen stets sehr zufrieden.«

Note 2 (gute Leistungen)

- »Sie hat die ihr übertragenen Arbeiten stets zu unserer vollen Zufriedenheit erledigt.«
- »Er hat den Erwartungen und Anforderungen in jeder Hinsicht und bester Weise entsprochen.«
- »Ihre Leistung hat stets unsere volle Anerkennung gefunden.«

Note 3 (befriedigende Leistungen)

- »Sie hat die ihr übertragenen Arbeiten zu unserer vollen Zufriedenheit erledigt.«
- »Er hat den Erwartungen und Anforderungen in jeder Hinsicht entsprochen.«
- »Wir waren mit seinen Leistungen voll zufrieden.«

Note 4 (ausreichende Leistungen)

- »Sie hat die ihr übertragenen Arbeiten zu unserer Zufriedenheit erledigt.«
- »Wir waren mit seinen Leistungen zufrieden.«
- »Er hat zufrieden stellend gearbeitet.«

Note 5 (mangelhafte Leistungen)

- »Sie hat die ihr übertragenen Arbeiten im Großen und Ganzen zu unserer Zufriedenheit erledigt.«
- »Er hat sich bemüht, seine Aufgaben zu erledigen.«
- »Seine Leistung hat unseren Erwartungen entsprochen.«

Note 6 (unzureichende Leistungen)

- »Sie hat sich bemüht, die ihr übertragenen Arbeiten zu unserer Zufriedenheit zu erledigen.«
- »Er erledigte die ihm übertragenen Arbeiten interessiert und war stets bestrebt, sie termingerecht zu beenden.«

Geheimcodes

So entlarven Sie verdeckte Bedeutungen

Die Forderung der Arbeitsgerichte nach einer wohlwollenden Bewertung des Arbeitnehmers im Arbeitszeugnis wird von Personalverantwortlichen gelegentlich auch durch die Verwendung besonderer äußerer Gestaltungsmerkmale oder mehrdeutiger Formulierungen umgangen. Geheimzeichen und Geheimformulierungen sind für Arbeitnehmer nicht auf den ersten Blick zu erkennen. Überprüfen Sie, ob Ihr Zeugnis verschlüsselte Botschaften enthält.

Äußere Gestaltungsmerkmale Sie sollten darauf achten, dass Ihr Zeugnis auf dem üblicherweise verwendeten Briefbogen verfasst wurde und dass es ein in der betrieblichen Hierarchie über Ihnen stehender Mitarbeiter unterschrieben hat, beispielsweise Ihr Fachvorgesetzter oder der Personalleiter. Der Briefbogen muss frei sein von Radierungen, Durchstreichungen, Flecken oder Rechtschreibfehlern.

Derartige Fehler, die zwar auch unabsichtlich, aber auch absichtlich eingefügt worden sein können, sind für professionelle Leser zusätzliche Hinweise für die Leistungsbeurteilung des Mitarbeiters. Die äußere Gestaltung des Zeugnisses wird als der Beleg für den Grad der Wertschätzung verstanden, der Ihnen von Ihrem alten Arbeitgeber zugestanden wird. So würden beispielsweise mehrere Rechtschreibfehler und Korrekturen dahingehend gedeutet, dass Ihre Arbeitsleistungen genauso unterdurchschnittlich und mangelhaft sind, wie es die äußere Form des Zeugnisses erwarten lässt.

Achten Sie auf optisch und orthografisch einwandfreie Zeugnisse

Abwertende Formulierungen Eindeutiger als äußere Gestaltungsmerkmale sind abwertende Formulierungen zu erkennen. Die Redewendung »Wegen seiner Pünktlichkeit war er stets ein gutes Vorbild« bedeutet nichts anderes als »Er war in jeder Hinsicht eine Niete«. Die Formulierung »Durch ihre Geselligkeit trug sie zur Verbesserung des Betriebsklimas bei« meint: »Sie neigt zu übertriebenem Alkoholgenuss.«

Damit Sie abwertende Formulierungen in Ihren Arbeitszeugnissen erkennen, stellen wir Ihnen in Übersicht 14 typische Geheimcodes aus Zeugnissen und ihre wahre Bedeutung vor.

Übersicht 14: Geheimcodes in Zeugnissen und ihre wahre Bedeutung

Zeugnisformulierung	Wahre Bedeutung
»Für die Belange der Belegschaft bewies er stets Einfühlungsvermögen.«	Er suchte sexuelle Kontakte zu Betriebsangehörigen.
»Sie war sehr tüchtig und wusste sich gut zu verkaufen.«	Sie ist eine unangenehme Mitarbeiterin.
»Wir bestätigen gern, dass er mit Fleiß, Ehrlichkeit und Pünktlichkeit an seine Aufgaben herangegangen ist.«	Ihm fehlt die fachliche Qualifikation.

»Sie hat sich im Rahmen ihrer Fähigkeiten eingesetzt.«	Sie hat getan, was sie konnte, sie konnte allerdings nicht viel.
»Er verstand es, die Aufgaben mit Erfolg zu delegieren und setzte sich für die Förderung der Mitarbeiter ein.«	Er hat kaum selbst gearbeitet; Mitarbeiter hat er mit Gehaltserhöhungen von Kritik an sich abgehalten.
»Sie verfügt über Fachwissen und zeigt ein gesundes Selbstvertrauen.«	Sie hat geringes Fachwissen, was sie mit Überheblichkeit (»große Klappe«) zu überdecken versucht.
»Allen Aufgaben hat er sich mit Begeisterung gewidmet.«	Er konnte keine Erfolge erzielen.
»Sie zeigte für die Arbeit Verständnis.«	Sie war faul und hat nichts geleistet.
»Im Kollegenkreis galt er als toleranter Mitarbeiter.«	Für Vorgesetzte ist er ein schwerer Brocken.
»Sie hat alle Arbeiten mit großem Fleiß und Interesse erledigt.«	Sie war eifrig, aber nicht besonders tüchtig.
»Er hat dabei auch brauchbare Vorschläge gemacht.«	Seine Vorschläge waren nur in den seltensten Fällen von Nutzen.

K.o.-Formulierungen

Neben den Leistungsbeurteilungen in Notenstufen, den formalen Auffälligkeiten und den verklausulierten Abwertungen sind bei der Überprüfung von Arbeitszeugnissen noch weitere Feinheiten zu beachten. Der sprachliche Stil, in dem Leistungen und Tätigkeiten im Arbeitszeugnis beschrieben werden, gibt professionellen Lesern zusätzliche Hinweise.

Achten Sie auf aktive, positive Formulierungen

Passive Formulierungen, in der Reichweite eingeschränkte Aussagen, »Nicht«-Formulierungen, die Darstellung von Belanglosigkeiten oder die Aufzählung von unwichtigen Fakten vor wichtigen Fakten lassen bei Personalverantwortlichen die Alarmglocken läuten. Wenn einer Internet-Redakteurin bescheinigt wird, dass sie ihre Artikel »nicht einfallslos und nicht langweilig« verfasst hat, verkehrt die Verwendung des Wortes »nicht« die schriftliche Aussage im Arbeitszeugnis ins Gegenteil. Die Internet-Redakteurin wird also tatsächlich als einfallslos und langweilig vom alten Arbeitgeber charakterisiert.

Unsere Übersicht 15 zeigt Ihnen weitere Beispiele für K.o.-Formulierungen in Zeugnissen.

Übersicht 15: K.o.-Formulierungen in Zeugnissen

Passive Formulierung	**Bedeutung**
»Er wurde mit ... beauftragt.« »... wurde von ihm verlangt.« »... wurde ihm übergeben.«	Der Mitarbeiter ist nicht in der Lage, seine beruflichen Aufgaben zu erkennen und zu lösen. Er verfügt nicht über Eigeninitiative, er ist unselbstständig.
Einschränkende Formulierung	**Bedeutung**
»In ihrer Abteilung galt sie als kompetent.«	Die Mitarbeiterin machte Dienst nach Vorschrift. Insgesamt erbrachte sie nur durchschnittliche Leistungen.
»Nicht«-Formulierungen	**Bedeutung**
»Ihre Führungsleistungen waren nicht zu bemängeln.« »An seiner Leistungsbereitschaft gab es nichts zu kritisieren.« »Ihre Eigeninitiative war nicht zu tadeln.«	Die Führungsleistungen waren schlecht. Die Leistungsbereitschaft gab Anlass zur Kritik. Sie konnte nicht selbstständig arbeiten.

Unwichtige vor wichtigen Fakten	Bedeutung
»Sie war als Leiterin des Kundenservice für die Bestellung von Büromaterialien, die Organisation der wöchentlichen Arbeitszeiteinteilung und die schriftliche Weitergabe der häufigsten Reklamationsgründe verantwortlich.«	Sie war eine Fehlbesetzung. Die an sie gestellten Erwartungen konnte sie nicht erfüllen.
Belanglosigkeiten	**Bedeutung**
»Er hat die Portokasse verwaltet, Büromaterial beschafft und Betriebsausflüge organisiert.«	Der Mitarbeiter erbrachte keine verwertbare Arbeitsleistung.

Ausbildungszeugnisse

Der letzte berufsqualifizierende Abschluss muss den Bewerbungsunterlagen ebenfalls in Kopie beigefügt werden. Wenn Sie eine Berufsausbildung erfolgreich abgeschlossen haben, gehört das entsprechende Zertifikat, beispielsweise der Facharbeiterbrief, in die Bewerbungsmappe. Das Berufsschulzeugnis brauchen Sie nicht beizulegen. Wenn Sie studiert haben, legen Sie eine Kopie der Diplom- oder Magisterurkunde beziehungsweise des Staatsexamens *und* des Zeugnisses bei. Das Zeugnis ist nur eine Aufstellung der Leistungen, der berufsqualifizierende Abschluss wird dagegen in der Urkunde dokumentiert.

Wichtig: der neueste berufsqualifizierende Abschluss

Wenn Sie eine Berufsausbildung oder ein Studium absolviert haben, dies im Lebenslauf auch angeben, Ihrer Mappe aber keine Zeugnisse beifügen, dann vermuten Personalverantwortliche automatisch, dass Ihre Noten schlecht gewesen sind. Personalverantwortliche sind auf der Suche nach konstant leistungsbereiten Bewerberinnen und Bewerbern. Ihre Wunschkandidaten haben sowohl in der Ausbildung beziehungsweise im Studium als auch im sich anschließenden Berufsleben durchgehend gute Noten erzielt. Den Stellenwert der Noten aus der Ausbildung oder dem Studium sollten Sie aber auch nicht überbewerten. Die Beurteilung Ihrer Arbeitsleistungen ist für Personalverantwortliche am wichtigsten, wenn es darum geht, Ihre zukünftige Leistungsfähigkeit einzuschätzen.

Beim Schulabgangszeugnis gibt es keine eindeutige Linie in den Personalabteilungen. Manche Personalverantwortliche finden, dass das Schulabgangszeugnis nach fünf Jahren Berufserfahrung nun wirklich keine Aussagekraft mehr hat. Andere dagegen haben sich schon bei Bewerbern mit acht Jahren Berufserfahrung und vorhergehendem fünfjährigen Studium beschwert, dass das Abiturzeugnis fehlt. Wiederum andere finden das Schulabgangszeugnis grundsätzlich nicht aussagekräftig, möchten es aber dennoch sehen. Damit Sie auf der sicheren Seite sind, sollten Sie Ihr Schulabgangszeugnis also lieber beilegen. Hierbei genügt der letzte Schulabschluss, den Sie erworben haben. Haben Sie beispielsweise nach der mittleren Reife die Fachhochschulreife erworben, genügt das Zeugnis der Fachhochschulreife. Bei sehr langer Berufstätigkeit wiederum dürfen Sie ruhig auf das Zeugnis verzichten.

Mit dem Schulabgangszeugnis auf der sicheren Seite

Sonstige Leistungsnachweise

Bescheinigungen über Computerkurse, Sprachkurse und Seminare in Rhetorik, Präsentations- und Arbeitstechniken oder Zeitmanagement gehören dann zu Ihren schriftlichen Bewerbungsunterlagen, wenn diese Kurse für die ausgeschriebene Position wichtig sind.

Wählen Sie berufsbezogene Bescheinigungen

Fortbildungsnachweise Viele Bewerberinnen und Bewerber verwechseln Fortbildungsnachweise mit Weiterbildungsnachweisen. Bei Fortbildungen geht es darum, sich beruflich neu zu positionieren. Mit einer Fortbildung erwerben Sie einen weiteren beruflichen Abschluss. Bei Fortbildungen müssen Sie sowohl Ihren Ausbildungsabschluss als auch die Fortbildungsurkunde Ihrer Mappe beilegen. Das Gleiche gilt für Umschulungen: Auch hier müssen Sie die ursprünglich erworbene Ausbildungsurkunde und die Urkunde über den in einer Umschulung zusätzlich gemachten Abschluss beifügen.

Weiterbildungsnachweise Weiterbildungen sind Schulungen, die nicht zu einem weiteren Berufsabschluss führen, beispielsweise Seminare zum Qualitätsmanagement, zur Kostenrechnung oder zum Direktmarketing. Auch der Erwerb der Ausbildereignung oder die Weiterbildung zum Gefahrengutbeauftragten gehören in diese Kategorie. Bei Weiterbildungsnachweisen müssen Sie sehr sorgfältig auswählen, denn nur die Nachweise, die im Zusammenhang mit dem neuen Arbeitsplatz interessant sind, gehören auch in die Bewerbungsmappe.

Verweise auf Eigeninitiative

Bescheinigungen über Sprachkurse Bei der Darstellung der Sprachkenntnisse herrscht oft Unsicherheit darüber, ob man mit einem Nachweis belegen muss, dass man wirklich Englisch sprechen und verstehen kann. An diesem Punkt zeigen sich die Personalprofis großzügig. Generell gilt, dass man Ihnen die Angabe Ihrer Sprachkenntnisse im Lebenslauf glaubt. Waren Sie bereits im Ausland tätig, wird man ohnehin davon ausgehen, dass Sie über gute Sprachkenntnisse verfügen. Deshalb können Sie auf Bescheinigungen über Sprachkurse verzichten, es sei denn, Sie haben anerkannte Zertifikate, wie den TOEFL, erworben.

Bescheinigungen über Computerkurse Für Computerkurse gilt das Gleiche wie für Sprachkurse. Die Beherrschung gängiger Softwareprogramme wie Word, PowerPoint oder Excel wird man Ihnen zutrauen, wenn Sie dies im Lebenslauf angeben. Auch wenn bestimmte Programmierkenntnisse zu Ihrem Beruf gehören, genügt es, wenn Sie diese im Lebenslauf aufführen. Bescheinigungen sollten Sie nur dann beilegen, wenn es sich um den Erwerb herausragender Kenntnisse handelt, die nicht selbstverständlich vorausgesetzt werden, beispielsweise, wenn Sie sich zum Systemadministrator weiterqualifiziert haben.

Heben Sie besondere Kenntnisse hervor

Versenden Sie niemals Originaldokumente. Dies ist nicht nur unnötig, sondern auch gefährlich, denn es besteht die Möglichkeit, dass auf dem Postwege unersetzliche Dokumente verloren gehen. Deshalb sollten Sie Ihre Zeugnisse und Bescheinigungen stets nur in Kopie beilegen.

Versenden Sie nur Kopien!

☑ *Checkliste*
für Ihre Zeugnisse

- ☐ Sind die Zeugnisse in der richtigen Reihenfolge einsortiert?
- ☐ Haben Sie ausschließlich Kopien beigelegt?
- ☐ Sind die beigefügten Kopien von guter Qualität?
- ☐ Haben Sie ein Zwischenzeugnis hinzugefügt (kein Muss)?
- ☐ Möchten Sie als Alternative zum Zwischenzeugnis eine selbst verfasste Tätigkeitsbeschreibung über Ihre momentanen Aufgaben beifügen (kein Muss)?
- ☐ Liegen die Arbeitszeugnisse früherer Arbeitgeber bei?
- ☐ Haben Sie die Urkunde über Ihren berufsqualifizierenden Abschluss beigefügt?
- ☐ Haben Sie Weiterbildungszertifikate ausgewählt, die für die ausgeschriebene Position wichtig sind?
- ☐ Gibt es nicht nur Bestätigungen über fachliche Weiterbildungen, sondern auch über Trainings im Bereich Soft Skills (Verhandlungsführung, Präsentieren, Rhetorik, Moderation)?

15 Gelungene Bewerbungsunterlagen

Anhand eines ausgewählten Beispiels aus unserer Bewerbungspraxis zeigen wir Ihnen in diesem Kapitel, wie eine gelungene Bewerbungsmappe aussehen kann. An ihr können Sie sich orientieren, um Ihre individuelle, passgenaue Darstellung Ihrer Hard und Soft Skills zu erarbeiten.

Um Ihnen die Arbeit zu erleichtern, möchten wir Ihnen ein Beispiel aus unserer Beratungspraxis vorstellen. Dies soll Ihnen zur Orientierung dienen, damit auch Sie maßgeschneiderte und aussagekräftige Bewerbungsunterlagen erstellen können. Aber Vorsicht: Das nachfolgende Beispiel soll Sie nicht dazu verführen, sich weder mit den eigenen Kenntnissen und Fähigkeiten noch mit den Anforderungen der Unternehmen auseinander zu setzen.

Individualität und Vorbereitung zählen

Das Beispiel beginnt mit der Stellenanzeige, auf die hin die Bewerbungsunterlagen verfasst wurden. Ein kurzer Abriss über die momentane Situation der Bewerberin soll ihre Beweggründe für den anvisierten Stellenwechsel zeigen. An die Stellenanzeige schließt sich eine umfassende Auswertung an, die Ihnen zeigt, worauf die Bewerberin hätte eingehen müssen.

Das Beispiel zeigt, wie die Bewerberin es schafft, mit optimalen Unterlagen Interesse zu erwecken und sich die Einladung zum Vorstellungsgespräch zu erarbeiten. Lernen Sie aus diesem Positivbeispiel, um Ihre eigene Bewerbungsmappe optimal aufzubereiten.

Von der Außendienstmitarbeiterin zur Kunden-Managerin

In diesem Beispiel bewirbt sich die Versicherungsfachfrau Jutta Frank, die momentan für eine Versicherung im Außendienst tätig ist, auf die Position

Kunden-Managerin. Sie möchte die reine Vermittlung von Versicherungen hinter sich lassen und in Zukunft einen festen Kundenstamm betreuen. Natürlich will sie auch weiterhin Akquisitionsaufgaben übernehmen, nur sollten diese nicht mehr im Mittelpunkt stehen.

Die Baltic Insurance Deutschland GmbH ist ein Tochterunternehmen der international operierenden Baltic Insurance plc mit Sitz in Großbritannien. Über 4 Millionen Menschen vertrauen bereits auf unsere Leistungsfähigkeit. In Deutschland möchten wir unsere Marktposition weiter ausbauen und suchen daher für das Krankenversicherungsgeschäft eine/n

Kunden-Manager/in

Wir bieten Ihnen:

- Einen soliden Kundenstamm
- Ein ausgereiftes Geschäftskonzept
- Intensive Produktschulung
- Unterstützung in allen fachlichen Fragen
- Ein attraktives Vertriebsgebiet
- Unterstützende Vertriebsaktivitäten

Idealerweise haben Sie einen kaufmännischen Hintergrund und praktische Erfahrungen im Vertrieb. Selbstbewusstes und überzeugendes Auftreten beim Kunden ist genauso unabdingbar wie unternehmerisches Denken. Überdurchschnittliche Einsatzbereitschaft und eine ausgeprägte Kommunikationsgabe zeichnen Sie aus. Sie haben den festen Willen, beruflich weiter nach vorne zu kommen. Einen Führerschein der Klasse B bringen Sie ebenso mit wie gute PC-Kenntnisse in Win-Word, Excel und Access.

Herr Erich Seuter sagt Ihnen gerne mehr zu den attraktiven Rahmenbedingungen. Schicken Sie ihm Ihre vollständigen Unterlagen mit Lichtbild oder setzen Sie sich vorab mit ihm in Verbindung.

Baltic Insurance Deutschland GmbH
Bezirksdirektion West, Herr Erich Seuter, Postfach, 33101 Paderborn
Tel. 0 52 51 / 87 87-22

Stellenanzeige

Um mit der Bewerbungsmappe überzeugen zu können, muss im ersten Schritt die Stellenanzeige gründlich ausgewertet werden. Folgende Informationen lassen sich herauslesen.

Das Unternehmen stellt sich vor

Informationen über das Unternehmen Ein international operierendes Versicherungsunternehmen möchte Zugang zum deutschen Markt finden. Da der Stammsitz des Unternehmens in Großbritannien liegt, werden Englischkenntnisse Bonuspunkte bringen, auch wenn sie nicht ausdrücklich gefordert werden. Ein Ausbau der Marktposition bedeutet auf jeden Fall, dass Akquisitionen neuer Kunden mit zum Tagesgeschäft gehören werden. Interessant ist auch der Schwerpunkt Krankenversicherungsgeschäft. Erfahrungen in der Vermittlung privater Krankenversicherungen könnten den Ausschlag bei ansonsten gleichem Profil geben.

Achten Sie auf Besonderheiten

Die zukünftigen Aufgaben In dieser Anzeige verstecken sich die zukünftigen Aufgaben hinter der Überschrift »Wir bieten Ihnen«. Es zeigt sich, dass es um eine Beratungs- und Vertriebstätigkeit im Versicherungsgeschäft geht. Unterstützung erfährt der oder die Neue bevorzugt im fachlichen Bereich. Die nötigen persönlichen Voraussetzungen für eine Tätigkeit im Vertrieb muss er oder sie jedoch schon mitbringen. Eine Besonderheit bei der ausgeschriebenen Position ist, dass ein bereits bestehender Kundenstamm betreut werden soll. Wahrscheinlich geht es darum, Kunden, die bereits eine andere Versicherung bei der Baltic Insurance abgeschlossen haben, davon zu überzeugen, auch eine private Krankenversicherung abzuschließen. Eine reine Vertretermentalität genügt nicht, um diese Position ausfüllen zu können. Der ideale Kandidat muss auch Erfahrungen in der Kundenbetreuung, im Kundenmanagement und in der Verwaltung des bestehenden Kundenstammes mitbringen.

Voraussetzungen des Bewerbers Der Schwerpunkt bei den Voraussetzungen des Bewerbers liegt im Bereich Soft Skills: Gefordert werden »selbstbewusstes und überzeugendes Auftreten«, »unternehmerisches Denken«, »überdurchschnittliche Einsatzbereitschaft« und »ausgeprägte Kommunikationsgabe«. Erfolgreiches Arbeiten im Vertrieb muss demnach in der Bewerbung herausgestellt werden. Der eingeforderte kaufmännische Hintergrund ist eine Kann-Anforderung, über Erfahrungen im kaufmännischen Arbeiten sollten Bewerber aber verfügen. Unverzichtbar sind die genau beschriebenen PC-Kenntnisse und natürlich der PKW-Führerschein.

Analysieren Sie, was verlangt wird

Kontaktdaten und Formelles Nur vollständige Bewerbungsunterlagen werden akzeptiert. Ein Ansprechpartner für die Bewerbung ist namentlich und mit telefonischer Durchwahl aufgeführt. Wer zeigen will, dass er im Kundenkontakt bestehen kann, sollte zum Telefonhörer greifen und Herrn Seuter anrufen.

Betrachten Sie nun die Bewerbungsunterlagen auf den Seiten 198-201.

Anschreiben

Überzeugend: Gestaltung Frau Frank wählt für ihr Anschreiben eine klassische Aufmachung: Die Anschrift der Firma steht unter ihrem Absender. Damit begrenzt sie zwar den ihr zur Verfügung stehenden Platz für ihre Ausführungen, aber sie nutzt diesen Platz optimal. Ungewöhnlich ist die Zentrierung der Betreff- und Bezugzeile. Dieses Gestaltungsmerkmal findet sich jedoch im weiteren Verlauf der Bewerbungsunterlagen wieder und sorgt somit für den Eindruck einer Bewerbung aus einem Guss.

Unterlagen aus einem Guss

Überzeugend: Formalien in Ordnung Frau Frank gibt ihre vollständigen Kontaktdaten an. Ihre Telefonnummer nennt sie ebenso wie eine private E-Mail-Adresse. Die Betreffzeile ist eindeutig und beinhaltet die richtige Stellenbezeichnung. Herr Seuter wird in der Anrede direkt angesprochen.

Überzeugend: telefonischer Erstkontakt Die Möglichkeit eines telefonischen Vorabkontaktes hat Frau Frank genutzt. Sie verweist in der Bezugzeile und im ersten Satz des Anschreibentextes auf das mit dem Unternehmensrepräsentanten geführte Telefonat. Die Bewerberin hat die Möglichkeit ge-

Vorabkontakte bringen Sie weiter

Jutta Frank
Turmgasse 51a
48143 Münster
Tel. 02 51 / 4 32 23 32
E-Mail: jutta.frank@t-online.de

Baltic Insurance Deutschland GmbH
Bezirksdirektion West
Herr Erich Seuter
Postfach

33101 Paderborn

Münster, 15.02.2005

Bewerbung als Kunden-Managerin
Ihre Anzeige im Westfälischen Volksblatt vom 12.02.2005 und unser Telefonat von gestern

Sehr geehrter Herr Seuter,

vielen Dank für das informative Telefongespräch. Meine Erfahrungen im Versicherungsgeschäft würde ich gerne nutzen, um Ihren Kundenstamm in der privaten Krankenversicherung zu betreuen und weiter auszubauen.

Seit drei Jahren bin ich als Versicherungsfachfrau tätig. Momentan betreue ich Kunden von der Angebotslegung bis zum Vertragsabschluss. Die Akquisition von Neukunden gehört natürlich ebenfalls zu meinen täglichen Aufgaben. Da ich vor meiner Tätigkeit für Versicherungen als Chefsekretärin gearbeitet habe, fällt es mir leicht, auch Aufgaben in der Büroorganisation zu übernehmen, wie beispielsweise das EDV-gestützte Kundenmanagement. Im kaufmännischen Bereich verfüge ich über gute Kenntnisse in der Buchhaltung.

Bei meinem jetzigen Arbeitgeber trage ich die Verantwortung für die Umsatz- und Absatzziele in meiner Region. Ich vertrete mein Unternehmen auf Messen und nutze diese Gelegenheiten auch für eine aktive Kundenansprache. In Zusammenarbeit mit der Geschäftsleitung habe ich Direktmailingaktionen geplant und umgesetzt. Die Mailings kamen sehr gut an und führten zu einer Steigerung der Vertragsabschlüsse.

WinWord, Excel, Access und auch PowerPoint setze ich in meiner täglichen Arbeit ein. Ich verfüge auch über sichere Englischkenntnisse.

Über die Einladung zu einem Vorstellungsgespräch würde ich mich freuen.

Mit freundlichen Grüßen

Anlagen

Jutta Frank
Turmgasse 51a
48143 Münster
Tel. 02 51 / 4 32 23 32
E-Mail: jutta.frank@t-online.de

Bewerbung als Kunden-Managerin
bei der Baltic Insurance Deutschland GmbH
Bezirksdirektion West

Anlagenverzeichnis

- Lebenslauf

- Urkunde Versicherungsfachfrau (BWV)
- Urkunde geprüfte Sekretärin (IHK)

- Zwischenzeugnis Allgemeine Versicherungs AG
- Arbeitszeugnis Ethik-Finanz GmbH
- Arbeitszeugnis TÜV Münster GmbH
- Arbeitszeugnis Sanitätsartikel GmbH & Co. KG
- Arbeitszeugnis Ingenieurbüro Harder
- Arbeitszeugnis Möbelwerke GmbH
- Arbeitszeugnis Schiffsmakler PDL

Jutta Frank
Turmgasse 51a
48143 Münster
Tel. 02 51 / 4 32 23 32
E-Mail: jutta.frank@t-online.de

Lebenslauf

Persönliche Daten

Geburtsdatum/-ort	12. April 1961 in Dortmund
Familienstand	verheiratet, 2 Kinder (17 und 15 Jahre alt)
Führerschein	Klasse B

Berufspraxis

08/2001 - heute	Allgemeine Versicherungs AG, Nürnberg, **Kundenberaterin**, Tätigkeiten: Akquisition von Neukunden, Betreuung der Kunden von der Angebotslegung bis zum Vertragsabschluss, Repräsentation auf Messen, Kundendatenmanagement, Verantwortung für Umsatz- und Absatzziele Sonderaufgabe: Entwicklung und Umsetzung von Direktmailings
01/2000 - 07/2001	Ethik-Finanz GmbH, Münster, **Außendienstmitarbeiterin**, Tätigkeiten: Vermittlung von Versicherungsprodukten, Aufbau eines Kundenstammes, Angebotserstellung
07/1991 - 06/1999	TÜV Münster GmbH, **Chefsekretärin**, Tätigkeiten: Organisation des Back-Office, allgemeine administrative Tätigkeiten, Buchhaltung, Planung und Überwachung von Verwaltungskosten, Berichtserstellung, Protokollführung Sonderaufgabe: Organisation von Schulungs- und Seminarveranstaltungen
06/1989 - 06/1991	Sanitätsartikel Vertrieb GmbH & Co. KG, Münster, **Sekretärin des Vertriebsleiters**, Tätigkeiten: Betreuung des Außendienstes, Aufbereitung von Zahlenmaterial, Vor- und Nachbereitung von Sitzungen und Tagungen

1

01/1985 – 03/1989	Ingenieurbüro Harder, Bremen, **Sachbearbeiterin**, Abteilung Rechnungs- und Finanzwesen
01/1984 – 12/1984	Möbelwerke GmbH, Bremen, **Sachbearbeiterin**, Abteilung Export und Transportschäden
08/1980 – 11/1983	Schiffsmakler PDL, Stade, **Kontoristin**, Buchhaltung

Berufsabschlüsse

06/1999 – 01/2000	Fortbildung zur Versicherungsfachfrau an der Versicherungs-akademie Münster
15.01.2000	Versicherungsfachfrau (BWV)
04/1988 – 03/1989	Berufsbegleitende Weiterbildung zur Sekretärin
22.03.1989	Geprüfte Sekretärin (IHK)

Ausgewählte Weiterbildungen

01/2000	Seminar »Kundengespräche erfolgreich führen«
02/2000	Seminar »Die hohe Kunst der Abschlusssicherheit«
08/2002	Workshop »Neue Konzepte der Allfinanz«
09/2002	Seminar »Der Weg in die private Krankenversicherung«
01/2003	Training »Versicherung aus einer Hand – Alles was Familien brauchen«

Fremdsprachen

Englisch (sicher in Wort und Schrift)

04/1989 – 05/1989	Inter-Continental Secretarial College, Bournemouth/GB, Englischkurs für Sekretärinnen

EDV-Kenntnisse

WinWord (ständig in Anwendung)
PowerPoint (gut)
Excel (ständig in Anwendung)
Access-Datenbanken (gut)

Münster, 15.02.2005

2

nutzt, sich auch am Telefon für die Stelle ins Gespräch zu bringen. Damit zeigt sie sich engagiert und kommunikationsstark.

Überzeugend: hoher Informationswert Ihren Anschreibentext formuliert Frau Frank mit einer hohen Informationsdichte. Die von ihr verwendeten Schlagworte, die eine Nähe bisheriger Aufgaben zur ausgeschriebenen Position verdeutlichen, machen sie für das Unternehmen interessant. Geschickt schneidet die Bewerberin die in den bisherigen beruflichen Stationen erworbenen Kenntnisse auf die neue Stelle zu. So verweist sie auf ihre Erfahrungen in der Büroorganisation, die sie als Chefsekretärin erworben hat. Auf diese Weise gelingt es ihr auch, die Kann-Anforderung »kaufmännischer Hintergrund« zu erfüllen. Mit der Erwähnung ihrer Buchhaltungskenntnisse verschafft sie sich sicherlich einen Vorsprung gegenüber den meisten anderen Bewerbern. Auch die ausdrücklich geforderten EDV-Kenntnisse werden von ihr im Anschreiben erwähnt. Da Frau Frank die Anzeige gründlich gelesen hat, weiß sie, dass sich das Stammhaus in Großbritannien befindet. Diese Erkenntnis nutzt sie, indem sie ihre fundierten Englischkenntnisse ins Spiel bringt.

Verdichten Sie Informationen

Überzeugend: Belege für Soft Skills Frau Frank wirft nicht mit Leerfloskeln um sich, sondern liefert Praxisbeispiele. Aus der von ihr wahrgenommenen Sonderaufgabe »Entwicklung von Direktmailingaktionen in Zusammenarbeit mit der Geschäftsleitung« können Personalverantwortliche die geforderte Kommunikationsgabe ebenso herauslesen wie das gewünschte unternehmerische Denken.

Deckblatt

Überzeugend: auf die Stellenanzeige ausgerichtet Frau Frank hat sich für ein Deckblatt vor dem Lebenslauf entschieden. Das Deckblatt ist ersichtlich für die ausgeschriebene Position verfasst worden. Die Bewerberin nutzt das Deckblatt auch als Anlagenverzeichnis. So wird dem Leser die Orientierung in der Bewerbungsmappe erleichtert. Er weiß, dass nach dem Lebenslauf zuerst die Fortbildungsurkunden einsortiert sind, bevor die zahlreichen Arbeitszeugnisse folgen.

Zuschnitt auf die neue Stelle

Lebenslauf

Überzeugend: lesefreundlich Der Leser wird sehr gut durch den Lebenslauf geführt. Frau Frank beginnt im Block Berufspraxis mit ihrer aktuellen Position und arbeitet sich dann weiter rückwärts vor. Die Positionsbezeichnungen hebt sie optisch hervor. Die fett formatierten Bezeichnungen springen sofort ins Auge. Der Lebenslauf ist außerdem mit Seitenzahlen versehen. Frau Frank weiß, wie man dem Leser Orientierung in umfangreichen Unterlagen gibt – im Versicherungsbereich eine nicht unwesentliche Fähigkeit.

Übersichtlichkeit durch Struktur

Überzeugend: individueller Zuschnitt Der Lebenslauf ist konsequent auf die ausgeschriebene Stelle ausgerichtet. Bei der Darstellung ihrer aktuellen Position achtet Frau Frank darauf, dass auch die über reine Akquisitionsaufgaben hinausgehenden Tätigkeiten auffallen. Zudem unterscheidet sie zwischen Tagesgeschäft und Sonderaufgabe, um ihren überdurchschnittlichen Einsatzwillen sichtbar zu machen. Geschickt von ihr ist auch, dass sie auf der ersten Seite ihres Lebenslaufes den Ausschnitt ihrer Berufstätigkeit platziert, der am aussagekräftigsten für die neue Stelle ist. Ihre Tätigkeiten als »Kundenberaterin«, »Außendienstmitarbeiterin«, »Chefsekretärin« und »Sekretärin des Vertriebsleiters« bieten für den Personalverantwortlichen den größten Informationswert. Die weit zurückliegenden Tätigkeiten als »Sachbearbeiterin« und »Kontoristin« sind weniger interessant und werden daher knapp mit zwei Zeilen abgehandelt.

Die richtige Gewichtung

Überzeugend: Zusatzinformationen Weiterbildungen, die Frau Frank wahrgenommen hat, dokumentieren ihre Lernbereitschaft. Da sie sich auch in der neuen Stelle wieder in eine neue Produktpalette einarbeiten muss, sind diese Hinweise wichtig. Die EDV- und Sprachkenntnisse, die im alten Lebenslauf völlig fehlten, sind präzise benannt und bewertet.

Fazit Die Bewerberin hat die Stellenanzeige systematisch durchgearbeitet und weiß, worauf es in der neuen Stelle ankommt. Alle Bestandteile ihrer Bewerbungsmappe sind auf die neue Stelle zugeschnitten. Mit dieser Bewerbung sichert sich Frau Frank ihre Einladung zum Vorstellungsgespräch.

16

Nach der schriftlichen Bewerbung

In diesem Kapitel erklären wir Ihnen, wann Sie sich bei Firmen in Erinnerung bringen sollten und wie Sie dies am geschicktesten anstellen. Damit Sie auf Anrufe von angeschriebenen Firmen souverän reagieren können, dürfen Sie nicht den Überblick verlieren. Wir zeigen Ihnen, was dabei zu beachten ist.

Bleiben Sie aktiv

Mit dem Versand Ihrer optimal ausgearbeiteten Bewerbungsunterlagen sind Sie jetzt gut ins Auswahlverfahren eingestiegen: Mithilfe unserer Profil-Methode haben Sie passgenaue, stärkenorientierte und glaubwürdige Anschreiben und Lebensläufe erstellt und zusammen mit Ihrer aussagekräftigen Bewerbungsmappe an die Personalabteilungen versandt. Es wäre doch schade, wenn Sie nach diesem guten Start einbrechen würden! Legen Sie deshalb nach dem Versand Ihrer Bewerbungsmappe die Hände nicht in den Schoß: Bleiben Sie am Ball, und sorgen Sie dafür, dass Sie den Überblick behalten.

Behalten Sie den Überblick

In der Regel werden Sie sich bei mehreren Firmen gleichzeitig bewerben. Deshalb müssen Sie darauf achten, dass Sie die einzelnen Etappen im Bewerbungsverfahren der jeweiligen Firmen auch nachvollziehen können. Denn es ist mehr als peinlich, wenn sich eine Firma bei Ihnen meldet und Sie nicht wissen, um welche Stellenausschreibung es sich eigentlich handelt. Auch wenn Sie voller Eifer den Personalverantwortlichen mit Namen ansprechen, dabei aber Firma und den dazugehörigen Personalreferenten durcheinander bringen, bekommt das durch Ihre guten Unterlagen erarbeitete positive Bild sehr schnell deutliche Risse. Damit Ihnen dies nicht passiert, sollten Sie weiterhin gut vorbereitet sein.

Wir empfehlen Ihnen, ein Bewerbungsregister, beispielsweise als Ordner, anzulegen. Für jede einzelne Firma sollten Sie dort die Stellenanzeige, das passgenaue Anschreiben und den speziellen Lebenslauf einheften. Hinzu kommen noch Notizen nach Telefongesprächen mit Firmenvertretern und die gesammelte Korrespondenz. Auf diese Weise behalten Sie den Überblick und können sich jederzeit auf weitere Bewerbungsschritte einstimmen, beispielsweise vor angekündigten telefonischen Interviews oder persönlichen Vorstellungsgesprächen.

Halten Sie Ihre Unterlagen sortiert und griffbereit

Der Ordner, den Sie angelegt haben, gehört neben das Telefon, denn er ist nur wenig hilfreich, wenn Sie ihn erst suchen müssen, während ein Firmenvertreter am anderen Ende der Telefonleitung wartet. Aus diesem Grund genügt es auch nicht, die Unterlagen nur im PC zu archivieren. Ein weiterer ganz wichtiger Vorteil des Ordners liegt darin, dass Sie beim gelegentlichen Durchblättern immer wieder auf Ihr ausgearbeitetes Profil stoßen. So werden sich die Formulierungen bezüglich Ihrer beruflichen Erfahrungen und Stärken mit der Zeit immer besser in Ihr Gedächtnis einprägen. Dazu genügt es sogar, wenn Sie Anschreiben und Lebenslauf einfach von Zeit zu Zeit überfliegen. Diese Stärkung Ihres Selbstbewusstseins wird Ihnen für die nächsten Schritte noch nutzen.

Das Unternehmen meldet sich: Telefoninterviews

Der Griff zum Telefon bringt nicht nur Ihnen als Bewerber Vorteile. Auch Personalverantwortliche nutzen das Telefon, um sich ein umfassenderes Bild zu machen, als dies mit der Durchsicht von schriftlichen Unterlagen möglich ist. Selbstverständlich werden sich Unternehmen vor einer Einstellungsentscheidung noch einen persönlichen Eindruck in einem Vorstellungsgespräch vom Bewerber machen. Ein vorgeschaltetes telefonisches Job-Interview vermittelt Personalverantwortlichen aber bereits Informationen, die aus der Bewerbung nicht direkt herauszulesen sind: Ob ein Bewerber im Gespräch auf andere Menschen eingehen, sich verständlich ausdrücken, berufliche Ziele äußern, mit schwierigen Fragen umgehen, Dinge auf den Punkt bringen und in allen Gesprächssituationen gelassen bleiben kann, lässt sich an-

Zusatzinformationen für Personalentscheider

hand der Bewerbungsunterlagen nur schwer einschätzen. Im telefonischen Job-Interview werden diese kommunikativen Fähigkeiten des Bewerbers jedoch sehr schnell deutlich.

Ein ganz wichtiger Punkt ist für Personalverantwortliche, am Telefon die Ernsthaftigkeit der Bewerbung zu überprüfen und die Gründe für den Stellenwechsel zu hinterfragen. Personalverantwortliche wissen, dass Bewerbungen immer wieder zu Testzwecken verschickt werden. Zum einen, um die Höhe des eigenen Marktwerts zu überprüfen. Zum anderen aus einer Wechseleuphorie heraus, die oft aber schnell wieder abklingt, wenn am derzeitigen Arbeitsplatz alles wieder seinen gewohnten Gang geht.

Das Ziel vor Augen

Stellen Sie sicher, dass Sie telefonisch erreichbar sind: Verschicken Sie also Ihre Bewerbung nicht, bevor Sie in Urlaub gehen. Haben Sie Personalverantwortlichen für eine telefonische Kontaktaufnahme eine bestimmte Zeit genannt, sollten Sie auch tatsächlich anwesend sein.

Rechtzeitige Vorbereitung

Üblicherweise werden telefonische Job-Interviews von den Unternehmen angekündigt. Personalverantwortliche lassen mit Ihnen einen Termin vereinbaren, an dem sie anrufen werden, um sich mit Ihnen zu unterhalten. Da diese Termine in der Regel sehr kurzfristig anberaumt werden, sollten Sie mit Ihrer Vorbereitung rechtzeitig beginnen.

Steht der Termin fest, legen Sie das Anschreiben und den Lebenslauf, die Sie an das Unternehmen versandt haben, heraus. Papier und Stift für Notizen während des Telefonats sollten Sie ebenfalls bereithalten. Sorgen Sie dafür, dass Sie nicht gestört werden, die Akkus Ihres schnurlosen Telefons geladen sind, und schalten Sie unbedingt Komfortmerkmale Ihres Telefonanschlusses, wie »Anklopfen bei laufendem Gespräch« aus.

Machen Sie sich Ihr Bewerberprofil bewusst

Für die inhaltliche Ausgestaltung des telefonischen Job-Interviews ist Ihr Bewerberprofil, so wie Sie es in Ihrem Anschreiben aufbereitet haben, von zentraler Bedeutung. Die entscheidende Frage, die sich Personalverantwortliche während einer Bewerbersichtung stellen, lautet: »Warum sollten wir gerade diesen Bewerber einstellen?« Die Verpflichtung, ein überprüfungswürdiges Bewerberprofil zu liefern, liegt bei Ihnen.

Nutzen Sie für die Beantwortung der zentralen Frage »Warum gerade Sie?« die Arbeit, die Sie im Kapitel 4 (»Warum sollten wir gerade Sie einstellen? Ihre Selbstpräsentation«) geleistet haben. Der Inhalt der von Ihnen entwickelten Selbstpräsentation ist nicht nur die Antwort darauf, warum man gerade Sie einstellen sollte, sie dient auch als Antwort auf die Fragen: »Was unterscheidet Sie von anderen Bewerbern?«, »Welche Kenntnisse und Fähigkeiten bringen Sie für die neue Position mit?«, »Können Sie Ihren Werdegang in wenigen Sätzen beschreiben?« oder »Gibt es einen roten Faden in Ihrer beruflichen Entwicklung?«

Der nächste wichtige Punkt, über den Sie sich jetzt Gedanken machen sollten, sind die Schnittstellen, die zwischen Ihren bisherigen Tätigkeiten und der neuen Position bestehen. Je überzeugender Sie argumentieren können, dass Sie bereits mit den Aufgaben der von Ihnen angestrebten neuen Berufstätigkeit in Berührung gekommen sind, desto erfolgreicher wird das telefonische Job-Interview für Sie verlaufen. Führen Sie sich Ihren Lebenslauf vor Augen, machen Sie sich noch einmal klar, welche Tätigkeiten Sie in Ihren verschiedenen beruflichen Positionen ausgeübt haben. Suchen Sie noch einmal die Schlüsselbegriffe heraus, die belegen, dass Sie um die Anforderungen der Wunschposition wissen.

Vermitteln Sie Ihre Kernpunkte in wenigen Sätzen

Mit diesen Fragen sollten Sie rechnen

Nachdem Sie Ihre Selbstpräsentation und Ihren Lebenslauf erneut durchgegangen sind, sollten Sie sich mit weiteren Fragen, die Ihnen von Personalverantwortlichen gestellt werden könnten, befassen. Trainieren Sie dies anhand unserer Übung »Drängende Fragen und Ihre Antworten«.

Übung

Drängende Fragen und Ihre Antworten

»Warum suchen Sie einen neuen Arbeitsplatz?«
Unser Tipp: Erweiterte Gestaltungsspielräume, Ausbau vorhandener Qualifikationen.
Ihre Antwort: . . . . «

»Welche Berufsausbildung bringen Sie mit?«
Unser Tipp: Nicht nur Titel (formale Bezeichnung) nennen, sondern ganz kurz die bisherige berufliche Entwicklung skizzieren (Stationen und jeweils ein bis zwei Tätigkeiten).
Ihre Antwort: . . . . «

»Was versprechen Sie sich davon, bei uns zu arbeiten?«
Unser Tipp: Tätigkeiten fortführen, die eine Nähe zur Wunschposition haben, berufliche Erfolge wiederholen.
Ihre Antwort: . . . . «

»Welche Unterstützung brauchen Sie für Ihre Arbeit?«
Unser Tipp: Keine finanziellen oder personellen Forderungen stellen, besser auf gute Einbindung in Informations- und Entscheidungswege verweisen.
Ihre Antwort: . . . . «

»Warum haben Sie sich gerade bei uns beworben?«
Unser Tipp: Verweisen Sie nicht einfach auf die Stellenanzeigen, sondern zeigen Sie, dass Ihnen das Unternehmen bereits vorher aufgefallen ist, beispielsweise durch Presseveröffentlichungen, persönliche Kontakte, Internetrecherchen, Fachmessen und Ähnliches.
Ihre Antwort: . . . . «

»Wie würden Sie sich beschreiben?«
Unser Tipp: Profil aus der Selbstpräsentation verwenden.
Ihre Antwort: . . . . «

»Warum wollen Sie in unserem Unternehmen arbeiten?«
Unser Tipp: Branchenkenntnisse und Berufserfahrung hervorheben, Überschneidungen bisheriger Tätigkeiten mit den Anforderungen der Wunschposition betonen.
Ihre Antwort: . . . . «

»Kennen Sie Produkte/Dienstleistungen unseres Unternehmens?«
Unser Tipp: Im Internet recherchieren.
Ihre Antwort: . . . . «

»Interessieren Sie auch andere Tätigkeiten in unserem Unternehmen?«
Unser Tipp: Prinzipiell offen sein, aber betonen, dass Ihr Profil nutzbringend einsetzbar sein muss.
Ihre Antwort: . . . . «

»Haben Sie Fragen an uns?«
Unser Tipp: Interesse und Ernsthaftigkeit demonstrieren. Zwei bis drei geeignete Fragen stellen, beispielsweise: »Wer ist mein zukünftiger Vorgesetzter?«, »Wie ist das Verhältnis von Innen- zu Außendienst?« oder »Mit wem werde ich zusammenarbeiten?«
Ihre Antwort: . . . . «

Mit diesen und weiteren Fragen sollten Sie sich *vor* einem telefonischen Job-Interview unbedingt auseinander setzen, denn spontane Antworten fallen den meisten Bewerbern schwer. Das Job-Interview wird zäh und zieht sich in die Länge, wenn Bewerber zu oft bei einer Antwort passen müssen, weil sie nicht wissen, worauf die Frage abzielt. Personalverantwortliche werden dann schnell das Interesse an Ihnen verlieren.

Setzen Sie sich mit möglichen Fragen auseinander

Selbstverständlich können Personalverantwortliche Ihnen noch mehr Fragen bieten. Lesen Sie zu weiteren Vorbereitung besonders den fünften Teil dieses Buches »Das Vorstellungsgespräch«. Dort finden Sie Beispielfragen mit ungeeigneten und geeigneten Antworten. Informationen zu den einzelnen Frageblöcken »Leistungsmotivation«, »beruflicher Werdegang«, »Führungserfahrung«, »Persönlichkeit« und »private Lebensgestaltung« legen Ihnen ausführlich dar, warum Personalverantwortliche gerade diese Fragen stellen. Sie lernen, Gesprächsstrategien der Unternehmensseite zu durchschauen und auch auf Stressfragen angemessen zu reagieren.

Richtig nachgehakt

Wenn Sie selbst telefonischen Kontakt zu Firmenvertretern aufnehmen, sollten Sie immer bedenken, dass das Bewerbungsverfahren noch läuft und dass

Sie mit einem an der Entscheidung Beteiligten telefonieren. Bleiben Sie deshalb freundlich, und treten Sie auch beim Nachhaken souverän auf. Manche Firmen werden Verständnis für Ihren Informationsbedarf haben, andere dagegen werden eher kühl reagieren und sich keine weiteren Auskünfte entlocken lassen. Bedenken Sie, dass nicht nur für Sie, sondern auch für die Personalabteilungen Bewerbungsverfahren mit Stress verbunden sind.

Jedes Unternehmen hat seinen Rhythmus

Wann man sich bei Ihnen meldet, unterscheidet sich von Firma zu Firma recht deutlich. In manchen Personalabteilungen werden die Bewerbungen erst einmal gesammelt, bevor es an die Auswertung geht. Andere wiederum beginnen sofort mit der Auswertung, um interessante Kandidaten schnellstmöglich kontaktieren zu können.

Wenn auf Ihre Bewerbung zu lange keine Reaktion kommt, sollten Sie selbst aktiv werden und sich in Erinnerung bringen. Dies können Sie beispielsweise mit einem Nachfassbrief oder einem Anruf in der Personalabteilung tun. Die eigentliche Entscheidung darüber, welcher Bewerber wann zu einem Vorstellungsgespräch eingeladen wird, werden Sie natürlich nicht beeinflussen können. Aber Sie können deutlich machen, dass Sie nach wie vor an der Stelle interessiert sind. Manche Anrufer haben dadurch auch schon erreicht, dass ihre Bewerbungsmappen noch einmal zur Hand genommen und besonders gründlich überprüft wurden.

Mit einem kurzen Anruf verschaffen Sie sich außerdem Informationen darüber, wie es im Auswahlverfahren weitergeht. Sie sollten sich jedoch auf Fragen nach dem weiteren Verlauf des Bewerbungsverfahrens beschränken.

Beschränken Sie sich auf formale Fragen

Denn ganz besonders unangenehm fallen Bewerber auf, die patzig eine Entscheidung einfordern oder Mitleid erwecken wollen. Es würde ein schlechtes Licht auf Ihre Soft Skills Kommunikationsstärke und Einfühlungsvermögen werfen, wenn Sie eine Entscheidung erzwingen wollten. Und Sie wissen ja: Noch ist das Verfahren nicht abgeschlossen und Sie sprechen mit einer beteiligten Person.

▶ **Vorsicht Falle:** Bei Ihren Nachfassaktionen ist Sensibilität gefragt. Auch wenn Sie bei Ihrer Stellensuche unter starkem Druck stehen: Bringen Sie sich in Erinnerung, ohne aufdringlich zu wirken. So mancher hat sich noch beim Nachfassen ins Aus katapultiert!

Fragen Sie also lieber nach dem Fortgang des Entscheidungsprozesses in der Firma, beispielsweise so: »Bis wann ist eine Entscheidung geplant?« Es bietet sich natürlich auch an, nach den weiteren Auswahlschritten zu fragen. Dann können Sie sich rechtzeitig auf Assessment-Center oder Vorstellungsgespräche vorbereiten. Fragen Sie »Welche weiteren Auswahlverfahren sind vorgesehen?« oder »Wie ist der weitere Fortgang in der Firma? Gibt es bereits eine grobe Terminplanung?«.

Haben Sie nach circa vier bis sechs Wochen noch nichts von der Firma gehört, sollten Sie sich mit diesen Fragen zum weiteren Fortgang in Erinnerung bringen. Haben Sie bereits ein Angebot einer Firma erhalten, möchten aber noch die Entscheidung eines anderen Unternehmens abwarten, dürfen Sie auch früher anrufen. Signalisieren Sie, dass Sie sich um die Dinge kümmern, die Ihnen am Herzen liegen. Ihre freundliche Beharrlichkeit wird den Personalverantwortlichen zeigen, dass Sie sich aktiv für Ihre berufliche Zukunft einsetzen.

Bringen Sie sich freundlich in Erinnerung

☑ *Checkliste* *für Ihre Aktivitäten nach der schriftlichen Bewerbung*

- ☐ Haben Sie einen Ordner angelegt, in dem sich alle wichtigen Unterlagen zu Ihren einzelnen Bewerbungen finden?
- ☐ Liegt dieser Ordner griffbereit neben dem Telefon?
- ☐ Ist ein telefonisches Vorabinterview vereinbart worden? Sind Sie zum vereinbarten Termin erreichbar und ungestört?
- ☐ Funktioniert Ihr Telefon einwandfrei?
- ☐ Haben Sie Anschreiben und Lebenslauf noch einmal durchgelesen?
- ☐ Haben Sie Ihre Selbstpräsentation vorbereitet?
- ☐ Können Sie die Schnittstellen zwischen Ihrer jetzigen Position und der anvisierten Stelle darlegen?
- ☐ Können Sie anhand von Schlüsselbegriffen belegen, dass Sie die Anforderungen Ihrer Wunschposition erfüllen?

- ☐ Haben Sie sich mit den Fragen auseinander gesetzt, die Sie im telefonischen Job-Interview erwarten?
- ☐ Wissen Sie, welche Motivation hinter den verschiedenen Fragen von Personalverantwortlichen steckt?
- ☐ Haben Sie zwei bis drei Fragen vorbereitet, die Sie selbst stellen werden?
- ☐ Haben Sie freundlich und souverän bei Unternehmen nachgehakt, bei denen Sie sich beworben haben?
- ☐ Wissen Sie, was das weitere Auswahlverfahren des Unternehmens beinhaltet?

Teil 3

Initiativbewerbungen

17

Initiative zeigen und das eigene Profil vermitteln

Initiativbewerbungen eignen sich vorzüglich, um die jeweilige Wunschposition zu erreichen. Für den Erfolg ist eine gute Vorbereitung allerdings unabdingbar. Um bei Personalverantwortlichen Interesse zu wecken, sollten Sie professionell vorgehen. Werden Sie Ihr eigener Personalberater.

Firmen erwarten heutzutage immer mehr Eigeninitiative von Bewerbern. Verlassen Sie sich deshalb nicht allein auf das, was man Ihnen anbietet, sondern suchen Sie nach anderen Möglichkeiten, um (Wunsch-)Firmen anzusprechen. Hierbei ist die Initiativbewerbung das Mittel erster Wahl.

Es gibt einige Gründe dafür, dass Unternehmen nicht alle freien Stellen ausschreiben. Nicht an letzter Stelle steht hierbei, die Kosten von Anzeigen und Auswahlverfahren zu sparen. Vor allem in kleineren Firmen ist zudem auch personell gesehen die große Flut an eingehenden Bewerbungen nach einer Stellenanzeige ein Problem. Aber auch Firmen mit größerer Personalabteilung haben schon die Erfahrung gemacht, von Bewerbern überrannt zu werden. Daher verzichten viele Firmen ganz bewusst darauf, ihre freien Stellen extern zu veröffentlichen – insbesondere dann, wenn sie gutes Personal schon auf anderen Wegen gefunden haben, beispielsweise durch Empfehlungen von Mitarbeitern, Kontakte zu Lieferanten oder Kunden, deren Mitarbeiter einen Wechselwunsch äußern, oder durch schlichtweg unaufgeforderte Bewerbungen. Einige Firmen legen sogar einen so genannten Bewerberpool an: Sie sammeln interessante Bewerbungen, um sich dann, wenn Stellen frei werden, mit den jeweiligen Absendern in Verbindung zu setzen.

Mitarbeitersuche durch Empfehlungen

Machen Sie sich jedoch gleich zu Anfang eines klar: Eine Initiativbewerbung ist keine Blindbewerbung. In Blindbewerbungen sind in der Regel weder ein berufliches Profil des Bewerbers und erst recht kein Abgleich mit den

Anforderungen des Unternehmens oder der Stelle zu erkennen. Zumeist werden dann Standardfloskeln im Anschreiben und schablonenhafte Lebensläufe an viele Unternehmen verschickt, in der Hoffnung, dass irgendjemand sich daraufhin meldet. Eine Initiativbewerbung unterscheidet sich davon ganz erheblich, vor allem durch die geleistete Vorarbeit.

Initiativbewerbungen brauchen Vorarbeit

Das ist neu: Wer mit seiner Initiativbewerbung Erfolg haben will, muss anhand seiner Bewerbungsmappe deutlich machen, dass er Initiative gezeigt hat – und zwar schon *vor* dem Versand seiner Unterlagen.

Personalberater in eigener Sache

Um Ihnen die Vorteile einer guten Vorbereitung vor Augen zu führen, möchten wir Sie bitten, einmal in die Rolle eines Personalberaters oder Headhunters zu schlüpfen. Deren Vorgehensweise ist sehr systematisch, weshalb Sie sich daran ein Beispiel nehmen können.

So eröffnen Sie sich neue Horizonte

Zunächst klärt der Personalberater mit der Fachabteilung, über welches Fachwissen, welche Branchenerfahrung und welche speziellen Berufskenntnisse der Wunschkandidat verfügen sollte. Anschließend wird er von der Personalabteilung erfragen, welche Arbeitsabläufe typisch sind und wie die Unternehmenskultur ausgestaltet ist. Daraus werden Anforderungen an die Persönlichkeit des neuen Mitarbeiters formuliert. Nachdem die fachlichen Voraussetzungen und die Soft Skills geklärt sind, wird auf dieser Basis ein Profil entworfen, mit dem sich der Personalberater auf die Suche begibt.

In persönlichen oder telefonischen Kontakten wird der Personalberater dann Kurzprofile von potenziellen Kandidaten einfordern und diese mit den Anforderungen der Firma abgleichen. Erst wenn ein Kandidat grundsätzlich geeignet erscheint, wird er dessen schriftliche Bewerbungsunterlagen anfordern. Bei seinen Gesprächen mit der suchenden Firma wird der Personalberater immer sehr knapp und präzise vorgehen. Mit geeigneten Schlagworten wird er das Profil des Bewerbers umreißen, um die Besonderheiten herauszustellen. Da die Entscheider auf Unternehmensseite nur wenig Zeit haben, muss er mit einer hohen Informationsdichte vorgehen. Man wird ihm nur dann zuhören wollen, wenn seine Ausführungen im Hinblick auf eine Einstellungsentscheidung relevant sind.

Von der professionellen Arbeitsweise der Personalberater können Sie sich einiges abschauen: Dazu gehört, dass Sie Initiativbewerbungen durch persönliche oder telefonische Kontakte vorbereiten sollten. Außerdem ist eine gründliche Analyse Ihrer fachlichen und persönlichen Fähigkeiten nötig, denn zuerst müssen Sie selbst wissen, was Sie zu bieten haben. Zudem sollten Sie bereits im Vorfeld mögliche Anforderungen der Fach- und Personalabteilung herausfinden, damit Sie sich mit einem Kurzprofil präsentieren können, welches neugierig auf mehr Informationen macht. Erst danach ist der Zeitpunkt gekommen, um mit ausführlichen und aussagekräftigen schriftlichen Unterlagen zu punkten.

Gehen Sie wie ein Personalberater vor

Sie sehen, dass Sie einen großen Teil Ihrer Arbeit für eine erfolgreiche Initiativbewerbung schon vor dem Versand der Bewerbungsmappe leisten müssen. Welche vielfältigen Möglichkeiten Sie bei der Vorbereitung Ihrer Initiativbewerbung haben und wie Sie diese optimal nutzen, werden wir Ihnen im weiteren Verlauf dieses dritten Teiles vorstellen.

Die heimlichen Wünsche der Personalverantwortlichen

Wer von sich aus auf eine Firma zugeht, um seine Kenntnisse anzubieten, zeigt eine ganz andere Motivation als derjenige, der nur auf eine Stellenanzeige reagiert. Darum ist er für Personalverantwortliche besonders interessant. Geht ein Initiativbewerber dann auch noch zielgerichtet vor, hat er sich die ersten Pluspunkte erarbeitet.

Vergessen Sie aber nicht, dass eine Initiativbewerbung für die Mitarbeiter in Personalabteilungen einen größeren Arbeitseinsatz bedeutet. Schließlich müssen sie neben der Einschätzung des Bewerberprofils auch noch die potenziellen Einsatzmöglichkeiten im Unternehmen überprüfen. Dieser höhere Arbeitsaufwand wird deshalb nur dann in Kauf genommen, wenn es sich um eine vielversprechende Bewerbung handelt.

Wecken Sie den Bedarf nach Ihrer Arbeitskraft

Aus diesem Grund können die Bewerber, die von sich aus deutlich machen können, dass sie wissen, was die Firma von ihnen erwartet und in welchen Arbeitsbereichen sie einsetzbar wären, mit besonderer Aufmerksamkeit rechnen – schließlich signalisieren sie, dass sie Personalverantwortlichen die Arbeit nicht erschweren, sondern leichter machen wollen. Außerdem erbringen sie damit eine Leistung, die als »realistische Tätigkeitsvorausschau« bezeichnet wird. Untersuchungen haben ergeben, dass diejenigen, die bereits vor dem Arbeitsantritt genau wissen, was sie erwartet, besser motiviert, belastbarer und loyaler sind als diejenigen, die sich allzu naiv ins kalte Wasser stürzen. Deshalb werden Initiativbewerbungen von Personalverantwortlichen durchaus geschätzt – immer vorausgesetzt, dass sie gut vor- und aufbereitet sind.

Ihr unverwechselbares Profil

Was wollen Sie erreichen?

In Teil 1 dieses Buches haben Sie sich bereits mit Ihrem beruflichen Werdegang, Ihren Stärken und Ihren Schwächen auseinander gesetzt. Die Ergebnisse Ihrer Bestandsaufnahme sowie Ihre dort erarbeitete Selbstpräsentation sind die Basis für Ihr individuelles Stellenprofil. Mit einer Initiativbewerbung haben Sie die Chance, genau die Stelle zu finden, die Sie sich wünschen. Um Erfolg zu haben, müssen Sie diese Traumstelle möglichst klar umreißen können. Überlegen Sie sich genau, was Sie mit Ihrem Stellenwechsel beabsichtigen. Machen Sie sich klar, welche Tätigkeiten Sie in Zukunft intensiver ausüben möchten, auf welche Sie verzichten wollen und welche neuen Aufgaben Sie gern übernehmen würden.

Der Blick nach vorn: Ihre Wünsche

Seien Sie sich über Ihre Bedürfnisse im Klaren

Im Rahmen Ihrer Bestandsaufnahme werden Sie erkannt haben, was Sie gerne tun und was weniger gerne. Vor der Ausarbeitung Ihrer Unterlagen sollten Sie sich deshalb auch darüber klar werden, welche Wünsche Sie an die neue Stelle haben. Zu schnell trifft derjenige, der sich nicht über seine eigenen Bedürfnisse im Klaren ist, am neuen Arbeitsplatz auf die alten Probleme. Finden Sie deshalb heraus, in welchen Bereichen Sie gerne arbeiten, welche Kenntnisse Sie vertiefen möchten, welche Aufgaben Sie gerne übernehmen würden – aber auch, welche Tätigkeiten Ihnen weniger liegen.

▶ **Das sollten Sie sich merken:** Die Auseinandersetzung mit Ihren Wünschen bedeutet, dass Sie im Bewerbungsverfahren glaubwürdiger auftreten. Firmenvertreter lassen sich nur beeindrucken, wenn Bewerber wissen, was sie können und wollen – und was nicht.

Die Wunschposition im Blick

Machen Sie sich Ihre Wünsche klar. Übersicht 16 kann Ihnen dabei helfen, Ihre Ansprüche an Ihren neuen Arbeitsplatz herauszuarbeiten. Natürlich gibt es nicht den perfekten Arbeitsplatz, auch Sie werden an irgendeiner Stelle Kompromisse machen müssen. Dies sollte Sie aber nicht davon abhalten, Ihrer Wunschposition so nah wie möglich zu kommen.

Übersicht 16: Wünsche an die neue Stelle

- Welche Tätigkeiten möchten Sie in der neuen Stelle auf jeden Fall fortführen?
- Welche Aufgaben würden Sie nicht vermissen?
- Wo könnten Sie ohne Einarbeitung sofort einsteigen?
- Auf welchen Fachgebieten sind Sie Experte, und wann fragt man Sie um Rat?
- Möchten Sie, dass bisherige Sonderaufgaben zu einem regelmäßigen Bestandteil der Arbeit werden?
- Möchten Sie stets mit den gleichen Menschen zusammenarbeiten oder bevorzugen Sie wechselnde Arbeitsgruppen?
- Liegt Ihnen eher ein aufregendes oder ein beschauliches Arbeitsumfeld?
- Arbeiten Sie lieber an einem Ort oder reisen Sie gerne?
- Möchten Sie einen Teil der Arbeit zu Hause erledigen oder arbeiten Sie lieber im Büro?

- Strukturieren Sie Ihre Arbeit selbst oder brauchen Sie Vorgaben?
- Sind Ihnen ein regelmäßiges Feedback und eine schnelle Rückmeldung wichtig?
- Sehen Sie sich eher als Spezialisten oder als Allround-Talent?
- Macht es Ihnen Spaß, anderen etwas beizubringen?
- Welche Aufgaben würden Sie auch ohne Bezahlung gerne tun?
- Möchten Sie im Ausland arbeiten?
- Wollen Sie eine Führungsposition übernehmen?
- Sind Sie bereit, auch spätabends oder am Wochenende zu arbeiten?
- Ist Gleitzeit für Sie wichtig?
- Kommt es für Sie infrage, für eine neue Stelle umzuziehen?
- Sind interessante berufliche Aufgaben oder ein möglichst hohes Gehalt für Sie wichtig?
- Ist für Sie eine hohe Identifikation mit Ihrem Beruf oder Ihrem Arbeitgeber wichtig?

Nach Ihrer fundierten Selbsteinschätzung wissen Sie, wo Ihre Stärken liegen, auf welchen Gebieten Sie am meisten leisten und welche persönlichen Fähigkeiten Ihr Profil abrunden. Weiterhin haben Sie für sich geklärt, welche Anforderungen Sie an Ihre Wunschposition stellen. Im nächsten Schritt geht es darum, Ihren Wunscharbeitgeber herauszufinden, um Ihr Profil passgenau auf ihn abzustimmen.

Ihr Wunscharbeitgeber

Machen Sie sich Gedanken über den richtigen Arbeitgeber, damit Sie mit Ihrer Initiativbewerbung Ihre berufliche Entwicklung gezielt vorantreiben können.

Finden Sie heraus, welche Unternehmensform Ihnen liegt

Nicht jedes Unternehmen wird für Sie geeignet sein. Zunächst sollten Sie Präferenzen hinsichtlich der Unternehmensform festlegen. Es macht einen Unterschied, ob Sie zukünftig in einem Konzern oder in einem mittelständischen Unternehmen arbeiten werden. Auch die Entscheidung zwischen freier Wirtschaft und öffentlichem Dienst hat weitreichende Konsequenzen für Ihren Berufsalltag. Bevor Sie sich über einzelne Unternehmen informieren, sollten Sie also entscheiden, welche Unternehmensform Ihnen am meisten liegt. Möchten Sie lieber in einem Konzern, einem mittelständischen Unternehmen, einem neu gegründeten Kleinbetrieb oder im öffentlichen Dienst arbeiten? Alles diese Unternehmensformen unterscheiden sich deutlich in ihren Arbeitsabläufen, der hierarchischen Strukturierung, den Entscheidungswegen, den Karriereoptionen und den Gestaltungsspielräumen.

Konzerne Konzerne bieten oft vielfältige Einsatzmöglichkeiten, die von Tätigkeiten im Ausland bis zur Übernahme von Verantwortung in Niederlassungen reichen. Der Wechsel von einem Unternehmensbereich in einen anderen ist möglich. Generell sind die Aufstiegswege und Karriereoptionen in Konzernen allein wegen ihrer Größe zahlreich. Konzerne haben eine eigene Abteilung für Personalentwicklung, die sich um den eigenen Führungsnachwuchs kümmert, Weiterbildungsprogramme bereitstellt und den Wechsel zu Konzerntöchtern oder in Auslandsniederlassungen koordiniert.

In Konzernen finden Sie zahlreiche Aufstiegswege

Da die Entscheidungsprozesse in Konzernen recht lange dauern, lassen sich eigene Ideen nicht immer so leicht wie gewünscht umsetzen. Wer hier arbeitet, braucht ein gutes Durchhaltevermögen. Die einzelnen Arbeitsbereiche sind oft scharf voneinander abgegrenzt. Es fällt schwer, Innovationen außerhalb des Dienstwegs voranzutreiben. Berührungspunkte zu anderen Abteilungen ergeben sich häufig nur in Projektgruppen.

Ein gutes Selbstmarketing ist in Konzernen unerlässlich; die interne Konkurrenz ist groß, und es ist nicht einfach, aus der Anonymität der Masse herauszutreten.

Dem gegenüber stehen gute Weiterbildungs- und Entwicklungsmöglichkeiten. Eine systematische Personalentwicklung und Unterstützung beim Erreichen selbst gesteckter beruflicher Ziele ist kennzeichnend für Großunternehmen. Die Chancen, interne Karrieresprünge zu schaffen, sind – entsprechendes Engagement vorausgesetzt – groß. Auch die guten Sozial- und Sonderleistungen sowie ein überdurchschnittlicher Verdienst sind nicht zu verachten und sprechen für Konzerne.

Mittelständische Unternehmen Da eine eigene Personalentwicklung in mittelständischen Unternehmen noch lange nicht selbstverständlich ist, sind die Anforderungen an die Eigeninitiative der Mitarbeiter höher: Systematische Förderprogramme und konsequente Karrierepläne fehlen in der Regel. Sonderleistungen sind oft nicht festgelegt, sondern müssen vom Mitarbeiter ausgehandelt werden. Die Arbeitsbelastung kann im Mittelstand sehr hoch sein. Einer internen Karriere steht oft die nur geringe Zahl an Führungspositionen im Weg.

Ein Wechsel in den Mittelstand kann aber dennoch interessant sein, da Mitarbeiter dort umfangreiche Gestaltungsmöglichkeiten vorfinden. Es wird schnell Verantwortung übernommen, und die Trennung der einzelnen Unternehmensbereiche ist nicht so ausgeprägt wie in Konzernen. Bei komplexen Aufgaben muss nicht so arbeitspolitisch vorgegangen werden wie in Großunternehmen. Die Berührungsängste zwischen den Abteilungen sind weniger stark ausgeprägt. Damit lassen sich neue Entwicklungen schneller vorantreiben. Rückmeldungen über den Erfolg der Arbeit sind direkter.

Hier übernehmen Sie schnell Verantwortung

Neu gegründete Kleinbetriebe Das Besondere an Kleinbetrieben ist das ausgeprägte unternehmerische Denken: Individuelle Leistung wird groß geschrieben. Die Möglichkeiten, direkt mit den anderen Unternehmensbereichen zusammenzuarbeiten, sind vielfältig. Entscheidungen werden nicht vertagt, sondern getroffen. Top-Positionen sind schneller zu erreichen, und das besondere Pioniergefühl ist für viele Mitarbeiter ein zusätzlicher Anreiz. Eine Portion Risikobereitschaft gehört dazu. Die Kehrseite der großen Verantwortungsspielräume ist, dass die Mitarbeiter von wirtschaftlichen Misserfolgen selbst betroffen sind. Bei schlechter Geschäftsentwicklung leiden die variablen Gehaltsbestandteile. Hinzu kommt, dass das Arbeitspensum sehr hoch gesteckt ist. Ein Privatleben findet nur eingeschränkt statt.

Kurze Wege und individuelle Leistung

Öffentlicher Dienst Die Elemente der Personalentwicklung im öffentlichen Dienst lauten: Laufbahn und Dienstalter. Beginnend mit dem Vorbereitungsdienst und endend mit der Pensionierung ist der berufliche Werdegang weitestgehend vorherbestimmt. Es gibt nur wenig individuelle Gestaltungsspielräume. Der öffentliche Dienst akzeptiert erst langsam die Idee der leistungsbezogenen Elemente. Generell gibt es aber wenig Möglichkeiten, mit besonderem Engagement zu punkten. Wer auf Innovation und Veränderung setzt, dürfte sich im öffentlichen Dienst schlecht aufgehoben fühlen.

Gut planbare Arbeitsbelastungen und feste Arbeitszeiten sind für manche Bewerber ein Wert an sich. Es gibt immer wieder Mitarbeiter, die froh sind, den Wechsel vom hektischen Berufsalltag im Kleinunternehmen zum überschaubaren Arbeitspensum im öffentlichen Dienst geschafft zu haben. Durch das System der Gehaltszuschläge lässt sich in höheren Positionen durchaus gut verdienen, wenn auch das Gehalt unter dem vergleichbarer Positionen in der freien Wirtschaft liegt.

Verlässlichkeit ist ein wichtiger Wert

Nach den strategischen Überlegungen, in welcher Unternehmensform Sie Ihre Karriere fortsetzen wollen, müssen Sie sich auf die Suche nach geeigneten Arbeitgebern machen. Bevor wir Ihnen erläutern, wie Sie einen Kontakt aufbauen, am Telefon überzeugen und mit der Bewerbungsmappe punkten, brauchen Sie Adressaten für Ihre Initiativbewerbungen. Begeben Sie sich auf die Suche nach den zu Ihren Vorstellungen passenden Unternehmen. Sie können folgende Suchwege nutzen:

- im Internet recherchieren;
- Printmedien nutzen;
- Messen und Kongresse besuchen.

Im Internet recherchieren

Das Internet ist das optimale Medium, um sich schnell einen Überblick über interessante Arbeitgeber zu verschaffen und tiefer gehende Recherchen zu ausgewählten Unternehmen durchzuführen. Sie können die Homepages der Unternehmen anklicken, auf Jobbörsen zugreifen, Online-Stellenmärkte der Zeitungen auswerten und mithilfe von Suchmaschinen Hintergrundinformationen sammeln.

Vielfältige Recherchemöglichkeiten

Homepages der Unternehmen Auf den Homepages der Unternehmen können Sie sich über Bewerbungsmodalitäten informieren. Sie lernen die Geschäftsfelder des Unternehmens kennen und erfahren mehr über regionale Einsatzmöglichkeiten. Viele Unternehmen nutzen ihre Homepages, um Personalmarketing zu betreiben: Sie werden über besonders gefragte Bewerbergruppen informiert. Für erste Kontakte sind Ansprechpartner aus den Personalabteilungen aufgeführt, und Sie werden darauf hingewiesen, in welcher Form eine Bewerbung erfolgen sollte. Oft finden Sie auch Telefonnummern, unter denen Sie nähere Informationen einholen können. Dieses Angebot sollten Sie auf jeden Fall nutzen und sich mit einem Telefongespräch Klarheit darüber verschaffen, ob Sie wirklich bei diesem Unternehmen tätig werden möchten.

Stellenangebote auf den Homepages nutzen

Es lohnt sich, die Stellenangebote auf den Homepages der Unternehmen anzuklicken. Selbst wenn Ihre Wunschposition nicht dabei ist, erhalten Sie einen Eindruck davon, welche besonderen Anforderungen, beispielsweise im Soft-Skills- oder EDV-Bereich, an Bewerber gestellt werden. Aus der Zahl der ausgeschriebenen Stellen lassen sich zudem Rückschlüsse ziehen, ob das Unternehmen gerade einen sehr hohen Einstellungsbedarf hat oder ob zurzeit nur wenig Interesse an neuen Mitarbeitern besteht.

Sie finden die Homepages der Unternehmen in der Regel unter ihrer Firmenbezeichnung im Internet, beispielsweise die Puma AG unter *www.puma.com* oder Ikea unter *www.ikea.de*. Falls Sie das Unternehmen so nicht finden können, sollten Sie auf Suchmaschinen zurückgreifen. Gut geeignet sind unter anderem *www.google.de* oder *de.altavista.com*.

So finden Sie die Unternehmen

Jobbörsen Genauso können Sie für Ihre Initiativbewerbung Jobbörsen nutzen. Bei der Suche nach dem Wunscharbeitgeber müssen Sie allerdings einen Umweg machen. Wählen Sie in den Suchmasken der Jobbörsen eine Region aus, die für Sie infrage kommt, geben Sie Ihre Branche an und klicken Sie auf einen Tätigkeitsbereich, der Sie interessieren könnte. Sie erhalten dann Stellenanzeigen von Unternehmen, die zwar nicht unbedingt Ihrer Wunschposition entsprechen, aber Sie wissen nun, bei welchen Firmen Sie sich initiativ bewerben können. Hat das Unternehmen die Stellenanzeige selbst geschaltet, werden Sie erste Informationen gewinnen können. Beispielsweise wie lange das Unternehmen schon auf dem Markt ist, welche Produkte und Dienstleistungen es vertreibt, wo es Niederlassungen hat und ob es momentan expandiert. Fühlen Sie sich von den ersten Informationen angesprochen, können Sie zur Unternehmenshomepage weiterklicken.

Erste Informationen gewinnen

Hier eine Auswahl von Jobbörsen, die Ihnen weiterhelfen werden: www.jopilot.de, www.stepstone.de, www.stellenanzeigen.de, www.jobware.de, www.

jobscout24.de. Weitere Adressen finden Sie in Kapitel 26 (»Jobs im Internet«) in Übersicht 18.

Online-Stellenmärkte der Zeitungen Bei den Online-Stellenmärkten der Zeitungen gehen Sie ähnlich vor wie bei den Jobbörsen. Sichten Sie Anzeigen, selbst wenn diese nicht Ihrer Wunschposition entsprechen, und achten Sie auf das Layout der Stellenausschreibungen und die Selbstdarstellung des Unternehmens. Große Anzeigen sind immer ein Personalmarketing-Instrument und sollen das Interesse an kompetenten Mitarbeitern signalisieren. Sammelanzeigen deuten auf einen höheren Personalbedarf hin. Vielleicht fühlen Sie sich aber durch einen bestimmten Slogan besonders angesprochen. Manchmal verbirgt sich der Traumarbeitgeber auch hinter einer auf den ersten Blick eher unauffälligen Anzeige.

Zeitungen im Internet

Ist Ihnen ein Unternehmen positiv aufgefallen, müssen Sie natürlich weiterrecherchieren. Sie haben aber zumindest potenzielle Adressaten für Ihre Initiativbewerbung herausgefunden.

Suchmaschinen Die bereits angesprochenen Suchmaschinen können Ihnen behilflich sein, wenn Sie Hintergrundinformationen über ein Unternehmen gewinnen wollen. Sie geben als Suchbegriff den Namen des Unternehmens ein und werden dann auf Presseberichte, Unternehmensdarstellungen oder Produktneuheiten hingewiesen.

So gewinnen Sie weitere Informationen

Printmedien nutzen

Printmedien haben nach wie vor ihren Stellenwert bei der Fahndung nach dem Wunscharbeitgeber. Binden Sie Zeitungen und Zeitschriften in Ihre Sondierungsbemühungen mit ein. Auch Nachschlagewerke können Ihnen nützlich sein.

Zeitungen und Zeitschriften Regionale Zeitungen haben den Vorteil, dass Sie auf Arbeitgebersuche in Ihrem lokalen Umfeld gehen können. Ansonsten ergeben sich die gleichen Chancen wie bei den Online-Stellenmärkten der Zeitungen. Sie werden über das Anzeigenlayout auf einzelne, für Sie eventuell interessante Unternehmen stoßen. Da die Selbstdarstellung immer von der Unternehmenskultur geprägt wird, können Sie aus dem Erscheinungsbild der Anzeigen schließen, ob sich das Unternehmen besonders konservativ, traditionsbewusst und bodenständig gibt oder sich eher als modern, dynamisch und flexibel versteht. Vertiefende Informationen sind natürlich notwendig, mit einem Unternehmensnamen in der Hand können Sie aber gezielt weiterforschen.

Stellenanzeigen spiegeln die Unternehmenskultur wider

Nutzen Sie bei Ihrer Suche auch Fachmagazine, die mittlerweile für fast alle Branchen monatlich oder quartalsweise erscheinen. Sie finden dort Unternehmensprofile, Berichte über innovative Unternehmen und deren Produkte oder Dienstleistungen und Statements von Unternehmensvertretern. Ab und zu stoßen Sie auf Untersuchungen über die Rekrutierungsstrategien, die Personalentwicklung oder den zukünftigen Mitarbeiterbedarf.

Nachschlagewerke Sie finden in Nachschlagewerken hauptsächlich Informationen über größere Unternehmen. Diese haben ständigen Bedarf an qualifizierten Mitarbeitern. Besonders gefragt sind Bewerber, die bereits über fundierte Berufserfahrung verfügen. Nachschlagewerke müssen Sie nicht kaufen; Sie finden sie in Bibliotheken und Berufsinformationszentren. Ist parallel zum Nachschlagewerk eine CD-ROM erschienen, erleichtert das Ihre Recherche. Nützliche Nachschlagewerke sind:

Nachschlagewerke in Bibliotheken und BIZ

- karriereführer finanzdienstleistungen, Schirmer Verlag, Köln (regelmäßige Aktualisierung), *www.karrierefuehrer.de*
- karriereführer informationstechnologie, Schirmer Verlag, Köln (regelmäßige Aktualisierung), *www.karrierefuehrer.de*
- karriereführer life sciences, Schirmer Verlag, Köln (regelmäßige Aktualisierung), *www.karrierefuehrer.de*
- karriereführer bauingenieure, Schirmer Verlag, Köln (regelmäßige Aktualisierung), *www.karrierefuehrer.de*
- Firmendatenbank. Auskunft-CD (CD-ROM), Hoppenstedt Verlag, Darmstadt (halbjährliche Aktualisierung), *www.firmendatenbank.de*
- Handbuch der Großunternehmen (CD-ROM), Hoppenstedt Verlag, Darmstadt (halbjährliche Aktualisierung), *www.hoppenstedt.de*

- Mittelständische Unternehmen. Ausgabe 2002 (CD-ROM), Hoppenstedt Verlag, Darmstadt (erscheint jährlich), *www.hoppenstedt.de*
- Verbände, Behörden, Organisationen der Wirtschaft (CD-ROM), Hoppenstedt Verlag, Darmstadt (regelmäßige Aktualisierung), *www.hoppenstedt.de*
- Klaus Henning, Joerg E. Staufenbiel, Berufsplanung für Ingenieure – Start 2003, Staufenbiel Institut, Köln (regelmäßige Aktualisierung), *www.staufenbiel.de*
- Joerg E. Staufenbiel, Claudia Pahlich, Berufsplanung für den Management-Nachwuchs. Mit Stellenangeboten von Top-Arbeitgebern. Job-Start 2005, Staufenbiel Institut, Köln (regelmäßige Aktualisierung), *www.staufenbiel.de*

Messen und Kongresse besuchen

Der Besuch von Messen und Kongressen ist ein guter Weg, um ein persönliches Gespräch mit Unternehmensvertretern zu führen. Sie sollten sich dabei nicht auf das Einsammeln von Informationsmaterial beschränken, sondern auch den direkten Kontakt suchen. Gerade auf Fachmessen lassen sich Gespräche von Kollege zu Kollege führen. Auf diese Weise erhalten Sie jenseits der Hochglanzbroschüren aus erster Hand Informationen über das Arbeitsklima. Sie können in Erfahrung bringen, ob viele Überstunden die Regel sind, die Einstellung neuer Mitarbeiter geplant ist oder der hohe Auftragsbestand weiter anhalten wird. Wie Sie ein Gespräch anknüpfen können, zeigen wir Ihnen in Kapitel 18 (»Networking: Strecken Sie die Fühler aus«).

Führen Sie Gespräche von Kollege zu Kollege

Aktuelle Messetermine können Sie mithilfe des Internets in Erfahrung bringen. Die Jobbörsen *www.jobpilot.de*, *www.stepstone.de* und *www.stellenanzeigen.de* haben hierzu aktuelle Datenbanken. Sie werden auch unter *www.stern.de* oder *www.staufenbiel.de* fündig.

Die Entwicklung Ihres Stellenprofils

Nun geht es darum, mit Ihrem beruflichen Profil erstes Interesse zu erwecken. Wie Sie wissen, sollten Sie schon im Vorfeld Ihrer Initiativbewerbung Kontakte in Richtung Ihrer Wunschunternehmen knüpfen – sei es per Telefon oder durch einen persönlichen Kontakt auf einer Messe oder auch bei Weiterbildungsveranstaltungen. Die Kontaktaufnahme dient zum einen dazu, Ihr individuelles Profil ins Gespräch zu bringen. Aber zum anderen können Sie auch etwas mehr über die konkreten Wünsche der Firmen an Bewerber, den aktuellen Einstellungsbedarf oder auch die mittelfristige Personalplanung erfahren.

Bringen Sie Ihr Kurzprofil ins Gespräch

Damit man Ihnen überhaupt zuhört, müssen Sie Ihre Zuhörer neugierig machen und ein Interesse an Ihren beruflichen Qualifikationen hervorrufen, das heißt, Sie müssen sich so präsentieren, dass man Ihre beruflichen Stärken erkennen und diese in Verbindung mit den Anforderungen Ihrer Wunschposition bringen kann.

Anforderungen der Wunschposition erkennen

Die Arbeit, die jede Firma für eine Stellenausschreibung leistet, muss ein Initiativbewerber in Eigenregie bewältigen: die Definition der Aufgaben, die zu bewältigen sind, und das Bestimmen der fachlichen und persönlichen Fähigkeiten, die der optimale Stelleninhaber dazu mitbringen sollte. Deshalb ist es unbedingt ratsam, dass Sie sich ein Stellenprofil für Ihre Wunschposition erarbeiten.

Definieren Sie die Aufgaben Ihrer Position

Ein gelungenes Stellenprofil beginnt zunächst mit allgemeinen Informationen über das Unternehmen. Recherchieren Sie deshalb alles Wissenswerte über das Unternehmen: die Größe und Struktur, die Standorte, die wichtigsten Dienstleistungen und Produkte, die Unternehmenskultur und aktuelle Entwicklungen. Personalverantwortliche reagieren zumeist ungehalten, wenn Bewerber sich vorher nicht mit dem Unternehmen auseinander gesetzt haben.

Im nächsten Schritt geht es um die zukünftigen Aufgaben in der anvisierten Position. Wenn Sie aus der Perspektive des Unternehmens argumentieren können, also möglichst viele Überschneidungen zwischen den zukünftigen und Ihren bisherigen Aufgaben herstellen, haben Sie gute Argumente für Ihre Kontaktaufnahme und Ihre späteren schriftlichen Unterlagen. Zudem zeigen Sie damit schon Ihre Kundenorientierung, indem Sie Ihren Ansprechpartnern echte Entscheidungsgrundlagen liefern.

Argumentieren Sie aus Sicht des Unternehmens

▶ **Das sollten Sie sich merken:** Klären Sie zunächst die Anforderungen, die in der anvisierten Stelle auf Sie zukommen werden – damit Sie später belegen können, dass Sie diese Anforderungen erfüllen werden.

Werten Sie Stellenanzeigen aus

Sichten Sie deshalb in Zeitungen und im Internet Unternehmensinformationen und Stellenanzeigen. Sammeln Sie Anzeigen, in denen Stellen beschrieben werden, die Ihrer anvisierten Wunschposition möglichst nahe kommen. Je detaillierter Ihre Informationen über die zukünftigen Tätigkeiten sind, desto besser ist Ihre Ausgangsposition. Halten Sie nicht nur die zukünftigen Aufgaben fest, sondern auch, welche fachlichen Kenntnisse und welche Soft Skills verlangt werden. Werten Sie die gesammelten Stellenanzeigen jeweils nach folgendem Schema aus:

- Stellenanzeige 1
  - Aufgaben
  - geforderte fachliche Kenntnisse
  - geforderte Soft Skills
- Stellenanzeige 2
  - Aufgaben
  - geforderte fachliche Kenntnisse
  - geforderte Soft Skills

Die gefundenen fachspezifischen Schlagworte und Formulierungen sollten Sie in Ihr Kurzprofil einfließen lassen, denn damit zeigen Sie Ihren Gesprächspartnern, dass Sie wissen, welche Aufgaben Sie an der neuen Stelle erwarten. Zudem signalisieren Sie, dass Sie zu einer realistischen Tätigkeitsvorausschau in der Lage sind – und das sind alles Voraussetzungen, die man bei zukünftigen Mitarbeitern zu schätzen weiß.

Die Kernbotschaft formulieren

Ihre Kontaktaufnahme mit dem Wunschunternehmen wird Ihnen besser gelingen, wenn Sie sich schon im Vorfeld ein Kurzprofil erarbeiten. In unserer Beratungspraxis trainieren wir mit Initiativbewerbern, wie sie mit wenigen Sätzen die eigene berufliche Qualifikation herausstellen können. Dazu sollte man zwei bis drei Kernbotschaften heraussuchen, die die beruflichen Kenntnisse und Fähigkeiten deutlich machen. Diese Kernbotschaften sollten ausformuliert werden und in jedes Kontaktgespräch einfließen.

Bringen Sie Ihr Profil auf den Punkt

Nehmen Sie Ihre Bestandsaufnahme und das von Ihnen herausgefundene Stellenprofil Ihrer Wunschposition zur Hand, und suchen Sie nach prägnanten Überschneidungen. Entscheiden Sie sich für drei bis vier Schlüsselbegriffe, die Ihre berufliche Qualifikation am ehesten charakterisieren. Daraus formulieren Sie zwei, drei Sätze, welche dann die Kernbotschaft Ihrer Selbstpräsentation bilden.

In Kapitel 5 (»Gute Gründe für den Stellenwechsel«) haben Sie bereits erfahren, wie Sie Ihren Wunsch nach einer neuen Position am besten begründen können. Ziehen Sie die von Ihnen erarbeiteten Wechselgründe für Ihr Kurzprofil heran.

Damit Sie sich besser vorstellen können, welche Inhalte ein gelungenes Kurzprofil umfasst, haben wir für Sie einige Beispiele zusammengestellt. Orientieren Sie sich an den aufgeführten Kurzprofilen einer Kundenberaterin, eines Technikers und eines Marketingmitarbeiters, um Ihr eigenes Kurzprofil zu erstellen.

Beispiel

Kurzprofil einer Kundenberaterin

»Ich arbeite seit sechs Jahren als Kauffrau in der Kundenbetreuung. Zu meinen Aufgaben gehören die Pflege von Kundenbeziehungen, die telefonische Akquisition und die Abwicklung der eingehenden Aufträge. Ich betreue und berate einen eigenen Kundenstamm, den ich stetig ausgebaut habe. Meine Erfahrungen würde ich gerne in Ihrem Unternehmen einsetzen.«

Beispiel

Kurzprofil eines Technikers

»Ich arbeite als Techniker in der Holz- und Möbelbranche. Neben der Arbeitsvorbereitung und der Endmontage beim Kunden übernehme ich auch die Unterstützung von Gebietsverkaufsleitern. Die Schulung von Händlerverkäufern gehört ebenfalls zu meinen Aufgaben. Ich möchte noch stärker als bisher in der Kundenberatung tätig werden und suche daher in diesem Bereich eine Stelle als Anwendungstechniker.«

Beispiel

Kurzprofil eines Marketingmitarbeiters

»Ich möchte mich im Marketing weiterentwickeln. Bisher betreue ich die Auswertung von Verkaufsstatistiken, das Benchmarking und die Erstellung von Präsentationsunterlagen. Daneben bin ich für die Anzeigenschaltung zuständig. Im Bereich Channel-Marketing habe ich mich weitergebildet und dort den Schwerpunkt auf das Erkennen von Wachstumspotenzialen im Markt gelegt. Ich würde gerne mit Ihrer Firma in Kontakt kommen. Welche Möglichkeiten gibt es dafür?«

An den Beispielen können Sie erkennen, dass man mit zwei, drei Sätzen schon eine ganze Menge an Informationen vermitteln kann – vorausgesetzt, man baut die richtigen Schlüsselbegriffe zu den bisherigen beruflichen Tätigkeiten ein. Wenn Sie sich solch ein aussagekräftiges Kurzprofil erarbeiten, präsentieren Sie sich stets mit Ihren Stärken. Dadurch erreichen Sie, dass man Ihre Fähigkeiten und Ihr Interesse an der neuen Stelle ernst nimmt.

Trainieren Sie den Einsatz Ihres Kurzprofils, damit Sie es stets parat haben. Gewöhnen Sie sich an, bei jeder persönlichen Kontaktaufnahme stets auch Aussagen zu Ihrem beruflichen Profil zu machen. Ihre Kurzpräsentation sollten Sie vor allem im Umkreis Ihres Berufsfeldes einsetzen, beispielsweise auf Messen, Weiterbildungsveranstaltungen, im Gespräch mit Kunden oder Lieferanten und natürlich auch bei Kontakten, die sich aus ehrenamtlichen Tätigkeiten ergeben.

Trainieren Sie den Einsatz Ihres Kurzprofils

Ihr Kurzprofil ist auch im Telefonat mit Firmenvertretern der richtige Aufhänger, um ins Gespräch zu kommen. Geben Sie Ihren Kontaktpersonen im Wunschunternehmen einen kurzen Einblick in Ihre berufliche Leistungsfähigkeit. Sie leiten damit das Gespräch von Anfang an in die richtigen Bahnen. Welche weiteren Aspekte im Telefonkontakt mit Firmenvertretern wichtig sind, erfahren Sie im Kapitel 19 (»Mit dem Telefon auf die Überholspur«). Machen Sie mithilfe Ihres Kurzprofils auch am Telefon noch einmal auf Ihre beruflichen Stärken aufmerksam – so öffnen Sie Ihrer Initiativbewerbung die richtigen Türen.

☑ *Checkliste für Ihr Kurzprofil*

- ☐ Haben Sie Stellenanzeigen (anderer Unternehmen) in Zeitungen oder Zeitschriften gesammelt, die Ihrer Wunschposition ähnlich sind?
- ☐ Haben Sie Jobbörsen im Internet abgefragt, um Stellenausschreibungen (anderer Unternehmen) zu finden, die inhaltlich Ihrer Wunschposition entsprechen?
- ☐ Wissen Sie aus persönlichen Gesprächen mit Branchenkollegen, Kunden und Unternehmensvertretern, worauf es in der angestrebten Stelle ankommt?
- ☐ Können Sie mindestens zehn fachliche Anforderungen definieren, die für Ihre Wunschposition wichtig sind?
- ☐ Können Sie mindestens fünf persönliche Fähigkeiten nennen, die den Erfolg in der angestrebten Position ausmachen?
- ☐ Welche Aufgaben wollen/sollen Sie in der neuen Position übernehmen? Nennen Sie mindestens fünf!
- ☐ Welche EDV-Kenntnisse sind für die angestrebte Stelle wichtig?
- ☐ Müssen Sie bestimmte Sprachkenntnisse mitbringen?
- ☐ Ist ein bestimmter Ausbildungs-/Studienabschluss Voraussetzung für die angestrebte Stelle?
- ☐ Wie umfassend muss die Berufserfahrung sein?
- ☐ Spielt die Branchenerfahrung eine Rolle?
- ☐ Welchen (zeitlichen) Anteil haben Geschäftsreisen in der neuen Position?
- ☐ Werden Sie Auslandseinsätze übernehmen dürfen/müssen?
- ☐ Sind auch Führungsfähigkeiten wichtig (Aufbauarbeit, Vertriebsorganisation, Mitarbeitercoaching, Teambuilding, Repräsentation)?
- ☐ Handelt es sich beim anvisierten Unternehmen um einen Konzern, ein mittelständisches Unternehmen, einen neu gegründeten Kleinbetrieb oder den öffentlichen Dienst?

- ☐ Kennen Sie das Unternehmen oder haben Sie schon einmal etwas darüber gehört?
- ☐ Für welche besonderen Produkte oder Dienstleistungen steht das Unternehmen?
- ☐ An welchen Standorten ist das Unternehmen vertreten (weltweit, europaweit, deutschlandweit)?
- ☐ Ist die Homepage des Unternehmens von Ihnen sorgfältig ausgewertet worden?
- ☐ Haben Sie alle Möglichkeiten genutzt, um an Informationen über das Unternehmen zu kommen?
- ☐ Können Sie Ihr Profil in drei bis vier Sätzen zusammenfassen?
- ☐ Haben Sie die Präsentation Ihres Kurzprofils geübt?

18

Networking: Strecken Sie die Fühler aus

Der Aufbau neuer und das Auffrischen bestehender Kontakte ist ein vielversprechender Weg, um seine Wunschposition zu erreichen. Persönliche Kontakte heben Initiativbewerber aus der Anonymität heraus. Zudem lassen sich auf diese Weise Informationen über das neue Unternehmen in Erfahrung bringen, die sonst nicht zugänglich wären. Wir zeigen Ihnen, wie Sie Networking – den gezielten Aufbau von Kontakten – für Ihre Bewerbungsaktivitäten nutzen können.

Sie lernen im Beruf und auch privat immer wieder neue Menschen kennen. Es lohnt sich, diese Kontakte zu pflegen und auszubauen, um sich eine Vielzahl persönlicher Beziehungen zu schaffen. Dieses Netzwerk ermöglicht Ihnen, fachlich auf dem Laufenden zu bleiben, auf neue Ideen zu kommen, über die eigene Arbeit zu reflektieren, die Arbeitsweise anderer kennen zu lernen und Informationen einzuholen, die Ihnen sonst verschlossen bleiben würden.

Bauen Sie Kontakte auf und pflegen Sie sie

Den Aufbau von Kontakten sollten Sie nicht dem Zufall überlassen, sondern es aktiv anpacken, innerhalb und außerhalb des eigenen Unternehmens für Sie relevante Gesprächspartner zu finden. Gehen Sie in die Offensive, und sprechen Sie andere an, beispielsweise auf Tagungen, Messen und Fortbildungsveranstaltungen. Mit der Zeit wird Ihr Netzwerk persönlicher Beziehungen immer größer werden. Wenn Sie Kontakte pflegen und anderen auch einmal einen Gefallen tun, kann Ihnen das bei Ihrer Initiativbewerbung helfen.

Knüpfen Sie ein Netzwerk

Der Zeitraum von der ersten Bedarfsmeldung nach einem neuen Mitarbeiter bis zur veröffentlichten Stellenausschreibung kann in einem Unternehmen recht lang sein und bietet Ihnen als Initiativbewerber vielfältige Möglichkeiten, sich ins Gespräch zu bringen, bevor andere Bewerber davon erfahren, dass überhaupt eine Stelle zu besetzen ist. Da Vertreter der Fachabteilung üblicherweise die Ersten sind, die Personalbedarf spüren, lohnt es sich, ein Netzwerk aus Informanten aufzubauen.

Der Sprung auf die Wunschposition

Sie erfahren, wie die momentane Personalpolitik des Unternehmens aussieht, wann Umstrukturierungen anstehen, ob sich ein Mitarbeiter aus der Fachabteilung mit Abwanderungsgedanken trägt oder ob eine Ausweitung der Geschäftstätigkeit geplant ist. Neben diesen Informationen, die Ihnen Möglichkeiten zum Arbeitgeberwechsel signalisieren, erhalten Sie durch Ihr Netzwerk auch Hinweise auf Trends in Ihrer Branche. Sie können rechtzeitig auf neue Anforderungen reagieren und eventuell Ihr Profil ausbauen.

Ihre Kontakte im Netzwerk werden sich rasch multiplizieren, und schon bald werden Sie einen umfangreichen Fundus an Ansprechpartnern für Ihre Bewerbungsaktivitäten aufgebaut haben. Machen Sie den ersten Schritt, überlegen Sie sich jetzt, welche Kontakte Sie für Ihr Karriere-Networking intensivieren und welche Sie neu knüpfen sollten.

Multiplizieren Sie Ihre Kontakte

Die richtigen Verbindungen

Wie können Sie nun konkret beim Aufbau Ihres Netzwerks vorgehen? Wen können Sie ansprechen? Wer kann Ihre Karriere beflügeln? Sie können auf private Kontakte oder berufliche Beziehungen zurückgreifen; auch durch ein Ehrenamt lassen sich vielversprechende Verbindungen aufbauen. Für ein systematisches Networking sollten Sie folgende Kontaktmöglichkeiten berücksichtigen:

Welche Kontakte nutzen Ihnen?

- Kontakte zu Unternehmensvertretern (Kunden, Zulieferer, Serviceunternehmen und Ähnliche)
- Messekontakte (Fachmessen, Karrieretage, Produktschauen, Branchenevents)
- Kontakte aus ehrenamtlichen Tätigkeiten
- Kontakte aus Weiterbildungsmaßnahmen

- Kontakte zu ehemaligen Kollegen und Vorgesetzten
- private Kontakte

Gehen Sie diplomatisch vor

Stellen Sie jedoch Ihre Bewerbungsabsichten nicht bei jeder Gelegenheit zur Schau. Wenn es um berufliche Kontakte geht, schalten Gesprächspartner oft auf stur, sobald sie das Gefühl haben, als Steigbügel für eine neue Position benutzt zu werden. Bei privaten Kontakten und bei Kontakten zu ehemaligen Kollegen und Vorgesetzten können Sie schneller auf den Punkt kommen. Wer Sie und Ihre Qualifikationen kennt, wird sich leichter dazu bewegen lassen, Ihnen weiterzuhelfen.

Wenn Sie Kontakte zu Unternehmensvertretern aufbauen wollen, sollten Sie zunächst das Interesse an der repräsentierten Firma und an Entwicklungen in Ihrer eigenen Branche thematisieren. Kommunizieren Sie gleichberechtigt von Kollege zu Kollege. Zukunftsaussichten sind immer ein geeignetes Thema; auch Ihr Interesse an bestimmten Produkten und Dienstleistungen wird sicherlich ein Gespräch in Gang bringen.

Üben Sie sich in der Kunst des Small Talk

Sollte sich ein derartiges »Fachgespräch« positiv entwickeln, können Sie nach einiger Zeit zu erkennen geben, dass Sie mittelfristig an einer neuen Position interessiert sind. Vorher sollten Sie jedoch kurz Ihre momentanen Aufgabenfelder umreißen, um Ihrem Gesprächspartner eine Einordnung Ihrer beruflichen Qualifikationen zu ermöglichen. Auf keinen Fall dürfen Sie versuchen, Ihre Wechselabsichten mit Gewalt jedem Interessierten oder Nichtinteressierten aufzudrängen. Üben Sie sich in der Kunst des Small Talk; beginnen Sie Gespräche positiv, und zeigen Sie sich an Ihrem Gegenüber interessiert.

Beispiel

Die Kunst des Small Talk

Eine Kontaktaufnahme während einer Messe könnte so aussehen: »Guten Tag Herr Schmidt, mein Name ist Renate Kützer, als Multimedia-Projektleiterin bin ich sehr an Ihren Internet-Tools interessiert. Ihr Unternehmen hat in diesem Bereich in den letzten Jahren ja wirklich tolle Arbeit geleistet. Auf welche Rechnerarchitekturen sind denn Ihre Produkte zugeschnitten?«

Auch während einer Weiterbildungsveranstaltung kann man Karrierekontakte knüpfen: »Die Möglichkeiten der Zulieferer-Integration hat unser Referent gut ausgeführt, finden Sie nicht? In unserer Firma sind wir schon seit längerem an diesem Thema dran. Ich bereite gerade die Integration der Zulieferer in unser Qualitätsmanagement vor. Sind Ihre Erwartungen an die Veranstaltung erfüllt worden?«

Wenn Sie einen Draht zu Ihrem Gesprächspartner gefunden haben, sollten Sie sich die Möglichkeit sichern, auch in Zukunft Kontakt zu ihm aufnehmen zu können. Geben Sie ihm Ihre Visitenkarte, und bitten Sie um seine. Bauen Sie eine Netzwerkkartei auf: Nach dem Gespräch vermerken Sie auf der Visitenkarte Ort und Zeitpunkt Ihres Zusammentreffens. So haben Sie einen Anknüpfungspunkt für alle weiteren Kontakte.

Bauen Sie eine Netzwerkkartei auf

Bei interessanten Kontakten können Sie sich nach einiger Zeit telefonisch melden. Erinnern Sie an das persönliche Gespräch und betonen Sie kurz Ihr Interesse an neuen beruflichen Aufgaben. Zeigt Ihr Gesprächspartner prinzipielles Interesse, schicken Sie ihm Ihre Bewerbungsunterlagen zu.

Gekonnte Kontaktaufnahme

Ein gelungener Kontakt auf einer Messe oder einer Weiterbildungsveranstaltung ist nicht ohne Vorbereitung möglich. Auch wenn Sie später bei Ihrem Gesprächspartner nachhaken, sollten Sie wissen, wie Sie vorgehen können. Die meisten Gesprächsfehler resultieren daraus, dass Initiativbewerber ein Gespräch mit Firmenvertretern führen – ohne eine genaue Vorstellung davon, was sie mit diesem Gespräch eigentlich erreichen wollen. Deshalb sollten Sie unbedingt Gesprächsziele festlegen, schon allein, um etwas von dem Druck abzubauen, unter dem Sie wahrscheinlich stehen.

Machen Sie sich bewusst, dass die Vorabkontakte keine Einstellungsgespräche sind. Die Definition von Teilzielen bringt Sie hier weiter: Sie können sich beispielsweise vornehmen herauszufinden, wer persönlicher Ansprechpartner für eine schriftliche Bewerbung ist, ob es kurz- oder mittelfristig Einstellungsbedarf gibt, welche Zusatzqualifikationen besonders gefragt sind und ob Ihnen die Unternehmenskultur zusagt.

Legen Sie Teilziele fest

Was möchten Sie mit Ihrem Gespräch erreichen?

- Benötigen Sie Zusatzinformationen über Produkte oder Dienstleistungen des Unternehmens?
- Möchten Sie wissen, ob eine Bewerbung über Internet oder per Post gefragt ist?
- Wollen Sie sich schon einmal positionieren, weil Sie mittelfristig einen Wechsel planen?
- Möchten Sie Ihr berufliches Profil vorstellen?
- Wollen Sie wissen, auf welche Kenntnisse und Fähigkeiten die Firma besonderen Wert legt?
- Sind Sie daran interessiert, einen bestehenden Kontakt aufzufrischen?

Damit Sie sich nicht nur mit der Theorie, sondern auch mit den Tücken der Praxis konstruktiv auseinander setzen, stellen wir Ihnen anhand eines Beispiels vor, was Bewerber bei der Kontaktaufnahme falsch machen und wie es besser geht.

Negativbeispiel

Der unvorbereitete Messekontakt

Der Bewerber Dirk Weber hat für sich entschieden, dass ein Stellenwechsel für seine weitere Karriereentwicklung notwendig ist. Seit drei Jahren arbeitet er im Außendienst. Ein Aufstieg bei seinem jetzigen Arbeitgeber ist eher unwahrscheinlich, denn die Regionalleiterposten sind langfristig mit verdienten Mitarbeitern besetzt worden. Um den Sprung zu einem anderen Unternehmen zu vollziehen, hat Herr Weber eine Initiativbewerbung verfasst. Diese möchte er nun auf einer Karrieremesse, die sich dem Thema »Sales & Account« widmet, an den Mann oder die Frau bringen.

Bewerber: »Guten Tag. Na, wie läuft das Geschäft?«

Unternehmensvertreterin: »Wir sind sehr zufrieden mit dem Zuspruch, den unser Messestand findet.«

Bewerber: »Das freut mich, aber ich sehe da doch einige Mängel in Ihrer Präsentation. Zum Beispiel fehlt mir der Eyecatcher für Ihre Angebote. Und mit dem Werbematerial haben Sie sich ja auch sehr zurückgehalten. Die anderen Aussteller bieten viel wertigere Giveaways.«

Unternehmensvertreterin: »Wissen Sie, wir versuchen, Interessenten nicht zu blenden. Bei der Marktposition unseres Unternehmens ist das auch gar nicht notwendig. Wir haben gute Angebote für alle Interessenten. Wofür interessieren Sie sich denn?«

Bewerber: »Ich bin gekommen, weil ich dachte, ich sollte Ihre Vertriebsmannschaft mal ein bisschen unterstützen.«

Unternehmensvertreterin: »Kennen Sie unser Unternehmen schon? Ich gebe Ihnen gerne einige Prospekte, mit denen Sie sich umfassend über berufliche Einstiegsmöglichkeiten informieren können.«

Bewerber: »Na, mir können Sie nichts vormachen. Vertrieb ist Vertrieb, und wie Sie sich hier mit Ihrem Stand präsentieren, wird in Ihrer Firma doch einiges im Argen liegen. Da brauche ich mich nicht weiter zu informieren. Wo kann ich denn meine Bewerbung loswerden?«

Unternehmensvertreterin: »Ihre Art der Kundenansprache ist ja recht erfrischend. Damit feiern Sie also große Erfolge im Vertrieb?«

Bewerber: »Das haben Sie gut erkannt! Würden Sie nun meine Bewerbung an Ihren Chef dort hinten weitergeben, oder soll ich sie besser gleich selber zum Entscheidungsträger bringen?«

Unternehmensvertreterin: »Gehen Sie ruhig, mein Assistent wird Ihre Bewerbung auch in Empfang nehmen.«

Bewerber: »Haha, der war gut. Sie sind also die Chefin hier.«

Unternehmensvertreterin: »So kann man sich täuschen.«

Bewerber: »Nichts für ungut, ich bin nun mal eine Frohnatur. Schauen Sie sich meine Bewerbung doch einmal an. Ich habe auch eine Visitenkarte beigelegt. Da können Sie sich ja bei Interesse melden.«

Unternehmensvertreterin: »Sicher. Wollen Sie noch einen Kugelschreiber mitnehmen?«

Bewerber: »Ach, na ja, aber nur, weil Sie es sind. Tschüs.«

Unternehmensvertreterin: »Tschüüühüs.«

Fehler: falsche Zielsetzung Statt ein Kernprofil für seine Kontaktaufnahme zu erarbeiten, hat sich Herr Weber anscheinend vorgenommen, sich mit seinem persönlichen Auftritt in den Vordergrund zu spielen. Der unnötige Druck, dem er sich dadurch aussetzt, lässt ihn im Gespräch leider immer wieder über die Stränge schlagen. Herr Weber hat die grundsätzliche Funktion von

Vorrangiges Ziel: Interesse wecken

Messegesprächen nicht erkannt: Es geht nicht darum, Bewerbungsmappen in möglichst viele Hände zu drücken. Der Auftritt auf einer Messe dient vorrangig der persönlichen Kontaktanbahnung und dem Ziel, erstes Interesse am eigenen beruflichen Profil zu erwecken.

Fehler: Vertriebsgenie von eigenen Gnaden Schon beim Gesprächseinstieg verwechselt Herr Weber Lockerheit mit Flapsigkeit. Er drängt die Unternehmensvertreterin von Anfang an in die Defensive. Mit seiner Überrumpelungstaktik erzeugt er nur Skepsis statt eine Bereitschaft zum Dialog. Eine gewisse Anfangsnervosität wird gewiss jedem Interessenten zugestanden, Herr Weber aber zieht seinen »Stil« weiter durch und zeigt damit leider auch, dass er die für eine Führungsposition im Vertrieb notwendigen Soft Skills (hier: Kontaktstärke, Flexibilität, Kundenorientierung) nicht mitbringt.

Fehler: Kampf statt Kooperation Frei nach dem Motto »Angriff ist die beste Verteidigung« prügelt Herr Weber verbal auf die Unternehmensvertreterin ein. Was er sich dadurch erhofft, bleibt sein Geheimnis. Vermutlich möchte er nur Möglichkeiten zur Optimierung der Unternehmenspräsentation am Stand aufzeigen. Dabei missachtet er jedoch elementar die geltenden Regeln im zwischenmenschlichen Kontakt: Mit einem Angriff lässt sich nur ein Gegenangriff oder der Rückzug in eine Verteidigungsstellung provozieren. Aber ein Informationsaustausch wird dadurch massiv erschwert. Zudem wertet Herr Weber das Unternehmen durch den Vergleich der bereitgehaltenen Werbemittel ab. Es stellt sich sofort die Frage, warum er sich nicht bei den seiner Meinung nach »besseren« Unternehmen bewirbt.

Vorwürfe kosten Sympathiepunkte

Fehler: Abwertung des Gesprächspartners Mit dem Spruch »mir können Sie nichts vormachen« stellt sich Herr Weber vollends ins Abseits. Trotzdem will er noch auf Teufel komm raus seine Bewerbung loswerden. Die Unternehmensvertreterin schaltet auf Ironie um. Tatsächlich missversteht Herr Weber ihre Spitze mit der »erfrischenden Kundenansprache« und fühlt sich gebauchpinselt. Im trügerischen Gefühl der Sicherheit entwischt ihm sogar noch seine Ansicht, dass Frauen nichts zu entscheiden haben. Der einzige Mann am Stand wird sogleich zum Chef deklariert, der für notwendige Ent-

Eine sorgfältige Vorbereitung bringt Sie weiter

scheidungen zuständig ist. Die Erkenntnis, dass er bereits mit der für seine Bewerbung entscheidenden Person spricht, trifft ihn unvorbereitet.

Fazit Die Bewerbungsmappe wird auf keinen Fall ihren Weg ins Unternehmen finden: Ab in den Papierkorb damit!

Positivbeispiel

Überzeugende Kontaktaufnahme am Messestand

Im folgenden Beispiel hat sich Herr Weber vor seinem Besuch der Karrieremesse mehr Gedanken über seinen Auftritt gemacht. Er hat sich auf Basis seines Stellenprofils ein Kurzprofil erarbeitet, um Gesprächen den richtigen Input geben zu können. Wichtige Schlüsselbegriffe in seinem Kurzprofil sind die Schlagworte »Vertrieb neu strukturiert«, »an Projektgruppen beteiligt«, »Effizienzsteigerung im Vertrieb« und »Kundenstamm aufgebaut«. Diese Schlüsselbegriffe setzt er im Gespräch mit Unternehmensvertretern ein, um sich elegant in Szene zu setzen. Auf das Aushändigen von standardisierten Bewerbungsmappen verzichtet er bewusst. Sein Ziel ist es, Informationen zu erfragen, mit denen er anschließend seine Initiativbewerbung passgenau auf das Wunschunternehmen zuschneiden kann.

Bewerber: »Guten Tag, ich hätte gar nicht gedacht, dass ich auf dieser Messe auf so viel interessante Unternehmen stoße. Sind Sie denn auch zufrieden?«

Unternehmensvertreterin: »Ja, wir sind jetzt zum zweiten Mal auf dieser Karrieremesse vertreten. Der Besucherzuspruch ist gegenüber dem letzten Jahr nochmals gestiegen. Wir werden auch weiterhin die Chance nutzen, unser Unternehmen auf dieser Messe vorzustellen. Was kann ich denn für Sie tun?«

Bewerber: »Ich habe schon einige Informationen über Ihr Unternehmen gesammelt (unauffälliger Blick auf das Namensschild!), Frau Steffen. Besonders die Struktur Ihres Vertriebes interessiert mich. Arbeiten Sie eher mit Vertriebsteams oder mit einzelnen Vertretern, die von einem Regionalleiter koordiniert werden?«

Unternehmensvertreterin: »Oh, Sie haben ja ganz spezielle Fragen. Ich entnehme Ihren Äußerungen, dass Sie selbst im Vertrieb tätig sind. Ist das richtig?«

Bewerber: »Ja, Sie haben mich gleich durchschaut. Ich heiße Dirk Weber und bin seit drei Jahren im Vertrieb tätig. Bei meinem Einstieg hätte ich gar nicht mit der Vielfalt der Aufgaben gerechnet. Ich habe zu einer Zeit angefangen, als der Vertrieb meiner jetzigen Firma neu strukturiert wurde. Da ergaben sich für mich interessante Möglichkeiten, sich an Projektgruppen zur Effizienzsteigerung im Vertrieb zu beteiligen. Die Startphase war schon anstrengend, ein neuer Kundenstamm musste aufgebaut werden, und die notwendigen Abstimmungsprozesse haben sehr viel Zeit in Anspruch genommen. Dennoch, ich hätte mir keinen spannenderen Einstieg wünschen können.«

Unternehmensvertreterin: »Und Sie möchten auch weiterhin im Vertriebsbereich arbeiten, Herr Weber?«

Bewerber: »Ja, auf jeden Fall, Frau Steffen. Momentan suche ich so ein bisschen nach der neuen Herausforderung.«

Unternehmensvertreterin: »Gute Vertriebsleute können wir immer gebrauchen. Ich werde Ihnen einmal ein paar Unterlagen zusammenstellen. Ich selbst bin in der Personalentwicklung tätig, spezielle Fragen sollten Sie, glaube ich, einmal mit unserem Außendienstleiter Herrn Hall besprechen. Der kann Ihnen Ihre Fragen sicherlich genauer beantworten, als ich es jetzt könnte.«

Bewerber: »Das klingt sehr interessant. Ist Herr Hall auch hier?«

Unternehmensvertreterin: »Nein, er hat andere Verpflichtungen. Sie sollten es telefonisch versuchen.«

Bewerber: »Das mache ich gerne. Ist das aus Ihrer Sicht denn schon ein Schritt in Richtung einer Bewerbung bei Ihnen? Ich gestehe Ihnen ganz offen, dass mich Ihr Unternehmen schon einige Zeit interessiert. Es muss ja nicht jetzt sofort sein, aber in der nächsten Zeit könnte ich mir einen Unternehmenswechsel durchaus vorstellen.«

Unternehmensvertreterin: »Sehen Sie, ich habe Ihnen ja schon ganz zu Anfang gesagt, dass sich die Präsentation unseres Unternehmens auf dieser Messe lohnt. Es hat sich doch gerade ein interessanter Kontakt ergeben.«

Bewerber: »Toll, ich freue mich über Ihr Interesse. Wie erreiche ich Sie denn im Unternehmen? Vielleicht brauche ich ja einmal eine Fürsprecherin für meine Bewerbungsaktivitäten.«

Unternehmensvertreterin: »Hier ist meine Karte. Lassen Sie uns gleich das weitere Vorgehen abstecken. Sie nehmen Kontakt zu Herrn Hall auf. Ich schreibe Ihnen die Durchwahl hinten auf meine Karte. Wenn Sie und Herr Hall zu der Entscheidung gelangen, dass Sie miteinander auskommen könnten, sollten Sie sich bei mir melden. Dann besprechen wir die weiteren Schritte.«

Bewerber: »Diese Möglichkeit werde ich auf jeden Fall nutzen. So wie ich Ihr Unternehmen bisher kennen gelernt habe, bin ich mir sicher, dass Sie in nächster Zeit von mir hören werden, Frau Steffen.«

Unternehmensvertreterin: »Ich kann Ihnen natürlich nichts versprechen. Rufen Sie mich aber auf jeden Fall nach dem Gespräch mit Herrn Hall an.«

Bewerber: »Damit sich meine Kinder genauso freuen wie ich jetzt, würde ich gerne noch ein paar von den Kugelschreibern und Luftballons mitnehmen.«

Unternehmensvertreterin: »Wie alt sind Ihre Kinder denn?«

Bewerber: »Ich habe eine Tochter, die ist jetzt ein Jahr alt, und mein Sohn ist drei Jahre alt. Die beiden halten mich zu Hause ganz schön auf Trab.«

Unternehmensvertreterin: »Ich schau mal eben, ob wir nicht noch etwas Besonderes für Ihre Kinder haben. Kugelschreiber und Luftballons können Sie sich natürlich gerne mitnehmen, keine falsche Bescheidenheit.«

Bewerber: »Vielen Dank für das Gespräch, Frau Steffen.«

Unternehmensvertreterin: »Wir bleiben in Kontakt, Herr Weber.«

Überzeugend: Small Talk zum Einstieg Herr Weber startet diesmal unverfänglich in das Gespräch am Messestand. Er weiß, dass es zuerst darum geht, überhaupt in eine Unterhaltung einzusteigen. Um das Eis zu brechen, wählt er einen lockeren und positiven Gesprächseinstieg. Er lobt die Messe im Allgemeinen und macht mit dem Hinweis auf die vielen interessanten Unternehmen deutlich, dass er die Kunst des Small Talk beherrscht. Statt gleich von sich und seinen Wünschen zu sprechen, erkundigt er sich zunächst nach dem Eindruck der Unternehmensvertreterin. Das Gespräch kann sich dadurch unbelastet weiterentwickeln.

Treten Sie höflich und entgegenkommend auf

Überzeugend: vom Monolog zum Dialog Die Unternehmensvertreterin nimmt den zugespielten Ball auf. Auch sie stellt die positiven Aspekte der Messe in den Vordergrund. Dass sie lockerer ist als im Negativbeispiel, zeigt ihre längere Antwort. Sie verhält sich neutral, aber aufgeschlossen und fragt den Bewerber nach seinen Wünschen. An dieser Stelle wird der Einstieg in das eigentliche Informationsgespräch vollzogen.

Überzeugend: Kommunikationsgeschick in Aktion Den ersten sympathischen Eindruck baut Herr Weber weiter aus. Er stellt sich gleich als informierter Interessent dar und redet die Unternehmensvertreterin mit ihrem Namen an. Diesen hat er mit einem Blick auf das Namensschild erfasst und setzt sein Wissen nun ein, um Verbundenheit herzustellen. Die Ansprache mit dem Namen ist ein wirkungsvolles Mittel, um Menschen aus der Anonymität herauszuholen und einen persönlichen Kontakt herzustellen. Mitarbeitern aus den Bereichen Vertrieb, Marketing und Public Relations sollte diese Vorgehensweise ganz besonders vertraut sein. Herr Weber besteht diesen ersten Test in Sachen Kommunikationsstärke.

Stellen Sie sich als interessanten Bewerber mit individuellem Profil dar

Überzeugend: ernsthafter Bewerber Damit von Anfang an klar ist, dass Herr Weber kein Broschürensammler und Kugelschreiberjäger, sondern ein ernsthafter Bewerber ist, stellt er gleich zu Beginn eine gezielte Frage, die wichtig für seinen eigenen Arbeitsbereich ist. Damit erlaubt er der Unternehmensvertreterin eine erste Einordnung seiner beruflichen Aufgaben. Sie reagiert prompt und entnimmt der Frage die beabsichtigte Information. Da nun die Unternehmensvertreterin von sich aus sein Qualifikationsprofil anspricht, kann Herr Weber schon an dieser Stelle Informationen über seine momentane Tätigkeit geben.

Fragen dokumentieren Interesse

Überzeugend: die richtigen Schlagworte Die Chance, sich als interessante Vertriebspersönlichkeit darzustellen, lässt Herr Weber sich natürlich nicht entgehen. Er nennt seinen Namen und liefert eine prägnante Kurzbeschreibung seiner bisherigen beruflichen Erfahrungen. Hier achtet er darauf, dass die von ihm vorab erarbeiteten richtigen Schlüsselbegriffe fallen: »Vertrieb ... neu strukturiert«, »an Projektgruppen beteiligt«, »Effizienzsteigerung im Vertrieb« und »Kundenstamm aufgebaut«. Diese Schlüsselbegriffe bleiben auch bei Frau Steffen hängen. Durch die engagierte Schilderung seiner Tätigkeiten erreicht Herr Weber außerdem, dass sie ihm den Spaß an der Ver-

Die richtigen Schlüsselbegriffe belegen Kompetenz

triebsarbeit abnimmt. Sie erkundigt sich, ob er weiterhin im Vertrieb arbeiten möchte. Dies ist jedoch eher eine rhetorische Frage. Mit dieser Vorlage ermöglicht sie es dem Bewerber, zu seinen weiteren Karrierewünschen Stellung zu nehmen.

Überzeugend: Wechselwünsche ohne Druck Das Interesse der Unternehmensvertreterin ist Herrn Weber nicht entgangen. Nun kann er seine Bewerbungsabsichten offen legen. Sein Profil steht schließlich im Raum. Es geht nicht mehr um irgendeine Tätigkeit, sondern ganz gezielt um seine persönliche Entwicklung. Um zu verdeutlichen, dass er am momentanen Arbeitsplatz nicht unter Druck steht, formuliert Herr Weber seine Wechselabsichten vorsichtig und stellt die »neue Herausforderung« als Antrieb für eine Veränderung dar.

Überzeugend: Zusatzinformationen bekommen Das Gespräch ist jetzt in die Phase eingetreten, in der die Beteiligten offener miteinander umgehen. Nachdem Herr Weber seine Bewerbungsabsichten ausgesprochen hat, reagiert die Unternehmensvertreterin und weist auf die Möglichkeit eines Einstiegs in ihrem Unternehmen hin. Besonders interessant wird es für Herrn Weber dadurch, dass Frau Steffen den Außendienstleiter ins Gespräch bringt. Der souveräne Auftritt des Bewerbers zahlt sich jetzt aus. Frau Steffen scheint bereit zu sein, ihm abseits der üblichen Bewerbungswege eine besondere Chance zu geben: Im Gespräch mit dem Leiter der Fachabteilung, Herrn Hall, kann Herr Weber über für ihn geeignete Positionen sprechen. Eine Bewerbung an die Personalabteilung ließe sich dann mit diesen Vorgaben natürlich treffsicher formulieren. Die Voraussetzung ist selbstverständlich, dass Herr Weber sein Telefonat mit dem Außendienstleiter genauso souverän führt wie sein momentanes Kontaktgespräch am Messestand.

Der souveräne Auftritt zahlt sich aus

Überzeugend: Selbstmarketing für mehrere Adressaten Herr Weber verlässt sich aber nicht nur auf den Kontakt zu Herrn Hall. Er nutzt das gute Verhältnis, um auch die Unternehmensvertreterin in seine Bewerbungsaktivitäten einzubeziehen. Ein weiteres Mal betont er sein Interesse an dem Unternehmen und bittet um Frau Steffens Kontaktdaten. Die wichtigen Punkte sind geklärt, das Gespräch könnte nun auslaufen.

Überzeugend: souverän bis zum Schluss Um der Unternehmensvertreterin auf jeden Fall im Gedächtnis zu bleiben und die gegenseitige Sympathie weiter zu verstärken, bringt Herr Weber noch Persönliches ins Gespräch: Mit der Bitte um Kugelschreiber und Luftballons für seine Kinder kehrt er zum Small Talk zurück. Auch diesmal lässt es sich die Unternehmensvertreterin nicht nehmen, ihm etwas Besonderes anzubieten. Beim Abschied bedankt sich Herr Weber noch einmal bei Frau Steffen. Diese bekräftigt daraufhin ihr Interesse an ihm als außergewöhnlichem Bewerber.

Pluspunkte durch Persönliches

Fazit Aus Sicht der Unternehmen sind Messegespräche mit Bewerberinnen und Bewerbern ein Schnelltest in Sachen Soft Skills. Herr Weber hat diesen Test souverän gemeistert. Trotz knapper Zeitvorgaben hat er seine Stärken im Berufsfeld Vertrieb nachvollziehbar vermitteln können. Damit empfiehlt er sich als Wunschkandidat, den man unbedingt wiedersehen möchte!

☑ *Checkliste*
zum Aufbau von Kontakten

- ☐ Haben Sie Ihre Initiativbewerbung durch eine persönliche Kontaktaufnahme vorbereitet?
- ☐ Sind Sie auf Fachmessen, Kongressen, Tagungen oder Weiterbildungsveranstaltungen ins Gespräch mit Unternehmensvertretern gekommen?
- ☐ Welche Gesprächsziele wollen Sie erreichen?
- ☐ Können Sie Ihre Soft Skills bei persönlichen Kontakten geschickt in Szene setzen?
- ☐ Können Sie mit Ihrem Kurzprofil aktive Informationsarbeit betreiben?
- ☐ Haben Sie plausible Wechselgründe parat?
- ☐ Sind Sie in der Lage, Überschneidungen zwischen den Anforderungen der Wunschposition und Ihren momentanen Tätigkeiten darzustellen?

- ☐ Können Sie eigene Fragen stellen?
- ☐ Achten Sie darauf, Ihre Kontaktperson mit Namen anzusprechen, damit sich ein persönlicher Draht entwickelt?
- ☐ Haben Sie die vollständigen Kontaktdaten Ihres Ansprechpartners notiert beziehungsweise sich eine Visitenkarte geben lassen?
- ☐ Wissen Sie, in welcher Form Ihre Initiativbewerbung erwünscht ist (Kurzbewerbung, vollständige Bewerbung, E-Mail)?
- ☐ Haben Sie Ihre Initiativbewerbung zügig nach der ersten Kontaktaufnahme auf den Weg gebracht?

19
Mit dem Telefon auf die Überholspur

Der gezielte Einsatz des Telefons ist bei Initiativbewerbungen unverzichtbar. Die Anknüpfungspunkte, die Sie sich mit einem Telefonat erarbeiten, sorgen dafür, dass Sie sich nicht als gesichtsloser Durchschnittsbewerber, sondern als Wunschkandidat mit Profil präsentieren können. Um sich am Telefon überzeugend in Szene zu setzen, müssen Sie Vorarbeit leisten. Werden Sie sich über Ihre Gesprächsziele klar, und finden Sie den richtigen Aufhänger für das Telefonat.

Zumeist lässt die Angst davor, sich schlecht darzustellen, Initiativbewerber vor dem Griff zum Telefon zurückschrecken. Die Vorteile, die Sie sich für Ihre Initiativbewerbung mit einem Telefonat erarbeiten können, sind aber so vielfältig, dass Sie auf einen Anruf bei Ihrem Wunschunternehmen auf gar keinen Fall verzichten sollten. Wenn Ihr Gespräch gut vorbereitet ist, werden Sie nicht in Gefahr geraten, sich zu blamieren. Im Gegenteil: Sie erhalten die Chance, Sympathiepunkte zu erzielen, die sich bei der späteren Überprüfung Ihrer Unterlagen zu Ihren Gunsten auswirken werden. Ein weiterer Vorteil für Sie ist, dass Sie am Telefon Zusatzinformationen erfragen können, die dafür sorgen, dass Sie Ihre Initiativbewerbung noch passgenauer auf die Wunschposition zuschneiden können.

Was für eine Art von Bewerbung wünscht das Unternehmen?

Nicht nur inhaltlich, auch auf formaler Ebene werden Sie punkten. Mit dem Telefon können Sie schnell herausfinden, wie Sie am besten mit dem Unternehmen in Kontakt treten und in welcher Form Ihre Initiativbewerbung versendet werden sollte. Wünscht sich das Unternehmen eine komplette Bewerbungsmappe auf dem Postweg? Erwartet es, dass Sie ein knappes Anschreiben und einen Lebenslauf per E-Mail schicken? Ist es vorrangig an einer Kurzbewerbung in Papierform interessiert?

Neben diesen Hauptinformationen, die Sie für Ihre Initiativbewerbung brauchen, ergeben sich für Sie aus dem Anruf weitere positive Nebeneffekte:

Personalverantwortliche werden Sie als initiativfreudig einschätzen, Sie können in Ihrem Anschreiben auf einen telefonischen Kontakt hinweisen, Sie können sicherstellen, dass Ihre Initiativbewerbung auch bei einem zuständigen Bearbeiter landet.

Positive Konsequenzen des Telefonkontakts

Manchmal ergibt sich sogar die Möglichkeit, einen kurzen Profilabgleich am Telefon durchzuführen. Das heißt, ein kurzer gegenseitiger Informationsaustausch hilft sowohl dem Personalverantwortlichen als auch Ihnen dabei, zu klären, ob sich Ihr Bewerberprofil und das Anforderungsprofil Ihrer Wunschposition überhaupt zur Deckung bringen lassen.

Der geeignete Ansprechpartner

Den vielfältigen Chancen, die Ihnen ein Telefonanruf bietet, steht ein Risiko gegenüber: Bedenken Sie, dass es niemals eine zweite Chance für den ersten Eindruck gibt. Sie sollten darum die Grundregeln des überzeugenden Telefonierens trainieren. Wir haben Sie Ihnen bereits in Kapitel 7 (»Das Telefon: der schnelle Weg zum neuen Arbeitsplatz«) vorgestellt. Bevor Sie zum Hörer greifen, müssen Sie

Grundregeln des überzeugenden Telefonierens

- Störfaktoren ausschalten,
- Gesprächsziele definieren.

Im Rahmen einer Initiativbewerbung kommt ein weiterer Punkt hinzu: Sie müssen den geeigneten Ansprechpartner herausfinden. Zu diesem Ziel führen verschiedene Wege:

- Die meisten Unternehmenspräsentationen im Internet enthalten die Telefonnummern von Kontaktpersonen.
- In Stellenausschreibungen werden immer wieder Durchwahlnummern von Personalreferenten angegeben.
- Im Informationsmaterial, das Sie von Unternehmen anfordern können, finden Sie häufig für Bewerbungen zuständige Ansprechpartner.
- Bauen Sie sich ein Beziehungsnetz auf, betreiben Sie aktives Networking: Sammeln Sie die Visitenkarten von Kollegen aus der gleichen Branche. Be-

suchen Sie Veranstaltungen, die eine Kontaktaufnahme ohne Bewerbungsabsichten ermöglichen (Messen, Tagungen, Seminare, Fachvorträge).
- Nutzen Sie Kontakte aus ehrenamtlichen Tätigkeiten. Lassen Sie sich Ansprechpartner in Unternehmen empfehlen.
- Gehen Sie Ihre beruflichen Kontakte durch. Auf welche Ansprechpartner kann man für eine Bewerbung zurückgreifen? Denken Sie an Zulieferer, Kunden, Einkäufer, Verkäufer, Berater.

Sie können auch einfach die Telefonzentrale eines Unternehmens anrufen und sich die Durchwahlnummer eines geeigneten Ansprechpartners nennen lassen, beispielsweise so:

Beispiel

Lassen Sie sich verbinden

»Ich habe eine Nachfrage wegen einer Bewerbung. Welche Abteilung ist bei Ihnen für Bewerber aus dem Bereich ... zuständig? Könnten Sie mir bitte einen Ansprechpartner und seine Durchwahl nennen?«

Wenn Sie einen Ansprechpartner gefunden haben, sollten Sie sich nicht zu schnell abwimmeln lassen. Betonen Sie ausdrücklich, dass Sie Verständnis dafür haben, wenn Ihr Gesprächspartner stark eingebunden ist und wenig Zeit hat. Weisen Sie jedoch dezent darauf hin, dass eine intensive Überprüfung Ihrer Bewerbungsunterlagen weitaus mehr Zeit, Mühe und Kosten verursacht als ein kurzes Telefongespräch. Der Widerstand am anderen Ende der Leitung ist dann meistens nicht sehr groß. Schlimmstenfalls fragen Sie, ob Sie zu einem anderen Zeitpunkt, an dem es besser passt, noch einmal anrufen können.

Bleiben Sie freundlich, aber hartnäckig

Interesse für Ihr Qualifikationsprofil wecken

Das Problem bei Initiativbewerbungen ist, dass Ihnen keine Stellenbeschreibung vorliegt, auf die Sie sich im Telefongespräch beziehen können. Argumentieren Sie darum im Telefongespräch immer von der Wunschposition aus, die Sie anstreben. Vermeiden Sie es aber, Ihren Gesprächspartner mit Informationen zu überschütten. Für Personalverantwortliche und andere Unternehmensvertreter ist es wichtig, dass sie komprimierte Informationen bekommen, die es ihnen erlauben, Ihre Nützlichkeit für das Unternehmen einzuschätzen. Stellen Sie Tätigkeiten in den Vordergrund, die besonders gut Ihr individuelles Qualifikationsprofil charakterisieren. Gleich am Anfang des Telefonats sollten Sie Substanz in das Gespräch bringen und einen kurzen Ausschnitt aus Ihrer Bestandsaufnahme präsentieren.

Bringen Sie Substanz in das Telefongespräch

Greifen Sie bei der Selbstdarstellung am Telefon auf konkrete Erfahrungen aus Ihrer Berufspraxis zurück. Unsere Beispiele zeigen Ihnen, wie Sie nach der üblichen Begrüßung mittels eines Aufhängers das Interesse Ihres Gesprächspartners an Ihrer Person wecken können.

Beispiel

Ingenieurin im Management

Eine von uns betreute *Ingenieurin* konnte in ihren Telefongesprächen mit ihren Erfahrungen in der Projektmitarbeit Interesse wecken. Sie hatte Anlagenpläne entworfen, technische Fragen mit Kunden geklärt und die Verkaufsabteilung unterstützt. Am Telefon benutzte sie den Gesprächsaufhänger: »Ich würde gern für Sie als Projektmanagerin arbeiten. Bisher habe ich projektbezogene Anlagenpläne mittels CAD/CAE erstellt und die Konfigurationsunterlagen angefertigt. Daneben habe ich technische Fragen mit Kunden und Zulieferern geklärt und für die Verkaufsabteilung Aufträge kalkuliert.«

Beispiel

Mit Eigen-PR zum Erfolg

Ein *Marketingmitarbeiter* hatte sich im PR-Bereich bereits um nationale und internationale Events gekümmert. Sein Aufhänger für das Telefongespräch lautete: »Für die Position als Eventmanager bringe ich Erfahrungen in der Durchführung von nationalen und internationalen Events mit. Ich war für die Budgets verantwortlich und habe die Medienwirksamkeit von Events bewertet.«

Beispiel

Investitionen in den Webauftritt

Ein *Bankkaufmann* hatte neben seiner Tätigkeit im Investmentbanking eng mit der Anwendungsentwicklung zusammengearbeitet und Webprojekte betreut. Diese Erfahrungen stellte er im Telefongespräch mit folgenden Sätzen in den Vordergrund: »Ich arbeite bereits im webgestützten Investmentbanking, kenne mich sehr gut mit Beratungs- und Börseninformationssystemen aus. Die Koordination von Webprojekten ist mir vertraut. Daher möchte ich bei Ihnen als Produktmanager Webservices im Investmentbanking tätig werden.«

Sie werden bei Telefonkontakten zur Vorbereitung Ihrer Initiativbewerbung nicht umhinkommen, Ihr Profil zum Gegenstand des Gesprächs zu machen. Erarbeiten Sie sich einen gezielten Einstieg in Telefonate, damit Sie im Ernstfall nicht nach Worten ringen müssen. Beschreiben Sie sich als aktiv und zupackend; das gelingt Ihnen mit den Formulierungen, die wir Ihnen in Kapitel 7 (»Das Telefon: der schnelle Weg zum neuen Arbeitsplatz«, Abschnitt: »Die richtige Selbstdarstellung am Telefon«) vorgestellt haben.

Beschreiben Sie sich als aktiv und zupackend

Wenn Sie diese Formulierungen nutzen, brauchen Sie sich weder unnötig aggressiv in den Vordergrund zu spielen noch müssen Sie Ihr Licht unter den Scheffel stellen. Sie beschreiben einfach, was Sie an besonderen Kenntnissen und Erfahrungen vorzuweisen haben, und ermöglichen Ihrem Gesprächspartner am anderen Ende der Leitung, vorurteilsfrei und unvoreingenommen zuzuhören. Schneiden Sie jetzt unsere Formulierungen auf Ihre individuellen Bedürfnisse zu. Füllen Sie sie mit konkreten Beispielen, damit Ihr Telefongespräch von Anfang an erfolgversprechend verläuft.

Übung

So kommt Ihr Telefongespräch in Schwung

Greifen Sie auf Ihre Bestandsaufnahme zurück. Überlegen Sie sich Highlights aus Ihrer bisherigen Berufstätigkeit. Ihren Gesprächspartner werden diejenigen Tätigkeiten am meisten interessieren, die einen Bezug zu Ihrer Wunschposition haben.

Entscheiden Sie sich dann für drei bis vier Schlagworte, die Ihre Highlights am besten charakterisieren, und versuchen Sie, diese in wenigen Sätzen unterzubringen, so wie wir es Ihnen in unseren Beispielen vorgestellt haben.

Highlight 1: . . . .

Schlagwort 1: . . . .

Schlagwort 2: . . . .

Schlagwort 3: . . . .

Highlight 2: . . . .

Schlagwort 1: . . . .

Schlagwort 2: . . . .

Schlagwort 3: . . . .

Meine Einstiegssätze: . . . .

. . . .

. . . .

. . . .

Wenn Ihnen nach der Gesprächseröffnung Fragen von der Unternehmensseite gestellt werden, können Sie davon ausgehen, dass man sich ernsthaft für Sie interessiert. Üblicherweise wird man Sie fragen:

- Wie kommen Sie auf unser Unternehmen?
- Warum wollen Sie wechseln?
- Was versprechen Sie sich davon, bei uns zu arbeiten?
- Welche Berufsausbildung bringen Sie mit?
- Interessieren Sie auch andere Tätigkeiten in unserem Unternehmen?

Setzen Sie sich vor Telefongesprächen mit diesen Fragen auseinander. Antworten Sie konkret mit der Aufzählung positiver Beispiele aus Ihrem beruflichen Werdegang. Beim telefonischen Erstkontakt wird kein tiefer gehendes Vorstellungsgespräch mit Ihnen geführt. Dennoch sollten Sie plausibel argumentieren können, damit das Interesse an Ihnen weiter bestehen bleibt. Anregungen für überzeugende Antworten bekommen Sie in Teil 5 (»Das Vorstellungsgespräch«) dieses Buches.

Sie müssen das Telefongespräch aktiv beenden. Im Idealfall fassen Sie das Ergebnis kurz zusammen und halten fest, dass Sie dem Unternehmen gern Ihre Bewerbungsunterlagen zusenden möchten. Bedanken Sie sich bei Ihrem Gegenüber für die in Anspruch genommene Zeit und für die Informationen, die Sie erhalten haben.

Fassen Sie am Ende das Ergebnis zusammen

Wenn Sie merken, dass Sie den Namen Ihres Gesprächspartners am Ende des Telefonats nicht mehr präsent haben, bitten Sie ihn, diesen noch einmal zu nennen und eventuell zu buchstabieren. Unvorbereiteten Initiativbewerbern passiert es immer wieder, dass Telefongespräche positiv verlaufen, sie ihre Bewerbungsunterlagen aber unpersönlich adressieren müssen, da sie den Namen des Unternehmensvertreters wieder vergessen haben. Damit verspielen sie leichtfertig die durch den telefonischen Kontakt erarbeiteten Vorteile.

Erinnern Sie im Anschreiben Ihrer Initiativbewerbung mit einer persönlichen Anrede und dem Hinweis auf Ihren telefonischen Erstkontakt an das vorab geführte Gespräch.

Ihre Unterlagen sollten nach zwei Tagen eintreffen

Um den Startvorteil, den Sie sich aufgebaut haben, zu nutzen, sollten Ihre Bewerbungsunterlagen spätestens zwei Tage nach dem Telefonat beim Gesprächspartner ankommen. Sonst verblasst die Erinnerung an Sie.

Nun geht es zur Praxis des Telefonierens. Wir haben für Sie ein günstig verlaufendes Telefongespräch mitgeschnitten. Die Bewerberin schafft es, Interesse für ihr Qualifikationsprofil zu wecken und für ihre Initiativbewerbung verwertbare Informationen zu erfragen.

Beispiel

Souverän überzeugen

Frau Meinel hat sich intensiv auf das Telefongespräch vorbereitet. Im Vorfeld hat sie ein Stellenprofil erarbeitet und sich mit ihrem Qualifikationsprofil auseinander gesetzt. Sie weiß, wie sie die richtigen Impulse setzen kann, um an verwertbare Informationen heranzukommen und erste Sympathie zu erwecken. Sie hat sich Argumente überlegt, um ihren Wechselwunsch plausibel zu begründen. Als Gesprächsaufhänger hat sie ein Kurzprofil vorbereitet, das ihre Qualifikation in wenigen Sätzen umreißt. So kann sie das Gespräch von Anfang an in die gewünschte Richtung lenken. Um gezielt an Informationen zu kommen, hat sie sich eigene Fragen überlegt. Dank dieser guten Vorbereitung entwickelt sich das Gespräch so günstig, dass Frau Meinel für ihre Initiativbewerbung einen persönlichen Adressaten gewinnt, den sie positiv einstimmen konnte.

Personalverantwortlicher: »Personalabteilung der European Industries AG, mein Name ist Stefan Timm. Was kann ich für Sie tun?«

Bewerberin: »Guten Tag Herr Timm, mein Name ist Sina Meinel. Ich arbeite als Consultant im IT-Bereich und interessiere mich für einen beruflichen Einstieg in Ihr Unternehmen.«

Personalverantwortlicher: »Welche konkreten beruflichen Vorstellungen haben Sie denn?«

Bewerberin: »Ich würde gerne als Projektmanagerin im Business Support arbeiten. Momentan arbeite ich bei einem Consulting Unternehmen und habe SAP-Einführungen betreut. Dabei musste ich eng mit den Abteilungsleitern der betreffenden Unternehmen zusammenarbeiten und die Projektkalkulation übernehmen. Aufgrund meiner Erfahrungen möchte ich nun in den internen IT-Support eines Unternehmens wechseln.«

Personalverantwortlicher: »Warum wollen Sie nicht mehr als Consultant tätig sein?«

Bewerberin: »Ich möchte auch weiterhin als Consultant arbeiten. Da mir die kontinuierliche Zusammenarbeit mit Fachabteilungen sehr am Herzen liegt und ich die Notwendigkeit der ständigen Optimierung sehe, würde ich gerne im Business Support eines Unternehmens Aufgaben im IT-Consulting wahrnehmen.«

Personalverantwortlicher: »Was ich bis jetzt gehört habe, klingt sehr interessant. Sie sollten sich auf jeden Fall bei uns bewerben.«

Bewerberin: »Das mache ich gerne, Herr Timm. Wie wichtig sind Ihnen denn die Programmierkenntnisse bei Projektleitern im IT-Bereich?«

Personalverantwortlicher: »Sie sollten sich schon auskennen. Allerdings würde es mir weniger um die eigentliche Programmierung gehen, sondern mehr um die Beurteilung von Tools und Applikationen. Also die Frage, wie anwenderfreundlich sind sie, und was ist technisch machbar?«

Bewerberin: »Mit diesen Fragen setze ich mich auch momentan schon intensiv auseinander. Gibt es etwas, das ich in meiner Bewerbung unbedingt herausstellen sollte?«

Personalverantwortlicher: »Nennen Sie ganz konkret die Tätigkeiten, die Sie momentan wahrnehmen. Neben der Betreuung von Fachabteilungen sollten Sie auch Ihre Kenntnisse in der Kostenkalkulation erwähnen. Dass Sie über umfassende SAP R/3-Kenntnisse verfügen, setze ich mal voraus. Dennoch müssen auch diese Angaben in Ihrer Bewerbung auftauchen.«

Bewerberin: »Vielen Dank für die Informationen, Herr Timm. Ich würde mich freuen, wenn ich Ihnen in einem persönlichen Gespräch weitere Informationen über mein Profil geben könnte. Soll ich Ihnen eine vollständige Bewerbung schicken, oder möchten Sie zuerst eine Kurzbewerbung erhalten? Vielleicht über das Internet?«

Personalverantwortlicher: »Schicken Sie ruhig vollständige Bewerbungsunterlagen, Frau Meinel, und versenden Sie sie per Post. E-Mail-Bewerbungen sind bei uns nicht so gern gesehen, ich müsste die Unterlagen dann auch wieder ausdrucken.«

Bewerberin: »Das mache ich gerne. Darf ich meine Bewerbung direkt an Sie adressieren?«

Personalverantwortlicher: »Machen Sie das. Senden Sie Ihre Bewerbungsunterlagen an Stefan Timm in der Personalabteilung der European Industries AG.«

Bewerberin: »Vielen Dank für die Zeit, die Sie sich für mich genommen haben, Herr Timm. Die Unterlagen sind in den nächsten Tagen bei Ihnen. Schreiben Sie Ihren Nachnamen mit zwei oder mit einem ›m‹?«

Personalverantwortlicher: »Mit zwei ›m‹. Timm, wie ›nimm‹.«

Bewerberin: »Okay, auf Wiederhören, Herr Timm.«

Personalverantwortlicher: »Auf Wiederhören, Frau Meinel.«

Schlüsselbegriffe wecken Interesse

Überzeugend: Stellenprofil im Blick Frau Meinel gibt nach der Begrüßung gleich Informationen zur Einordnung ihrer Qualifikation. Sie stellt die beiden Schlüsselbegriffe »Consultant« und »IT-Bereich« in den Raum, um Interesse zu wecken. Der Personalverantwortliche reagiert mit der Frage nach den weiteren beruflichen Vorstellungen. Als Bewerberin, die weiß, was sie will, kann Frau Meinel ihm diese Frage selbstverständlich beantworten: Sie möchte als »Projektmanagerin im Business-Support« arbeiten. Durch eine Vorabrecherche im Internet hat sie herausgefunden, dass das Unternehmen SAP einsetzt. Daher fehlt auch nicht der Hinweis auf ihre Tätigkeit im Rahmen von »SAP-

Einführungen«. Sie achtet darauf, die in ihrer Vorbereitung erarbeiteten Bezüge zwischen ihren momentanen Aufgaben und der von ihr angestrebten Stelle herauszustellen, wie beispielsweise Erfahrungen in der »Projektkalkulation« und die »Wahrnehmung des IT-Supports«.

Überzeugend: Wechsel plausibel gemacht Die informative Art der Gesprächsführung von Frau Meinel lässt den Personalverantwortlichen ebenso konzentriert zu Werke gehen. Natürlich erspart er Frau Meinel auch hier nicht die Frage, warum sie denn ihre jetzige Stelle aufgeben möchte. Aber darauf ist Frau Meinel natürlich vorbereitet und macht die von ihr beabsichtigte Kontinuität in ihrer Entwicklung deutlich. Sie betont, dass sie ihre bisherigen Aufgaben weiterführen möchte, stellt aber gleichzeitig heraus, dass sie sich eine Ausweitung ihrer Verantwortungsbereiche wünscht. Damit argumentiert sie nicht problemorientiert, sondern ergebnisorientiert, was jeden Unternehmensvertreter freuen würde. Ihr Blick ist nach vorne gerichtet.

Argumentieren Sie ergebnisorientiert

Überzeugend: Rückfragen stellen Der konstruktive Informationsinput von Frau Meinel und die plausible Begründung ihres Wechselwunsches überzeugen den Personalverantwortlichen. Er fordert Frau Meinel zu einer Bewerbung auf und äußert, dass er das Profil, so wie es bisher vermittelt wurde, sehr interessant finde. Frau Meinel hat jetzt bereits einen Fuß in der Tür. Sie weiß, dass ihr Gesprächspartner ihren Wunsch nach dem Wechsel in ein anderes Unternehmen akzeptiert. Jetzt ist die Bewerberin am Zug. Mit der Frage nach der Bedeutung von Programmierkenntnissen überprüft Frau Meinel, ob sie und der Personalverantwortliche die gleichen Tätigkeitsbereiche im Blick haben. Schließlich beabsichtigt sie, vorwiegend im Projektmanagement zu arbeiten. Eine Tätigkeit als Programmiererin liegt nicht in ihrem Interesse. Die Antwort des Personalverantwortlichen verdeutlicht, dass er das Profil von Frau Meinel ähnlich sieht. Er beschränkt die geforderten Programmierkenntnisse auf die Fähigkeit zur Einschätzung der Anwenderfreundlichkeit und technischen Machbarkeit.

Stellen Sie gezielte Fragen

Überzeugend: nachgesetzt Um das gute Bild, das der Personalverantwortliche von ihr gewonnen hat, noch zu verstärken, weist Frau Meinel darauf hin, dass sie sich auch jetzt schon mit der Beurteilung von Tool- und Applikationsprogrammierungen beschäftigt. Auf der Grundlage der gewonnenen Akzeptanz kann sich Frau Meinel jetzt auch direkt nach Tipps für die Bewerbung erkundigen. Der Personalverantwortliche gibt ihr daraufhin konkrete Empfehlungen: Sie solle doch die »Betreuung von Fachabteilungen« herausstellen und ihre Kenntnisse in der »Kostenkalkulation« in den Vordergrund stellen.

Überzeugend: beim Namen genannt Immer wieder setzt Frau Meinel gezielt den Namen des Personalverantwortlichen ein, um den persönlichen Draht nicht abreißen zu lassen, so auch bei der Frage nach der erwünschten Bewerbungsform. Der Personalverantwortliche, Herr Timm, empfiehlt ihr eine vollständige Bewerbung per Post. Da er sehr zufrieden mit dem ersten Profilabgleich ist, beabsichtigt er, in eine intensive Prüfung einzusteigen.

Sprechen Sie Ihren Gesprächspartner persönlich an

Überzeugend: Formales im Griff Auch die letzte Hürde im Telefongespräch überspringt Frau Meinel. Sie stellt sicher, dass sie den Personalverantwortlichen direkt anschreiben kann und dass sie seinen Namen richtig schreibt. Die Antwort des Personalverantwortlichen auf die Frage nach der Schreibweise seines Namens macht deutlich, dass Frau Meinel bereits auf Sympathie hoffen kann.

Überzeugend: Detailarbeit lohnt sich Für ihre Initiativbewerbung hat sich Frau Meinel mit dem Anruf viele Vorteile erarbeitet. Sie hat nun einen konkreten Ansprechpartner in der Personalabteilung ihres Wunschunternehmens, mit dem sie auch nach dem Abschicken ihrer Bewerbungsunterlagen wieder in Kontakt treten kann. Die erfragten Zusatzinformationen erlauben es ihr, die Initiativbewerbung passgenau auszuformulieren. Der Personalverantwortliche hat bereits erstes Interesse an ihrem Qualifikationsprofil gezeigt. Auch bei der Frage der Bewerbungsform, vollständige Unterlagen oder Kurzbewerbung, hat sie von vornherein Fehler vermieden.

Zusatzinformationen verhelfen zu einer passgenauen Bewerbung

Fazit Die mit einem Telefongespräch verbundenen Chancen hat Frau Meinel optimal genutzt. Sie ist auf dem Weg zu einer erfolgreichen Initiativbewerbung einen entscheidenden Schritt weitergekommen.

☑ *Checkliste* *für Ihre Telefonkontakte*

- ☐ Haben Sie optimale Rahmenbedingen geschaffen?
- ☐ Liegen Stift, Papier, Ihr Lebenslauf und Ihre Selbstpräsentation bereit?
- ☐ Haben Sie Ihre Gesprächsziele definiert?
- ☐ Kennen Sie den Namen Ihres Ansprechpartners? Wissen Sie, wie man den Namen schreibt?
- ☐ Haben Sie im Gespräch Ihren Kommunikationspartner mit Namen angesprochen?
- ☐ Können Sie in prägnanten Begriffen Ihr Qualifikationsprofil darstellen?
- ☐ Argumentieren Sie von Ihrer Wunschposition aus?
- ☐ Haben Sie Ihre Einstiegssätze formuliert?
- ☐ Können Sie mit drei bis vier Schlagworten die Highlights Ihrer bisherigen Berufstätigkeit umreißen?
- ☐ Können Sie Ihren Wunsch nach einer neuen Arbeitsstelle plausibel begründen?
- ☐ Haben Sie sich auf die Fragen vorbereitet, die man Ihnen wahrscheinlich stellen wird?
- ☐ Haben Sie sich am Ende des Telefonats für die erhaltenen Informationen bedankt?
- ☐ Wissen Sie, welche Bewerbungsform Ihr Wunschunternehmen bevorzugt?
- ☐ Sind Ihre Bewerbungsunterlagen so weit vorbereitet, dass Sie innerhalb von zwei Tagen die gewünschten Unterlagen schicken können?
- ☐ Haben Sie das Gespräch vorab mehrmals mit einer Person Ihres Vertrauens geübt?

20

Stellengesuche: Bringen Sie Ihr Profil ins Gespräch

Sie können Ihre Initiative im Bewerbungsverfahren auch in Stellengesuche einbringen. Präsentieren Sie sich möglichen Arbeitgebern damit in Printmedien und in Jobbörsen im Internet. Wichtig dabei ist, auf begrenztem Platz möglichst aussagekräftige Informationen zu vermitteln – schließlich soll Ihr Stellengesuch als Appetithappen wirken und Unternehmen dazu veranlassen, sich bei Ihnen zu melden!

Bewerbersuche im Internet

Stellengesuche in Printmedien und in Jobbörsen sollten Sie immer nur als zusätzliche Möglichkeit in Anspruch nehmen. Sie haben mehr Erfolg, wenn Sie auf Ihr Wunschunternehmen aktiv zugehen. Für die meisten Personalverantwortlichen im deutschsprachigen Raum ist die Vorstellung, selbst nach Bewerbern zu suchen, nach wie vor befremdlich, es sei denn, es handelt sich um besonders gefragte Zielgruppen. Generelle Aussagen über den Nutzen von Stellengesuchen in Printmedien gibt es kaum. Momentan zeichnet sich der Trend ab, dass Unternehmen Stellengesuche lieber in Internet-Jobbörsen sichten. Das hat pragmatische Gründe: Nach dem Eingeben bestimmter Suchkriterien können Personalverantwortliche schnell auf entsprechende Bewerberprofile zugreifen. Das mühsame Blättern in diversen Zeitungen und Zeitschriften ist dagegen sehr zeitaufwändig. Wir empfehlen Initiativbewerbern, Stellengesuche in Internet-Jobbörsen zu nutzen. Sie berücksichtigen damit nicht nur das mittlerweile gängige Vorgehen von Personalverantwortlichen bei der Suche nach neuen Mitarbeitern. Hinzu kommt, dass Sie bei Stellengesuchen in Jobbörsen mehr Platz für die Darstellung Ihres Profils haben, was hier zudem länger präsent ist als in einer einmalig erscheinenden Zeitungsausgabe. Auch die Kostenvorteile sprechen ganz eindeutig für Stellengesuche in Internet-Jobbörsen. Für Bewerber sind Stellengesuche dort üblicherweise kostenlos.

Nutzen Sie die Jobbörsen im Internet

Werbeanzeigen in eigener Sache

Der Platz bei Stellengesuchen ist äußerst begrenzt. Dies gilt besonders für Stellengesuche in Printmedien. Bei 250 bis 500 Euro für die einmalige Schaltung eines Stellengesuchs erschöpfen sich finanzielle Möglichkeiten schnell. Das Internet bietet demgegenüber Kostenvorteile. Allerdings ist der Platz zur Selbstdarstellung dort oft normiert.

Damit Ihre Individualität nicht auf der Strecke bleibt, müssen Sie genau überlegen, welche Inhalte Ihre Werbeanzeige in eigener Sache vermitteln soll. In keinem Fall kommen Sie darum herum, mit extrem verdichteten Informationen zu operieren. Allgemein gehaltene Stellengesuche bringen Sie nicht weiter. Personalverantwortliche müssen in Ihrer Anzeige auf interessante Schlüsselworte stoßen, sonst entsteht gar nicht erst Interesse.

Verwenden Sie Schlüsselworte

Dies erreichen Sie mit der stichwortartigen Aufzählung der beruflichen Erfahrungen. In der Überschrift sollte die momentane Berufsbezeichnung genannt werden. Wer einen zu weiten Tätigkeitsbereich angibt, erschwert Personalverantwortlichen die Zuordnung des Bewerberprofils zu einer offenen Stelle im Unternehmen.

Die inhaltliche Ausgestaltung des Anzeigentextes gelingt am besten, wenn Sie den für Ihre Wunschposition ausgearbeiteten Lebenslauf als Arbeitshilfe heranziehen. Die Tätigkeitsangaben zu den einzelnen beruflichen Positionen sind das Material, das Sie für Stellengesuche verwenden können. Entscheiden Sie sich für besonders prägnante Angaben, um ein Profil in den Raum zu stellen, das für Unternehmen interessant ist.

Beispiel

Auf den Punkt gebracht im Printmedium

Logistikmanager

12 J. Berufserfahrung in der Automobilbranche: Aufbau von Zuliefererparks im Ausland, Bedarfsanalyse, Beschaffungsmarktforschung im In- und Ausland, Preisermittlung, Lieferantenauswahl, SAP R/3 und führungserfahren, 38 J., örtlich ungebunden. Chiffre ABC 3214

Vergessen Sie nicht die Angabe Ihres Alters und des von Ihnen bevorzugten Einsatzorts. Sie können die Postleitzahl verwenden oder auf Kennbuchstaben von Kfz-Nummernschildern zurückgreifen, beispielsweise »Raum 20 000« oder »Raum HH, PI«. Falls Ihr Geschlecht nicht aus der Überschrift deutlich wird, sollten Sie hinter der Altersangabe noch »w.« oder »m.« vermerken.

Geben Sie Ihren bevorzugten Einsatzort an

Bei der Wahl des Printmediums sollten Sie bedenken, dass Entscheider in Unternehmen bei der Suche nach bestimmten Zielgruppen auf die gängigen Spezialzeitschriften und Branchenmagazine für bestimmte Fachgebiete zurückgreifen. Bei den überregionalen Zeitungen gilt noch immer die Regel, dass in den *VDI-Nachrichten* hauptsächlich Ingenieure und Naturwissenschaftler gehandelt werden, im *Handelsblatt* sind vorwiegend Wirtschaftswissenschaftler zu finden. *Die Zeit* hat besonders Forschungspersonal und Geisteswissenschaftler im Angebot. *Frankfurter Allgemeine Zeitung, Die Welt/Welt am Sonntag, Süddeutsche Zeitung* und *Frankfurter Rundschau* haben ein durchmischteres Angebot. Wer gezielt in einer bestimmten Region auf sich aufmerksam machen möchte, sollte sein Stellengesuch in regionalen Tageszeitungen schalten.

Stellengesuche in Internet-Jobbörsen

Bei Stellengesuchen in Internet-Jobbörsen geben Sie Ihr Profil in eine Datenbank ein. Diese Datenbank können Unternehmen dann nach interessanten Mitarbeitern durchsuchen. Ob Sie in einem Stellengesuch Ihr Profil aussagekräftig darstellen können, hängt von den Bewerbungsformularen ab, die Ihnen vorgegeben werden. In manchen Jobbörsen finden Sie als Formular nur Listen, aus denen Sie vorgegebene Stichworte auswählen dürfen. In anderen Jobbörsen gibt es Formulare, in denen Sie Ihre beruflichen Erfahrungen, Ihre Berufsausbildung und spezielle Kenntnisse in Freitextfeldern umfassender beschreiben können. Manchmal ist es sogar möglich, einen eigenen Lebenslauf zu verfassen und ein kurzes Anschreiben ins Netz zu stellen. Klicken Sie einmal die in der Übersicht 17 aufgeführten Jobbörsen durch, und lernen Sie die Möglichkeiten kennen, die Sie für die Aufgabe eines Stellengesuches haben. Weitere Internet-Adressen finden Sie in Kapitel 26 (»Jobs im Internet«).

Nutzen Sie Freiräume

Übersicht 17:
Platz für Ihr Stellengesuch

www.jobpilot.de	www.stepstone.de
www.jobscout24.de	www.monster.de
www.jobware.de	www.consultants.de
www.stellenanzeigen.de	www.jobonline.de

Arbeiten Sie stets mit plakativen Schlüsselbegriffen, um Ihr Profil deutlich zu machen. Nutzen Sie Freitextfelder, um stichwortartig Ihre Qualifikationen aufzuzählen. Personalverantwortliche werden nur dann auf Sie aufmerksam, wenn in Ihrem Stellengesuch die richtigen Suchbegriffe auftauchen. Das folgende Beispiel zeigt Ihnen, wie Sie überzeugend und prägnant formulieren.

Heben Sie Ihren Wert für das Unternehmen hervor

Beispiel
Knapper Platz optimal genutzt

Letzte Tätigkeit:	Werkzeugmaschinen GmbH, Neuss, Vertriebsabteilung, Fachberater, Tätigkeiten: Neukundenakquisition, Projektverfolgung, Warendisposition, Durchführung von Direkt-Mailing-Aktionen, Erstellung von Produktpräsentationen, Unterstützung des Außendienstes, telefonische Kundenberatung
Besondere Kenntnisse:	Absatz- und Verkaufsförderung, Direktmarketing, logistische Abwicklung, Sicherstellung von Lieferterminen und Qualität, Veranstaltungsorganisation, MS-Office Pro, PC-Tourenplanung, gutes Englisch

Die knappen Möglichkeiten zur Darstellung seines Profils hat der Bewerber im Positivbeispiel optimal genutzt. Er hat mit aussagekräftigen Schlüsselbegriffen gearbeitet. Sein individuelles Profil wird durch die Aufzählung der von ihm bewältigten beruflichen Aufgaben im Feld »Letzte Tätigkeit« deutlich. Die Angaben im Feld »Besondere Kenntnisse« ergänzen das Profil und liefern weitere Stichworte, auf die bei der elektronischen Auswertung zugegriffen werden kann. Der Bewerber hat damit gute Chancen, Unternehmen bei ihrer Suche nach neuen Mitarbeitern im Vertrieb aufzufallen.

☑ *Checkliste* ***für Ihr Stellengesuch***

- ☐ Haben Sie Ihr Profil mit prägnanten Schlüsselwörtern verdichtet?
- ☐ Haben Sie Ihre Berufsbezeichnung konkret benannt?
- ☐ Nennen Sie Ihr Alter, Geschlecht und die Region, in der Sie arbeiten möchten?
- ☐ Kennen Sie Ihre Zielgruppe?
- ☐ Haben Sie das passende Printmedium für Ihre Stellenanzeige ausgewählt?
- ☐ Haben Sie verschiedene Jobbörsen im Internet geprüft?
- ☐ Gehört Ihr Wunscharbeitgeber zur Zielgruppe dieser Jobbörse?
- ☐ Untermauern Sie Ihr individuelles Profil mit aussagekräftigen Schlüsselbegriffen aus Ihrer beruflichen Tätigkeit?

21 Initiativanschreiben

Mit einer guten inhaltlichen Ausgestaltung des Initiativanschreibens werden Sie Personalverantwortliche für sich einnehmen und Ihrer Wunschposition einen entscheidenden Schritt näher kommen. In diesem Kapitel zeigen wir Ihnen, wie Ihnen das gelingt.

Machen Sie Ihren Nutzen für die Firma deutlich

Wie gesagt: Das Anschreiben ist ein wichtiges Element in Ihrer Bewerbungsmappe, denn hier erstellen Sie ein Kurzgutachten über Ihre berufliche Qualifikation. Initiativbewerber überzeugen Personalverantwortliche dann mit ihrem Anschreiben, wenn sie das eigene Profil so darstellen, dass tatsächlich ein Nutzen für das umworbene Unternehmen sichtbar wird. Schließlich bewirbt sich der Jobsuchende hier nicht auf eine Stellenanzeige hin, sondern muss die Nachfrage nach sich und seinen Fähigkeiten erst schaffen!

Initiativbewerber müssen von sich aus deutlich machen, was sie bisher geleistet haben und welche Ziele sie für ihre weitere berufliche Zukunft haben. Ihr Anschreiben sollte Ihre Kompetenz zeigen und so viel Interesse bei Personalverantwortlichen wecken, dass Sie eine Einladung zum Vorstellungsgespräch erhalten.

Zeigen Sie Ihre Kompetenz

Um sich ein optimales Anschreiben zu erarbeiten, müssen Sie sowohl die formale als auch die inhaltliche Seite meistern. Für das Initiativanschreiben gelten auf der formalen Ebene die gleichen Regeln wie für das Anschreiben in der Bewerbung auf Stellenanzeigen. Was es dabei zu beachten gibt, haben wir Ihnen bereits in Kapitel 9 (»Das Anschreiben«, Abschnitt »Vermeiden Sie formale Fehler«) vorgestellt. Beim Initiativanschreiben ist vor allem die inhaltliche Überzeugungsarbeit entscheidend. Sie steht im Folgenden deshalb klar im Vordergrund.

Inhaltlich überzeugen mit dem Initiativanschreiben

In Kapitel 9 (»Das Anschreiben«) haben wir Ihnen das Schema zum Aufbau von Anschreiben vorgestellt. Dieses gilt auch für Ihr Initiativanschreiben – allerdings in einer besonderen Modifikation: Sie müssen von Ihrer Wunschposition her argumentieren.

1. Heben Sie besondere Kenntnisse und Fähigkeiten hervor, die für Ihre Wunschposition wichtig sind.
2. Stellen Sie die Aufgaben, die Sie in Ihrer momentanen Position (auch in Sonderaufgaben oder Projekten) bearbeiten, so dar, dass sich ein Bezug zur Wunschposition ergibt.
3. Skizzieren Sie Ihre berufliche Entwicklung.

Stellen Sie Ihr berufliches Profil in den Vordergrund

Heben Sie besondere Kenntnisse und Fähigkeiten hervor, die für Ihre Wunschposition wichtig sind Beginnen Sie Ihr Anschreiben damit, dass Sie stichwortartig die Kompetenzen aufzählen, die es Ihnen ermöglichen, in Ihrer Wunschposition zu arbeiten. Wählen Sie die Kenntnisse und Fähigkeiten, die für die Ausübung der neuen Stelle elementar sind. Dabei muss es sich nicht unbedingt um die Hauptaufgaben in Ihrer momentanen Position handeln. Sie können auch Erfahrungen aus Sonderaufgaben, projektbezogenen Tätigkeiten oder Weiterbildungsmaßnahmen aufführen. Es kommt vor allem darauf an, dass Sie aus dem Blickwinkel Ihrer Wunschposition heraus formulieren.

Beispiel

Das Profil der Wunschposition

»In meiner mehrjährigen Berufstätigkeit in der Kfz-Industrie habe ich umfassende Praxiserfahrung in den Bereichen Karosseriebau und Kunststofftechnik gesammelt. Die Beratung interner Engineering-Units gehört schon seit längerem zu meinen Aufgaben. In einem Sonderprojekt habe ich meine Verantwortung auf den Bereich der Zuliefererintegration ausgeweitet. Daneben habe ich mich in der Moderation von Workshops weitergebildet.«

Stellen Sie die Aufgaben, die Sie in Ihrer momentanen Position bearbeiten, so dar, dass sich ein Bezug zur Wunschposition ergibt Nachdem Sie im ersten Schritt einen Aufriss Ihres Profils geliefert haben, sollten Sie jetzt Ihre momentane Position erläutern. Achten Sie darauf, dass Sie die Erfahrungen und Kenntnisse in den Vordergrund stellen, die auch in Ihrer Wunschposition zum Tragen kommen werden.

Beschreiben Sie Ihre momentane Position

Beispiel

Aktuelle Aufgaben

»Momentan arbeite ich als Projektleiter im Bereich der Kunststofftechnik. Die Entwicklung innovativer Lösungen und deren konstruktive und fertigungstechnische Umsetzung ist mein Hauptaufgabenbereich. Dazu gehören die Koordination der einzelnen Engineering-Units und die umfassende Zusammenarbeit mit den anderen Unternehmensbereichen. Ich trage Führungsverantwortung für zehn Mitarbeiter. In einem Projekt zur Bauteilstandardisierung habe ich meine Erfahrung in der internen Beratung auf die Beratung von Zulieferern hinsichtlich Qualitätsstandards und Fertigungsinnovationen übertragen.«

Skizzieren Sie Ihre berufliche Entwicklung Nennen Sie jetzt weitere Stationen Ihrer beruflichen Entwicklung und Ihre für den Berufseinstieg erworbene Qualifikation, also Ihre Ausbildung oder Ihr Studium. Gehen Sie dabei von Ihrer momentanen Position aus chronologisch rückwärts vor.

Beispiel

Die beruflichen Stationen

»Vor meiner Tätigkeit als Projektleiter habe ich als Konstruktions- und Berechnungsingenieur gearbeitet und Bauteile mittels 3D-CAD konstruiert. Ich habe mich schon damals immer wieder an abteilungsübergreifenden Projekten beteiligt, um die bessere Aufgabenkoordination voranzutreiben. Mit einem Studium des Maschinenbaus an der TU Braunschweig hatte ich mich für diese Einstiegsposition qualifiziert.«

5 Regeln für die überzeugende Selbstdarstellung

Ihre Werbung in eigener Sache wird Ihnen gelingen, wenn Sie die Überzeugungsregeln anwenden, die wir Ihnen schon in Kapitel 9 (»Das Anschreiben«) vorgestellt haben. Für das Initiativanschreiben lauten sie:

Regel 1: Auf die Anforderungen der Wunschposition eingehen.
Regel 2: Individuelles Profil vermitteln.
Regel 3: Beispiele für persönliche Fähigkeiten geben.
Regel 4: Beschreiben statt bewerten.
Regel 5: Schlüsselbegriffe aus dem Tagesgeschäft verwenden.

Auf die Anforderungen der Wunschposition eingehen Ihr Anschreiben muss verdeutlichen, dass Sie sich gezielt auf die Wunschposition bewerben. Das bedeutet: Sie müssen das Anforderungsprofil Ihrer Traumstelle zum großen Teil selbst definieren. Dabei kann es sehr hilfreich sein, Stellenanzeigen, in denen ähnliche Positionen beschrieben werden, zu sichten. Suchen Sie die gängigen Anforderungen heraus und fixieren Sie sie schriftlich. So erstellen Sie sich ein Basisprofil. Einzelne Punkte daraus sollten Sie in Ihrem Initiativanschreiben aufgreifen und beispielhaft belegen.

Erstellen Sie ein Basisprofil Ihrer Wunschposition

Beispiel

Anforderungen an eine Controllerin

Wenn eine Controllerin bei der Auswertung von Stellenanzeigen, die sie in Zeitungen oder Internet-Jobbörsen gefunden hat, öfter auf die gleichen Anforderungen stößt, sollte sie sie zunächst fixieren, beispielsweise so:

Basisprofil Controllerin: Ausarbeitung und Durchführung der jährlichen operativen Planung; Durchführung von Wirtschaftlichkeitsrechnungen; Planung und Analyse von Kostenarten; Vorbereitung des Berichtswesens; Koordination der Planungs- und Reportingprozesse.

Im Anschreiben kann man folgendermaßen auf dieses Basisprofil eingehen: »Ich habe mehrere Jahre als Controllerin in einem mittelständischen Unternehmen gearbeitet. Die Durchführung von Wirtschaftlichkeitsrechnungen, die

Planung und Analyse von Kostenarten sowie die Koordination der Planungs- und Reportingprozesse sind mir vertraut.«

Individuelles Profil vermitteln Nehmen Sie Ihre Bestandsaufnahme zur Hand und arbeiten Sie die Verbindungen, die zwischen dem Basisprofil Ihrer Wunschposition und Ihren bisherigen Tätigkeiten bestehen, heraus. Gehen Sie beispielsweise auf Branchenerfahrung, Berührungspunkte mit der von Ihnen angestrebten Wunschposition oder interessante Zusatzqualifikationen ein.

Beispiel

Individuelles Profil eines Grafikdesigners

Die besondere Qualifikation eines Initiativbewerbers wird durch diese Aussagen deutlich: »Als Grafikdesigner bei der Food AG war ich für Verpackungsdesigns verantwortlich und habe mehrere Markteinführungen begleitet. Dabei habe ich die Erkenntnisse aus der Marktforschung ins Design umgesetzt.«

Machen Sie persönliche Fähigkeiten an Beispielen fest

Beispiele für persönliche Fähigkeiten geben Benennen Sie die beruflichen Situationen, die Sie mithilfe Ihrer persönlichen Fähigkeiten bewältigt haben, und belegen Sie sie mit Beispielen. Personalverantwortliche ordnen Ihnen die geforderten Fähigkeiten von sich aus zu.

Beispiel

Persönliche Fähigkeiten einer Projektleiterin

Sieht das Basisprofil so aus, dass die meisten Unternehmen an die Position einer Projektleiterin bestimmte Forderungen nach persönlichen Fähigkeiten koppeln, ist dies ein aussagekräftiges Beispiel: »Als Projektleiterin in der Produktentwicklung war ich das Bindeglied zwischen den einzelnen Abteilungen. Meine Aufgabe bestand darin, die jeweiligen Vorschläge in ein realisierbares Konzept umzusetzen.«

Beschreiben statt bewerten Diese Überzeugungsregel kennen Sie bereits aus Kapitel 4 (»Warum sollten wir gerade Sie einstellen? Ihre Selbstpräsentation«) Machen Sie zur Vorbereitung Ihres Initiativanschreibens noch einmal die Übung »Beschreiben statt bewerten« (Kapitel 4, Abschnitt »Überzeugungsregeln für die Selbstpräsentation«), um Ihr Qualifikationsprofil überzeugend zu belegen.

Schlüsselbegriffe aus dem Tagesgeschäft verwenden Personalverantwortliche bevorzugen Bewerber, die wissen, was in ihrer Wunschposition verlangt wird. Initiativbewerber, die punkten wollen, müssen in ihrem Anschreiben Schlüsselbegriffe aus dem Tagesgeschäft benutzen, die ihre beruflichen Aufgaben kennzeichnen.

Schlüsselbegriffe helfen, Informationen zu strukturieren

Sie finden die für Ihr Berufsfeld wichtigen Schlüsselbegriffe und Schlagworte in Stellenanzeigen in Printmedien und im Internet. Verwenden Sie zum Einsatz der Schlüsselbegriffe, die für Ihre Wunschposition zutreffen, erneut die Übung »Schlüsselbegriffe und Schlagworte finden und einsetzen« (Kapitel 4, Abschnitt »Überzeugungsregeln für die Selbstpräsentation«). Die stichwortartige Aufzählung von beruflichen Erfahrungen vermittelt Personalverantwortlichen innerhalb kurzer Zeit wichtige Informationen über Ihr Bewerberprofil.

So gelingt Ihr Initiativanschreiben

Anhand eines Initiativanschreibens aus unserer Beratungspraxis werden wir Ihnen nun im Detail vorstellen, welche Fehler häufig gemacht werden und wie Sie sie vermeiden können. Es handelt sich um Susanne Kist, die sich um eine Stelle als Sekretärin bewirbt.

Negativbeispiel

Unpersönlicher Standardbrief

Susanne Kist
Kronenstr. 14
79100 Freiburg
Tel. 07 61 / 43 44 56
E-Mail: s.kist@industriekomponenten24.de

Handelsgesellschaft GmbH
Personalabteilung
Schwarzwaldblik 111
79112 Freiburg

22. März2004

Bewerbung

Sehr geehrte Damen und Herren,

eine erfahrene Schreibkraft und Sekretärin möchte sich Ihnen vorstellen. Ich hoffe, dass Sie Einsatzmöglichkeiten für mich in Ihrem Unternehmen sehen.

Mein Erfahrungschatz: Langjährigen Erfahrungen im Bürobereich sprechen eigentlich fur sich. Meine bisherigen Vorgesetzten waren immer sehr zufrieden mit mir. Selbstverständlich weiß ich auch, wie wichtig die aktuellen Anforderungen an Mitarbeiter sind. Daher verfüge ich selbstverständlich über hohe Teamfähigkeit und kann auch gut analytisch denken.

Einige Worte zu meiner beruflichen Entwicklung: Nach einem Realschulabschluss habe ich mich nach intensiven Gesprächen mit einem Berufsberater dafür entschieden, eine Ausbildung zu wählen, in der meine Stärken zum Tragen kommen. Auch heute noch macht mir mein Beruf im Großen und Ganzen Spaß.

Was ich mir wünsche: Nette Kollegen und eine offene und ehrliche Art des Umgangs miteinander. Das ist bei meinem jetzigen Arbeitgeber nämlich nicht mehr der Fall, seit ein neuer Abteilungsleiter eingestellt worden ist. Ich kann sicherlich mehr leisten, als es mir momentan möglich ist. Am liebsten bei Inen.

Mit freundlichen Grüßen

Fehler: 08/15-Bewerbung Auf den ersten Blick ist hier zu erkennen, dass die Bewerbung ohne wirklichen Einsatz einfach »heruntergeschrieben« ist.

Demonstrieren Sie Ihre Professionalität

Sowohl die fehlende persönliche Anrede als auch der Betreff »Bewerbung« sprechen leider gleich gegen Frau Kist. Um welche Bewerbung und um welche Stelle geht es? Hier hätte der Aufhänger »Initiativbewerbung als Sekretärin« von Anfang an für mehr Klarheit gesorgt. Eine Bewerberin aus dem Sekretariat müsste zudem wissen, dass eine aussagekräftige Betreffzeile zu den Grundanforderungen im professionellen Schriftverkehr gehört.

Fehler: Flüchtigkeitsfehler Natürlich wird das Anschreiben von Frau Kist als erste Arbeitsprobe gewertet werden. Daher ist es sehr problematisch, dass sich in ihrem Schreiben Flüchtigkeitsfehler finden lassen. So hat sie in der Datumsangabe ein Leerzeichen vergessen. Schwerer noch wiegt, dass sie in der Firmenanschrift einen Bock geschossen hat. Dort fehlt das »c« in »Schwarzwaldblik«. Fehler in der Anschrift führen sofort zu einer schlechten Grundstimmung bei der Prüfung von Anschreiben. Personalverantwortliche erwarten, dass die Bewerber wenigstens die Formalien des Anschreibens im Griff haben – natürlich erst recht im Bereich Sekretariat. So schlecht wie das Anschreiben anfängt, hört es auch auf. Der letzte Satz »Am liebsten bei Inen« enthält wieder einen Rechtschreibfehler.

Sorgfalt überzeugt

Fehler: fehlende Argumente Echte Argumente, die für eine Einstellung sprechen, fehlen im Anschreiben von Frau Kist. Über welche Erfahrungen sie verfügt, erwähnt sie nicht. Dabei ist es ein offenes Geheimnis, dass gerade die Tätigkeiten im Sekretariat sich sehr stark voneinander unterscheiden können. Hier reicht die Spanne von reinen Schreibtätigkeiten bis hin zu anspruchsvollen Assistenzaufgaben.

Fehler: Zweifel an den Soft Skills Mit ihren Tippfehlern hat Frau Kist schon Zweifel an ihrer Sorgfalt und Konzentrationsfähigkeit geweckt. Es geht aber noch weiter. Sie erwähnt, dass ihr die Arbeitsatmosphäre bei ihrem momentanen Arbeitgeber nicht mehr gefällt, weil »ein neuer Abteilungsleiter eingestellt worden ist«. Die Frage, die sich einem Personalverantwortlichen dadurch zwangsläufig aufdrängt, ist: »Warum tut sie nicht selbst etwas für die Gestaltung der Arbeitsatmosphäre?« Vielleicht ist Frau Kist ja eine Bewerberin, die nur dann zuverlässig arbeiten kann, wenn alles im ewig gleichen Trott abläuft. Solch eine unflexible Mitarbeiterin möchte man aber nicht im eigenen Unternehmen haben.

Fazit Dieses Anschreiben einer Initiativbewerbung wurde offensichtlich mit der heißen Nadel gestrickt. Auf eine nähere Beschäftigung mit den weiteren Unterlagen wird sich kein Personalverantwortlicher einlassen.

Viel überzeugender präsentiert sich Frau Kist im folgenden Beispiel (S. 274).

Positivbeispiel

Individuelles Anschreiben

Überzeugend: Telefonkontakt vorab Frau Kist hat sich mit ihrem Profil bei ihrem Wunschunternehmen mithilfe eines vorab geführten Telefonats ins Gespräch gebracht. So versandet die Initiativbewerbung nicht irgendwo im Unternehmen, sondern landet direkt auf dem Schreibtisch der zuständigen Personalreferentin Frau Rysi. Viele wertvolle Informationen aus diesem Vorabkontakt fließen nun ins Anschreiben ein. Da Frau Kist im Telefonat erfahren hat, dass die Handelsgesellschaft mbH auf »MS-Project-Kenntnisse« Wert legt, stellt sie diese auch im Anschreiben klar heraus.

Zusatzinformationen zielgerecht verwendet

Überzeugend: Die neue Stelle im Blick Frau Kist kann auf ein breites Spektrum an Erfahrungen zurückgreifen. Diesmal macht sie auch ganz klar deutlich, wo ihre Stärken liegen. Sie verliert sich nicht mehr in Allgemeinplätzen, sondern liefert konkrete Einstellungsargumente. Durch das vorbereitende Telefonat kann sie nun besonders diejenigen Erfahrungen herausheben, die auch in der anvisierten Stelle zum Tragen kommen. Dies ist insbesondere die »Projektkoordination und -abrechnung«. Natürlich macht Frau Kist auch deutlich, dass sie das Tagesgeschäft im Sekretariat sicher im Griff hat. Sie ist auch jetzt schon zuständig für die »Terminkoordination«, die »allgemeine Büroorganisation«, die »Korrespondenz und die Reiseorganisation und -planung«. Vor den Augen der Personalverantwortlichen entsteht ein plastisches Bild des Erfahrungsschatzes von Frau Kist.

Liefern Sie konkrete Einstellungsargumente

Susanne Kist, Kronenstr. 14, 79100 Freiburg
Tel. 07 61 / 43 44 56, E-mail: s.kist@gmx.de

Handelsgesellschaft mbH
Personalabteilung
Frau Rysi
Schwarzwaldblick 111

79112 Freiburg

Freiburg, 22. März 2004

Initiativbewerbung als Sekretärin
Unser Telefonat von heute

Sehr geehrte Frau Rysi,

ich freue mich, dass Sie grundsätzlich Einstellungsbedarf im Sekretariat haben. Hier sind die näheren Angaben zu meiner bisherigen Berufserfahrung. Neben den im Tagesgeschäft anfallenden Sekretariatsaufgaben übernehme ich bei meinem jetzigen Arbeitgeber auch Aufgaben in der Projektkoordination und -abrechnung.

Als Abteilungssekretärin bin ich mit den folgenden Aufgaben betraut: Ich übernehme die Terminkoordination, die allgemeine Büroorganisation, die Korrespondenz und die Reiseorganisation und -planung. Abteilungssitzungen werden von mir vorbereitet. Daneben übernehme ich auch die Organisation abteilungsübergreifender Projektsitzungen.

Meine berufliche Entwicklung habe ich mit einer erfolgreich abgeschlossenen Ausbildung zur Rechtsanwalts- und Notargehilfin begonnen. Das MS-Office-Paket beherrsche ich sicher. Für meinen Vorgesetzten erstelle ich auch Vortragsfolien mittels PowerPoint. In das Programm MS-Project habe ich mich ebenfalls eingearbeitet.

Gerne würde ich mich Ihnen in einem persönlichen Gespräch vorstellen.

Mit freundlichen Grüßen

Susanne Kist

Anlagen

Überzeugend: Soft Skills plausibel gemacht Das aussagekräftig gehaltene Anschreiben von Frau Kist lässt auch auf ihre Soft Skills schließen: Da sie beim momentanen Arbeitgeber auch Aufgaben in der »Projektkoordination und -abrechnung« übernimmt, kann vermutet werden, dass sie sich auch bei anspruchsvollen Aufgaben bewährt. Die Vorbereitung von »Abteilungssitzungen« und »Projektsitzungen« stellt das Organisationstalent von Frau Kist unter Beweis. Präsentationsgeschick bringt Frau Kist ebenfalls mit. Ihr Vorgesetzter überlässt ihr die Erstellung von »Vortragsfolien mittels PowerPoint« – sicherlich nicht ohne Grund. Ganz ersichtlich bringt die Bewerberin die für eine Tätigkeit im Sekretariat wichtigen Soft Skills mit.

Fazit Anschreiben zu Initiativbewerbungen wie dieses bekommen Personalverantwortliche selten zu sehen. Es besticht mit seiner Passgenauigkeit, denn die momentanen Aufgaben sind ebenso klar erkennbar wie die berufliche Ausrichtung. Eine engagierte Bewerberin, die man gerne im Vorstellungsgespräch näher kennen lernen möchte.

☑ *Checkliste für Ihr Initiativanschreiben*

- ☐ Haben Sie eine private Telefonnummer und E-Mail-Adresse angegeben?
- ☐ Stimmt die Firmenanschrift?
- ☐ Sind Erstellungsort und Tagesdatum aufgeführt?
- ☐ Haben Sie in der Betreffzeile die Position aufgeführt, für die Sie sich bewerben?
- ☐ Verweisen Sie in der Bezugzeile auf ein vorab geführtes Telefonat oder einen persönlichen Kontakt (Messe, Tagung, Weiterbildung)?
- ☐ Richtet sich Ihr Anschreiben an einen persönlichen Ansprechpartner? Haben Sie seinen Namen richtig geschrieben?
- ☐ Ist das Anschreiben lesefreundlich aufbereitet (Absätze, Schriftgröße, Schrifttyp, Seitenrand)?

- ☐ Haben Sie eine Endkontrolle durchgeführt, besser durchführen lassen?
- ☐ Ist Ihr Anschreiben unterschrieben?
- ☐ Sind Sie auf die Anforderungen der neuen Position eingegangen?
- ☐ Haben Sie Ihre Erfahrungen in Gutachtenform beschrieben und auf unnötige Bewertungen verzichtet?
- ☐ Ist Ihr Anschreiben frei von Problemschilderungen, Thematisierungen persönlicher Krisen oder Vorwürfen an den jetzigen Arbeitgeber?
- ☐ Ist der von Ihnen angegebene Wechselgrund plausibel (sonst lieber darauf verzichten)?
- ☐ Gibt es Beispiele für Ihre erfolgreiche Arbeit?
- ☐ Ist Ihr Anschreiben auch für Laien (Personalverantwortliche) verständlich?
- ☐ Haben Sie Ihre Soft Skills mit aussagekräftigen Praxisbeispielen umschrieben?
- ☐ Erleichtert Ihr Anschreiben dem Personalverantwortlichen die Entscheidung, in welchem Arbeitsgebiet Sie optimal einzusetzen wären?
- ☐ Finden Sie sich selbst in Ihrem Anschreiben wieder?

22
Der Lebenslauf in der Initiativbewerbung

Sorgen Sie dafür, dass das Interesse an Ihrer Initiativbewerbung durch den Lebenslauf verstärkt wird. Unterstützen Sie die Angaben, die Sie im Anschreiben gemacht haben, durch die tätigkeitsbezogene Ausgestaltung Ihres Lebenslaufs. Personalverantwortliche müssen auf einen Blick erfassen können, was Sie an beruflichen Qualifikationen und Erfahrungen mitbringen.

Bringen Sie Ihren Lebenslauf auf den Punkt

Bei Initiativbewerbungen ist der Lebenslauf ein sehr wichtiges Element: Er muss die Informationen aus dem Initiativanschreiben unterstützen, aber zusätzlich noch weitere Einstellungsargumente liefern. Erläutern Sie deshalb Ihre berufliche Entwicklung, und stellen Sie heraus, welche Kenntnisse und Erfahrungen Sie erworben haben. Zentral für Initiativbewerbungen ist, dass Personalverantwortliche erkennen, dass Sie sich nicht aus einer Laune heraus bewerben, sondern dass es gute Gründe für Ihre Wechselabsichten gibt.

Das ist neu: Der Lebenslauf im Initiativanschreiben muss auf die Wunschposition ausgerichtet sein. Eine bloße Auflistung beruflicher Stationen genügt nicht; vielmehr müssen die speziellen Kenntnisse und Erfahrungen des Bewerbers ebenfalls aufgeführt werden.

Individualität und Passgenauigkeit sind gefragt

Die wichtigste Regel, die Sie bei der Erstellung von Lebensläufen beachten müssen, lautet: Es gibt keinen »Standardlebenslauf«, den Sie bei jeder Bewerbung einfach beilegen können. Sie werden nur Erfolg haben, wenn Sie das individuelle berufliche Profil, das Sie im Anschreiben schon erkennen ließen, mit Ihrem Lebenslauf unterstützen. Das heißt, Sie müssen zu jeder einzelnen Bewerbung einen neuen Lebenslauf anfertigen, der Ihre spezifischen beruflichen Stärken, wie Sie bei der jeweiligen Firma gefordert sind, erkennen lässt.

Zeigen Sie Ihre spezifischen beruflichen Stärken

Wie Sie Ihren Lebenslauf sinnvoll strukturieren, haben wir Ihnen bereits in Kapitel 11 (»Der Lebenslauf«) erläutert. Bei Ihrem Lebenslauf für Ihre Initiativbewerbung kommt es vor allem darauf an, dass Sie ihn auf Ihre Wunschposition hin ausrichten.

▶ **Das sollten Sie sich merken:** Achten Sie darauf, dass Sie stets die angestrebte Position im Blick haben. Stellen Sie diejenigen beruflichen Erfahrungen, Fort- und Weiterbildungen besonders heraus, die eine Nähe zu den dort verlangten Kenntnissen haben.

Natürlich müssen Sie Ihre Initiativbewerbung auch mit einem Foto versehen. Hinweise für das optimale Bewerbungsfoto, finden Sie in Kapitel 12 (»Das Bewerbungsfoto«). Auch Ihr Foto sollten Sie im Hinblick auf Ihr angestrebtes Berufsfeld erstellen: Je nach Anforderung der Wunschposition sollten Sie dynamisch, zupackend, souverän, verlässlich oder zielstrebig wirken.

Richtig ins Bild gesetzt

Das Foto können Sie entweder Ihrem Lebenslauf beifügen oder auf einem speziellen Deckblatt platzieren. Mögliche Gestaltungsvariationen finden Sie im Kapitel 8 (»Die Bewerbungsmappe«).

Um Ihre Initiativbewerbung noch aussagekräftiger zu gestalten, steht es Ihnen frei, eine Leistungsbilanz beizufügen. Dies bietet sich bei Initiativbewerbungen besonders an, da Sie in Ihrer Leistungsbilanz Ihr individuelles Qualifikationsprofil noch einmal unterstreichen können. Wie diese am besten gelingt, erfahren Sie in Kapitel 13 (»Ihre Leistungsbilanz«). Denken Sie auch hierbei daran, Ihr Profil auf Ihre Wunschposition zuzuschneiden.

Unterstreichen Sie Ihr Qualifikationsprofil

Im Folgenden zeigen wir Ihnen als Negativbeispiel einen misslungenen Lebenslauf und im Anschluss daran die verbesserte und korrigierte Version. Beide Versionen kommentieren wir für Sie, damit Sie nicht die typischen Fehler machen und die von uns genannten Tipps überzeugend umsetzen können.

Beispiele für einen Initiativlebenslauf

Negativbeispiel

Inhaltslose Stichworte

LEBENSLAUF von PATRICK GENZ

••• Zu meiner Person:	verheiratet mit Jacqueline Genz geb. Krause, keine Kinder, geb. in Zwickau (damalige DDR), Geburtstag: 3. August 1975
••• Ehrenamt:	2. Vorsitzender des Schweriner Vereins zur Pflege volkstümlichen Brauchtums, unter anderem habe ich mit meinen Vereinskollegen Volkstanzaufführungen an Schulen veranstaltet und konnte neue Mitglieder gewinnen
••• Schule:	Besuch der Grundschule 1981 - 1985 Besuch der Mittelschule Ernst Thälmann 1985 - 1990 Besuch der Mittelschule Schwerin 1990 - 1992
••• Ausbildungsdaten:	Ausbildung zum WKS-Gesellen 1992 - 1995 Ausbildung zum Betriebswirt des Handwerks 1996 - 1997 Ausbildung zum WKS-Meister 1999
••• Arbeit:	WKS-Facharbeiter bei der Fa. Technik 1995 - 1999, ein regional ansässiger, traditionsbewusster Familienbetrieb, der Technikkomponenten anbietet, hier habe ich im kaufmännischen Auftragswesen gearbeitet

		Facharbeiter mit Projektabordnung bei der Fa. Lichtkonzept 2000 – jetzt, ich wechselte zu diesem Anbieter, um beruflich weiterzukommen, neben meinen kaufmännischen Erfahrungen kam auch meine technische Ausrichtung in Aufgaben mit Projektcharakter hier wieder mehr zum Tragen
●●●	Hobbys:	Kultur, PC
●●●	Sonstiges:	Seminare und Trainingseinheiten zur Entwicklung der persönlichen und fachlichen Vorzüge
●●●	Computer:	gute Anwendungssicherheit erworben im Beruf und in der Freizeit

Fehler: schlechte Gestaltung Es macht keinen Spaß, sich durch den Lebenslauf von Patrick Genz zu kämpfen. Schon sein schlechtes Layout wird den Leser in der Personalabteilung abschrecken. Die doppelt unterstrichene Überschrift »Lebenslauf von Patrick Genz« ist wenig ansprechend. Außerdem hat Herr Genz das zu kleine Bewerbungsfoto ganz links an den Rand gequetscht. Warum er schließlich drei Punkte vor den einzelnen Blocküberschriften eingefügt hat, wird wohl sein Geheimnis bleiben. Der Strukturierung der Angaben dient es jedenfalls nicht.

Klarheit durch Struktur

Fehler: Formalien nicht im Griff Initiativbewerber sollten darauf achten, dass sie gut erreichbar sind. Dazu gehört auch, auf dem Lebenslauf die vollständigen Kontaktdaten, insbesondere eine Telefonnummer, anzugeben. Diese Angaben fehlen im Lebenslauf von Herrn Genz. Zudem fehlen Erstellungsort und -datum sowie die Unterschrift des Bewerbers. Rückschlüsse auf den momentanen Wohnort können somit nicht gezogen werden. Ist Herr Genz ein Bewerber aus der Region? Welche Kosten fallen auf der Unternehmensseite an, wenn man ihn zu einem Gespräch einladen würde?

Fehler: persönliche Angaben Es ist nicht ungewöhnlich, einen Lebenslauf mit persönlichen Angaben zum Familienstand, Geburtstag und -ort zu beginnen. Diese Angaben sind erwünscht. Ungewöhnlich ist es aber, wenn ein Bewerber betont, dass er »keine Kinder« hat und dass er in der »damaligen DDR« geboren worden ist. Warum erwähnt Herr Genz diese beiden Punkte? Wieder wird ein Personalverantwortlicher ins Grübeln kommen. Empfindet Herr Genz die Kinderlosigkeit seiner Ehe als Makel? Wird er dadurch so stark belastet, dass dies Auswirkungen auf seine berufliche Leistungen haben könnte? Und leidet er noch heute darunter, dass er in der DDR aufgewachsen ist? Oder vermisst er die damaligen Lebensumstände?

Wählen Sie Informationen sorgfältig aus

Fehler: Ehrenamt wichtiger als Beruf Prinzipiell wird es gerne gesehen, wenn sich Bewerber auch gesellschaftlich engagieren. Beim Lebenslauf sollte aber die Darstellung der beruflichen Qualifikation im Vordergrund stehen. Zunächst müssen Fakten geliefert werden, die begründen, warum der Bewerber für eine bestimmte Stelle infrage kommt. Bei seinem Lebenslauf hat Herr Genz das Ehrenamt jedoch ganz nach vorne gestellt, sodass man vermuten muss, dass ihm sein »Verein zur Pflege volkstümlichen Brauchtums« wichtiger ist als seine beruflichen Aufgaben.

Fehler: ewiger Azubi Mit dem Block Ausbildungsdaten präsentiert sich Herr Genz als »ewiger Azubi«. Dreimal taucht der Begriff Ausbildung auf: zum »WKS-Gesellen«, zum »Betriebswirt des Handwerks« und zum »WKS-Meister«. Diese Angaben sind nicht korrekt, denn bei der zweiten Angabe handelt es sich um eine Fortbildung, und die dritte bezeichnet eine Weiterbildung auf der Grundlage seiner Berufsausbildung. Ein ihm wohlgesonnener und erfahrener Personalverantwortlicher wird diese Angaben vielleicht übersetzen, aber die Mehrheit wird von zumindest zwei abgebrochenen Ausbildungen ausgehen.

Klare und korrekte Angaben sind unerlässlich

Fehler: fehlende Zeitleiste Mühsam muss der Leser die Verweildauer in den einzelnen Stationen heraussuchen. Beim Lebenslauf von Herrn Genz fehlt eine durchgehende Zeitleiste. Damit wird der Lebenslauf sehr prüfungsunfreundlich. Gerade bei einer Initiativbewerbung lassen sich Personalverantwortliche aber nicht gerne zu unnötiger (Mehr-)Arbeit bewegen. Herr Genz hätte den zeitlichen Ablauf seiner bisherigen Entwicklung viel deutlicher aufzeigen sollen.

Vermeiden Sie Mehrdeutigkeiten

Fehler: Lücken Eine Frage, die sich Personalprofis immer stellen, lautet: »Sind Lücken im Lebenslauf?« Mit den Jahreszahlen als Zeitangabe erweist sich Herr Genz einen schlechten Dienst. Hier klingeln die Alarmglocken: Hat der Bewerber beispielsweise seine erste Berufstätigkeit im Januar 1999 beendet und die anschließende womöglich erst im Dezember 2000 angetreten? Wie immer bei der ausschließlichen Verwendung von Jahresangaben im Lebenslauf werden Spekulationen Tür und Tor geöffnet, im Zweifel immer negativen.

Belegen Sie Ihre berufliche Kompetenz

Fehler: Inhaltsleere Bei den Angaben zur Person und zum Ehrenamt schreibt Herr Genz eher zu viel. Bei den beruflichen Stationen, die er »Arbeit« nennt, geht er dagegen viel zu knapp vor. Hier lässt sich nicht erkennen, worin die beruflichen Aufgaben im Einzelnen bestanden. Obwohl Herr Genz drei bis vier Zeilen füllt, bietet er doch nur Inhaltsleere an. Welche Aufgaben hat man ihm im »kaufmännischen Auftragswesen« übertragen? Woran zeigt sich seine »technische Ausrichtung«? Was sind Aufgaben mit »Projektcharakter«? Hinzu kommt die wiederholte Verwendung des Kürzels »WKS«, das für die meisten Personalverantwortlichen unverständlich ist. Wer vermutet dahinter schon das Wärme-, Kälte- und Schallschutzisolierer-Handwerk? Kommunikatives Geschick scheint dieser Bewerber nicht mitzubringen.

Fehler: mangelhafte zusätzliche Angaben Im Block Sonstiges erwähnt Herr Genz zwar Seminare und Trainingseinheiten. Welche »persönlichen und fachlichen Vorzüge« dadurch entwickelt wurden, erschließt sich aber nicht. Zudem wird auch nicht klar, welche Computerkenntnisse der Bewerber tatsächlich hat. Die »gute Anwendungssicherheit« möchte man ihm vielleicht glauben, vielleicht beschränkt sie sich aber auf Computerspiele und Internetauktionen.

Fazit Zu knapp, zu wenig Aussagekraft, zu viele überflüssige Angaben. Ein hingepfuschter Lebenslauf, der schnell zurückgesandt werden wird. Absage!

Positivbeispiel

Aussagekräftige Daten und Beispiele

Patrick Genz, Kastanienallee 87, 19058 Schwerin
Tel. (03 85) 12 43 87, E-Mail: Patrick.Genz@aol.de

LEBENSLAUF

Persönliche Daten	geb. am 03.08.1975 in Zwickau, verheiratet
Berufserfahrung	
01/2000 bis heute	Projektleiter bei der Lichtkonzept GmbH, Schwerin Produktionsplanung Wirtschaftlichkeitsrechnung Erstellung von Investitions- und Finanzplänen Vertriebsunterstützung
08/1995 bis 12/1999	Projektleiter bei der Technik GmbH, Rostock Kosten- und Leistungsrechnung Angebotswesen Auftragsakquise Betreuung von Ausschreibungen Personalentwicklung
Fort- und Weiterbildung	
03/1999 bis 08/1999	Weiterbildung zum Isoliermeister an der Handwerkskammer Rostock
13.08.1999	Meister im Wärme-, Kälte- und Schallschutzisolierer-Handwerk

02/1996 bis 07/1997	Fortbildung zum Betriebswirt des Handwerkes an der Handwerkskammer Lübeck
04.07.1997	Betriebswirt des Handwerkes

Patrick Genz, Lebenslauf Seite 2

Ausbildung und Schule

09/1992 bis 07/1995	Ausbildung zum Wärme-, Kälte- und Schallschutzisolierer
28.07.1995	Geselle in der Wärme-, Kälte- und Schallschutzisolierung
03.07.1992	Realschulabschluss an der Mittelschule Schwerin

Seminare und Trainings

07/2003	Wirtschaftsakademie Lübeck: »Kostensenkungsprogramme«
10/2002	Transferzentrum der Fachhochschule Kiel: »Controlling schlanker Geschäftsprozesse«
06/2001	Handwerkskammer Rostock: »Potenzialanalyse im Einkauf«
01/2000	Management-Consult Hamburg: »Reengineering von Geschäftsprozessen«

Zusatzqualifikationen

EDV-Kenntnisse	Plattformen: AS 400, Unix-Workstations, PC-Netze (alle sehr gut) Betriebssysteme: Unix, Windows NT (beide sehr gut) Anwendungssoftware: WinWord, Excel, PowerPoint, Lotus-Notes (alle ständig in Anwendung) Konstruktion: LogoCAD (gut)
Sprachen	Englisch (gut) Russisch (Grundlagen)

Schwerin, 11.02.2004

Überzeugend: persönlicher Auftritt Seinen verbesserten Lebenslauf beginnt Herr Genz mit vollständigen Kontaktdaten. Nicht nur die Telefonnummer, auch eine private E-Mail-Adresse gewährleisten eine schnelle Erreichbarkeit. Gleich nach den Kontaktdaten folgt das Bewerbungsfoto. Hier präsentiert sich ein sympathischer Bewerber. Zwar beginnt Herr Genz seinen Lebenslauf mit dem zentrierten Foto etwas ungewöhnlich, er hinterlässt aber einen überzeugenden ersten Eindruck.

Gewährleisten Sie Ihre Erreichbarkeit

Überzeugend: prüfungsfreundlich Der gesamte Lebenslauf ist prüfungsfreundlich gestaltet. Dies beginnt bei den fett formatierten Blocküberschriften und setzt sich in der Zeitleiste fort. In passenden Blöcken sind die relevanten Informationen untergebracht und werden gut strukturiert dargeboten. Herr Genz baut seinen Lebenslauf rund um seine beruflichen Qualifikationen auf. Er verzettelt sich nicht mehr in unnötigen Angaben und schafft es, ein individuelles Profil zu vermitteln.

Überzeugend: Profil zu erkennen Für Personalverantwortliche ist besonders wichtig, schnell zu erfassen, mit welchen Aufgaben Bewerber aktuell vertraut sind und in der Vergangenheit betraut waren. Herr Genz wird diesem Informationsbedürfnis diesmal gerecht. Im Block Berufserfahrung gibt er ausgewählte Tätigkeiten an. Ein Personalverantwortlicher kann erkennen, dass er die »Produktionsplanung«, »Wirtschaftlichkeitsrechnung«, »Erstellung von Investitions- und Finanzplänen« sowie die »Vertriebsunterstützung« beim momentanen Arbeitgeber übernimmt. Die jetzigen Tätigkeiten ergänzen sich gut mit den vorher bearbeiteten Aufgaben »Kosten- und Leistungsrechnung«, »Auftragsakquise« und »Betreuung von Ausschreibungen«. Es wird klar, dass Herr Genz sich weiterentwickelt hat und mit immer anspruchsvolleren Aufgaben betraut worden ist.

Dokumentieren Sie Ihre Fortschritte

Überzeugend: berufliche Entwicklung Diesmal erscheint der Bewerber nicht als »ewiger Azubi«. Im Gegenteil: Sowohl Leistungsbereitschaft als auch Lernwilligkeit von Herrn Genz sind deutlich zu erkennen. Die Ausbildung zum »Wärme-, Kälte- und Schallschutzisolierer« wird von ihm zusammen mit dem Realschulabschluss in Block Ausbildung und Schule angegeben. So macht er die Basis für seine weitere berufliche Entwicklung gut sichtbar. Fort- und Weiterbildung erscheinen jetzt in einem eigenen Block und werden richtig bezeichnet. Dass Herr Genz eine Brücke zwischen technischen und kaufmännischen Aufgaben schlagen kann, beweist seine Fortbildung zum »Betriebswirt des Handwerkes« und seine Weiterbildung zum »Meister im Wärme-, Kälte- und Schallschutzisolierer-Handwerk«. Alle drei Qualifikationsgänge hat Herr Genz erfolgreich abgeschlossen, was durch die Angabe der erfolgreichen Abschlüsse mit dem jeweiligen Tagesdatum dokumentiert wird.

Überzeugend: lückenlose Zeitangaben Nicht nur die Abschlussprüfungen sind diesmal klar gekennzeichnet. Mit Monats- und Jahreszahlen macht Herr Genz diesmal auch unmissverständliche Zeitangaben. Musste man in seinem schlecht gestalteten Lebenslauf noch vermuten, dass er Leerlaufzeiten kaschieren wollte, wird jetzt deutlich, dass es in seinem Werdegang keine Lücken gibt.

Prüfungsfreundlichkeit durch Zeitleiste

Überzeugend: Lernwille Eigentlich würden die von Herrn Genz absolvierten Fort- und Weiterbildungen zum Betriebswirt und Meister schon ausreichen, um sein Entwicklungspotenzial sichtbar zu machen. Seine Lust am Lernen unterfüttert Herr Genz jedoch noch durch die Angaben zu ausgewählten Seminaren und Trainings. Er hat sich für die Darstellung von Schulungen der letzten vier Jahre entschieden, um die Aktualität seiner hinzugewonnenen Kenntnisse zu betonen. Als Projektleiter kommen ihm die Seminare »Reengineering von Geschäftsprozessen«, »Controlling schlanker Geschäftsprozesse« und »Kostensenkungsprogramme« sicherlich zugute.

Überzeugend: EDV im Griff Genauso aussagekräftig wie der Lebenslauf begonnen hat, endet er auch. Im Block Zusatzqualifikationen entfaltet Herr Genz jetzt sein EDV-Profil. Auf vage Angaben hat er diesmal verzichtet und führt stattdessen detailliert die »Rechnerplattformen«, »Betriebssysteme« und »Anwendungssoftware« auf. Neben den Produktnamen ordnet er auch seine Kenntnisse ein. Der tägliche Umgang mit der EDV rundet sein Profil als »Technischer Projektleiter« ab. Auch ein Hinweis auf seine »CAD-Kenntnisse« in der Konstruktion fehlt nicht.

Relevante Zusatzqualifikationen

Fazit Ein interessanter Initiativbewerber mit einem gut dargestellten Qualifikationsprofil. Lebensläufe wie diese ersehnt man sich in der Personalabteilung. Eine Einladung zum Vorstellungsgespräch wird Herr Genz in den nächsten Tagen erhalten.

☑ *Checkliste* ***für Ihren Initiativlebenslauf***

- ☐ Ist der erste Eindruck Ihres Lebenslaufs gefällig?
- ☐ Haben Sie Ihre Kontaktdaten aufgeführt (Name, Anschrift, Telefon, private E-Mail-Adresse, Handy)?
- ☐ Sind die persönlichen Daten vollständig (Geburtsdatum, -ort, Familienstand, Kinder, Nationalität)?
- ☐ Haben Sie aussagekräftige Blöcke gebildet (beispielsweise Berufstätigkeit, Studium/Ausbildung, Weiterbildung, Fremdsprachen, EDV-Kenntnisse, Hobbys)?
- ☐ Sind die Zeitangaben zu den einzelnen Stationen in den jeweiligen Blöcken chronologisch?
- ☐ Haben Sie Zeitangaben in Monat und Jahr aufgeführt?
- ☐ Ist der Lebenslauf lückenlos (keine Fehlzeiten)?
- ☐ Haben Sie berufliche Stationen korrekt angegeben (Firma mit richtiger Rechtsform, Ort, Unternehmensbereich, Abteilung, Positionsbezeichnung)?
- ☐ Sind die von Ihnen in den einzelnen beruflichen Stationen wahrgenommenen Aufgaben stichwortartig beschrieben?
- ☐ Werden Sonderaufgaben und/oder Projekte genannt?
- ☐ Falls Sie über Führungserfahrung verfügen: Haben Sie die Anzahl der Ihnen zugeordneten Mitarbeiter angegeben? Ist Ihre Führungserfahrung (Projektleitung, Stellvertretung von Führungskräften, Weisungsbefugnisse) deutlich genug herausgestellt?
- ☐ Sind die wichtigsten beruflichen Stationen (üblicherweise die letzten beiden) ausführlich genug beschrieben?

- ☐ Wird ein roter Faden im Lebenslauf deutlich, der auf die Wunschposition hinführt?
- ☐ Haben Sie berufliche Erfolge konkret herausgestellt (Umsatz- und Gewinnsteigerungen, Qualitätsverbesserungen, Ausweitung des Kundenstammes)?
- ☐ Entsteht beim Leser das Bild eines zupackenden Machers?
- ☐ Haben Sie längere Verweildauern bei einem Arbeitgeber unterteilt und so Ihren innerbetrieblichen Aufstieg deutlich gemacht?
- ☐ Sind die von Ihnen angegebenen Weiterbildungsmaßnahmen relevant für die neue Position?
- ☐ Ist ersichtlich, dass Sie nicht nur Ihre Fachkenntnisse, sondern auch Ihre Soft Skills in Seminaren und Trainings weiterentwickelt haben?
- ☐ Haben Sie sowohl auf weitschweifige Umschreibungen als auch auf unverständliche Abkürzungen verzichtet?
- ☐ Haben Sie Ihre Sprach- und EDV-Kenntnisse bewertet?
- ☐ Ist der Lebenslauf von Ihnen unterschrieben worden, und haben Sie Erstellungsort und -datum angegeben?

23

Vollständigkeit: Was gehört in die Bewerbungsmappe?

Gerade bei Initiativbewerbungen stellt sich die Frage, ob Sie Ihre vollständigen Unterlagen oder eine Kurzbewerbung schicken. Ebenso steht es Ihnen offen, eine Leistungsbilanz beizulegen, um Personalverantwortlichen einen besseren Überblick über Ihr Profil zu geben.

Bei Initiativbewerbungen können Sie sowohl Kurzbewerbungen als auch komplette Bewerbungsmappen versenden. Grundsätzlich empfehlen wir Ihnen, vollständige Bewerbungsmappen zu versenden. So zeigen Sie, dass Ihnen die Bewerbung bei diesem Unternehmen besonders wichtig ist. Kurzbewerbungen erwecken dagegen schnell den Eindruck von Bewerbungsrundschreiben. Personalverantwortliche könnten vermuten, dass Sie sich nicht gezielt bei ihrem Unternehmen beworben haben und Ihrer Bewerbung kritischer als nötig gegenüberstehen.

Grundsätzlich: vollständige Unterlagen schicken

Dies gehört in eine vollständige Bewerbungsmappe

Grundsätzlich gehören zu einer vollständigen Bewerbung das Anschreiben, der Lebenslauf, das Bewerbungsfoto sowie Kopien von Arbeitszeugnissen und des berufsqualifizierenden Abschlusses. Hinzu kommen eventuell Kopien von Fortbildungsabschlüssen, Weiterbildungsbestätigungen und sonstigen Zertifikaten. Beachten Sie, dass das Anschreiben stets lose obenauf in die Mappe eingelegt wird.

Anschreiben nur lose einlegen

Sie sollten möglichst jede bisherige berufliche Station mit einem Arbeitszeugnis belegen. Fehlt ein Arbeitszeugnis, so wird vermutet, dass es

Probleme gab oder die Bewertungen wohl schlecht waren. Für Ihre aktuelle Tätigkeit müssen Sie nicht zwingend ein Zwischenzeugnis liefern. Man hat in der Regel Verständnis dafür, dass Sie am derzeitigen Arbeitsplatz keine Unruhe durch die Bitte um Anfertigung eines Zwischenzeugnisses entstehen lassen wollen. Stattdessen können Sie eine selbst verfasste Tätigkeitsbeschreibung (inklusive der von Ihnen durchgeführten Projekte und wahrgenommenen Sonderaufgaben) oder eine Leistungsbilanz beilegen.

Referenzen machen Sie interessant

Da gerade bei einer Initiativbewerbung auch Referenzgeber zu Ihren beruflichen Leistungen interessant sein können, bietet es sich für manche Bewerber an, von sich aus Referenzen zu nennen. Nehmen Sie ein separates Blatt Papier, das Sie mit der Überschrift »Referenzen« versehen. Dann könnten Sie formulieren »Weitere Auskünfte zu meiner Person und zu meinen beruflichen Leistungen gibt Ihnen gerne: Frank Müller, Abteilungsleiter Einkauf der Sales AG, unter der Durchwahl 0 69/1 23 45-67«. Wenn Sie sich entschlossen haben, Ihrer Initiativbewerbung eine Leistungsbilanz beizufügen, können Sie Ihre Referenzen auch dort vermerken. Vergessen Sie in beiden Fällen jedoch nicht, die von Ihnen genannten Referenzgeber rechtzeitig zu informieren, damit keine unbedachten Äußerungen Ihren Bewerbungserfolg gefährden.

In Kapitel 8 (»Die Bewerbungsmappe«) finden Sie Beispiele für die klassische Zusammenstellung von vollständigen Bewerbungsunterlagen. Dort finden Sie auch Hinweise, wie Sie ein individuelles Deckblatt und ein Anlagenverzeichnis gestalten können.

☑ *Checkliste*
für Ihre vollständige Bewerbungsmappe

- ☐ Haben Sie sich nur dann für eine Kurzbewerbung entschieden, wenn dies ausdrücklich gewünscht wurde?
- ☐ Sind die Anlagen in der richtigen Reihenfolge sortiert?
- ☐ Sind die beigefügten Kopien von guter Qualität?

- ☐ Beinhaltet Ihre Bewerbungsmappe zumindest das Anschreiben, den Lebenslauf, das Bewerbungsfoto und den berufsqualifizierenden Abschluss?
- ☐ Haben Sie ein Zwischenzeugnis oder, alternativ dazu, eine selbst verfasste Tätigkeitsbeschreibung über Ihre momentanen Aufgaben beigefügt (kein Muss)?
- ☐ Möchten Sie Referenzen von Fürsprechern beilegen (kein Muss)?
- ☐ Haben Sie eine Leistungsbilanz ausgearbeitet (kein Muss)?
- ☐ Liegen die Arbeitszeugnisse früherer Arbeitgeber bei?
- ☐ Haben Sie die Weiterbildungszertifikate ausgewählt, die für die ausgeschriebene Position wichtig sind?
- ☐ Gibt es nicht nur Bestätigungen über fachliche Weiterbildungen, sondern auch über Soft Skill-Trainings (Verhandlungsführung, Präsentieren, Rhetorik, Moderation)?
- ☐ Haben Sie bei sehr umfangreichen Anlagen ein Anlagenverzeichnis erstellt?
- ☐ Sind die Anlagen insgesamt stimmig und aussagekräftig?
- ☐ Wirkt die Mappe wie aus einem Guss?

24 Durchgesehene Initiativbewerbung

Nachdem Sie sich intensiv mit den einzelnen Elementen der Bewerbungsmappe auseinander gesetzt haben, werden wir Ihnen in diesem Kapitel nun zeigen, wie sich die einzelnen Bestandteile der Mappe aufeinander abstimmen lassen. Es zählt schließlich der Gesamteindruck Ihrer Bewerbungsunterlagen.

Behalten Sie bei der Ausformulierung Ihrer Unterlagen immer unsere Profil-Methode im Blick: Achten Sie auf Passgenauigkeit, Stärkenorientierung und Glaubwürdigkeit, um den Bewerbungserfolg zu sichern. Wir wissen aus unserer langjährigen Beratungstätigkeit, dass Sie erst mit einer individuell gestalteten Bewerbung die Aufmerksamkeit erzielen, die Ihnen zusteht. Bekennen Sie sich zu Ihren persönlichen Stärken, und arbeiten Sie heraus, wo Ihre besonderen Erfahrungen und speziellen Kenntnisse liegen.

Achten Sie auf Passgenauigkeit, Stärkenorientierung und Glaubwürdigkeit

Initiativbewerbung für die Position Vertriebsassistent

In unserem Beispiel stellen wir Ihnen Heiner Lotz vor. Als gelernter Bürokaufmann hat er im Anschluss an seine Ausbildung verschiedene Stellen im Vertriebsbereich innegehabt. Er ist dabei immer im Vertriebsinnendienst tätig gewesen, dort möchte er auch seine berufliche Entwicklung fortführen. Ein Wechsel in den Außendienst ist für ihn nicht interessant.

Herr Lotz hat mithilfe von Stellenanzeigen folgendes Stellenprofil für seine Wunschposition erstellt:

Stellenprofil Vertriebsassistent

Aufgaben in Stellenanzeige 1

- Angebotserstellung
- Marktforschung

Geforderte fachliche Kenntnisse in Stellenanzeige 1

- Berufserfahrung im Vertriebsinnendienst
- kaufmännische Ausbildung

Geforderte Soft Skills in Stellenanzeige 1

- verhandlungssicher
- Beratungskompetenz

Aufgaben in Stellenanzeige 2

- Erstellung von Präsentationen
- Stützung des Außendienstes

Geforderte fachliche Kenntnisse in Stellenanzeige 2

- Erfahrung in der Verkaufsförderung
- Draht zum Marketing

Geforderte Soft Skills in Stellenanzeige 2

- Lernbereitschaft
- Teamfähigkeit

Auch Herr Lotz hat sich mit einem Telefongespräch bei seinem Wunschunternehmen ins Gespräch gebracht. Vom Personalverantwortlichen, Herrn Diecke, bekam er die nachfolgenden wichtigen Tipps für seine Initiativbewerbung.

Zusatzinformationen aus dem Telefonat

- Vertriebs- und Marketingerfahrung
- Erfolgskontrolle von Werbemaßnahmen

Auf der Basis des Stellenprofils und der Zusatzinformationen lässt sich die Initiativbewerbung nun passgenau ausarbeiten.

Heiner Lotz, Babenhäuser Str. 32, 63762 Großostheim
Telefon: (0 60 26) 1 16 49 91, E-Mail: heiner.lotz@web.de

**Initiativbewerbung als Vertriebsassistent
bei der Großhandel GmbH & Co. KG**

Heiner Lotz, Babenhäuser Str. 32, 63762 Großostheim
Telefon: (0 60 26) 1 16 49 91, E-Mail: heiner.lotz@web.de

Großhandel GmbH & Co. KG
Bereich Personal
Herrn Diecke
Weinhäuser Allee 1A

63500 Seligenstadt

Großostheim, 15.03.2004

Initiativbewerbung als Vertriebsassistent
Unser Telefongespräch vom 12.03.2004

Sehr geehrter Herr Diecke,

vielen Dank für Ihr Interesse an meiner Bewerbung. Wie bereits am Telefon besprochen, arbeite ich zurzeit an der Schnittstelle zwischen Vertrieb und Marketing. Zur Weiterentwicklung von Kundenbeziehungen habe ich zielgruppenangepasste Präsentationskonzepte für den Außendienst erarbeitet. Neben der Unterstützung der Vertriebsmannschaft bin ich auch für die Beratung von Kunden und Geschäftspartnern zuständig.

Momentan arbeite ich als Vertriebsmitarbeiter im Innendienst. Neben der Angebotserstellung und der Kalkulation koordiniere ich Marketing- und Sales-Aufgaben. Dazu gehören die Entwicklung und Umsetzung von Konzepten zur Verkaufsförderung und die Erfolgskontrolle der eingesetzten Werbemaßnahmen. Ich arbeite eng mit den Kunden zusammen und berücksichtige bei Werbeaktionen deren individuelle Wünsche und Möglichkeiten.

Vor meiner jetzigen Position war ich als Vertriebs- und Marketingassistent tätig. Zu meinen Hauptaufgaben gehörten die Projektkoordination, die Vorbereitung und Durchführung von Präsentationen und die Auswertung von Marktforschungsdaten. Basis meiner beruflichen Entwicklung ist meine Ausbildung zum Bürokaufmann.

Um den Ausbau meiner Kenntnisse habe ich mich stets aktiv gekümmert. Ich spreche gut Englisch und beherrsche das MS-Office-Paket sicher. Über eine Einladung zum Vorstellungsgespräch würde ich mich freuen.

Mit freundlichen Grüßen

Heiner Lotz

Anlagen

Heiner Lotz, Babenhäuser Str. 32, 63762 Großostheim
Telefon: (0 60 26) 1 16 49 91, E-Mail: heiner.lotz@web.de

Persönliche Daten

geb. am 11.09.1976 in Mainz
verheiratet

Berufliche Entwicklung

08/2002 – heute	**Vertriebsmitarbeiter im Innendienst** bei der Baustoffhandel KG, Süderstadt Tätigkeiten: Angebotserstellung, Koordination von Marketing- und Sales-Aufgaben, Weiterentwicklung von Geschäftsbeziehungen
02/1999 – 06/2002	**Vertriebs- und Marketingassistent** bei der Baugenossenschaft Häuslebau e. G., Kleinostheim Tätigkeiten: Auswertung von Marktforschungsdaten, Projektverfolgung, Erstellung von Präsentationsunterlagen
08/1998 – 01/1999	**Vertriebsassistent** bei der Büromöbel GmbH, Mainz Tätigkeiten: Angebotskalkulation, Angebotserstellung, Kundenberatung, Aufbereitung von Verkaufszahlen

Ausbildung und Schule

08/1995 – 07/1998	Ausbildung zum **Bürokaufmann** bei der Büromöbel GmbH, Mainz
01.07.1998	**Bürokaufmann**, Note gut
15.06.1995	**Fachhochschulreife** an den Beruflichen Schulen IV, Wirtschaft, Mainz

Lebenslauf Seite 1

Heiner Lotz, Babenhäuser Str. 32, 63762 Großostheim
Telefon: (0 60 26) 1 16 49 91, E-Mail: heiner.lotz@web.de

Weiterbildung

09/2003	Sales Akademie, Frankfurt: **Datenbankaufbau für das Direktmarketing**
03/2003	Karriereakademie, Bredenbek: **Überzeugende Rhetorik**
05/2002	IHK Frankfurt: **PowerPoint-Präsentationen**
04/2000	Wirtschaftsakademie, Mainz: **Kostenrechnung in der Praxis**

Zusatzqualifikationen

Sprachen	Englisch (gut)
EDV-Kenntnisse	MS-Office (ständig in Anwendung)
	Datenbanken (sehr gut)
	Internetrecherche (sehr gut)

Großostheim, 15.03.2004

Lebenslauf Seite 2

Deckblatt

Wichtig: der erste Eindruck

Überzeugend: Ausstrahlung Mit dem Bewerbungsfoto gleich auf dem Deckblatt setzt sich Herr Lotz gut »ins Bild«. Es zeigt sich, dass er für seine Initiativbewerbung Zeit und Geld investiert hat, denn er hat ein gutes Foto anfertigen lassen. Gerade in Positionen mit Kundenkontakt, wie im Vertrieb, spielt der persönliche Eindruck eine große Rolle. Herr Lotz schafft es mit seinem Deckblatt, den wichtigen ersten Eindruck positiv zu gestalten.

Überzeugend: individuelle Ansprache Die Bildunterschrift »Initiativbewerbung als Vertriebsassistent bei der Großhandel GmbH & Co. KG« verweist auf eine konkrete Einsatzmöglichkeit und ist von Herrn Lotz individuell auf das umworbene Unternehmen zugeschnitten worden. Er stellt schon auf dem Deckblatt die Position heraus, die er anstrebt. Das Deckblatt ist zum einen ganz klar nur für das ausgeschriebene Unternehmen gefertigt – und somit keine Einleitung zu einem Bewerbungsrundschreiben –, und zum anderen kann der Personalprofi erkennen, dass Herr Lotz weiß, was er will.

Anschreiben

Überzeugend: gute Gestaltung Die gute Gestaltung des Deckblattes setzt sich beim Anschreiben fort. Herr Lotz bringt die Ausführungen über seine beruflichen Erfahrungen in einer lesefreundlichen Form unter. Die Kopfzeile ist etwas ungewöhnlich, passt aber zum Gesamtbild des Anschreibens, da sie wie auf dem Deckblatt positioniert ist. Telefonnummer und E-Mail-Adresse für die schnelle Kontaktaufnahme sind angegeben.

Individuelle Aufbereitung

Überzeugend: persönlicher Ansprechpartner Dass diese Initiativbewerbung individuell aufbereitet worden ist, macht auch das Anschreiben deutlich. Es ist an einen persönlichen Ansprechpartner im Unternehmen gerichtet, der vorab recherchiert worden ist. Der Bewerber verweist in der Betreffzeile auf das vorab geführte Telefonat, um die Erinnerung des Personalverantwortlichen aufzufrischen. So stimmt er den Adressaten seiner Bewerbungsmappe wohlwollend auf die weitere Prüfung ein.

Überzeugend: Anschreiben mit Profil Herr Lotz arbeitet im Anschreiben konsequent sein berufliches Profil heraus. Er stellt dar, dass er neben Vertriebsaufgaben wie der »Unterstützung der Vertriebsmannschaft« auch den »Marketingbereich« mitbetreut hat. Die aktive Gestaltung von Kundenbeziehungen durch »zielgruppenangepasste Präsentationskonzepte« unterscheidet ihn zudem deutlich von durchschnittlichen Bewerbern auf diese Position.

Überzeugend: Entwicklung Im Anschreiben skizziert Herr Lotz auch seine berufliche Entwicklung. Es gelingt ihm gut, einen roten Faden in seiner Entwicklung aufzuzeigen. Dadurch wird auch klar, dass die Initiativbewerbung im Vertriebsbereich keine Verlegenheitslösung ist. Dieser Bewerber hat eindeutige Stärken in der Bewältigung von Vertriebsaufgaben.

Der rote Faden in der beruflichen Entwicklung

Lebenslauf

Überzeugend: klare Führung Der Leser wird von Herrn Lotz gut durch den Lebenslauf geführt. Die eingefügten Linien über den jeweiligen Blocküberschriften strukturieren den Lebenslauf, ohne störend zu wirken. Schnell kommt der Bewerber auf das Wesentliche: seine berufliche Entwicklung. Die für eine Einstellungsentscheidung wesentlichen Informationen sind an den Anfang des Lebenslaufes gestellt worden.

Überzeugend: qualifizierter Bewerber Auf die Darstellung seiner Berufserfahrung verwendet Herr Lotz erfolgreiche Mühe. Zu jeder beruflichen Station sind neben dem Arbeitgeber die genauen Tätigkeitsbezeichnungen und ausgewählte Aufgabengebiete angegeben. Die stichwortartige Nennung bisheriger Arbeitsinhalte zeigt schnell die prinzipielle Eignung als Vertriebsassistent. Sein berufliches Profil wird deutlich umrissen. Der Leser in der Personalabteilung kann klar erkennen, dass Herr Lotz Routineaufgaben wie die »Angebotskalkulation«, die »Angebotserstellung« sowie die »Auswertung von Marktforschungsdaten und Verkaufszahlen« sicher im Griff hat. Daneben wird sichtbar, dass Herr Lotz auch komplexere Aufgaben bewältigen kann, hat er doch bereits »Marketing- und Sales-Aufgaben« koordiniert und »Geschäftsbeziehungen« weiterentwickelt.

Aufgaben sicher im Griff

Überzeugend: Lern- und Leistungsbereitschaft In regelmäßigen Abständen hat Herr Lotz an Weiterbildungsveranstaltungen teilgenommen. Im Block Weiterbildung führt er die Seminare mit einem aussagekräftigen Titel auf und nennt auch den jeweiligen Seminarveranstalter. Alle aufgeführten Weiterbildungen passen gut zur angestrebten Position und haben sich sicherlich auch im bisherigen Berufsalltag von Herrn Lotz positiv ausgewirkt.

Überzeugend: passende Zusatzqualifikationen Sein Profil rundet der Bewerber mit geeigneten Zusatzqualifikationen ab. Er stell die Beherrschung des MS-Office-Paketes heraus und führt den sicheren Umgang mit Datenbanken auf.

Fazit Mit diesen Unterlagen wird ihm eine Einladung zum Vorstellungsgespräch sicher sein.

25

Bleiben Sie am Ball: in Nachfassaktionen und Telefoninterviews überzeugen

Besonders bei Initiativbewerbungen sollten Ihre Bewerbungsaktivitäten nicht mit dem Versand der Unterlagen enden, sondern Sie sollten am Ball bleiben und sich rechtzeitig wieder ins Gespräch bringen. Wenn sich das Unternehmen bei Ihnen meldet und einen Termin für ein telefonisches Interview mit Ihnen vereinbart, hat es angebissen. Sie haben es geschafft, Interesse zu wecken. Wir zeigen Ihnen, wie Sie es schaffen, das Interesse an Ihnen weiter zu verstärken.

Zeigen Sie die Ernsthaftigkeit Ihrer Bewerbung

Sie wissen, dass Sie bei einer Initiativbewerbung mehr Einsatz bringen müssen als bei einer Bewerbung auf eine Stellenanzeige. Dies gilt auch für die Zeit nach dem Versand Ihrer Unterlagen. Bleiben Sie aktiv und bringen Sie sich in Erinnerung. Aber Vorsicht: Hier ist es wichtig, die richtige Balance zwischen Ihren Zielen und den in den Firmen üblichen Abläufen zu finden. Es lohnt sich deshalb, sich darüber Gedanken zu machen, wie Sie diplomatisch nachfassen könnten.

Diplomatisch nachfassen

Machen Sie Ihr bestehendes Interesse deutlich

Verhalten Sie sich bei Ihrem Nachhaken freundlich und souverän, auch wenn Sie voller Spannung und Unruhe auf eine Reaktion des Unternehmens warten. Vergessen Sie nicht: Nicht nur bei Ihnen, auch in den Personalabteilungen ist die Bewerbungsarbeit mit einigem Aufwand verbunden – und zudem kommt Ihre Mappe unaufgefordert auf den Tisch. Es hilft also nicht weiter, wenn Sie ungeduldig werden und schon zwei Tage nach dem Versand Ihrer Unterlagen anrufen und fragen, ob es eine Stelle für Sie gibt. Zwei Wochen sollten Sie der angeschriebenen Firma mindestens geben, bevor Sie sich erneut in Erinnerung bringen.

Vor einem entsprechenden Telefonat mit dem Firmenvertreter rufen Sie sich bitte noch einmal Ihr Kurzprofil in Erinnerung. Legen Sie sich die Kopie Ihres Anschreibens bereit, und vergewissern Sie sich, dass Sie den Personalverantwortlichen mit dem richtigen Namen ansprechen. Liefern Sie gleich zu Beginn ein paar Schlagworte, damit Ihr Gesprächspartner Ihr berufliches Profil schnell erkennen und einordnen kann. Aber verzichten Sie bitte auf Fragen wie »Glauben Sie, dass ich eine Chance habe?« oder »Seien Sie bitte ehrlich, kann ich mit einer Einladung zum Vorstellungsgespräch rechnen?« Damit würden Sie Ihre Gesprächspartner nur unnötig unter Druck setzen.

Günstiger ist es, zunächst einmal Gemeinsamkeiten zu betonen und auf diese Weise Interesse zu wecken. Verweisen Sie auf frühere Telefonate, Gespräche auf Fachmessen oder Kontakte zu Vertretern der Fachabteilungen. Beispielsweise so: »Vorletzten Monat hatte ich auf der Industrie-Messe ein Gespräch mit Herrn Breitenbach, Ihrem Vertriebsleiter. In diesem Gespräch erfuhr ich, dass Ihre Firma viel Wert auf eine qualifizierte Betreuung der Fachmärkte legt. Gerade in diesem Bereich verfüge ich über eine langjährige Erfahrung. Deshalb habe ich mich bei Ihnen initiativ für eine Tätigkeit im Vertrieb von Garten- und Landschaftsbaustoffen beworben und wollte nun nachfragen, ob Sie schon Zeit hatten, einmal einen Blick in meine Bewerbungsunterlagen zu werfen, die ich Ihnen vorletzte Woche zugesandt habe?«

Betonen Sie Gemeinsamkeiten

Berücksichtigen Sie die Hinweise, die wir Ihnen in Kapitel 19 (»Mit dem Telefon auf die Überholspur«) gegeben haben. Setzen Sie sich vor allen Dingen realistische Gesprächsziele, um sich Schritt für Schritt vorzuarbeiten. Sie können am Telefon noch einmal unterstreichen, dass Sie ernsthaftes Interesse an einer Mitarbeit haben und dass die Firma von Ihren Kenntnissen und Erfahrungen sicherlich profitieren wird.

Das Unternehmen meldet sich

Wenn sich Unternehmen mit Initiativbewerbern auseinander setzen, sind sie natürlich auch an einem persönlichen Eindruck interessiert. Es bietet sich also der Griff zum Telefon an, um sich durch ein Vorabinterview ein tiefer gehendes Bild vom Bewerber zu verschaffen.

Die von den Unternehmen gefragten Soft Skills lassen sich am Telefon durchaus einer ersten Prüfung unterziehen: Kann sich der Bewerber auf seinen Gesprächspartner einstellen (Einfühlungsvermögen und Flexibilität)? Bringt er Informationen auf den Punkt (Kommunikationsstärke und analytische Fähigkeiten)? Bleibt er geduldig (Stressresistenz)? Kann er auch im Gespräch sein Profil adressatenorientiert vermitteln (Kundenorientierung)?

Ihre Persönlichkeit ist gefragt

In Kapitel 19 (»Mit dem Telefon auf die Überholspur«) haben wir Sie darauf vorbereitet, in telefonischen Interviews zu überzeugen. Jetzt werden Sie sehen, wie wichtig die gute Vorbereitung von Telefoninterviews ist.

Erfolg durch passgenaue Vorbereitung

Peter Sönnichsen arbeitet seit einigen Jahren als Personalreferent. Er hat sich bei seinem Wunschunternehmen mit einer Initiativbewerbung als Human Resources Manager beworben. Vor drei Tagen erhielt er einen Anruf der Sekretärin des Personalverantwortlichen Herrn Kleinschmidt, in dem sie mit ihm einen Termin für ein Telefoninterview vereinbarte.

Pluspunkte durch Vertiefung des Profils

Als Strategie wählt Herr Sönnichsen die vertiefende Beschreibung seines Profils. Er bestätigt telefonisch seine Angaben aus seinem Initiativanschreiben und Lebenslauf und liefert wichtige Zusatzinformationen. Insbesondere achtet er darauf, dass die Ernsthaftigkeit seiner Bewerbung deutlich wird.

Beispiel

Gelungene Überzeugungsarbeit

Personalverantwortlicher: »International AG, Hans Kleinschmidt. Guten Tag, Herr Sönnichsen.«

Bewerber: »Guten Tag, Herr Kleinschmidt.«

Personalverantwortlicher: »Schön, dass wir einmal persönlich über Ihre Bewerbung bei uns sprechen können. Damit ich mir ein besseres Bild von Ihnen machen kann, würde ich gern einige Fragen stellen.«

Bewerber: »Ich habe mich sehr über Ihr Interesse an meiner Bewerbung gefreut. Selbstverständlich beantworte ich Ihnen gern Ihre Fragen.«

Personalverantwortlicher: »Wie sind Sie auf unser Unternehmen gestoßen?«

Bewerber: »In meiner momentanen Tätigkeit als Personalreferent bin ich in letzter Zeit vermehrt mit Aufgaben der Personalentwicklung betraut worden. In einem Projekt habe ich an der Optimierung des Mitarbeiterentwicklungssystems gearbeitet. Daher habe ich nach einer Möglichkeit gesucht, noch intensiver in die Bereiche Personalentwicklung, Mitarbeiterschulung und internationales Personalmarketing einzusteigen. Ich wusste von der internationalen Ausrichtung Ihres Unternehmens. In einem ersten persönlichen Kontakt mit Frau Friedl aus dem Marketing, die ich auf einer Messe getroffen habe, bin ich dann in meiner Entscheidung bestätigt worden, mich bei Ihnen bewerben zu wollen.«

Personalverantwortlicher: »Ist ein Aufstieg in die von Ihnen angestrebte Position nicht auch in Ihrem Unternehmen möglich?«

Bewerber: »Ein wesentlicher Punkt ist, dass mein jetziges Unternehmen nicht international ausgerichtet ist. Meine Berührungspunkte mit dem internationalen Personalmarketing stammen aus meiner vorangegangenen Tätigkeit als Personalassistent in einem internationalen Konzern. Dort habe ich den Inter-Company-Personalwechsel betreut und eine Corporate-Skill-Datenbank mit aufgebaut. Während meiner jetzigen Tätigkeit habe ich mich in Eigeninitiative in der internationalen Personalarbeit auf Fachtagungen und in speziellen Seminarangeboten weitergebildet.«

Personalverantwortlicher: »Mit welchen Tätigkeiten könnten wir Sie sofort beauftragen, und wo sehen Sie noch Weiterbildungsbedarf?«

Bewerber: »Im operativen Tagesgeschäft wäre ich sofort einsetzbar. Im internationalen Personalmanagement müsste ich sicherlich die Struktur Ihres Unternehmens noch besser kennen lernen. Für mich persönlich wäre auch eine tiefer gehende Beschäftigung mit Maßnahmen des Bildungscontrollings interessant.«

Personalverantwortlicher: »Wieso interessiert Sie besonders dieser Punkt?«

Bewerber: »Um die aus der Potenzialerfassung resultierenden Schulungsvorschläge gezielt umsetzen zu können, möchte ich nicht nur geeignete Trainer oder Maßnahmen auswählen, sondern auch den geleisteten Wissenstransfer und Veränderungen im Verhalten überprüfen können. Um die Controllingaspekte kümmere ich mich schon momentan neben meiner Berufstätigkeit. Für mich wäre es schön, wenn ich die Relevanz der Ergebnisse einmal im Unternehmen besprechen könnte.«

Personalverantwortlicher: »Bei uns ließe sich dafür eine Möglichkeit einrichten. Wie wichtig ist denn Führungsverantwortung für Sie, Herr Sönnichsen?«

Bewerber: »Nur insoweit, als ich für die Umsetzung der Unternehmensinteressen Unterstützung durch Mitarbeiter brauche. Momentan arbeiten mir drei Personalassistenten zu; insbesondere Fragen der Bewerberauswahl, aber auch Aufgaben in der reinen Personalverwaltung delegiere ich an meine Mitarbeiter. In leitenden Positionen in der Personalarbeit braucht man zuverlässige Leute. Auch in einer neuen Position möchte ich mich natürlich auf tatkräftige Unterstützung verlassen können.«

Personalverantwortlicher: »In der für Sie infrage kommenden Stelle würden Ihnen fünf Mitarbeiter zugeordnet werden. Hinzu kämen Referenten, die für Sie an unseren Auslandsstandorten tätig wären.

Bewerber: »Eine reizvolle Perspektive.«

Personalverantwortlicher: »Ich finde, wir sollten uns persönlich treffen. Haben Sie die Möglichkeit, zu uns nach Aachen zu kommen?«

Bewerber: »Das könnte ich sicherlich einrichten. Welcher Termin wäre für Sie gut geeignet?«

Personalverantwortlicher: »Ich stelle Sie gleich zu meiner Sekretärin durch, vereinbaren Sie doch bitte einen Termin mit ihr. Ich werde ihr mitteilen, dass Sie berufliche Verpflichtungen haben und Ihre Möglichkeiten zu einem Treffen daher eingeschränkt sind. Wir finden sicherlich einen für beide Seiten geeigneten Termin.«

Bewerber: »Ich freue mich darauf, Sie persönlich kennen lernen zu können, Herr Kleinschmidt.«

Personalverantwortlicher: »Auf Wiederhören, Herr Sönnichsen.«

Bewerber: »Bis bald, Herr Kleinschmidt.«

Herr Sönnichsen verstärkt durch das Telefonat wirkungsvoll das Interesse an seiner Person. Er relativiert weder seine Kenntnisse und Fähigkeiten noch verwendet er nichtssagende Formulierungen. Auf eine Problematisierung seiner momentanen Tätigkeit verzichtet Herr Sönnichsen bewusst. Damit kann der Personalverantwortliche sich darauf konzentrieren, einen detaillierten Eindruck von den Fähigkeiten des Bewerbers zu gewinnen. Ohne dass der

Machen Sie Ihren Wert für das Unternehmen deutlich

Personalverantwortliche ausdrücklich nachfragen muss, macht der Bewerber seinen Wert für das Unternehmen deutlich. Mit geeigneten Schlüsselbegriffen dokumentiert Herr Sönnichsen seine besonderen Kenntnisse und seine Praxisorientierung.

Gleich zu Anfang des Gespräches schafft Herr Sönnichsen die Voraussetzungen für eine persönliche Atmosphäre, indem er den Personalverantwortlichen mit Namen anredet und anklingen lässt, dass er nach wie vor sehr an einem Einstieg in das Unternehmen interessiert ist. Bei der Frage, wie er auf das Unternehmen gestoßen ist, bringt er sein Profil ins Gespräch und betont die Überschneidungen mit seiner Wunschposition. Zusätzlich weist er auf ein vor der Bewerbung geführtes persönliches Gespräch mit einer Mitarbeiterin aus dem Marketing hin. Seine Wechselabsichten macht Herr Sönnichsen für den Personalverantwortlichen plausibel. Er stellt sicher, dass der Gedanke, es gäbe andere Wechselgründe als das Interesse an der neuen Stelle, gar nicht erst aufkommen kann.

Zeigen Sie Ihr berufliches Engagement

Mit der Thematisierung des Bildungscontrollings liefert Herr Sönnichsen Informationen über sein berufliches Engagement, die er nicht ausführlich in der schriftlichen Bewerbung dargestellt hat. Sein Kostenbewusstsein und seine Absicht, die Ziele des Unternehmens konsequent zu verfolgen, werden dem Personalverantwortlichen damit deutlich. Herr Kleinschmidt reagiert umgehend. Mit seiner Aussage »Bei uns ließe sich dafür (für das Bildungscontrolling) eine Möglichkeit einrichten« unterstreicht er, dass er das Profil von Herrn Sönnichsen für sehr interessant hält.

Die Frage nach der gewünschten Führungsverantwortung dient Herrn Kleinschmidt zur Überprüfung, ob er mit einem Bewerber spricht, der eher formal Karriere machen will, oder mit einem Bewerber, der vorrangig an der inhaltlichen Seite der Tätigkeit interessiert ist. Auch diese Hürde nimmt Herr Sönnichsen souverän. Daraufhin erfolgt eine eindeutige Werbebotschaft des Personalverantwortlichen: Um die zu vergebende Stelle für Herrn Sönnichsen interessant zu machen, erwähnt er, dass er hier seine Führungsverantwortung noch weiter ausbauen könne. Herr Sönnichsen, der das Angebot als reizvolle Perspektive einschätzt, wird daraufhin zu einem persönlichen Gespräch eingeladen.

Durch sein überzeugendes Verhalten im telefonischen Interview ist Herr Sönnichsen seiner Wunschposition um einen entscheidenden Schritt näher gekommen.

Fragen und die dahinter stehenden Motive

Wenn Sie die Fragen des Personalverantwortlichen in unserem nachgezeichneten Telefoninterview aufmerksam gelesen und für sich beantwortet haben, werden Sie sich sicher an der einen oder anderen Stelle unsicher gewesen sein, welche Absichten mit den jeweiligen Fragen verbunden waren. Damit Sie hier mehr Sicherheit bekommen, sollten Sie Kapitel 31 (»Auf diese Fragen müssen Sie sich einstellen«) durcharbeiten. Dort finden Sie typische Fragen, die sowohl in Telefoninterviews als auch in Vorstellungsgesprächen gestellt werden, sowie die Motive, die Personalverantwortliche mit diesen Fragen verfolgen.

Ein souveräner Auftritt bringt Sie weiter

☑ ***Checkliste***
für Ihre Nachfassaktionen und Telefoninterviews

- ☐ Haben Sie zwei Wochen gewartet, bis Sie sich bei Ihrem Wunschunternehmen gemeldet haben?
- ☐ Wissen Sie, wie Ihr Ansprechpartner heißt und wie er sich richtig ausspricht?
- ☐ Haben Sie auf frühere Telefonate, Gespräche auf Fachmessen oder Kontakte zu Vertretern in Fachabteilungen verwiesen?
- ☐ Haben Sie Gesprächsziele für Ihre Nachfassaktion definiert?
- ☐ Ist ein telefonisches Vorabinterview vereinbart worden? Sind Sie zum vereinbarten Termin erreichbar und ungestört?
- ☐ Funktioniert Ihr Telefon einwandfrei?
- ☐ Haben Sie Anschreiben, Lebenslauf und Kurzporträt noch einmal durchgelesen?
- ☐ Können Sie die Schnittstellen zwischen Ihrer jetzigen Position und der anvisierten Stelle darlegen?
- ☐ Können Sie anhand von Schlüsselbegriffen belegen, dass Sie die Anforderungen Ihrer Wunschposition erfüllen?

- ☐ Haben Sie sich mit den Fragen auseinander gesetzt, die Sie im telefonischen Job-Interview erwarten?
- ☐ Wissen Sie, welche Motivation hinter den verschiedenen Fragen von Personalverantwortlichen steckt?
- ☐ Haben Sie zwei bis drei Fragen vorbereitet, die Sie selbst stellen werden?

Teil 4
Online-Bewerbungen

26 Jobs im Internet

Die Zeiten, in denen Bewerber mit einer Online-Bewerbung ihre besonderen Kenntnisse in den neuen Medien belegen konnten, sind längst vorbei. Aktuelle Firmenbefragungen bestätigen, dass die Internet-Bewerber heutzutage aus allen Branchen und Berufsgruppen kommen.

So finden Sie Stellenangebote im Internet

Bevor wir Ihnen erklären, wie Sie Ihre Kenntnisse und Fähigkeiten für eine Online-Bewerbung so aufbereiten, dass Personalverantwortliche auf Sie aufmerksam werden, stellen wir Ihnen zunächst Möglichkeiten vor, Stellenangebote im Internet zu finden. Die Auswahl an Jobs im Web ist groß, und die Zahl der im Internet ausgeschriebenen Stellen nimmt ständig weiter zu: Selbst wenn man nur die Angaben der großen Jobbörsen berücksichtigt, warten mehr als eine halbe Million Stellen auf die Online-Bewerber.

Jobsuche und Mitarbeitersuche

Wenn Sie auf der Suche nach einer neuen Stelle sind, sollten Sie umfassend im Internet recherchieren. Denn eine Job-Recherche über das Internet bietet Ihnen Möglichkeiten, die Sie bei der klassischen Suche über Printmedien nur eingeschränkt wahrnehmen können. Und Sie können problemlos auf ein *weltweites* Angebot zugreifen.

Nutzen Sie die gezielte Suche in den Internet-Datenbanken

Stellenanzeigen im Internet sind zumeist umfangreicher und damit informativer als in den Printmedien. Außerdem können Sie gezielt in Datenbanken suchen. Da die Angebote mehrere Wochen im Netz stehen, finden Sie eine viel umfassendere Sammlung von Stellenausschreibungen, und Ihnen entgeht so schnell keine interessante Stelle, da Sie im Gegensatz zu

Printmedien keine bestimmte Ausgabe einer Zeitung oder Zeitschrift verpassen.

Dennoch hat auch die Stellensuche über das Internet ihre Tücken. Wir erklären Ihnen, welche Vorteile Ihnen die einzelnen Suchwege bieten und worauf Sie achten sollten. Sie können

- Jobbörsen auswerten,
- Job-Suchmaschinen verwenden,
- Stellenangebote auf Unternehmens-Homepages sichten,
- Stellenangebote in den Online-Stellenmärkten der Zeitungen durchsehen,
- Personalberatungen und -vermittlungen kontaktieren,
- Angebote von Zeitarbeitsfirmen überprüfen.

Jobbörsen auswerten

Jobbörsen sind Datenbanken mit Stellenangeboten, auf die Sie über das Internet Zugriff erhalten. Im deutschsprachigen Raum wird die Zahl dieser elektronischen Stellenmärkte auf etwa 200 geschätzt. Die Struktur dieser Datenbanken werden Sie bald schätzen lernen: Sie können gezielt nach bestimmten Kriterien recherchieren. Dazu gehört, dass Sie regionale Einschränkungen vornehmen, sich Arbeitsangebote von Ihrem Wunschunternehmen anzeigen lassen oder bestimmte Branchen und Berufsbezeichnungen suchen können.

Grenzen Sie die Jobsuche ein

Die Jobbörsen sind sehr unterschiedlich in ihrem Angebot. Es gibt umfassende Jobbörsen, in denen Sie eine große Auswahl an Einsatzmöglichkeiten finden. Dort sind nicht nur Stellenausschreibungen für die verschiedensten Berufe vom Pförtner bis zur Führungskraft aufgeführt, sondern Sie können auch Praktikumsplätze oder Themen für die Diplomarbeit recherchieren. Andere Jobbörsen haben sich auf bestimmte Berufe, Branchen und Zielgruppen spezialisiert.

Kalkulieren Sie die Schnelllebigkeit des Internets ein

In Übersicht 18 empfehlen wir Ihnen Jobbörsen, unter denen Sie die für Sie geeignetsten finden können. Gehen Sie in einige dieser Datenbanken, und vergleichen Sie in eigener Recherche die Ergebnisse miteinander. Dies sollten Sie bei langfristiger Suche in gewissen Zeitabständen wiederholen, da sich Angebot und Struktur von Jobbörsen sehr schnell ändern können.

Parallel zur Suche in Jobbörsen sollten Sie auch immer eine Job-Suchmaschine einsetzen. Im Anschluss an die Übersicht 18 stellen wir Ihnen die wichtigsten Job-Robots vor.

Übersicht 18:
Diese Jobbörsen halten Angebote für Sie bereit

DEUTSCHLAND

www.arbeitsagentur.de Zugriff auf aktuelle Stellenangebote für alle Berufsgruppen, aber für Führungskräfte weniger geeignet.

www.consultants.de Überwiegend an Führungskräfte gerichtet. Die eine Hälfte der Angebote kommt über Personalberatungen, die andere Hälfte besteht aus Direktausschreibungen von Unternehmen.

www.deutscher-stellenmarkt.de

www.job-office.com

www.jobonline.de

www.jobpilot.de (auch: www.job.de, www.jobs.adverts.de, www.jobadverts.com) Das Angebot richtet sich an Hochschulabsolventen, Stellenwechsler, Führungskräfte und Freiberufler. Angebote aus Forschung und Lehre sind im Profpool zu finden. Die Suchmöglichkeiten sind durch die vielen Optionen komfortabel.

www.jobscout24.de Benutzerfreundliche Suchmaske und schneller Zugriff.

www.jobsintown.de

www.job-suche.de

www.jobticket.de

www.jobuniverse.de

www.jobware.de Viele Stellenangebote für den qualifizierten Nachwuchs und erfahrene Fach- und Führungskräfte; individuelle Sucheinstellungen.

www.mamas.de

www.monster.de

www.stellen-online.de

www.stellenanzeigen.de Aktuelle Stellenangebote aus unterschiedlichen Bereichen. Gute Suchmöglichkeiten erleichtern die Abfrage.

www.stellenmarkt.de

www.stepstone.de Viele Angebote aus Deutschland, Österreich und der Schweiz für Fach- und Führungskräfte, Berufseinsteiger und Trainees. Detaillierte Suchfunktionen und eine schnelle Navigation können überzeugen.

ÖSTERREICH

www.austropersonal.com

www.jobfinder.at

www.jobpilot.at

SCHWEIZ

www.jobpilot.ch

www.job-box.ch

SPEZIELLE JOBBÖRSEN

www.aerztestellen.de (Gesundheitswesen, Medizin)

www.assekuranz-stellenmarkt.de (Versicherungen)

www.bankjob.de (Bankgewerbe)

www.bau.net/inserate (Architektur, Bauwesen, Immobilienbranche)

www.computerjobs24.de (IT-Branche)

www.computerwoche.de (IT-Branche, Zeitschrift Computerwoche)

www.dv-job.de, (auch www.stepstone.de/it) (IT-Branche)

www.horizont.de (Marketing, PR, Zeitschrift Horizont)

www.industrie-job.de (Ingenieure und Techniker)

www.jobuniverse.de (IT-Branche)

www.mbm.de (IT-Beratung)

www.morethanjobs.de (Marketing, Zeitschrift Werben & Verkaufen)

www.newsroom.de (Journalismus)

www.pharmajob.info (Pharmabranche)

Job-Suchmaschinen verwenden

Job-Suchmaschinen, auch Job-Robots genannt, machen Ihnen die Arbeit leichter. Job-Suchmaschinen akquirieren keine Stellenanzeigen von Unternehmen, sondern suchen die im Internet unter verschiedenen Adressen zu findenden Angebote anderer Anbieter, dazu gehören: Jobbörsen, Unternehmens-Homepages und Homepages von Personalberatern und Personalvermittlern.

Verschiedene Internet-Seiten werden für Sie durchsucht

Mit einem Suchvorgang können Sie sich ein viel umfassenderes Bild über freie Stellen verschaffen, als dies mit der Suche in einer einzigen Jobbörse möglich wäre. Eine eigenständige Recherche ersparen Ihnen die Job-Suchmaschinen aber nicht. Die Zahl der durchsuchten Internet-Adressen ist zum Teil eingeschränkt, und manchmal werden Ihnen auch vorrangig die Angebote von Werbepartnern gezeigt. Das sollte Sie aber nicht davon abhalten, Job-Suchmaschinen einzusetzen.

Der entscheidende Vorteil von Job-Robots ist, dass Sie nicht mühsam sämtliche Jobbörsen oder Homepages durchgehen müssen und auch keine vergessen können. Oder fallen Ihnen auf Anhieb 200 Internet-Adressen ein, die beispielsweise der JobRobot für Sie durchsucht?

Der JobRobot Den JobRobot finden Sie unter *www.jobrobot.de.* Er ist eine speziell für Stellenangebote im Internet entwickelte Suchmaschine. Aktuell wertet JobRobot 215 Adressen im Internet aus. Über den Link »weitere Jobbörsen « können Sie sich die allgemeinen und speziellen Jobbörsen und die Homepages von Unternehmen und Personalberatungen anzeigen lassen, die der JobRobot durchsucht hat.

Sie finden mehrere Eingabefelder für Ihre Suche: Tätigkeitsfeld, Art der Tätigkeit, Schlagworte, Gesuchstext, Angaben zur Ausbildung und zur Mobilität, Kenntnisse, Gehaltsvorstellungen. Auf JobRobot sollten Sie bei Ihrer Recherche auf keinen Fall verzichten. Über 100 000 Stellen warten auf Sie.

Jobturbo und Jobworld Hinter den Namen Jobturbo und Jobworld versteckt sich die gleiche Job-Suchmaschine. Sie ist auf den Homepages der *Wirtschaftswoche* und der Deutschen Post AG zu finden. Für den Jobturbo gehen Sie auf die Site *www.wiwo.de* und klicken dort »Stellenangebote« an. Jobworld können Sie auch direkt unter *www.jobworld.de* aufrufen.

So nutzen Sie den Jobturbo

Jobturbo und Jobworld durchsuchen 28 Jobbörsen, Homepages von Unternehmen, Online-Stellenmärkte von Zeitschriften und Newsgroups. Sie können je nach Bedarf die Suche in bestimmten Angebotsseiten ausschließen. Daneben können Sie die Suche auf Ihre Bedürfnisse zuschneiden und für Sie interessante Regionen, Branchen oder Positionen auswählen.

Der Zeit-Robot Die Wochenzeitung *Die Zeit* bietet unter *www.jobs.zeit.de* die Dienste des Zeit-Robot an. Der Zeit-Robot durchsucht 850 Jobbörsen und Homepages von Universitäten und Unternehmen. Nach Angaben der Betreiber stehen mehr als 150 000 Offerten aus den wichtigsten Stellenbörsen sowie aus speziellen Jobsites einzelner Unternehmen bereit. Die Suchergebnisse werden nach Aktualität sortiert. Eine Besonderheit des Zeit-Robot sind Stellenangebote aus dem Wissenschaftsbetrieb.

C.E.S.A.R. Unter *www.cesar.de* wartet das Angebot der Job-Suchmaschine C.E.S.A.R. auf Sie. C.E.S.A.R. durchsucht etwa 20 deutschsprachige Jobbörsen. In der Suchmaske können Sie Ihren Berufswunsch und den gewünschten Einsatzort angeben und bestimmen, wie alt die Stellenangebote maximal sein dürfen. Eine Übersicht über ehrenamtliche Tätigkeiten in Deutschland ergänzt das Angebot von dieser Suchmaschine.

Zusätzliche Angebote prüfen

Worldwidejobs Die Suchmaschine Worldwidejobs, die Sie unter *www.wwj.de* erreichen, wertet Stellenangebote auf Unternehmens-Homepages für Sie aus. Sie können einen Berufswunsch oder einen Arbeitsbereich angeben und werden dann über Links zu den Stellenausschreibungen auf den Unternehmensseiten geleitet.

Allgemeine Suchmaschinen Sie können bei Ihrer Stellensuche im Internet auch auf allgemeine Suchmaschinen oder Kataloge zurückgreifen. Suchmaschinen werten das Netz nach Ihren Stichworten oder Begriffskombinationen aus. Bei den Katalogen findet die Suche systematisch statt, und Sie werden auf Suchkategorien verwiesen. Dies ist besonders nützlich, wenn Ihnen kein Stichwort für Ihre Suche einfällt oder Sie auf Ihre Stichworte zu viel oder zu wenig Verweise bekommen.

Die systematische Suche nach Stichworten und Kategorien

Einige Suchmaschinen kooperieren direkt mit Jobbörsen. Beispielsweise leitet Lycos Job-Anfragen an mehrere Jobbörsen weiter. Die Job-Suchmaschinen sind besser geeignet, um konkrete Stellenangebote zu finden. Allgemeine Suchmaschinen können Ihnen aber durchaus bei der Suche nach Jobbörsen oder nach Unternehmen weiterhelfen.

Übersicht 19:
Allgemeine Suchmaschinen und Kataloge

www.altavista.de	www.fireball.de	www.lycos.de
www.dino-online.de	www.google.de	www.web.de
www.excite.de	www.hotbot.com	www.yahoo.de

Stellenangebote auf Homepages der Unternehmen sichten

Homepages finden Sie zumeist unter der Firmenbezeichnung

Immer mehr Unternehmen veröffentlichen ihre Stellenangebote auch auf der firmeneigenen Homepage. Große Unternehmen kategorisieren ihre Angebote häufig selbst nach Zielgruppen und Regionen. Mobile Bewerber erfahren auf diese Weise von bundesweiten oder internationalen Arbeitsmöglichkeiten. Neben den Stellenangeboten für Spezialisten und Führungskräfte finden sich oft auch Angebote für Praktika, Diplomarbeiten, Trainee- und Ausbildungsprogramme. Die Unternehmen finden Sie in der Regel unter ihrer Firmenbezeichnung im Internet.

Stellenangebote in den Online-Stellenmärkten der Zeitungen durchsehen

Zusatznutzen: Stellenanzeigen online

Viele Zeitungen und Zeitschriften stellen inzwischen ihre Stellenmärkte zusätzlich ins Netz. Während die meisten Tageszeitungen eigene Internet-Angebote unterhalten, gehen die Zeitschriften häufig Kooperationen mit Jobbörsen oder mit Job-Robots ein.

Bei der Suche in den Online-Stellenmärkten der Zeitungen bleibt die von den Printmedien her bekannte Zielgruppenansprache bestehen: Wer örtlich eingegrenzte Angebote sichten möchte, nutzt die Stellenmärkte regionaler Tageszeitungen. Stellenangebote aus Forschung und Wissenschaft finden sich bevorzugt in der *ZEIT*. Führungskräfte greifen auf den Stellenteil der *FAZ*, der *SZ* oder der *Financial Times Deutschland* zurück. In den *VDI-Nachrichten* werden im Stellenteil besonders Ingenieure angesprochen. Fachspezialisten orientieren sich am besten in Branchenblättern und Fachzeitschriften. Die entsprechenden Internet-Adressen finden Sie in Übersicht 20.

Übersicht 20:
Online-Stellenmärkte von Zeitungen und Zeitschriften

www.berufswelt.de, auch: www.welt.de/karrierewelt Online-Stellenmarkt der Zeitung *Die Welt* und der Stellenbörse *StepStone*

www.brigitte.de *Brigitte*, kooperiert mit der Stellenbörse *Jobware,* auch Nebenjobs

www.computerwoche.de *Computerwoche*, Angebote aus den Print-Stellenmärkten

www.faz.de *Frankfurter Allgemeine Zeitung*, Angebote aus den Print-Stellenmärkten

www.focus.de, auch www.focus.msn.de *Focus*, Jobbörse in Zusammenarbeit mit Careernet (www.careernet.de oder www.stepstone.de)

www.ingenieurkarriere.de *VDI-Nachrichten*, Angebote aus den Print-Stellenmärkten

www.journalist.de *Journalist*, Angebote aus den Print-Stellenmärkten

www.karrieredirekt.de, auch www.handelsblatt.com *Handelsblatt*, Angebote aus den Print-Stellenmärkten und vom Kooperationspartner Jobline (*www.jobline.de*)

www.positionet.ftd.de *Financial Times Deutschland*, Angebote aus den Print-Stellenmärkten

www.chrismon.de *Das Evangelische Online-Magazin*, Angebote aus den Print-Stellenmärkten des *Deutschen Allgemeinen Sonntagsblattes*

www.sueddeutsche.de *Süddeutsche Zeitung*, Angebote aus den Print-Stellenmärkten der *SZ* und *Werben & Verkaufen/W&V*

Personalberatungen und -vermittlungen kontaktieren

Personalberatungen, Unternehmensberatungen und Personalvermittler haben ebenfalls Homepages im Netz. Sie finden dort offene Stellen, mit deren Besetzung die Beratungen von Unternehmen beauftragt wurden.

Der Vorteil vom Kontakt zu Personalberatungen

Aber auch mittelfristig kann sich der Kontakt zu einer Personalberatung lohnen. Personalberatungen sind grundsätzlich an Kandidaten mit überdurchschnittlichem Potenzial interessiert. Einige Berater legen Datenbanken an, aus denen man den Unternehmen geeignete Kandidaten vorschlägt.

Bei der Personalvermittlung ist das Internet zu einem festen Bestandteil der Rekrutierung geworden. Größere Personal- und Unternehmensberatungen führen regelmäßig interessante Stellenprofile auf ihren Homepages auf. Es lohnt sich, die von uns in Übersicht 21 aufgeführten Seiten einmal anzuklicken.

Kontakt zu spezialisierten Beratungen

Kleinere Personalberatungen, die sich oft auf einzelne Branchen spezialisiert haben, sollten Sie über die Stellensuche in Jobbörsen aufspüren. Sie können beispielsweise in *www.jobpilot.de* nach Stellen suchen. Findet der Jobpilot passende Angebote, die von Personal- oder Unternehmensberatungen betreut werden, können Sie über einen Link direkt zur Homepage der Beratungsgesellschaft gelangen.

Einige Personalberatungen kooperieren auch direkt durch Verlinkung mit Jobbörsen.

Übersicht 21:
Karriere mit Headhuntern: Personalberatungen und -vermittler

www.baumgartner.de	Baumgartner, Kooperation mit www.monster.de
www.ccapteam.de	Corporate Consult Associated Partners GmbH
www.dis-ag.de	DIS AG Personalvermittlung
www.dr-weber-partner.de	Dr. Weber & Partner GmbH
www.drmaier-partner.de	Dr. Maier + Partner GmbH
www.heimeier.de	Dr. Heimeier & Partner, Management- und Personalberatung

www.kienbaum.de	Kienbaum Consultants International GmbH, Kooperation mit www.jobpilot.de
www.mrgruppe.de	MR Personalberatung GmbH
www.mummert-consulting.de	Mummert + Partner Unternehmensberatung AG
www.perit.com	Perit Consulting
www.psdgroup.com	PSD Group GmbH Personalberatung
www.steinbach-partner.de	Steinbach & Partner GmbH Managementberatung
www.topos-consult.de	Topos Personalberatung GmbH
www.ubkraemer.de	Unternehmensberatung Dr. Krämer GmbH

Angebote von Zeitarbeitsfirmen überprüfen

Schnelle Vermittlung durch Zeitarbeitsfirmen

Wer schnellstmöglich eine neue Stelle sucht, kann auch die Internet-Angebote von Zeitarbeitsfirmen recherchieren. In Übersicht 22 haben wir die Internet-Adressen von großen Zeitarbeitsfirmen für Sie zusammengestellt. Unter *www.bza.de* (»Mitglieder alphabetisch«) finden Sie eine umfangreiche Liste der dem Bundesverband Zeitarbeit Personal-Dienstleistungen e.V. angeschlossenen Firmen. Sie können dort auch gezielt Zeitarbeitsfirmen in Ihrer Nähe heraussuchen oder über Links die Homepages der einzelnen Anbieter ansteuern.

Übersicht 22:
Die Job-Angebote der Zeitarbeitsfirmen

www.adecco.de	Adecco Personaldienstleistungen
www.bindan.de	Bindan Personaldienste
www.manpower.de	Manpower Zeitarbeit
www.randstad.de	Randstad Deutschland

☑ *Checkliste*
für Ihre Job-Suche im Internet

- ☐ Haben Sie Jobbörsen ausgewertet?
- ☐ Haben Sie Job-Robots verwendet?
- ☐ Haben Sie Stellenangebote auf den Homepages von Unternehmen gesichtet?
- ☐ Haben Sie die Online-Stellenmärkte von Zeitungen und Zeitschriften durchgesehen?
- ☐ Haben Sie auf den Internetseiten von Personalberatungen und -vermittlungen recherchiert?
- ☐ Haben Sie die Angebote von Zeitarbeitsfirmen überprüft?
- ☐ Haben Sie im Zweifelsfall telefonisch nachgefragt, ob die Stellenangebote noch aktuell sind?

27

Die Besonderheiten der Online-Bewerbung

Das Bewerbungsverfahren wird in jedem Unternehmen anders gehandhabt. Es gibt immer noch Unternehmen, die keine Online-Bewerbung wünschen; andere sehen im Internet nur ein Medium der ersten Kontaktaufnahme. Die Online-Bewerbung als bevorzugte Bewerbungsart hat sich erst bei einem kleinen Teil durchgesetzt. Was es an Besonderheiten bei der Online-Bewerbung zu beachten gilt, zeigen wir Ihnen in diesem Kapitel.

Nicht immer führen Online-Bewerbungen zum Erfolg. In einigen Branchen und Unternehmen ist das Online-Bewerbungsverfahren inzwischen gang und gäbe, andere wünschen sich jedoch die Unterlagen nach wie vor per Post. Zwischen diesen beiden Polen liegen Unternehmen, die Online-Bewerbungen zwar akzeptieren, ihnen aber keinen besonderen Vorrang einräumen. Sie drucken die online übermittelte Bewerbung aus und bearbeiten sie weiter wie eine per Post zugesandte Bewerbungsmappe.

Sie müssen bei Ihrer Bewerbung wissen, welche Form der Bewerbung im Unternehmen erwünscht ist – sonst setzen Sie sich dem Risiko aus, dass Ihre Bewerbung einfach untergeht. Die Tatsache, dass ein Unternehmen im Internet mit einer eigenen Homepage vertreten ist, bedeutet nicht automatisch, dass Online-Bewerbungen erwünscht sind. Woran Sie erkennen können, ob ein Unternehmen Ihre Online-Bewerbung wünscht und wie umfangreich Sie sie ausgestalten sollten, werden wir Ihnen jetzt erläutern.

Welche Form wünscht das Unternehmen?

Bewerbung online oder per Post

Ist in einer Stellenanzeige keine E-Mail-Adresse genannt, ist die Botschaft an Sie eindeutig: Online-Bewerbungen sind hier unerwünscht. Genauso eindeutig ist die Aufforderung »Bewerbungen bitte nur per E-Mail«. Viele Unternehmen in der IT-Branche wickeln ihre Personalauswahl ausschließlich elektronisch ab, die Bewerbung auf dem Postweg ist dort unüblich.

Achten Sie auf eindeutige Botschaften

Wenn in einer Stellenausschreibung eine E-Mail-Adresse angegeben ist, müssen Sie differenzieren: Die Entscheidung, ob Sie dem Unternehmen eine Online-Bewerbung oder eine konventionelle Bewerbungsmappe per Post schicken, sollten Sie davon abhängig machen, ob in der Stellenausschreibung eine allgemeine E-Mail-Adresse oder eine persönliche E-Mail-Adresse aufgeführt ist.

Allgemeine E-Mail-Adressen beginnen meistens mit den Kürzeln info@ oder mail@, beispielsweise info@autohaus.de oder mail@autohaus.de. Eine weitere typische allgemeine E-Mail-Adresse ist der Firmenname in vollständiger oder abgekürzter Schreibweise vor dem @.

Verschiedene Arten von E-Mail-Adressen

Allgemein gehaltene E-Mail-Adressen in Stellenausschreibungen sind ein Hinweis darauf, dass Sie auf eine Online-Bewerbung besser verzichten sollten oder nur nach vorheriger telefonischer Anfrage diese Art der Bewerbung wählen sollten. Es besteht sonst die Gefahr, dass Ihre sorgfältig und mit hohem Zeitaufwand ausgearbeitete Online-Bewerbung im angemailten Unternehmen zwischen Kundenanfragen, Beschwerden, Newslettern und einem Wust von Spam-Mails untergeht.

Ihre Bewerbung hat eine viel höhere Erfolgsquote, wenn sie direkt beim zuständigen Bearbeiter ankommt, der seinen Sitz in der Regel in der Personalabteilung hat. Ein sicherer Hinweis darauf, dass Ihre Online-Bewerbung den zuständigen Personalassistenten oder Personalreferenten erreichen wird, ist eine E-Mail-Empfängeradresse, die mit dem Namen des Bearbeiters oder einem Namenskürzel beginnt.

Auch E-Mail-Adressen, die mit personal@, personalabteilung@, personalmanagement@, bewerbung@, jobs@ oder personalwesen@ beginnen, signalisieren, dass sich eine Internet-Bewerbung lohnen kann. Auch bei diesen Adressen können Sie davon ausgehen, dass Ihre Online-Bewerbung erwünscht ist und tatsächlich einen Empfänger im Unternehmen erreicht, der für die Bearbeitung zuständig ist.

Falls Sie bei interessanten Stellenangeboten zweifeln, ob Sie sich per Internet oder lieber konventionell auf dem Postweg bewerben sollten, hilft der Griff zum Telefon. Rufen Sie an und erkundigen Sie sich, auf welchem Wege

Sie Ihre Bewerbung schicken sollen. Mit einem Anruf können Sie auch Zusatzinformationen zur Stellenausschreibung erfragen und sich schon am Anfang des Bewerbungsverfahrens als kommunikationsstarker Bewerber empfehlen. Greifen Sie aber nicht unvorbereitet zum Telefon, sonst verspielen Sie leichtfertig Ihre Chancen!

Zusatzinformationen per Telefon

Ein eindeutiges Signal, dass Ihre Online-Bewerbung willkommen ist, sind Buttons mit der Beschriftung »Jetzt bewerben«, »Bewerbung« oder »Ihr Klick zum neuen Job« auf den Homepages von Unternehmen, Personalberatungen, Personalvermittlungen und Zeitarbeitsfirmen oder in den Angeboten der Jobbörsen. Auch wenn Sie aufgefordert werden, ein Online-Bewerbungsformular auszufüllen und dem Unternehmen zuzumailen, können Sie sich sicher sein, dass die elektronische Personalarbeit in das betreffende Unternehmen Eingang gefunden hat. Doch auch hier sollten Sie nicht aus dem Stegreif reagieren. Wenn Sie nicht in der Masse untergehen wollen, müssen Sie auch mit Ihren Angaben in Bewerbungsformularen für Aufmerksamkeit sorgen. Im Kapitel 28 (»Bewerbungsformulare im Internet«) zeigen wir Ihnen, wie Sie vorgehen sollten.

Kurzbewerbung oder vollständige Unterlagen?

Im Gegensatz zur schriftlichen Bewerbung haben Sie bei der Online-Bewerbung viel mehr Möglichkeiten, was den Umfang Ihrer Unterlagen betrifft. Formen der Online-Bewerbung sind:

- vollständige Online-Bewerbung mit Anschreiben, Lebenslauf, gescanntem Foto, eventuell einer Leistungsbilanz und eingescannten Zeugnissen
- Online-Bewerbung mit Anschreiben, Lebenslauf und eventuell einer Leistungsbilanz
- Online-Bewerbung mit Anschreiben, Lebenslauf und gescanntem Foto, eventuell eine Leistungsbilanz
- Online-Lebenslauf mit knapper Begleit-Mail
- Kurzanschreiben per E-Mail
- Bewerbungsformular
- Bewerbungsformular mit selbst erstelltem Lebenslauf

Die vollständige Online-Bewerbung ist eher unüblich. Nur auf ausdrückliche Aufforderung sollten Sie diese Version zumailen. Vollständige Unterlagen müssen beim Empfänger genauso mühsam gesichtet werden, wie dies bei einer Bewerbung auf dem Postweg nötig wäre. Erschwerend kommt hinzu, dass das Ausdrucken der Unterlagen dem Unternehmen überlassen wird. Wenn dann auch noch nicht kompatible Dateiformate verwendet wurden, ist der Ausdruck erst gar nicht möglich. Selbst beim Einsatz der gleichen Textverarbeitung ergeben sich immer wieder differierende Zeilen- und Seitenumbrüche. Ein falsches Dateiformat für das Foto kann zusätzlich die zu übermittelnde Datenmenge sehr groß machen. Das Gleiche gilt für die eingescannten Zeugnisse.

Vollständige Online-Bewerbungen sind eher unüblich

Aus den genannten Erwägungen heraus fordern Unternehmen üblicherweise eine Bewerbungsmappe per Post an, wenn sie vollständige Unterlagen sichten möchten. Dies ist im Online-Bewerbungsverfahren aber erst der zweite Schritt.

Sie müssen in Ihrer Online-Bewerbung den Mittelweg zwischen aussagekräftigen, aber schnell zu erfassenden Angaben finden. Wir empfehlen Ihnen generell, Anschreiben, Lebenslauf ohne gescanntes Foto und eine Leistungsbilanz zu mailen. Dadurch halten Sie die zu übermittelnden Datenmengen klein, ermöglichen Personalverantwortlichen aber den Abgleich von Stellenprofil und Ihrem Bewerberprofil.

Worauf Sie bei Anschreiben und Lebenslauf achten sollten

Wie bei der Bewerbung per Post sollten Sie mit Ihrem Anschreiben zeigen, dass Sie ein Gutachten über Ihre eigene berufliche Qualifikation erstellen können. Sie liefern eine erste Arbeitsprobe, in der Sie Ihre analytischen Fähigkeiten, Ihr Kommunikationsgeschick und Ihre Kundenorientierung unter Beweis stellen. Der Lebenslauf dient der Veranschaulichung Ihrer beruflichen Entwicklung. In der Leistungsbilanz können Sie berufliche Erfahrungen und Erfolge herausstellen.

Natürlich müssen Sie stets vorrangig die Unternehmenswünsche berücksichtigen. Gestalten Sie Ihre Online-Bewerbung so, wie es die Firmen von Ihnen erwarten. Wenn keine besonderen Hinweise zu finden sind, halten Sie sich an unsere Empfehlung, ein Anschreiben, einen Lebenslauf und eine Leistungsbilanz zu mailen. Manche Unternehmen

Berücksichtigen Sie die Wünsche des Unternehmens

bestehen auch auf den Online-Bewerbungsformularen. Dann führt für Sie kein Weg an den Formularen vorbei. Nutzen Sie aber die Wahlmöglichkeiten, die Ihnen eingeräumt werden. Falls Ihnen freisteht, dem Formular einen selbst entworfenen Lebenslauf hinzuzufügen, so sollten Sie dies auch tun.

Technische Probleme ausschließen

Die Tücken der E-Mail-Bewerbung

Stellen Sie sicher, dass Texte, die Sie mit Ihrem E-Mail-Programm erstellen, auch ohne Einschränkungen vom E-Mail-Programm im Unternehmen dargestellt werden können. In manchen E-Mail-Programmen werden bei einer falschen Grundeinstellung Sonderzeichen wie ä, ö, ü oder ß nicht richtig wiedergegeben. Ihr sorgfältig ausgearbeiteter Text erscheint dann mit unverständlichen Zeichenkombinationen. Das Lesen der E-Mail wird dadurch so umständlich, dass das Interesse des Lesers an Ihrer Bewerbung bei Personalverantwortlichen schnell erlahmt.

Ihnen stehen mehrere Wege offen, um dieses Problem aus dem Weg zu räumen. Einmal konnen Sie auf Sonderzeichen verzichten und beispielsweise den Buchstaben ä immer als ae schreiben. Dies ist natürlich problematisch, da Sie dann auch Umlaute in Namen transformieren müssen.

Beispiel

Der Raub der Identität

Personalverantwortliche sind im Allgemeinen recht empfindlich, was die Schreibweise ihres Namens betrifft. Wird aus der Personalreferentin Bärbel Blätterspieß bei der Müller & Söhne AG eine Baerbel Blaetterspiess bei der Mueller und Soehne AG, so ist mit Verstimmung zu rechnen. Zudem kommen bei dieser Schreibweise Zweifel an den Rechtschreibfähigkeiten des Bewerbers auf. Seine Schlussformel »Mit freundlichen Gruessen« wird die Personalverantwortliche ins Grübeln bringen. Verwirrung im Bewerbungsverfahren ist aber immer kontraproduktiv, da sie die zügige Auswertung der Bewerbungsunterlagen verhindert und von den Inhalten ablenkt.

Verschicken Sie Probe-Mails

Besser als der Verzicht auf Sonderzeichen ist es, die Online-Bewerbung probeweise an Freunde und Bekannte mit anderen E-Mail-Programmen zu verschicken. So bekommen Sie eine Rückmeldung darüber, ob alles zu öffnen und zu lesen ist.

Anschreiben und Lebenslauf als E-Mails oder als Dateianhänge?

Um Lebenslauf und Leistungsbilanz zu versenden, bieten sich zwei Möglichkeiten an: Sie versenden beides als konventionellen E-Mail-Text oder Sie hängen Ihre Ausarbeitungen als Attachments an Ihr E-Mail-Anschreiben an.

Attachments in der Online-Bewerbung

Der Versand von Dateianhängen an E-Mails wirft viele Fragen auf. Sind Attachments überhaupt erwünscht? Welche Programme sind auf dem Empfängerrechner installiert? Welche Dateiformate können geöffnet werden? Wie technisch versiert ist der Empfänger Ihrer E-Mail auf der Firmenseite?

Das richtige Format?!

Fehler beim Versand von Dateianhängen können Sie nur vermeiden, wenn Sie in der Stellenausschreibung genaue Angaben zu den akzeptierten Dateiformaten finden, oder wenn Sie sich mit einem Anruf versichert haben, dass Ihre Daten auch dargestellt werden können.

Eine gute und sichere Möglichkeit ist, Bewerbungen im Adobe Acrobat Format mit der Dateiendung *.pdf* zu versenden, da diese Anhänge in der Formatierung wiedergegeben werden, die Sie erstellt haben. Zudem ist dieses Dateiformat virensicher. Der Adobe Acrobat Reader ist in fast allen Firmen vorhanden. Im Internet finden Sie Freeware, also kostenlose Programme, die Ihnen die Erstellung von pdf-Dateien ermöglichen (beispielsweise unter http://freepdf.de oder www.shbox.de).

Der Versand von Word-Dateien mit der Kennung *.doc* ist kritisch, seit sie als berüchtigte Virenträger verschrien sind. Abgesehen von der Angst vor Viren können aber auch in der Formatierung Probleme auftreten. Bei unterschiedlichen Grundeinstellungen bei Absender und Empfänger können Zeilen und Seitenumbrüche verändert dargestellt werden.

Die Standardtextformate *.rtf* und *.txt* gelten als relativ sicher. Gescannte Fotos und Zeugnisse sollten im Format *.jpg* oder *.gif* versandt werden. Diese Standardgrafikformate bieten eine gute Komprimierung bei ausreichender Qualität. Trotz der generellen Akzeptanz dieser Formate sollten Sie unbedingt die Wünsche der Unternehmen bezüglich des Dateiformates und der Datenmenge beachten. Im Zweifelsfall müssen Sie nachfragen, bevor Sie Dateianhänge verschicken. Insbesondere bei Multimedia-Dateien müssen Sie sich erkundigen, bevor Sie sie auf den Weg durchs Netz schicken. Damit der Leser in der Personalabteilung erkennt, worum es sich handelt, müssen Sie Ihren Attachments aussagekräftige Namen geben, beispielsweise *Lebenslauf.txt, Anschreiben.txt, Zeugnisse.jpg* oder *Foto.gif.*

Verwenden Sie Standardtext- und Standardgrafikformat

Bewerbungsunterlagen als E-Mail-Text

Eine Alternative zu dem Versenden von Attachments ist, Anschreiben, Lebenslauf sowie die Leistungsbilanz direkt als E-Mail zu versenden. Hierbei muss der Empfänger in der Personalabteilung keine Dateianhänge öffnen. Damit vermeiden Sie Konvertierungsprobleme und stellen sicher, dass Ihre Online-Bewerbung auch wirklich gelesen werden kann. Die übermittelte Datenmenge wird außerdem gering gehalten, womit sich Lade- und Speicherzeiten minimieren.

Der E-Mail-Lebenslauf folgt direkt dem Anschreiben in der Bewerbungs-E-Mail. Sie sollten aber auf jeden Fall noch einmal Ihren Absender mit Telefonnummer und E-Mail-Adresse auf dem Lebenslauf vermerken. Werden Anschreiben und Lebenslauf im Unternehmen auf zwei Seiten ausgedruckt, muss bei jedem Schriftstück klar erkennbar sein, von welchem Bewerber es stammt.

Verwenden Sie auch keine besonderen Gestaltungsmerkmale wie Einrückungen, Tabulatoren oder Texthervorhebungen – verschobene Tabulatoren oder versetzte Einrückungen wegen differierender Einstellungen beim Empfänger könnten Ihren Online-Lebenslauf regelrecht zerfetzen! Genauso können unterschiedliche Zeilenumbrüche in E-Mail-Programmen Ihre Layout-Arbeit schnell wieder zunichte machen.

Verzichten Sie auf besondere Formatierungen

Darauf sollten Sie achten

Geben Sie auch bei einer E-Mail Ihre Postadresse an, und vermerken Sie Ihre Telefonnummer. So erleichtern Sie dem Unternehmen Rückfragen per Telefon.

Vorsicht mit Ihrem elektronischen Absender: Ihre Firmen-E-Mail-Adresse sollten Sie auf gar keinen Fall verwenden. Benutzen Sie immer Ihre private E-Mail-Adresse. Es kann sich lohnen, für die Bewerbung eine zweite private E-Mail-Adresse einzurichten, besonders dann, wenn Ihre bisherige private E-Mail-Adresse nicht konservativ genug ist. Ihre E-Mail-Adresse bei Bewerbungen sollte einer für Geschäftsbeziehungen üblichen Form entsprechen. Der Bewerber Helmut Schnell könnte die Adresse helmutschnell@t-online.de oder hschnell@t-online.de verwenden. Auf ausgefallene und unkonventionelle E-Mail-Adressen, wie beispielsweise superman@web.de, spaceboy@aol.de oder topseller@gmx.de, sollten Sie verzichten. Personalverantwortliche nehmen Sie sonst schon beim Öffnen Ihrer E-Mail nicht ernst, der wichtige erste Eindruck ist damit schnell verspielt.

Verwenden Sie stets Ihre private E-Mail-Adresse

Vergessen Sie nicht: Seien Sie bei der Erstellung Ihrer Texte genauso sorgfältig wie bei einer schriftlichen Bewerbung. Achten Sie auf Rechtschreibung, Satzstellung und eine übersichtliche Strukturierung des Textes. Erstellen Sie Ihre Online-Bewerbung immer offline, und drucken Sie den Text zur Korrektur aus: Beim Blick auf den Monitor können Ihnen Fehler schnell entgehen.

Seien Sie genauso sorgfältig wie bei schriftlichen Bewerbungen

Füllen Sie immer die Betreffzeile aus, und machen Sie auf den ersten Blick ersichtlich, dass es sich um eine Bewerbung handelt. E-Mails ohne Betreffzeile erschweren die Zuordnung an den richtigen Bearbeiter und geben der E-Mail einen unseriösen Touch. Sie riskieren außerdem, dass sie automatisch gelöscht wird, weil sie bei fehlender Betreffzeile mit einer unerwünschten Werbe-Mail verwechselt werden kann. Da die Betreffzeile nicht bei allen E-Mail-Programmen vollständig abgebildet wird, sollten Sie sie aussagekräftig beginnen, am besten mit dem Wort »Bewerbung«. Schreiben Sie beispielsweise »Bewerbung als IT-Consultant«.

Auch wenn Sie Online-Bewerbungen an mehrere Unternehmen verschicken wollen, sollten Sie nie die Rundschreibenfunktion (Copy carbon/Cc) nutzen. Die von Personalverantwortlichen geforderte individuelle Bewerbung würde auf der Strecke bleiben, da Sie keine Unternehmensanschrift und keine persönliche Anrede verwenden können. Außerdem kann der Empfänger sofort sehen, dass Sie mit Bewerbungsrundschreiben arbeiten und an welche Firmen sie noch verschickt wurden: Man wird Sie als uninteressanten Massenbewerber einschätzen.

Verzichten Sie auf die Rundschreibenfunktion

Telefonische Kontaktaufnahme

Auch das Kommunikationsmedium Telefon sollten Sie nicht vergessen: Auch wenn das Internet dazu verführt, die Kommunikation komplett über E-Mails abzuwickeln, sollten Sie doch das persönliche Gespräch suchen, um sich Vorteile im Online-Bewerbungsverfahren zu verschaffen.

Suchen Sie das persönliche Gespräch

Wenn aus einer Stellenausschreibung nicht ersichtlich ist, ob das Unternehmen eine Online-Bewerbung wünscht und wie diese gestaltet sein sollte, müssen Sie sich über die Form erkundigen. Mit dem Telefon können Sie schnell herausfinden, welche Vorstellungen das Unternehmen vom Bewerbungsverfahren hat. Wünscht sich das Unternehmen eine komplette Bewerbungsmappe auf dem Postweg? Erwartet es, dass Sie ein knappes Anschreiben per E-Mail versenden? Ist es vorrangig an Ihrem Lebenslauf interessiert?

Neben diesen Hauptinformationen, die Sie für Ihre Online-Bewerbung brauchen, ergeben sich für Sie aus dem Anruf weitere positive Nebeneffekte: Die Unternehmen werden Sie als initiativfreudig einschätzen, Sie können in Ihrer Online-Bewerbung auf einen ersten telefonischen Kontakt hinweisen, Sie können sicherstellen, dass Ihre Online-Bewerbung auch bei dem zuständigen Bearbeiter auf dem Monitor erscheint, und Sie können Zusatzinformationen für Ihre Bewerbung erfragen. Manchmal ergibt sich auch die Chance, einen kurzen Profilcheck durchzuführen. Das heißt, sowohl Sie selbst als auch der Personalverantwortliche können sich darüber klar werden, ob sich Ihr Bewerberprofil und das Anforderungsprofil des Unternehmens überhaupt zur Deckung bringen lassen.

Zeigen Sie Eigeninitiative

Bedenken Sie aber, dass es niemals eine zweite Chance für den ersten Eindruck gibt. Bevor Sie zum Telefonhörer greifen und auf eine Stellenausschreibung hin in einem Unternehmen anrufen, sollten Sie darum die Hinweise, die wir Ihnen in Kapitel 7 (»Das Telefon, der schnelle Weg zum neuen Arbeitsplatz«) gegeben haben, sorgfältig beachten.

Anschreiben und Lebenslauf in der Online-Bewerbung

Für die Erstellung von formal und inhaltlich überzeugenden Bewerbungsunterlagen für die Online-Bewerbung gelten dieselben Regeln wie für die Bewerbung in schriftlicher Form. Diese haben wir Ihnen ausführlich in Teil 2 dieses Buches (»Die schriftliche Bewerbung«) vorgestellt. Achten Sie aber bei der Ausformulierung Ihres Anschreibens besonders darauf, aussagekräftige Schlagworte zu verwenden, um Personalverantwortlichen auf den ersten Blick Ihr individuelles Qualifikationsprofil zu präsentieren.

Durch Schlagworte komprimiert auf den Punkt kommen

Bei Online-Bewerbungen müssen Sie schnell und komprimiert auf den Punkt kommen. Personalverantwortliche wollen aus knappen Angaben möglichst rasch herauslesen, ob Sie überhaupt für die ausgeschriebene Stelle infrage kommen. Diesem Bedürfnis müssen Sie Rechnung tragen, indem Sie sich mit hoher Informationsdichte bewerben. Es kommt darauf an, ein kurzes, aber aussagefähiges Bewerberprofil zu liefern, um einen Abgleich mit dem ausgeschriebenen Stellenprofil zu ermöglichen.

Wenn Sie Online-Bewerbungsformulare benutzen sollen, dann müssen Sie aussagekräftige Schlüsselworte verwenden, sonst fallen Sie durch das Auswertungsraster. Einige Unternehmen werten Bewerbungsformulare mithilfe von spezieller Software aus, in der Suchroutinen programmiert sind, die das ausgefüllte Bewerbungsformular nach vorher definierten Angaben durchforsten. Werden diese Angaben nicht gefunden oder nicht erkannt, weil sie unpräzise formuliert worden sind, wird Ihre Bewerbung automatisch als uninteressant eingestuft und Sie erhalten eine Absage.

Mit Schlüsselworten zum Ziel

Die Schlüsselworte für Ihre Branche und Ihre Position haben Sie bereits in der Übung »Schlüsselbegriffe und Schlagworte finden und einsetzen« in Kapitel 4 (»Warum sollten wir gerade Sie einstellen? Ihre Selbstpräsentation«) erarbeitet. Nutzen Sie Ihre Ausarbeitung, um Ihre Online-Bewerbung auf den Punkt zu bringen.

Damit Sie sich ein Bild machen können, wie Ihre Bewerbungsunterlagen gestaltet sein können, zeigen wir Ihnen nun ein gelungenes Anschreiben und einen Lebenslauf, versendet als E-Mail ohne Attachments.

Beispiel

Online-Bewerbung als Junior-Projektleiter

An: markus.kleinschmidt@handelsgruppe.de
Cc:
Betreff: Bewerbung als Junior-Projektleiter

Michael Kirsch, Oberanger 87, 80331 München
Telefon: (0 89) 55 44 55, michaelkirsch@online.de

Handelsgruppe AG
Personalabteilung Versand
Herrn Markus Kleinschmidt

München, 14.10.2004

Bewerbung als Junior-Projektleiter
Stellenausschreibung in Stellenanzeigen.de und unser Telefonat vom 12.10.2004

Sehr geehrter Herr Kleinschmidt,

es hat mich sehr gefreut, dass Sie mein Profil interessant fanden, hier sind weitere Informationen zu meinen Qualifikationen. In der Optimierung von Vermarktungsstrategien und der Betreuung von Geschäftskunden habe ich bereits erste berufliche Erfahrungen gesammelt. Mein Studium der Betriebswirtschaftslehre habe ich vor kurzem mit gutem Erfolg abgeschlossen.

Bei der IT-Gesellschaft mbH habe ich als Praktikant im Unternehmensbereich Information & Kommunikation Analysen zur Bedarfserkennung beim Kunden durchgeführt. Meine Ergebnisse zur vorausschauenden Planung des Erst- und Zusatzbedarfes von Kundenkreisen habe ich in einer Projektgruppe präsentiert. Den Vertrieb habe ich in der Verkaufsförderung und mit Daten zur Marktverfolgung unterstützt. Im Marketing habe ich bei der Vertriebsplan AG Erfahrungen in der Durchführung von Mailing-Aktionen und in der telefonischen Kundenbetreuung gesammelt.

Meine Studienschwerpunkte waren die Handelsbetriebslehre und das Marketing. In meiner Diplomarbeit habe ich mich mit Vertriebsstrategien im E-Commerce auseinander gesetzt. Als Referent für internationale Kontakte der Studentenorganisation Bonding e. V.

habe ich ausländische Gaststudenten betreut und Sponsoren für internationale Besuchsprogramme gewonnen.

Ich spreche sehr gut Englisch und gut Spanisch. Das Software-Paket MS-Office Pro beherrsche ich sicher. Über eine Einladung zu einem Vorstellungsgespräch würde ich mich freuen.

Mit freundlichen Grüßen

Michael Kirsch

Lebenslauf

Michael Kirsch, Oberanger 87, 80331 München,
Telefon: (0 89) 55 44 55, michaelkirsch@online.de

Persönliche Daten
geb. am 12.10.1979 in Regensburg, ledig

Praktika, berufliche Erfahrungen
08/2001 - 10/2001 IT-Gesellschaft mbH, Augsburg, Bereich Information & Kommunikation, Praktikant: Analyse des Kundenkreises zur frühzeitigen Erkennung von Erst- und Zusatzbedarf, Marktverfolgung, Verkaufsförderung
07/2002 - 10/2002 Vertriebsplan AG, München, Marketing-Abteilung, Praktikant: Telefonische Kundenbetreuung, Durchführung von Mailing-Aktionen

Studium
10/1998 - 09/2004 Studium der Betriebswirtschaftslehre an der Ludwig-Maximilian-Universität München, Schwerpunkte Handelsbetriebslehre und Marketing, Diplomarbeit: »Vertriebsstrategien im E-Commerce« (Note 1,9)
30.09.2004 Diplom-Kaufmann (Note 2,4)

Schulabschluss, Zivildienst
10/1997 - 10/1998 Deutsches Rotes Kreuz, Zivildienst, Rettungssanitäter
15.07.1997 Abitur am Ludwig-Gymnasium Regensburg, (Note 2,1)

Sonstiges
seit 10/2000 Bonding e. V., Referent für internationale Kontakte: Erarbeitung von Besuchsprogrammen, Sponsorengewinnung, Betreuung ausländischer Gaststudenten

Zusatzqualifikationen
Sprachen: Englisch (sehr gut), Spanisch (gut)
EDV-Kenntnisse: Word (sehr gut), Excel (gut), Access (gut), PowerPoint (gut)

☑ *Checkliste* ***für Ihre Online-Bewerbung***

- ☐ In welcher Form möchte Ihr Wunschunternehmen Ihre Unterlagen erhalten? Vollständige Unterlagen per Mail? Oder nur Anschreiben und Lebenslauf vorab?
- ☐ Ist ein spezieller Ansprechpartner mit eigener E-Mail-Adresse genannt?
- ☐ Wünscht das Unternehmen Ihre Unterlagen als Attachments? In welchen Dateiformaten?
- ☐ Wenn Sie Attachments versenden: Ist der Dateiname aussagekräftig und eindeutig Ihrer Bewerbung zuzuordnen?
- ☐ Wenn Sie Ihre Bewerbung als E-Mail-Text schicken: Haben Sie auf spezielle Formatierungen (Einrückungen, Tabulatoren, Texthervorhebungen) verzichtet?
- ☐ Haben Sie Ihre Postadresse und Telefonnummer angegeben?
- ☐ Haben Sie Ihre private E-Mail-Adresse verwendet? Ist sie seriös genug für eine Bewerbung?
- ☐ Haben Sie Ihre Bewerbungsunterlagen genauso sorgfältig erstellt, als wenn Sie sie per Post verschicken würden?
- ☐ Haben Sie Anschreiben, Lebenslauf und Leistungsbilanz ausgedruckt und auf Rechtschreibfehler geprüft, besser: prüfen lassen?
- ☐ Haben Sie in der Betreffzeile Ihrer E-Mail vermerkt, dass es sich um eine Bewerbung handelt? Haben Sie die anvisierte Position eingefügt?
- ☐ Haben Sie telefonisch vorab mit dem Unternehmen Kontakt aufgenommen, um offene Fragen zuklären und Zusatzinformationen einzuholen?
- ☐ Haben Sie in Anschreiben, Lebenslauf und Leistungsbilanz Ihr Qualifikationsprofil durch aussagekräftige Schlüsselbegriffe verdichtet?

28

Bewerbungsformulare im Internet

Online-Bewerbungsformulare dienen Unternehmen dazu, Informationen über Bewerber zu standardisieren und damit besser auswerten zu können. Für Bewerber sind sie eine Möglichkeit, Stellengesuche ins Internet zu stellen. Auch in diesen Formularen müssen Sie die für Unternehmen interessanten Schlüsselworte unterbringen. Nutzen Sie immer die Möglichkeiten für freie Angaben, um Ihr individuelles Profil deutlich zu machen.

Fragebögen zur Vorselektion von Bewerbern

Bewerbungsformulare sind standardisierte Fragebögen, die den Unternehmen zur Vorselektion der Bewerber dienen. Dazu wurden Masken erstellt, die eine Speicherung der Angaben in Datenbanken ermöglichen. Diese Datenbanken können dann von den Personalverantwortlichen mit definierten Suchbegriffen ausgewertet werden.

Bewerbungsformular als Online-Bewerbung

Bewerbungsformulare zur Online-Bewerbung begegnen Ihnen normalerweise auf den Homepages der Unternehmen. Der Internet-Auftritt größerer Unternehmen enthält zumeist das Special »Jobs und Karriere«. Nachdem Sie die dort aufgelisteten Jobangebote gesichtet haben, können Sie über einen Button mit dem Unternehmen in Kontakt treten. Klicken Sie den Button an, öffnet sich ein Bewerbungsformular. Auch Stellenausschreibungen in den Jobbörsen sind häufig mit einem Button versehen, der Sie zu einem Bewerbungsformular weiterleitet.

Dies bedeutet nicht in jedem Fall, dass Sie sich ausschließlich mit dem Bewerbungsformular bewerben müssen. Oft bieten Ihnen die Unternehmen mehrere Bewerbungswege an. Wenn Sie die Wahl haben, statt eines Bewerbungsformulars ein Online-Anschreiben mit Lebenslauf zuzumailen, so sollten Sie sich für diese Möglichkeit entscheiden. Ziehen Sie immer diejenige Bewerbungsform vor, die Ihnen den größten Freiraum für eine individuelle Selbstdarstellung bietet.

Oft stehen mehrere Bewerbungswege frei

Manchmal kommen Sie aber nicht an dem Bewerbungsformular vorbei. Hier dürfen Sie auf keinen Fall das Bewerbungsformular online ausfüllen. Speichern Sie es, gehen Sie offline, und bearbeiten Sie das Formular in aller Ruhe. Oder drucken Sie es sich aus, und überlegen Sie genau, wie Sie Ihr Profil am besten darstellen können. Auch in Standardformularen sind durchaus Freiräume für eine individuelle Selbstdarstellung vorhanden. Damit Sie diese Möglichkeiten nutzen können, stellen wir Ihnen jetzt die Besonderheiten vor, die beim Ausfüllen von Bewerbungsformularen zu beachten sind.

Bearbeiten Sie das Bewerbungsformular stets offline

Die Tücken der Formulare

Beim Einsatz von Bewerbungsformularen wird die Forderung nach Prägnanz und Informationsdichte auf die Spitze getrieben. Der Platz für freie Angaben ist sehr begrenzt, Sie werden nur dann einen Schritt weiterkommen, wenn Sie diese eingeschränkten Möglichkeiten optimal nutzen.

Der Einsatz von Schlüsselworten ist besonders wichtig

Im Kapitel 27 (»Die Besonderheiten der Online-Bewerbung«) haben wir bereits ausgeführt, welchen hohen Stellenwert Schlüsselworte in Ihren Online-Bewerbungsaktivitäten haben. Dies gilt ganz besonders für Bewerbungsformulare.

Beispiel

Schlüsselworte im Bewerbungsformular

Gibt eine Online-Bewerberin in der Rubrik »Letzte Tätigkeit« in einem Bewerbungsformular nur ihre Berufsbezeichnung als »Referentin Marketing & Communications« an, bringt sie sich um die Möglichkeit, die Besonderheiten ihrer Qualifikation herauszustellen. Mithilfe von Schlüsselworten wird das Profil der Bewerberin deutlich, beispielsweise so: »Referentin Marketing & Communications, Tätigkeiten: Erarbeitung von

Marketingstrategien, Betreuung aller Marketingaktivitäten, Organisation der Pressearbeit, Veranstaltungsorganisation, Etablierung eines Community Services«

Wenn Sie die bisher von Ihnen ausgeübten Tätigkeiten in Bewerbungsformularen angeben, sollten Sie sich an die Empfehlungen halten, die wir Ihnen schon für die Ausarbeitung Ihres Lebenslaufes gegeben haben: Formulieren Sie stichwortartig, geben Sie zu jeder Position die Tätigkeiten an, die Sie ausgeübt haben, und stellen Sie diejenigen Aufgaben heraus, die eine Nähe zur ausgeschriebenen Stelle haben.

Nutzen Sie die Freiräume des Online-Bewerbungsformulars

Besonders schwer tun sich viele Bewerber mit den Freiräumen, die ihnen in Bewerbungsformularen in der Rubrik »Sonstiges«, »Bemerkungen« oder »Zusatzinformationen« eingeräumt werden. Entweder bleiben diese Felder leer, oder es tauchen die üblichen Leerfloskeln zu persönlichen Fähigkeiten auf. Diese Freiräume sollten Sie dazu nutzen, sich positiv in Szene zu setzen.

Beispiel

Gehaltvolle Zusatzinformationen

Die folgende Formulierung ist als Zusatzinformation im Online-Bewerbungsformular für die Position »Produktmanager« nichtssagend und sollte deshalb unterbleiben: »Einsatzfreude und Belastbarkeit sind wichtige Aspekte meiner Persönlichkeit«.

Überzeugender klingt eine Zusatzinformation, die besondere berufliche Aufgaben in den Vordergrund stellt: »Teilnahme am Projekt kundenorientiertes Qualitätsmanagement. Erarbeitung von Qualitätsstandards. Zusammenarbeit mit F & E, Konstruktion, Produktion und Service.«

Bewerbungsformulare richtig ausfüllen

Damit Sie sehen, welche Fehler Bewerbern beim Ausfüllen von Bewerbungsformularen unterlaufen können, stellen wir Ihnen nun ein Negativbeispiel vor. Nach unserer Kommentierung der Fehler zeigen wir Ihnen an einem Positivbeispiel, wie es der Bewerber hätte besser machen können. Beide Versionen beziehen sich auf eine Stellenausschreibung, in der ein Technischer Verkaufsberater in der Dentalbranche gesucht wird.

Negativbeispiel:

Bewerbungsformular Technischer Verkaufsberater in der Dentalbranche

Anrede:	⦿ Herr ○ Frau
Vorname:	Robert
Name:	Galenus
Geburtsdatum:	09.11.1969
Straße:	Gänseweg 14
PLZ:	44555
Wohnort:	Mönchengladbach
Telefon privat:	(02 01) 1 23 45 67
Telefon geschäftlich:	(02 11) 4 44 56 - 12
Mobil:	(01 73) 8 87 66 55
Fax:	(02 11) 4 44 56 78
E-Mail:	galenus.vertrieb@Sales-AG.de
Ausbildung/Abschlüsse:	Ausbildung zum Kaufmann im Groß- und Außenhandel, Wirtschaftsstudium an der Fachhochschule
Letzte Tätigkeit: (Kurzdarstellung)	Fachberater im Vertrieb
Frühestes Eintrittsdatum:	sofort
Gewünschter Einsatzort:	Mönchengladbach und nähere Umgebung
Besondere Kenntnisse:	Teamfähigkeit, Motivation
Bemerkungen:	Wünsche mir mehr Eigenverantwortung bei der Arbeit

Zum Bewerbungsformular von Robert Galenus Diese Bewerbung lässt Ernsthaftigkeit und Aussagekraft vermissen. Mit der Angabe seiner geschäftlichen Telefonverbindung, des Firmen-Faxanschlusses und der E-Mail-Adresse des Unternehmens signalisiert Robert Galenus, dass er berufliche Aufgaben und Bewerbungsaktivitäten nicht sauber trennt, sondern seine Zeit am Arbeitsplatz mit Recherchen zu potenziellen neuen Arbeitsplätzen verbringt – damit empfiehlt er sich nicht für einen neuen Arbeitgeber. Er muss sich zudem den Vorwurf gefallen lassen, seinem Unternehmen gegenüber nicht loyal zu sein. Besonders die Angabe der Faxnummer ist gefährlich, da in den meisten Unternehmen mehrere Personen Zugriff auf ein Faxgerät haben.

Geben Sie nur Ihre private Telefon- und Faxverbindung an

Die inhaltlichen Angaben in den Blöcken »Ausbildung/Abschlüsse«, »Letzte Tätigkeit«, »Frühestes Eintrittsdatum«, »Besondere Kenntnisse« und »Bemerkungen« unterstützen die Einschätzung, dass es sich nicht um eine ernsthafte Bewerbung handelt. Der zur Verfügung gestellte Platz wird nicht annähernd genutzt. Obwohl die Angabe von Abschlüssen ausdrücklich gefordert ist, gibt Robert Galenus keinen Ausbildungsabschluss an, ebenso fehlt der Studienabschluss. In der Rubrik »Letzte Tätigkeit« wird nur die Position angegeben. Obwohl Platz für eine Kurzdarstellung wäre, fehlen nähere Informationen zu den ausgeübten Tätigkeiten.

Füllen Sie alle Rubriken gewissenhaft aus

Die Angabe »sofort« als frühestes Eintrittsdatum legt die Vermutung nahe, dass er an seinem Arbeitsplatz bereits »kaltgestellt« ist. Eine Kündigung wäre auch eine Erklärung dafür, dass er am Arbeitsplatz Bewerbungsaktivitäten nachgeht. Hier stellt sich die Frage, warum es zur Kündigung gekommen ist, und Skepsis drängt sich auf.

Die Angaben in der Rubrik »Besondere Kenntnisse« sind nicht aussagekräftig. Automatische Suchroutinen werden über die Angaben hinweglaufen und keine besonderen Kenntnisse melden. Bei der persönlichen Durchsicht des Bewerbungsformulars wird dem Bewerber angekreidet werden, dass er fachliche Kenntnisse mit persönlichen Fähigkeiten verwechselt. Gefragt ist in dieser Rubrik die Angabe fachlicher Qualifikationen. Ein individuelles Profil wird jedoch nicht deutlich. Im Gegenteil: Robert Galenus bewirbt sich ohne berufliches Profil.

Besondere Kenntnisse machen Ihr Profil aus

Auch in der Rubrik »Bemerkungen« wäre Platz für eine individuelle und aussagekräftige Selbstdarstellung mit geeigneten Schlüsselworten gewesen. Der Bewerber verspielt auch diese Chance. Sein Wunsch nach mehr Eigenverantwortung drückt eher aus, dass er bisher noch nicht eigenverantwortlich gearbeitet hat.

Die von Robert Galenus gewünschten Einsatzorte »Mönchengladbach und nähere Umgebung« zeigen, dass er eher daran interessiert ist, den Status quo zu erhalten. Wieder stellt sich die Frage, ob seine Online-Bewerbung ernst gemeint ist.

Die Möglichkeiten, die sich auch beim Ausfüllen von Bewerbungsformularen bieten, hat der Bewerber in dem nachfolgenden Positivbeispiel besser genutzt. Robert Galenus hat in dieser Version mit aussagekräftigen Schlüsselworten gearbeitet. Sein individuelles Profil wird für Personalverantwortliche durch die Aufzählung der von ihm bewältigten beruflichen Aufgaben deutlich. Die Freiräume, die das Bewerbungsformular bietet, hat der Bewerber konsequent genutzt.

Geben Sie den Personalverantwortlichen genügend Informationen

Diese Bewerbung erscheint gut vorbereitet und bietet die nötige Informationsdichte. Sie wird sowohl einer automatischen Auswertung als auch einer Begutachtung durch Personalverantwortliche standhalten.

Positivbeispiel:

Bewerbungsformular Technischer Verkaufsberater in der Dentalbranche

Anrede:	◉ Herr ○ Frau
Vorname:	Robert
Name:	Galenus
Geburtsdatum:	09.11.1969
Straße:	Gänseweg 14
PLZ:	44555
Wohnort:	Mönchengladbach

Telefon privat:	(02 01) 1 23 45 67
Telefon geschäftlich:	
Mobil:	(01 73) 8 87 66 55
Fax:	
E-Mail:	robertgalenus@gmx.de
Ausbildung/Abschlüsse:	Ausbildung zum Kaufmann im Groß- und Außenhandel bei einem Werkzeugmaschinenhersteller, Abschluss Kaufmann im Groß- und Außenhandel BWL-Studium an der FH Düsseldorf, Abschluss Diplom-Betriebswirt
Letzte Tätigkeit:	Dentaldepot GmbH, Vertriebsabteilung, Fachberater
(Kurzdarstellung)	Tätigkeiten: Neukundenakquisition, Auftragsbearbeitung, Projektverfolgung, Warendisposition, Durchführung von Direkt-Mailing-Aktionen, Unterstützung des Außendienstes, Erstellung von Produktpräsentationen, telefonische Kundenberatung
Frühestes Eintrittsdatum:	01.10.2001 (übliche Kündigungsfrist)
Gewünschter Einsatzort:	nach Absprache
Besondere Kenntnisse:	Absatz- und Verkaufsförderung, Direkt-Marketing, Zusammenarbeit mit Speditionen, Sicherstellung der Liefertermine und der gelieferten Qualität, Organisation von Veranstaltungen zur Kundenbindung, MS-Office Pro (WinWord, Excel, Access, PowerPoint), gutes Englisch
Bemerkungen:	Erfahrungen in der Dentalbranche, sichere Zielgruppenansprache, ständige Weiterbildung im Produktbereich

Bewerbungsformular als Stellengesuch

Viele Jobbörsen bieten Ihnen die Möglichkeit, kostenlos ein Stellengesuch aufzugeben, das in eine Datenbank aufgenommen wird. Diese Datenbank können Unternehmen abfragen. Hat man Interesse an Ihnen, wird man sich bei Ihnen melden. Die Wunschvorstellung, aus mehreren Angeboten auswählen zu können und auf diese Weise die Rollen im Bewerbungsverfahren einmal zu vertauschen, ist für Arbeitssuchende natürlich reizvoll.

Das eigene Stellengesuch im Internet

Für die Mehrheit der Personalverantwortlichen im deutschsprachigen Raum ist die Vorstellung aber immer noch befremdlich, selbst auf die Suche zu gehen. Dies hat mehrere Gründe. Die Unternehmen müssen in der Regel dafür bezahlen, in Bewerberdatenbanken suchen zu dürfen. Um sich einen Überblick zu verschaffen, müssen sie natürlich in den Datenbanken unterschiedlicher Anbieter recherchieren. Die aktive Bewerberansprache kommt zu den üblichen Personalrekrutierungsmaßnahmen hinzu und ist eine zusätzliche Arbeitsbelastung. Diese Mehrarbeit nehmen Personalexperten nur für bestimmte, besonders gefragte Bewerberzielgruppen in Kauf.

Ob Sie in einem Stellengesuch genügend Informationen über sich vermitteln können und ob es Ihnen überhaupt möglich ist, ein individuelles Profil deutlich zu machen, hängt von den Bewerbungsformularen ab, die Ihnen für die Aufgabe eines Stellengesuches vorgegeben werden. In manchen Jobbörsen finden Sie als Formular nur Listen, aus denen Sie vorgegebene Stichworte auswählen dürfen. In anderen Jobbörsen finden Sie Formulare, in denen Sie Ihre beruflichen Erfahrungen, Ihre Berufsausbildung und speziellen Kenntnisse in Freitextfeldern umfassender beschreiben können. Manchmal ist es sogar möglich, einen eigenen Lebenslauf zu verfassen und ein kurzes Anschreiben mitzuliefern.

Mit Schlüsselworten die Qualifikationen herausstellen

Knüpfen Sie beim Ausfüllen von Stellengesuchen an die Hinweise an, die wir Ihnen für Bewerbungsformulare auf den Homepages der Unternehmen gegeben haben. Arbeiten Sie mit aussagekräftigen Schlüsselworten, die Ihr Profil deutlich werden lassen. Nutzen Sie Freitextfelder, um stichwortartig Ihre Qualifikationen aufzuzählen. Die Chance, ein Kurzanschreiben und einen Lebenslauf mit ins Netz zu stellen, sollten Sie sich nicht entgehen lassen. Beachten Sie beim Ausformulieren unsere Tipps und Regeln für Online-Anschreiben und -Lebensläufe.

☑ *Checkliste für Online-Formulare*

- ☐ Welche Möglichkeiten bietet Ihnen Ihr Wunschunternehmen: Können Sie alternativ oder zusätzlich zum Online-Bewerbungsformular eine schriftliche Bewerbung schicken?
- ☐ Haben Sie das Online-Formular gespeichert und/oder ausgedruckt, um es offline zu bearbeiten?
- ☐ Haben Sie Ihre beruflichen Tätigkeiten im Formular stichwortartig umrissen?
- ☐ Haben Sie die Tätigkeiten in den Vordergrund gestellt, die eine Nähe zur ausgeschriebenen Stelle haben?
- ☐ Haben Sie die Rubriken »Sonstiges«, Bemerkungen« oder »Zusatzinformationen« genutzt, um Ihr Qualifikationsprofil mit Beschreibungen besonderer beruflicher Aufgaben zu untermauern?
- ☐ Haben Sie die Möglichkeit genutzt, bei Jobbörsen ein Stellengesuch aufzugeben?
- ☐ Verdichten Sie Ihr Profil in Ihrem Stellengesuch mit aussagekräftigen Schlagworten?
- ☐ Haben Sie Ihre Suche nach einem neuen Arbeitgeber durch weitere Aktivitäten unterstützt?

29
Zusätzliche Online-Aktivitäten

Abgesehen von der vorgestellten Online-Bewerbung kommen noch zwei Aktivitäten im Netz hinzu, die jedoch nicht für jeden Bewerber infrage kommen: Online-Assessments und Bewerber-Homepages. Sie erfahren in diesem Kapitel, wie Sie Ihre Soft Skills im Online-Assessment geschickt in Szene setzen und für wen die Konstruktion einer eigenen Bewerber-Homepage Sinn macht.

Im Internet gibt es für Unternehmen und Bewerber mehr Möglichkeiten, als Stellenausschreibungen zu schalten und sich per Online-Bewerbung ins Gespräch zu bringen. Zwei dieser zusätzlichen Aktivitäten, das Online-Assessment und die Bewerber-Homepage, möchten wir Ihnen vorstellen.

Online-Assessment

Standardisierte Auskünfte

Genauso wie Bewerbungsformulare werden Online-Assessments dazu genutzt, die Auskünfte der Bewerber zu standardisieren. Gleichzeitig soll auch die Bewerberflut eingedämmt werden. Eine Einladung zum Vorstellungsgespräch oder einem Gruppenauswahlverfahren (Assessment-Center) erfolgt nur, wenn der Bewerber nicht durch das Raster des Online-Assessments fällt. Auch hier gilt, dass Sie sich durch Vorbereitung wappnen können.

Einsatz von Online-Assessments

Online-Assessments richten sich vorwiegend an Hochschulabsolventen. Da diese Bewerbergruppe über nur geringe Berufserfahrung verfügt, versuchen die Unternehmen, andere Auswahlkriterien einzusetzen.

Die Nähe der Online-Assessments zu Online-Bewerbungsformularen ist nicht zu übersehen. Allerdings werden von den Bewerbern auch Angaben zu ihren persönlichen Fähigkeiten eingefordert. Zu den Fragen nach bisherigen beruflichen Tätigkeiten, EDV-Kenntnissen, Sprachen und Berufsabschlüssen treten Fragen, aus deren Beantwortung Führungsstärke, Belastbarkeit, Teamfähigkeit und andere persönliche Fähigkeiten deutlich werden sollen.

Eine Einschätzung Ihrer Soft Skills ist befragt

Das Verfahren des Online-Assessments ist nicht unumstritten, da die Aussagekraft der durchgeführten Tests mitunter fragwürdig ist. Es kann sich für Sie aber durchaus lohnen, Online-Assessments im Internet zu bearbeiten. Einige Unternehmen und Personalberatungen sichten über Online-Assessments das ganze Jahr über Bewerber. Wer den Test bewältigt, wird in eine Datenbank aufgenommen, die bei frei werdenden Stellen durchsucht wird.

Fragen im Online-Assessment

Wir stellen Ihnen jetzt zwanzig Fragen aus einem Online-Assessment vor. Arbeiten Sie sich einmal selbst durch, und das Online-Assessment wird für Sie seinen Schrecken verlieren.

Übung

Ausgewählte Fragen im Online-Assessment

Charakterisieren Sie Ihr übliches Verhalten, Ihre Einstellungen und Gewohnheiten. Lesen Sie jede Aussage gründlich durch, und entscheiden Sie, ob diese Aussage auf Sie zutrifft. Sie können folgende Antworten ankreuzen:

1 trifft absolut nicht zu
2 trifft meistens nicht zu
3 trifft zum Teil zu, zum Teil aber auch nicht
4 trifft meistens zu
5 trifft absolut zu

Lassen Sie keine Aussage aus, entscheiden Sie sich immer für eine Antwortmöglichkeit.

	1	2	3	4	5
1. Jeder sollte eine zweite Chance erhalten.	☐	☐	☐	☐	☐
2. Probleme gehe ich direkt an.	☐	☐	☐	☐	☐
3. Es fällt mir schwer, mich zu entspannen.	☐	☐	☐	☐	☐
4. In meiner Freizeit bin ich lieber allein.	☐	☐	☐	☐	☐
5. Ich mag keine Konflikte.	☐	☐	☐	☐	☐
6. Lange Diskussionen finde ich überflüssig.	☐	☐	☐	☐	☐
7. Ich rege mich leicht auf.	☐	☐	☐	☐	☐
8. Es fällt mir schwer, anderen meine Meinung zu sagen.	☐	☐	☐	☐	☐
9. Es fällt mir schwer, Gefühle zu zeigen.	☐	☐	☐	☐	☐
10. Ich arbeite lieber schnell als sorgfältig.	☐	☐	☐	☐	☐
11. Auch in der Freizeit übernehme ich gerne eine Führungsrolle.	☐	☐	☐	☐	☐
12. Ich neige zu Perfektionismus.	☐	☐	☐	☐	☐
13. Zu anderen Menschen finde ich leicht Kontakt.	☐	☐	☐	☐	☐
14. Ich bin ein sehr einfühlsamer Zuhörer.	☐	☐	☐	☐	☐
15. Ich lasse mich ab und zu ausnutzen.	☐	☐	☐	☐	☐
16. Ich mache mir schnell ein Bild über andere Menschen.	☐	☐	☐	☐	☐
17. Ich gehe immer den direkten Weg.	☐	☐	☐	☐	☐
18. Ich bin immer gut gelaunt.	☐	☐	☐	☐	☐
19. Gegen Kritik bin ich immun.	☐	☐	☐	☐	☐
20. Ich bin unternehmungslustig.	☐	☐	☐	☐	☐

Wir stehen solchen Tests eher kritisch gegenüber, denn die menschliche Persönlichkeit lässt sich nicht durch ein paar Kreuze in einem Online-Fragebogen erfassen. Natürlich müssen Sie selbst entscheiden, wie ehrlich Sie beim Bearbeiten von Online-Assessments sein möchten. Wenn Sie im Bewerberrennen bleiben wollen, sollten Sie sich aber nach den Idealvorstellungen richten, die Personalverantwortliche von Bewerbern und Mitarbeitern haben. Antworten Sie bei Fragen zu Ihren persönlichen Fähigkeiten deshalb so, wie es die Testauswerter hören möchten: Stellen Sie sich als aktiv, zupackend, innerlich ausgeglichen, gesprächsbereit, offen, hilfsbereit und souverän im Umgang mit anderen dar.

Kreuzen Sie an, was als allgemein erwünscht gilt

Bewerber-Homepage

Eine eigene Bewerber-Homepage aufzubauen, kostet viel Arbeit. Sie sollten diesen Aufwand nur auf sich nehmen, wenn Sie bereits mit der Konstruktion von Internet-Seiten vertraut sind. Wer sich als Spezialist in der IT-Branche bewirbt, kann interessierten Unternehmen auf diese Weise eine erste Arbeitsprobe liefern und über Links auf weitere realisierte Projekte verweisen.

Für die IT-Branche besonders interessant

Eine Bewerber-Homepage muss in andere Online-Bewerbungsmaßnahmen eingebunden werden. Es genügt nicht, einfach die eigene Homepage ins Netz zu stellen und Serien-Mails mit einem Verweis auf die Homepage zu streuen. Mit der Mitteilung: »Hier finden Sie einen interessanten Bewerber! Klicken Sie auf www.hans-peter.mueller.de.« werden Sie es nicht schaffen, Personalverantwortliche auf Ihre Homepage zu locken. Sie müssen mit einer Online-Bewerbung bereits Interesse geweckt haben. Nur dann wird man sich eingehender mit Ihrem Profil beschäftigen.

Auch für Ihre Bewerber-Homepage gilt, dass sie den Anforderungen der Online-Bewerbung standhalten muss. Wichtige Informationen müssen schnell zu erkennen sein, und eine für Geschäftsbeziehungen übliche Form muss gewahrt bleiben. Müssen sich Personalverantwortliche durch endlose Links klicken, um zu einem Lebenslauf zu gelangen, wird das Interesse schnell erlahmen. Informationen, die für eine Bewerbung nicht relevant sind, sollten Sie

Nur bewerbungsrelevante Informationen!

unter einer anderen Adresse ins Netz stellen. Vermengen Sie Bewerbungsinformationen nicht mit Reiseberichten, Familienstammbäumen, Clubengagements oder Verkaufsangeboten.

Richten Sie Ihre Bewerber-Homepage nicht auf Ihrer privaten Homepage ein. Achten Sie auch bei der Extraseite für Ihre Bewerbung darauf, keine witzige Netzadresse zu benutzen. Die Domains *www.ein-toller-Bewerber.de* oder *www.alleskoenner.com* lassen nur Zweifel an Ihrer Anpassungsfähigkeit im Berufsalltag aufkommen. Stecken Sie Ihre Kreativität lieber in die Ausgestaltung der Seite. Versuchen Sie eine Domain zu reservieren, die Ihren Namen oder Namensbestandteile enthält. Beispielsweise *www.janaschmidt.de* oder *www.jschmidt-info.de.*

Unterlagen sollten leicht herunterzuladen sein

Ihre Homepage sollte ein Bewerbungsfoto, einen allgemeinen Lebenslauf, eine Leistungsbilanz und eine Zusammenfassung Ihrer Qualifikation in Form eines Anschreibens enthalten. Gestalten Sie alles so, dass interessierte Besucher sowohl den Lebenslauf und das Leistungsprofil als auch das Anschreiben mühelos herunterladen oder ausdrucken können. Wenn Sie den Charakter der Homepage als Arbeitsprobe intensivieren möchten, können Sie Projektberichte, Design-Studien, Veröffentlichungen, Presseberichte über Sie oder Ihre Arbeit in die Homepage integrieren. Achten Sie auch darauf, dass Sie für Interessenten problemlos zu erreichen sind: Geben Sie Telefon-, Fax- und Handy-Nummer auffällig an und natürlich auch Ihre E-Mail-Adresse.

Bewerber-Homepages haben den Vorteil, dass man den Konvertierungsproblemen beim Verschicken von Online-Unterlagen mit ausgeklügeltem Layout aus dem Weg geht. Dem steht jedoch der Nachteil gegenüber, dass auf der Homepage veröffentlichte Anschreiben und Lebensläufe sehr allgemein gehalten werden müssen. Eine individuelle Ansprache von Unternehmen ist schwierig, und auf besondere Anforderungsprofile aus Stellenausschreibungen können Sie nicht eingehen.

Aus diesen Gründen sollten Sie die Homepage nur als Ergänzung zur passgenauen Online-Bewerbung sehen. Technisch weniger versierte Bewerber sollten sich den Aufbau einer eigenen Bewerber-Homepage sparen und ihre Energie lieber in die Erarbeitung aussagekräftiger und auf das Unternehmen und die Stelle abgestimmter Anschreiben und Lebensläufe stecken.

☑ *Checkliste* ***für Ihre zusätzlichen Online-Aktivitäten***

- ☐ Erwartet Ihr Wunschunternehmen von Ihnen, dass Sie sich einem Online-Assessment unterziehen?
- ☐ Haben Sie sich im Online-Assessment als aktiv, zupackend, innerlich ausgeglichen, gesprächsbereit, offen, hilfsbereit und souverän präsentiert?
- ☐ Gehören Sie zu den Bewerbergruppen für die die Einrichtung einer eigenen Homepage sinnvoll ist?
- ☐ Haben Sie sich eine seriöse Domain gesichert?
- ☐ Sind wichtige Informationen zu Ihrem Qualifikationsprofil schnell erkenntlich und durch aussagekräftige Schlagworte verdichtet?
- ☐ Ist Ihre Homepage ausschließlich auf Ihre Bewerbung ausgerichtet? Verzichten Sie auf private Informationen?
- ☐ Enthält Ihre Bewerber-Homepage ein Bewerbungsfoto, einen Lebenslauf, eine Leistungsbilanz und ein Anschreiben? Können Interessenten diese Unterlagen mühelos herunterladen oder ausdrucken?
- ☐ Können Sie Ihr Qualifikationsprofil durch Verweise auf Projektberichte, Studien, Veröffentlichungen, Presseberichte über Sie oder Ihre Arbeit unterstützen?
- ☐ Haben Sie Telefon-, Fax- und Handynummer sowie Ihre E-Mail-Adresse gut erkennbar platziert?
- ☐ Haben Sie Ihre Suche nach einem neuen Arbeitsplatz durch weitere Aktivitäten unterstützt?

Teil 5

Das Vorstellungsgespräch

30

Die Vorbereitung des Vorstellungsgesprächs

Mit der Einladung zu einem Vorstellungsgespräch haben Sie die erste Hürde im Bewerbungsverfahren genommen. Bereiten Sie sich nun vor, indem Sie sich den Sinn von Vorstellungsgesprächen verdeutlichen und sich klarmachen, dass Sie Argumente für Ihre Einstellung liefern müssen. Wie Sie das machen und was Sie sonst noch bedenken sollten, erfahren Sie in diesem Kapitel.

Der erste persönliche Kontakt

Eine Einladung zum Vorstellungsgespräch zeigt, dass Ihre schriftliche Bewerbung Interesse geweckt hat. Man hält Sie grundsätzlich für geeignet, die fachliche Seite der ausgeschriebenen Stelle zu bewältigen. Nun möchte man Sie persönlich kennen lernen, um zu sehen, was für ein »Typ« Sie sind. Ihre Persönlichkeit wird getestet.

Das ist neu: Über Fachwissen zu verfügen genügt heute nicht mehr. Im Vorstellungsgespräch kommt es ganz wesentlich darauf an, wie Sie als Bewerber auftreten.

Wie steht es um Ihre Persönlichkeit?

Wir sind in Kapitel 2 »Reflexion: Entdecken Sie Ihre Stärken« schon darauf eingegangen, dass die Bewerberpersönlichkeit für den Personalauswahlprozess eine immer größere Bedeutung bekommen hat. Kaum einer kann als Experte in seinem Kämmerchen still vor sich hinwerkeln; das Arbeiten in Teams und Projektgruppen ist mittlerweile üblich. Auch die Vernetzung der einzelnen Unternehmensbestandteile untereinander ist größer geworden. Und nicht zuletzt hat der Innovationsdruck sehr stark zugenommen. Neue Ideen setzen sich aber nicht von allein durch – es muss begründet, überzeugt, argumentiert und letztendlich entschieden werden; Mitarbeiter ganz unterschiedlicher beruflicher Herkunft müssen in die Informations-, Arbeits- und Entscheidungsprozesse miteinbezogen werden. Kurz: Es kommt darauf an, wie gut Sie mit anderen zusammenarbeiten können.

Auf Ihre Persönlichkeit kommt es an

Es gibt daher heutzutage keine Firma mehr, die nicht auch die Persönlichkeit von Bewerberinnen und Bewerbern durchleuchtet. Personalverantwortliche wollen bei ihren Überprüfungen natürlich nicht bis ins letzte Detail die Psyche des Bewerbers festhalten. Was sie interessiert, ist aber, ob die für die Ausübung der zu vergebenden Stelle persönlichen Fähigkeiten vorhanden sind.

Machen Sie sich bewusst: Es geht im Bewerbungsgespräch darum, sich so zu verhalten, dass der Personalverantwortliche die gefragten Soft Skills wie Teamfähigkeit, Kommunikationsstärke, Leistungsbereitschaft oder Flexibilität bei Ihnen erkennen kann. Es hilft Ihnen nicht weiter, dass Sie insgeheim wissen, wie gut Sie am Arbeitsplatz zurechtkommen – Sie müssen es ihm mit Ihren Worten und Ihrem Verhalten deutlich machen.

Richten Sie den Blick auf Ihre Stärken

Richten Sie den Blick auf die Aufgaben, die Ihnen gut gelungen sind! Bekennen Sie sich zu Ihrem Können. Eine positive und zupackende innere Einstellung wird im Vorstellungsgespräch auch äußerlich sichtbar werden und bei Personalverantwortlichen die gewünschte Wirkung entfalten.

Die Phasen des Vorstellungsgesprächs

Ein typisches Vorstellungsgespräch dauert ein bis zwei Stunden. Natürlich kann die Ausgestaltung je nach Firma und Vorliebe des Personalverantwortlichen unterschiedlich aussehen. Werden Vorstellungsgespräche professionell geführt, gibt es aber einen ganz bestimmten Ablauf, an dem sich viele Personalentscheider orientieren:

Die Gespräche folgen einem Schema

- Begrüßung
- Small Talk zur Auflockerung der Atmosphäre
- kurze Darstellung der Firma und des Arbeitsplatzes
- Gelegenheit zur Selbstpräsentation
- Fragenblöcke zur Überprüfung der fachlichen Kenntnisse und persönlichen Fähigkeiten
- Gelegenheit für den Bewerber, eigene Fragen zu stellen
- Abschluss des Gespräches

Sie sollten sich stets vor Augen halten, dass Sie selbst großen Einfluss auf den Gesprächsverlauf ausüben können – allerdings nur, wenn Sie sich auch gut vorbereiten. Vor allem in Bezug auf die Selbstdarstellung und die Fragenblöcke ist eine intensive Vorarbeit unerlässlich. Wir werden Ihnen dabei helfen, sich perfekt auf ein Vorstellungsgespräch vorzubereiten. In Kapitel 4 (»Warum sollten wir gerade Sie einstellen? Ihre Selbstpräsentation«) haben Sie bereits eine aussagekräftige Darstellung Ihres Qualifikationsprofils erarbeitet, mit der Sie nun die Personalverantwortlichen im persönlichen Gespräch von Ihren Stärken überzeugen können.

Jetzt ist Ihre Gelegenheit!

Auch auf die glaubhafte Darstellung Ihrer Stärken sowie das souveräne Reagieren auf die Frage nach Ihren Schwächen oder nach Brüchen in Ihrem Lebenslauf werden wir genauer eingehen. Wie Sie überzeugend auf Fragen nach Ihren fachlichen Kenntnissen und persönlichen Fähigkeiten antworten, vermitteln wir Ihnen in Kapitel 30 und 31. Lassen Sie sich anhand vieler Beispiele und Fragen aus der Praxis zeigen, wie Sie sich im Vorstellungsgespräch passgenau, stärkenorientiert und glaubwürdig präsentieren!

Wer wird Ihnen gegenübersitzen?

Mit wem müssen Sie im Vorstellungsgespräch rechnen? Wer stellt die Fragen und wertet sie aus? Wer entscheidet am Ende des Bewerbungsmarathons endgültig darüber, ob Sie eine Absage erhalten oder einen Arbeitsvertrag angeboten bekommen? Im Folgenden werden wir Sie mit diesen Personen bekannt machen. Sie treffen in Vorstellungsgesprächen auf:

Verschiedene Gesprächspartner

- Personalverantwortliche
- Fachvorgesetzte
- Geschäftsführer beziehungsweise Firmeninhaber

Geschulte (hauptamtliche) Personalverantwortliche begegnen Ihnen in mittleren und großen Firmen. In kleineren Firmen wird die Personalarbeit eher nebenbei erledigt, dort wird über Bewerbungen meist vom Geschäftsführer und/oder dem zuständigen Fachvorgesetzten entschieden.

Die Vorstellungen über den idealen neuen Mitarbeiter werden von den beruflichen Positionen der Entscheider mit beeinflusst. Deshalb hilft Ihnen die Auseinandersetzung mit der speziellen Perspektive der anderen Seite, Ihr Antwortverhalten im Vorstellungsgespräch flexibel zu handhaben.

Personalverantwortliche

Im Vordergrund: die persönlichen Fähigkeiten

Personalverantwortliche legen andere Maßstäbe an als Fachvorgesetzte. Im Vordergrund stehen die persönlichen Fähigkeiten. Personalverantwortliche stellen daher gezielte Fragen zu

- der Motivation der Bewerbung,
- dem bisherigen Werdegang,
- der beruflichen Entwicklung,
- der Person und
- dem Privatleben.

Zu jedem dieser Themenkomplexe gibt es spezielle Fragen, die wir Ihnen in Kapitel 31 (»Auf diese Fragen müssen Sie sich einstellen«) ausführlich vorstellen und auf die Sie sich schon im Vorfeld vorbereiten können.

Strukturierte Gespräche

Vorstellungsgespräche mit Personalverantwortlichen finden wegen der Menge der Fragen meist strukturiert statt, das heißt, oft wird ein vorbereiteter Fragenkatalog abgearbeitet. Wenn alle die gleichen Fragen beantworten sollen, so hat dies natürlich auch den Vorteil, dass die Bewerber später gut verglichen werden können. Die Inhalte der Antworten und das allgemeine Auftreten im Vorstellungsgespräch können dann systematisch bewertet, beispielsweise auf einer Skala von eins bis fünf, und auf einem Auswertungsbogen eingetragen werden. Nach dem Gespräch legt der Personalverantwortliche eine Gesamtnote für jeden Bewerber fest und macht der Fachabteilung Vorschläge, welche Bewerber er für die Besetzung der ausgeschriebenen Position für geeignet hält.

Fachvorgesetzte

Fachvorgesetzte müssen Sie im Gespräch davon überzeugen, dass Sie den fachlichen Anforderungen des Arbeitsplatzes gerecht werden. Fachvorgesetzte sind keine Profis in Sachen Personalauswahl. Deshalb finden diese Gespräche meist unstrukturiert statt. Oft stellen sie die Abteilung, den Arbeitsplatz und aktuelle Aufgaben und Projekte vor. Sie gewinnen die Sympathie der Fachvorgesetzten, wenn Sie gezielte Fragen zu den Arbeitsabläufen stellen und auf ähnliche Projekte hinweisen, an denen Sie an Ihrem alten Arbeitsplatz bereits mitgearbeitet haben.

Im Vordergrund: die fachlichen Kenntnisse

Wichtig dabei ist, dass Sie immer wieder typische Schlüsselworte aus dem Tagesgeschäft in das Gespräch einfließen lassen. Sie haben dies schon in der Übung »Schlüsselbegriffe und Schlagworte finden und einsetzen« in Kapitel 4 geübt. Wenn Sie Schlüsselbegriffe in Vorstellungsgesprächen konsequent bei Antworten und Ihren eigenen Fragen einsetzen, werden Sie feststellen, dass diese Kommunikationstechnik Sie weiterbringt. Das Interesse an Ihnen nimmt zu, wenn Ihr Gegenüber den Eindruck hat, dass er verstanden wird.

Geschäftsführer und Firmeninhaber

Begegnen Ihnen Geschäftsführer oder Firmeninhaber im Vorstellungsgespräch, können Sie mit Ihren Antworten punkten, wenn Sie sich den besonderen beruflichen Hintergrund dieser »Entscheider« vergegenwärtigen. Geschäftsführer und Firmeninhaber sind »Macher«, das heißt, sie sind es gewohnt, ihre Interessen gegen den Widerstand von Personen oder Institutionen durchzusetzen, sie sind überzeugt davon, dass persönlicher und beruflicher Erfolg mit einer überdurchschnittlichen Leistungsbereitschaft einhergeht, und sie sind wenig detail-, dafür aber umso mehr ergebnisorientiert.

Im Vordergrund: die Leistungsbereitschaft

Als Bewerber machen Sie Eindruck auf Geschäftsführer und Firmeninhaber, wenn Sie Situationen schildern, in denen Sie sich zielstrebig »durchgebissen« haben, um beruflich etwas zu erreichen. Betonen Sie im Gespräch, was Sie in Ihren bisherigen beruflichen Positionen alles geleistet haben. Machen Sie überzeugend klar, dass auch in Zukunft noch eine Menge von Ihnen zu erwarten ist, weil diese Leistungsbereitschaft ein wichtiger Aspekt Ihrer Persönlichkeit ist.

Ganz besonders positiv reagieren die »Macher an der Firmenspitze« auch auf Leistungen, die über das alltägliche Maß hinausgehen. Verweisen Sie auf von Ihnen angeschobene Sonderprojekte oder auf Ihre Anregung hin durchgeführte Verbesserungsmaßnahmen. Die Bereitschaft zur Übernahme von Sonderaufgaben und die entsprechenden Belege aus Ihrem bisherigen Werdegang überzeugen Führungsspitzen von Ihrer überdurchschnittlichen Leistungsmotivation und Leistungsbereitschaft. Auch Weiterbildungsmaßnahmen, an denen Sie neben Ihren eigentlichen beruflichen Aufgaben teilgenommen haben, sind ein Beweis für Ihre Motivation und werden wohlwollend zur Kenntnis genommen.

Brüche in der Biografie positiv begründen

Geschäftsführer und Firmeninhaber achten erfahrungsgemäß auch besonders stark auf Brüche oder Höhen und Tiefen in einem Lebenslauf. Nach ihrer Auffassung zeigt sich gerade in der Fähigkeit, mit Rückschlägen umzugehen und daraus entsprechende Konsequenzen für sich zu ziehen, das wahre Gesicht von Bewerbern. Zur Vorbereitung des Vorstellungsgesprächs sollten Sie deshalb Ihren Lebenslauf nochmals daraufhin überprüfen und sich überlegen, an welchen Punkten Sie mit entsprechenden Nachfragen rechnen müssen. Überlegen Sie sich, was Sie bei Brüchen in Ihrer Entwicklung aktiv getan haben, um die Situation zum Besseren zu wenden. Verwenden Sie dabei aussagekräftige Beispiele, um Ihre Leistungsbereitschaft zu belegen.

Der Einsatz Ihrer Selbstpräsentation

Ihre zentrale Aufgabe im Vorstellungsgespräch ist, sich selbst zu präsentieren. Sie müssen kurz und bündig sich selbst darstellen, zentrale Einstellungsargumente liefern und Ihren Gesprächspartnern Ihre beruflichen Erfahrungen und Stärken verdeutlichen.

▶ **Vorsicht Falle:** Eine bloße Nacherzählung des eigenen Lebensweges liefert dem Personalprofi keine relevanten Informationen, sondern belegt nur Ihre mangelnde Vorbereitung!

Wenn ein Bewerber lediglich die Stationen seines bisherigen Lebens aneinander reiht, fallen berufliche Inhalte, Schwerpunktbildungen, besondere Erfahrungen, spezielle Kenntnisse und herausragende Erfolge leider unter den Tisch. In Kapitel 4 haben Sie sich bereits mit der Ausarbeitung Ihrer Selbstpräsentation auseinandergesetzt. Ziehen Sie Ihre Ausarbeitungen nun noch einmal heran und schneiden Sie sie passgenau auf das anstehende Vorstellungsgespräch zu. Hier noch einmal die Regeln, die Sie bei der Ausformulierung beachten sollten:

Passgenaue Ausrichtung der Selbstpräsentation

Regel 1: Wunschposition im Blick haben
Regel 2: Individuelles Profil vermitteln
Regel 3: Beispiele für Soft Skills geben
Regel 4: Beschreiben statt bewerten
Regel 5: Schlüsselbegriffe aus dem Tagesgeschäft verwenden

Die Frage »Warum ist gerade dieser Bewerber der Richtige für uns?« steht bei Vorstellungsgesprächen von Anfang an im Raum. In vielen Vorstellungsgesprächen fragt der Personalverantwortliche gleich am Gesprächsanfang nach:

- »Warum haben Sie sich bei uns beworben?«,
- »Was interessiert Sie an der Stelle?« oder
- »Stellen Sie sich bitte kurz vor!«

Sie verschaffen sich erhebliche Startvorteile für den weiteren Gesprächsverlauf, wenn Sie Ihren bisherigen beruflichen Werdegang kurz, aber schlüssig darstellen und konkrete Beispiele geben können, die auf das Anforderungsprofil der Firma eingehen.

Auf das Anforderungsprofil eingehen

Wenn Sie sich mithilfe unserer Überzeugungsregeln eine fehlerlose Selbstpräsentation erarbeitet haben, sollten Sie als Nächstes drei unterschiedlich lange Versionen Ihrer Selbstpräsentationen vorbereiten:

- Version 1 hat eine Dauer von drei bis fünf Minuten.
- Version 2 sollte zehn Minuten umfassen.
- Version 3 sollte eine Minute lang sein.

Mit diesen unterschiedlich langen Selbstpräsentationen können Sie im Vorstellungsgespräch flexibel reagieren. Die drei- bis fünfminütige Version setzen Sie ein, wenn Sie gebeten werden, sich vorzustellen. Die einminütige Version dient dazu, neu zum Gespräch hinzugekommene Personen kurz über Ihre Qualifikationen zu informieren. Die zehnminütige Version sollten Sie mit möglichst vielen Beispielen aus Ihrer Berufspraxis anreichern. Teile dieser Version dienen Ihnen später im Gespräch dazu, auf Fragen Antworten mit konkreten Beispielen geben zu können.

Üben, üben, üben!

Damit Sie mit Ihrer Selbstpräsentation bei Vorstellungsgesprächen überzeugen, sollten Sie sie so lange üben und wiederholen, bis sie Ihnen in Fleisch und Blut übergegangen ist. Mögliche Fragen, auf die Sie mit Ihrer Selbstpräsentation antworten können, haben wir in der folgenden Übung für Sie zusammengestellt. Am besten lassen Sie sich die Fragen von einer Person Ihres Vertrauens stellen, dann gewöhnen Sie sich rechtzeitig an den gezielten Einsatz der Selbstpräsentation in einer Gesprächssituation.

Übung

Selbstpräsentation einsetzen

Achten Sie darauf, zunächst die Fragestellung als Aussage zu wiederholen und dann ausgewählte Teile aus der Selbstpräsentation anzuschließen.

Frage: »Was reizt Sie an der ausgeschriebenen Position?«
Antwort: »Mich reizt an der ausgeschriebenen Position, dass ich meine berufliche Erfahrung als . . . .
einsetzen kann. Momentan bearbeite ich die Aufgaben . . . .
und . . . .
Besondere Kenntnisse in . . . .
habe ich mir parallel zu meiner Berufstätigkeit in Weiterbildungsmaßnahmen angeeignet.«

»Warum interessieren Sie sich für unsere Firma?«

Ihre Antwort: . . . .

. . . .

. . . .

»Was macht Sie für die Position geeignet?«

Ihre Antwort: . . . .

. . . .

. . . .

»Erzählen Sie uns doch bitte ein wenig über sich!«

Ihre Antwort: . . . .

. . . .

. . . .

»Ich bin mir nicht sicher, ob Sie der geeignete Kandidat für unsere Firma sind, überzeugen Sie mich!«

Ihre Antwort: . . . .

. . . .

. . . .

»Warum sollten wir gerade Ihnen diese Stelle geben?«

Ihre Antwort: . . . .

. . . .

. . . .

»Was unterscheidet Sie von den anderen Bewerbern, die sich für diese Position interessieren?«

Ihre Antwort: . . . .

. . . .

. . . .

Die Vermittlung von Stärken und Schwächen im Vorstellungsgespräch

Fragen nach Stärken und Schwächen gehören zum grundsätzlichen Programm eines jeden Vorstellungsgesprächs. Für Personalverantwortliche sind sie wichtige Fragen zur Überprüfung des Bewerberprofils. Die Aufforderung »Nennen Sie mir bitte drei Stärken und drei Schwächen von Ihnen!« taucht deshalb regelmäßig auf.

Wenn Sie Ihre Fähigkeiten kennen, wirken Sie selbstsicher

Setzen Sie sich daher unbedingt zur Vorbereitung von Vorstellungsgesprächen mit Ihren Stärken und Schwächen auseinander, damit Sie Ihre persönlichen Fähigkeiten im Bewerbungsgespräch überzeugend präsentieren und konkret belegen können.

Stärken

Wenden wir uns zuerst den Stärken zu. In Kapitel 2 (»Reflexion: Entdecken Sie Ihre Stärken«) haben Sie bereits Ihre Stärken identifiziert und mit Beispielen belegt. Auf diese Vorarbeiten greifen Sie nun wieder zurück. Überlegen Sie zunächst, welche Stärken für die von Ihnen angestrebte Stelle wichtig sind. Im nächsten Schritt wählen Sie darauf abgestimmte Beispiele, die zeigen, in welchen Situationen Sie diese Stärken benutzen. Wir werden Ihnen Beispiele und eine Übung vorstellen, damit Sie trainieren können, Ihre Stärken durch aussagekräftige Situationen aus Ihrem Berufsalltag zu untermauern.

Ihre Stärken müssen zur ausgeschriebenen Stelle passen

Beispiel

Belastbarkeit

»Ich verfüge über eine überdurchschnittliche Belastbarkeit, das zeigt sich daran, dass ich bei kurzfristig auftretenden Problemen nicht die Ruhe verliere und zunächst analysiere, wo die Ursachen des Problems liegen, mir dann Lösungsmöglichkeiten überlege und schließlich entsprechend handele.«

Beispiel

Analytisches Denken

»Eine meiner Stärken ist meine analytische Vorgehensweise. Dies zeigt sich daran, dass ich komplexe Aufgabenstellungen – beispielsweise die Markteinführung einer neuen Software – in klare Teilziele untergliedern kann und so Schritt für Schritt mein anvisiertes Gesamtziel erreiche.«

Übung

Stärken erkennen und vermitteln

Um überzeugend zu wirken, müssen Sie drei glaubwürdige Stärken nennen können. Ziehen Sie Ihr Stärkenprofil aus Kapitel 2 heran und wählen Sie drei Ihrer Stärken aus, die in der anvisierten Position wichtig sind. Finden Sie für diese positiven Eigenschaften schlagkräftige Stichworte. Entscheiden Sie sich jedoch nur für Stärken, die Sie durch Beispiele aus dem Berufsalltag im Vorstellungsgespräch belegen können.

- *Erster Schritt:* Umschreiben Sie das Stichwort, das Ihre Stärke kennzeichnet, mit einem vollständigen Satz.
- *Zweiter Schritt:* In einem zweiten Satz nennen Sie eine konkrete Situation, anhand derer Ihre Stärke deutlich wird.

Beispiel: »Begeisterungsfähigkeit«

- *Erster Schritt:* »Ich kann mich und andere gut für berufliche Aufgaben begeistern und dadurch motivieren.«
- *Zweiter Schritt:* »Während der Umstrukturierung unserer Abteilung ging es darum, neue Zuständigkeiten und Verantwortlichkeiten zu definieren. Durch intensive Gespräche konnte ich meine Mitarbeiter und Kollegen für die Übernahme von mehr Verantwortung begeistern, auch wenn dies zunächst mit einem Mehr an Arbeit verbunden war.«

Jetzt können Sie durchstarten. Definieren Sie drei eigene Stärken und setzen Sie sie nach dem vorgestellten Schema um.

Stärke 1:

1. Schritt: . . . .

2. Schritt: . . . .

Stärke 2:

1. Schritt: . . . .

2. Schritt: . . . .

Stärke 3:

1. Schritt: . . . .

2. Schritt: . . . .

Schwächen

Bauen Sie Ihre Schwächen sorgfältig auf

Jetzt wenden wir uns dem schwierigeren Part zu: Ihren Schwächen. Es wird von Ihnen nicht erwartet, dass Sie zerknirscht in sich gehen. Wichtig ist lediglich, dass Ihr Gegenüber im Vorstellungsgespräch den Eindruck gewinnt, dass Sie sich mit Ihren persönlichen Fähigkeiten auseinander gesetzt haben. Wenn Sie sagen: »Ich habe keine Schwächen!«, wird diese Antwort als überheblich gedeutet, und Ihnen wird mangelnde Selbstkritik unterstellt.

Wenn Sie aufgefordert werden, Ihre Schwächen zu benennen, kommt Humor leider schlecht an. Antworten Sie bitte nicht: »Meine größte Schwäche ist, dass ich abends manchmal das Zähneputzen vergesse.« Denn bei »witzigen« Antworten reagieren viele Gesprächspartner im Vorstellungsgespräch eher säuerlich.

Um Ihre Fähigkeit zur Selbstreflexion unter Beweis zu stellen, müssen Sie in der Lage sein, eine Schwäche von sich »zuzugeben«. Damit diese Schwäche nicht als schwerwiegender Makel erscheint, sollten Sie die Darstellung Ihrer Schwäche sorgfältig aufbauen. Hier unser Aufbauschema für die Darstellung von Schwächen:

- *Erster Schritt:* Benennen Sie die Schwäche in einem Satz und benutzen Sie Relativierungen, (»manchmal«, »ab und zu«, »gelegentlich«, »es kommt vor«, »früher«).

- *Zweiter Schritt:* Geben Sie ein Beispiel dafür, wie sich die Schwäche in der Vergangenheit gezeigt hat.
- *Dritter Schritt:* Legen Sie dar, was Sie getan haben, um Ihre Schwäche in den Griff zu bekommen.

Beispiel

Direktheit

»Ich bin manchmal zu direkt und offen im Gespräch. Mit meiner Vorliebe für klare Worte habe ich manchmal Kollegen und Mitarbeiter vor den Kopf gestoßen. Heute achte ich besser darauf, dass ich den richtigen Zeitpunkt und die richtige Situation wähle, um meine Meinung zu äußern.«

Nur eine Schwäche!

Achten Sie auch darauf, dass Sie bei der Frage »Nennen Sie mir drei Stärken und drei Schwächen von Ihnen!« nicht alle Ihre Schwächen aufzählen. Nennen Sie immer drei Ihrer Stärken, aber nur eine Schwäche. Weitere Schwächen sollten erst auf Nachfrage erfolgen. Hier dürfen Sie sich ausnahmsweise »etwas aus der Nase ziehen« lassen und sollten nicht unnötig loslegen. Im Folgenden finden Sie eine Übung, wie Sie überzeugend eine Schwäche von sich anbringen.

Übung

Schwächen darstellen

Ziehen Sie zunächst Ihre Schwächenanalyse heran, die Sie in Kapitel 2 erarbeitet haben. Gehen Sie diese einzeln durch und überprüfen Sie, ob sich die Schwäche mit unserem Schema in einer für das Vorstellungsgespräch geeigneten Weise darstellen lässt. Eine gut aufgebaute Schwäche könnte so aussehen:

- *Erster Schritt:* »Ich bin manchmal zu abwartend.«
- *Zweiter Schritt:* »In meiner Projektgruppe wurde mir gesagt, dass ich mich bei der Planung zukünftiger Arbeitsabläufe mehr einbringen sollte. Ich war erst überrascht, weil ich dachte, dass das stört. Ich

hatte viele Ideen, aber auf eine Aufforderung gewartet, um sie vorzustellen.«

- *Dritter Schritt:* »Heute warte ich nicht mehr so lange, ich werde schneller von mir aus aktiv.«

Jetzt zu Ihren Schwächen: Wenn Sie mehrere Schwächen gefunden haben, die in das Schema passen, sollten Sie sich für diejenige Schwäche entscheiden, die Sie bei der zukünftigen Arbeit am wenigsten behindert.

Meine Schwäche:

1. Schritt: . . . .

2. Schritt: . . . .

3. Schritt: . . . .

Zur Sicherheit (nur bei Nachfrage) zwei weitere Schwächen:

Schwäche 2:

1. Schritt: . . . .

2. Schritt: . . . .

3. Schritt: . . . .

Schwäche 3:

1. Schritt: . . . .

2. Schritt: . . . .

3. Schritt: . . . .

Den Stellenwechsel begründen

Die Frage »Warum wollen Sie die Stelle wechseln?« wird in Vorstellungsgesprächen oft direkt ausgesprochen – stillschweigend steht sie immer im Raum. Personalverantwortliche möchten nun einmal wissen, was die Beweggründe für Ihre Bewerbung sind.

In Kapitel 5 (»Gute Gründe für den Stellenwechsel«) haben Sie bereits die Gründe für Ihren Stellenwechsel erarbeitet und formuliert. Nun geht es darum, taktisch vorzugehen und den Wechselgrund richtig zu verpacken. Nicht umsonst ist die Ausarbeitung einer »passenden« Antwort auf die Frage nach dem Wechsel ein wesentlicher Bestandteil unserer Beratungsarbeit. Wenn wir Bewerber auf Vorstellungsgespräche vorbereiten, achten wir darauf, dass sie Gründe angeben, die von Personalverantwortlichen »abgenickt« werden können. Sie vermeiden es auf diese Weise auch, dass sie zu tief in negative Gefühle eintauchen. So sollte beispielsweise ein handfester Krach mit dem Vorgesetzten nicht Eingang ins Vorstellungsgespräch finden. Es könnte nämlich passieren, dass der Bewerber seine bisher souveräne Linie verlässt, um seinem Ärger endlich einmal Luft zu machen.

Erarbeiten Sie überzeugende Begründungen

▶ **Vorsicht Falle:** Personalverantwortliche finden Ihre Gründe für einen Firmenwechsel nicht immer so plausibel wie Sie. Wenn Sie die ehemalige Firma zu negativ darstellen, wird das schnell als mangelnde Loyalität Ihrerseits ausgelegt!

Zukunftsorientierung statt Vergangenheitsfixierung

Wir wissen aus unserer Beratungstätigkeit, dass – zumindest in Ansätzen – immer auch Probleme am alten Arbeitsplatz ein Wechselgrund sind. Zu große Ehrlichkeit hilft im Bewerbungsprozess allerdings nicht weiter. Im Gegenteil: Durch Selbstanklagen und Vergangenheitsfixierung hinterlassen Sie einen negativen Eindruck.

Blicken Sie nach vorn

Hinzu kommt, dass Sie, wenn Sie Problemsituationen schildern, immer stark emotional engagiert sind. Das führt meistens dazu, dass Sie einen hochroten Kopf bekommen, alle analytischen Fähigkeiten verlieren und fließend von der Schilderung eines Problems zum nächsten übergehen. Problem- und Vergangenheitsfixierung sind aber eine schlechte Basis für einen neuen Anfang. Wenn Sie Erfolg haben wollen, achten Sie deshalb im Vorstellungsgespräch darauf, dass Sie nicht auf persönlich erlebte Problemsituationen eingehen.

Niemand will »die Katze im Sack kaufen«, daher sind neue Arbeitgeber zu Recht misstrauisch, wenn Bewerber vom alten Arbeitgeber weg wollen. Schwierige Mitarbeiter und Querulanten sind gefürchtet. Auf Unterstellungen und Vermutungen über den »wahren« Grund Ihres Wechsels brauchen Sie aber nicht einzugehen.

Nehmen Sie stattdessen immer eine inhaltliche Position ein, das heißt, argumentieren Sie aus den Anforderungen der neuen Position heraus und belegen Sie konkret, dass Sie die Anforderungen erfüllen. Abstrahieren Sie bei Problemen und antworten Sie allgemeingültig. Dazu benutzen Sie am besten eine Formulierung wie: »Es ist natürlich (generell) schlecht, wenn ...«

Inhaltlich argumentieren

Beispiel

Der ehemalige Vorgesetzte

Frage: »Was hat Sie an Ihrem alten Vorgesetzten besonders gestört?«
Antwort: »Ich habe gut mit meinem alten Vorgesetzten zusammengearbeitet. Es können natürlich Probleme auftreten, wenn wichtige Informationen zu spät weitergegeben werden. Da wir ein gutes Abteilungsklima hatten, kam so etwas aber selten bei uns vor.«

Sie müssen im Vorstellungsgespräch aber jederzeit damit rechnen, dass Personalverantwortliche Sie unter Druck setzen, um die tatsächliche Motivation für Ihren Stellenwechsel zu ergründen. Aus diesem Grund werden Stressfragen gestellt, um festzustellen, ob sich die Bewerber in Widersprüche verwickeln.

Bleiben Sie souverän

Beispiel

Stressfrage

Frage: »Seien Sie mal ehrlich, Sie wollen doch aus irgendeinem Grund schnell weg von Ihrem alten Arbeitgeber? Haben Sie dort Schwierigkeiten?«
Antwort: »Es tut mir leid, wenn ich Ihnen bisher nicht deutlich genug machen konnte, was ich für die von Ihnen ausgeschriebene Position an Kenntnissen und Fähigkeiten mitbringe. Gerade meine Kenntnisse in ... und ... (Selbstpräsentation) bilden meiner Meinung nach eine gute Basis, um die von Ihnen geschilderten Anforderungen zu erfüllen. In welchem Punkt konnte ich Sie noch nicht überzeugen?«

Personalverantwortliche interessiert der Grund für Ihren Wechsel deshalb ganz besonders, weil daraus Rückschlüsse auf Ihr Verhalten am neuen Arbeitsplatz gezogen werden. Wenn sie zu erkennen glauben, dass Ihr Wunsch nach beruflicher Veränderung durch Probleme am alten Arbeitsplatz ausgelöst wurde, vermuten sie, dass auch in der neuen Position wieder Probleme auftreten werden.

Bei Stressfragen nach den Gründen für Ihren Wechsel dürfen Sie deshalb auf keinen Fall in die Vergangenheit abtauchen und langatmige Schilderungen von Schwierigkeiten, Konflikten und Problemen liefern. Sie bewältigen Stressfragen, wenn Sie bei Ihrer Antwort Ihre berufliche Zukunft im Blick behalten (beachten Sie dazu auch unsere Tipps im Abschnitt »Kommunikationstechniken«). Trainieren Sie, auf Stressfragen nach dem folgenden Schema zu antworten:

Souveränität lässt sich trainieren

1. Verneinen Sie Ihnen unterstellte Probleme und Schwierigkeiten.
2. Behaupten Sie in einem Satz, dass Sie bisher ein zufrieden stellendes Arbeitsumfeld hatten.
3. Geben Sie ein Beispiel für eine berufliche Leistung, die Sie vollbracht haben.

Beispiel

Unterstellung entkräftet

Stressfrage: »Ist Ihre Chefin nicht froh, Sie bald los zu sein?«

Antwort: »(Erstens) Nein, das glaube ich nicht. (Zweitens) Ich habe mit meiner Chefin gut zusammengearbeitet. (Drittens) Die Maßnahmen zur Ausweitung unseres Geschäftsfeldes, die ich erarbeitet habe, greifen inzwischen. Durch die Erschließung neuer Märkte konnten wir unsere Produktion besser auslasten.«

Übung

Stressfragen zum Stellenwechsel souverän beantworten

Üben Sie, Stressfragen zu Ihrem Wechselwunsch gelassen zu beantworten. Orientieren Sie sich am vorgestellten Antwortschema. Gehen Sie nicht auf Unterstellungen ein. Stellen Sie mit Ihren Antworten einen Bezug zu den Anforderungen des neuen Arbeitsplatzes her.

»Will Ihre Firma Sie loswerden?«

Ihre Antwort: ....

....

....

»Hat es Probleme an Ihrem alten Arbeitsplatz gegeben?«

Ihre Antwort: ....

....

....

»Ihre Kollegen sind doch froh, Sie los zu sein, oder?«

Ihre Antwort: ....

....

....

»Sie werden sich doch mit der neuen Stelle gar nicht verbessern. Warum wollen Sie wirklich wechseln?«

Ihre Antwort: ....

....

....

»Freuen Sie sich darauf, jetzt alles anders machen zu können?«

Ihre Antwort: ....

....

....

»Sie haben wohl am alten Arbeitsplatz zu viele Fehler gemacht, oder?«

Ihre Antwort: ....

....

....

»Was blockiert Sie an Ihrem jetzigen Arbeitsplatz am meisten?«

Ihre Antwort: ....

....

....

Kommunikationstechniken

Im Vorstellungsgespräch treffen Sie auf Personalverantwortliche, die darin geschult sind, Sie mit bestimmten Fragetechniken zu konfrontieren, auf die Sie reagieren müssen. Ihr Verhalten wird deshalb genauso registriert und bewertet wie der Inhalt Ihrer Antworten.

Trainieren Sie Ihr Gesprächsverhalten

Wir stellen Ihnen jetzt Fragetechniken vor und zeigen Ihnen, wie Sie mit geeigneten Antworttechniken reagieren können. Die vorgestellten Fragetechniken können Sie natürlich auch für Ihre Fragen an die Firma nutzen. Ein Bewerbungsgespräch ist schließlich kein Verhör, sondern ein gegenseitiges Kennenlernen.

Offene Fragen

Offene Fragen nennt man solche, die Sie nicht mit Ja oder Nein beantworten können. Beispiele: »Was macht Sie für die ausgeschriebene Position geeignet?« oder »Welche Unterstützung brauchen Sie von der Unternehmensseite, um erfolgreich arbeiten zu können?«

Offene Fragen haben den Vorteil, dass sie ein Gespräch oder eine Diskussion in Schwung bringen. Sie geben dem Befragten mehr Raum zur Selbstdarstellung. Diese Fragen werden eingesetzt, um längere Antworten und damit auch mehr Informationen zu bekommen. Dadurch kann man an Teilaspekten der Antwort ansetzen und diese durch weitere Fragen vertiefen. Für den Befragten ist hier problematisch, dass er womöglich unwesentliche Informationen nennt, weil er an der Frage vorbei redet.

Beziehen Sie sich auf die ausgeschriebene Stelle

Sie bewältigen offene Fragen dann am besten, wenn Sie in Ihren Antworten immer einen Bezug zu Ihrer angestrebten Position herstellen und genügend Beispiele liefern. Nutzen Sie die Übung »Souveränes Antwortverhalten« weiter unten in diesem Kapitel, um einen aussagekräftigen Antwortstil zu entwickeln.

Geschlossene Fragen

Geschlossene Fragen können Sie mit Ja oder Nein beantworten (»Haben Sie Computerkenntnisse?«, »Sind Sie ein Mensch, der andere überzeugen kann?«). Häufig wird einer geschlossenen Frage eine offene hinterhergeschickt, um sich die Antwort begründen zu lassen (»Welche Computerkenntnisse?«, »Wie überzeugen Sie andere Menschen?«). Sie sollten auch bei geschlossenen Fragen Ihren Antworten immer eine kurze Begründung anschließen. Ersparen Sie Personalverantwortlichen die Mühe, immer wieder nachbohren zu müssen. Nutzen Sie hier auch die Chance, Ihre Eignung für die neue Stelle immer wieder durch Beispiele zu untermauern.

Begründen Sie stets Ihre Antwort

Beispiel

Geschlossene Frage zum Führungsstil

Frage: »Kennen Sie unterschiedliche Führungsstile?«

Antwort: »Ja, ich weiß, dass es verschiedene Führungsstile gibt. In meiner bisherigen Berufspraxis hat sich gezeigt, dass es wichtig ist, Führungsstile flexibel einzusetzen. Generell bevorzuge ich einen demokratischen Führungsstil, der die Vorstellungen der Mitarbeiter mit einbezieht.«

Geschlossene Fragen sind auch für Bewerber geeignet, um schnell Informationen zu erhalten (»Gibt es in der Einarbeitungszeit einen festen Ansprechpartner für mich?« oder »Wurde die ausgeschriebene Position neu geschaffen?«). Achten Sie jedoch darauf, dass Sie genügend Hintergrundinformationen bekommen. Lassen Sie sich nicht mit einem Ja oder Nein abspeisen. Fragen Sie nach, wenn Sie zu knappe Antworten bekommen, die Sie nicht zufrieden stellen.

Fragen Sie nach!

Beispiel

Neu geschaffene Position

Bewerberfrage: »Wurde die ausgeschriebene Position neu geschaffen?«

Antwort der Firmenseite: »Ja, um diese Stelle wurde in der Firma lange gerungen.«

Nachfragen des Bewerbers: »Wer hat sich für beziehungsweise gegen die Schaffung der Stelle ausgesprochen? Wie ist die Stelle in die firmeninternen Abläufe eingegliedert? Wurden die Aufgaben bisher von einer anderen Person mit bearbeitet?«

Stressfragen

Personalverantwortliche nutzen diese Art von Fragen, um Sie zu verunsichern und Stressreaktionen zu provozieren. Zum Beispiel: Nachdem Sie eine Frage beantwortet haben, schweigt Ihr Gesprächspartner einfach und stellt nicht sofort die nächste Frage. Um Sie weiter unter Druck zu setzen, werden Sie mit einem bohrenden Blick angesehen. Die meisten Bewerber setzen nun ein zweites Mal an und reden so lange, bis der gute erste Teil der Antwort verblasst ist und nur noch unzusammenhängende Informationen im Raum stehen. Zu diesem Zeitpunkt merkt auch der Bewerber, dass er Unsinn redet; allerdings traut er sich jetzt nicht mehr aufzuhören. Er redet dann so lange weiter, bis sein Monolog vom Gegenüber unterbrochen wird.

Nicht verunsichern lassen!

Trainieren Sie unbedingt, auf Fragen kurze und präzise Antworten zu geben und kritischen Blicken standzuhalten, sonst beginnt man, an Ihrer emotionalen Stabilität zu zweifeln.

Stressfragen werden wohl dosiert in jedes Vorstellungsgespräch eingestreut. Anmerkungen wie »Ich glaube, Sie sind nicht der Richtige für uns!«, »Sind Sie mit Ihren beruflichen Erfahrungen nicht überqualifiziert/unterqualifiziert für diesen Arbeitsplatz?« oder »Die Beurteilungen in Ihren Arbeitszeugnissen sind ziemlich schlecht!« dienen dazu, im Schnellverfahren zu überprüfen, wie Sie unter Druck reagieren.

Gehen Sie nicht auf Unterstellungen oder Behauptungen ein, sondern beziehen Sie sich auf die fachlichen Kenntnisse und persönlichen Fähigkeiten, die Sie für den zukünftigen Arbeitsplatz mitbringen. Sie haben Ihre Selbstpräsentation gut ausgearbeitet und intensiv geübt. Also stellen Sie dar, warum gerade Sie mit Ihren Kenntnissen und Fähigkeiten für den zu vergebenden Arbeitsplatz geeignet sind.

Argumentieren Sie aus Ihrer Selbstpräsentation heraus

Beispiel

Unterstellungen

Wenn Sie auf die Unterstellung »Sie scheinen nicht besonders gerne zu arbeiten?« mit rotem Kopf reagieren und viel zu laut oder leise behaupten »Natürlich arbeite ich gerne!«, wirkt dies nicht sehr überzeugend. Antworten Sie lieber sachlich und beherrscht und schildern Sie eine Situation aus Ihrer Selbstpräsentation, die Ihre Leistungsbereitschaft und Belastbarkeit dokumentiert, beispielsweise so: »Während der Neueinführung einer Software in meiner derzeitigen Firma hatten wir erhebliche Doppelbelastungen zu tragen. Über einen Zeitraum von sechs Monaten habe ich zusätzlich zu meinen eigentlichen Aufgaben die Mitarbeiter und Kollegen bei der Softwareumstellung mit Schulungen und Beratungen unterstützt.«

Übung

Stressfragen entschärfen

In dieser Übung trainieren Sie, auf Unterstellungen, persönliche Angriffe und Vorwürfe angemessen zu reagieren. Ihre Stressstabilität wird im Vorstellungsgespräch deutlich, wenn Sie es schaffen, Angriffe ins Leere laufen zu lassen, und immer wieder auf positive Selbstdarstellungen zurückgreifen.

1. Gehen Sie nicht auf die Unterstellung ein.
2. Stellen Sie das positive Gegenstück der Unterstellung anhand eines Beispiels aus dem Berufsalltag dar.

Die gedankliche Überleitung von der Unterstellung zu einem positiven Inhalt gelingt Ihnen am besten, wenn Sie Ihre Antwort in Gedanken mit den beiden Worten »im Gegenteil« einleiten. Beispiel:

Unterstellung: »Sie scheinen Schwierigkeiten damit zu haben, sich unterzuordnen!«

Antwort: (In Gedanken: Im Gegenteil) »Ich habe mit meiner Vorgesetzten stets gut zusammengearbeitet. Für die Präsentation meiner Firma auf einer Ausstellung habe ich Anregungen aus dem Marketing und dem Vertrieb aufgegriffen und mit meiner Abteilungsleiterin ein Standkonzept entwickelt, das uns eine Prämierung einbrachte.«

Antworten Sie auf die folgenden Stressfragen und üben Sie, unser Schema umzusetzen. Gewöhnen Sie sich an die gedankliche Einleitung Ihrer Antworten mit den unausgesprochenen Worten »im Gegenteil«.

»Sie scheinen Schwierigkeiten mit Routineaufgaben zu haben!«
Ihre Antwort: (In Gedanken: Im Gegenteil) . . . .
. . . .
. . . .

»Ihre Zielstrebigkeit ist Ihnen wohl im Laufe der Zeit abhanden gekommen!«
Ihre Antwort: (In Gedanken: Im Gegenteil) . . . .
. . . .
. . . .

»Ich glaube, Sie sind der Typ Mensch, der sich bei Schwierigkeiten eher versteckt!«
Ihre Antwort: (In Gedanken: Im Gegenteil) . . . .
. . . .
. . . .

»Das Wohl der Firma liegt Ihnen ja nicht besonders am Herzen!«
Ihre Antwort: (In Gedanken: Im Gegenteil) . . . .
. . . .
. . . .

»Sie sind doch jetzt schon überbezahlt!«
Ihre Antwort: (In Gedanken: Im Gegenteil) . . . .
. . . .
. . . .

Antworttechnik: Beispiele geben

Mit konkreten Beispielen vermeiden Sie Leerfloskeln

Die Antwort, die Sie schon in unserem Beispiel Unterstellungen auf die Frage »Sie scheinen nicht besonders gerne zu arbeiten?« gelesen haben, zeigt bereits die beste Möglichkeit, auf eine Stressfrage zu reagieren: mit der Technik »Beispiele geben«. Die meisten untrainierten Bewerber antworten auf Fragen in Vorstellungsgesprächen zu allgemein und oberflächlich und verzichten darauf, konkrete Beispiele zu geben. Sie sollten es darum vermeiden, leere Floskeln zu verwenden. Belegen Sie Ihre Aussagen mit überzeugenden Beispielen. So wirken Sie kompetent und souverän.

Beispiel

Teamfähigkeit

Die Frage »Sind Sie teamfähig?« sollten Sie nicht einfach nur bejahen. Besser ist es, ein konkretes Beispiel zu geben: »Ja, ich löse gerne berufliche Aufgaben zusammen mit anderen im Team. In meiner derzeitigen Firma haben wir eine abteilungsübergreifende Arbeitsgruppe zur Qualitätssicherung gebildet. Die Ergebnisse, die von dieser Arbeit ausgingen, führten zu einer deutlichen Senkung von Ausschuss in den Produktionslinien.«

Übung

Souveränes Antwortverhalten

Mit dieser Übung trainieren Sie, oberflächliche Antworten durch aussagekräftige zu ersetzen. Damit das Vorstellungsgespräch zu einem Gespräch wird und eine Verhöratmosphäre gar nicht erst entsteht, sollten Ihre Antworten nicht nur konkret sein, sondern auch mindestens zwei bis drei Sätze umfassen. Untrainierte Bewerber neigen dazu, Stichworte in den Raum zu werfen, ohne sie durch Beispiele für den Personalverantwortlichen in einen Zusammenhang zu stellen.
Trainieren Sie jetzt, häufig abgefragte Inhalte im Bewerbungsgespräch mit dem folgenden Argumentationsschema zu beantworten.

1. Schritt: Beantworten Sie die Frage.
2. Schritt: Untermauern Sie Ihre Antwort durch eine passende Situation aus Ihrem bisherigen Berufsalltag.
3. Schritt: Erwähnen Sie erreichte Ziele oder von Ihnen gewonnene Erkenntnisse aus dieser Situation.

Auf die Frage »Sind Sie belastbar?« antworten Sie beispielsweise so:

1. Schritt: »Ich kann auch mit hohen Arbeitsanforderungen gut umgehen.«

2. Schritt: »Als Projektleiterin für das Intranet meiner Firma musste ich die Vorstellungen der einzelnen Abteilungen in das Projekt integrieren und hinsichtlich der technischen Machbarkeit überprüfen. Das zog einen großen Argumentationsbedarf nach sich, und es musste viel Arbeit auch nach Feierabend geleistet werden, um das Tagesgeschäft nicht zu stören.«

3. Schritt: »Ich habe die größere Arbeitsbelastung gern übernommen, um durch die Intranet-Einführung zu reibungsloseren Abläufen in der Firma zu kommen.«

Jetzt sind Sie dran. Üben Sie, die folgenden Fragen mit unserem Argumentationsschema zu beantworten.

»Würden Sie sich selbst als kommunikativ beschreiben?«
1. Schritt: . . . .
2. Schritt: . . . .
3. Schritt: . . . .

»Können Sie andere motivieren?«
1. Schritt: . . . .
2. Schritt: . . . .
3. Schritt: . . . .

»Ist Ihnen beruflicher Aufstieg wichtig?«
1. Schritt: . . . .
2. Schritt: . . . .
3. Schritt: . . . .

»Trauen Sie sich zu, ein abteilungsübergreifendes Projekt zu leiten?«
1. Schritt: . . . .
2. Schritt: . . . .
3. Schritt: . . . .

»Wissen Sie, wie man erfolgreiche Verkaufsverhandlungen führt?«
1. Schritt: . . . .
2. Schritt: . . . .
3. Schritt: . . . .

»Können Sie kreativ arbeiten?«

1. Schritt: ....

2. Schritt: ....

3. Schritt: ....

»Bevorzugen Sie einen bestimmten Führungsstil?«

1. Schritt: ....

2. Schritt: ....

3. Schritt: ....

Mit Körpersprache überzeugen

Nicht nur, was Sie sagen, ist von Bedeutung, sondern auch, wie Sie es sagen. Ihre Gestik, Ihre Mimik, die Art, wie Sie stehen oder sitzen – alles dies wird von Personalverantwortlichen registriert und interpretiert. Aber keine Sorge: Durch gründliche Vorbereitung und zielorientiertes Training können Sie den Eindruck, den Sie erwecken, entscheidend mitbestimmen.

Ein guter Eindruck durch zielorientiertes Training

Durch körpersprachliche Signale können Sie in Vorstellungsgesprächen drei gravierende Fehlerketten auslösen, die Konsequenzen für den weiteren Gesprächsverlauf haben:

1. Sie stehen sich selbst im Weg.
2. Sie verscherzen sich die Sympathie Ihres Gegenübers.
3. Sie wirken unglaubwürdig.

Sie stehen sich selbst im Weg Sie können sich durch Ihre eigene Anspannung, die sich körpersprachlich äußert, selbst daran hindern, aktiv an dem Gesprächsverlauf teilzunehmen. Ihre körperliche Anspannung wirkt sich immer auch auf Ihren Zugriff auf Gedächtnisinhalte aus. Sie kennen diese Situation bestimmt aus Prüfungen, in denen Sie das Gefühl hatten, neben sich zu stehen, oder im schlimmsten Fall ein Blackout erlebten.

Blackout durch Verspannung

Verkrampfungen interpretiert nicht nur Ihr Gegenüber als Stresssignal, sondern auch Ihr eigenes Gehirn. Dies führt dazu, dass längst verschüttet geglaubte Urinstinkte Sie in einen Dämmerzustand zwischen Flucht und Angriffsreaktionen fallen lassen. Analytisches Nachdenken ist in dieser körperlichen Verfassung nur noch schwer möglich.

Ihrem Gesprächspartner signalisieren Sie durch Ihre nach außen sichtbare Anspannung, dass Sie sich in der momentanen Situation unwohl fühlen und am liebsten so schnell wie möglich den Raum wieder verlassen möchten. Natürlich wird Ihr Gegenüber auf diese Signale nicht gerade positiv reagieren. Personalverantwortliche werden hier vermuten, dass Sie sich bei schwierigen Situationen im Arbeitsleben lieber verstecken oder davonlaufen. Und diese Interpretation spricht leider nicht für Sie.

Sie verscherzen sich die Sympathie Ihres Gegenübers Sie können durch körpersprachliche Signale die Sympathie Ihres Gegenübers wieder verlieren. Dies ist ein schwerwiegender Fehler, da Ihnen entgegengebrachte zwischenmenschliche Sympathie auch immer berufliche Akzeptanz beinhaltet. Durch Ihre ausgearbeitete Selbstpräsentation und die Auseinandersetzung mit den Frageblöcken haben Sie schon Vorarbeit für einen Sympathiebonus geleistet. Diesen sollten Sie nicht durch Konfrontations- und aggressive Dominanzgesten leichtfertig verspielen. In dem Moment, in dem Sie im Vorstellungsgespräch Kampfsignale aussenden, verspielen Sie die Bereitschaft Ihrer Gesprächspartner, Ihnen unvoreingenommen zuzuhören. Daneben wird man Ihnen die geforderte Belastbarkeit absprechen.

Sympathie bedeutet auch berufliche Akzeptanz

Sie wirken unglaubwürdig Die von Ihnen gelieferte Einschätzung, dass Sie die geeignete Bewerberin beziehungsweise der geeignete Bewerber sind, muss im Vorstellungsgespräch glaubhaft wirken. Personalverantwortliche sind geschult und darauf trainiert, bei Bewerbern auf Körpersignale zu achten, die im Widerspruch zu den gesprochenen Ausführungen stehen. Wenn solche Unstimmigkeiten zwischen dem Gesagten und dem körperlichen Ausdruck häufiger auftreten, wird man Ihnen das, was Sie sagen, nicht mehr glauben.

Glaubwürdig durch Stimmigkeit

Wir zeigen Ihnen nun in fünf Teilschritten, wie Sie es in Vorstellungsgesprächen vermeiden, diese Fehlerketten auszulösen und welche Körpersprache als Basis für ergeb-

Fünf Schritte zum Erfolg

nisorientierte Vorstellungsgespräche geeignet ist. Die fünf Teilschritte dazu lauten:

1. Anspannung erkennen,
2. Konfrontation vermeiden,
3. Stress- und Verlegenheitsgesten reduzieren,
4. aggressive Dominanzgesten unterlassen,
5. eine entspannte Grundhaltung einnehmen.

Betrachten Sie bitte die Fotos 1 bis 4. Personalverantwortliche erkennen durch die Sitzhaltungen, die der Bewerber einnimmt, sein Befinden. Auf diesen vier vorgestellten Fotos wird ein sehr angespannter innerer Zustand nach außen sichtbar.

Die Sitzhaltung zeigt das Befinden

Die »Auf-der-Flucht«-Haltung des Fotos 1, die »Im-Boden-versinken«-Haltung des Fotos 2 und die »Ich-will-nach-Hause«-Haltung des Fotos 3 zeigen einen angespannten Bewerber, der sich sichtlich unwohl fühlt. Auffällig auf allen drei Fotos ist der nach innen gerichtete Blick des Bewerbers.

Eine starke Anspannung führt dazu, dass Sie nur noch Ihrem eigenen Unwohlsein nachspüren und auf diese Weise den Kontakt zu Ihrem Gegenüber verlieren. Eine überzeugende Selbstdarstellung ist aber ohne (Augen-)Kontakt nicht möglich.

Sobald sich die resignierte und deprimierte Grundstimmung, die der Bewerber auf den Fotos 1, 2 und 3 vermittelt, auf seinen Gesprächspartner übertragen hat, wird dieser einzelne Gesten heranziehen, die sein negatives Bild vom Bewerber zusätzlich verstärken. Als negative Verstärker wirken auf Foto 1 das beidhändige Festhalten am Stuhl und die Beinstellung, auf Foto 2 die überkreuzten Beine und die fast schon zur Angriffshaltung zusammengelegten Hände und auf Foto 3 die nach innen gestellten Fußspitzen und der nach vorne geneigte Oberkörper.

Freiheiten für eine dynamische Körpersprache behalten

Die Haltung des Bewerbers auf Foto 4 nennen wir »Efeuranke«. Der Bewerber umklammert die Stuhlbeine und umschlingt mit seinen Armen seinen eigenen Oberkörper. Für Efeu ist es sicherlich sinnvoll, jeden Halt an einer Hauswand zu nutzen. Im Vorstellungsgespräch ist diese Haltung jedoch sehr ungünstig. Der Bewerber nimmt sich durch

Anspannung erkennen

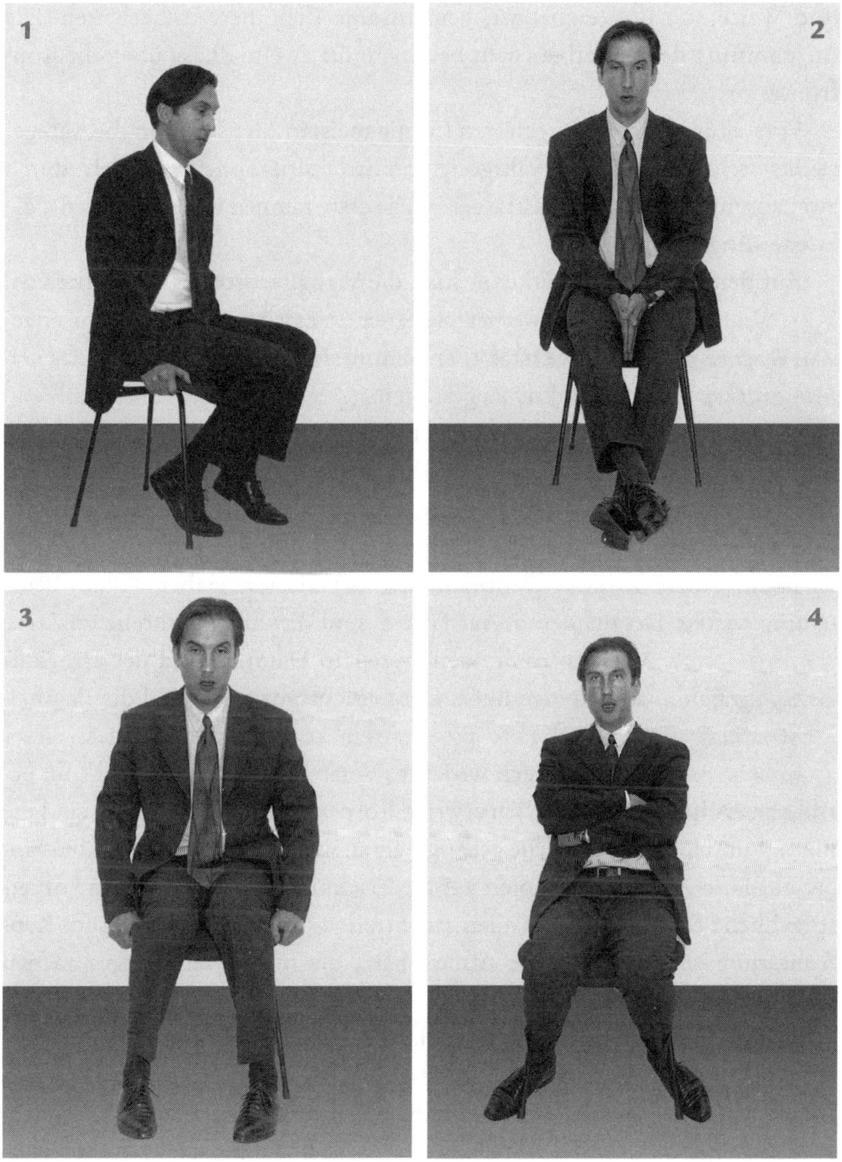

diese Körperhaltung selbst die Luft und bringt sich damit um die Gelegenheit, die Darstellung seiner Fähigkeiten und Kenntnisse mit einer dynamischen Körpersprache zu unterstützen. Die Augen des Bewerbers auf Foto 4 halten zwar Blickkontakt zum Gegenüber. Dies geschieht aber in einer Art und Weise, die ungeeignet ist, gemeinsame Ziele herauszuarbeiten. Die Anspannung des Bewerbers geht bereits in die zweite Phase über: die Konfrontation.

Vorstellungsgespräche gehören für die meisten Menschen in die Kategorie Stresssituation. Die Bewältigung von Stresssituationen geschieht durch zwei wesentliche Verhaltensstrategien: Die erste nennen wir »Einfrieren«, die zweite »Angreifen«.

Auf den Fotos 1 bis 4 erkennt man die Verhaltensstrategie »Einfrieren«. Dieser Bewerber begegnet Stresssituationen, indem er regelrecht erstarrt, er nimmt sich jede Möglichkeit, das Gespräch aktiv zu gestalten.

Das Gespräch aktiv gestalten

Auf den Fotos 5 bis 8 sehen Sie das Gegenteil: Dieser Bewerber sucht die Konfrontation mit dem Gegenüber. Seine Bewältigung von Stresssituationen ist das »Angreifen«. Auch bei Konfrontationsgesten gilt, dass wir als Gegenüber die Grundstimmung intuitiv erfassen. Um uns nicht allein auf unsere intuitive Wahrnehmung zu verlassen, ziehen wir zur Beurteilung weitere Details heran. Auf Foto 5 sind dies die überkreuzten Arme mit den nach oben gestellten Daumen und der arrogant-abschätzige Blick. Der Gesichtsausdruck und die Beinhaltung auf Foto 6 vermitteln körpersprachlich, dass dieser Bewerber sich weder im Vorstellungsgespräch noch im beruflichen Alltag als umgänglich erweist. Körpersprachlich eindeutig sind die Fotos 7 und 8. Die nach vorne gebeugte Sitzhaltung und die gestreckten Finger auf Foto 7 und das Klopfen auf die Tischplatte auf Foto 8 sind körpersprachliche Signale, die uns allen aus Streitgesprächen vertraut sind. Konfrontation ist aber nicht die Atmosphäre, die in Vorstellungsgesprächen weiterbringt.

Unbewusste Angriffe vermeiden

Stress- und Verlegenheitsgesten lassen sich immer dann beobachten, wenn im Vorstellungsgespräch heikle Punkte angesprochen werden. Hierzu gehören beispielsweise Fragen nach dem Grund des Stellenwechsels, nach der Einschätzung der eigenen Stärken und Schwächen oder nach den beruflichen Zielen in der Zukunft. Stress- und Verlegenheitsgesten kommen auch zum Vorschein, wenn der Bewerber mit Fragen konfrontiert wird, die er für sich vor

Entspannung durch intensive Vorbereitung

Konfrontation vermeiden

dem Gespräch noch nicht hinreichend geklärt hat. Dies gilt beispielsweise für Fragen nach dem zukünftigen Gehalt oder zu einem eventuellen Ortswechsel. Schon allein deshalb ist es für Sie so wichtig, sich intensiv auf das Vorstellungsgespräch vorzubereiten.

Typische Stress- und Verlegenheitsgesten haben wir auf den Fotos 9, 10, 11 und 12 für Sie zusammengestellt. Auf Foto 9 ist eine »Die-Schlinge-zieht-sich-zu«-Haltung zu beobachten. Der ausweichende Blick zur Seite und das Lockern beziehungsweise Hin- und Herziehen des Krawattenknotens zeigen deutlich, dass sich der Bewerber unwohl fühlt.

Die »Uups!-(Ist-mir-was-rausgerutscht?)«-Haltung, die wir Ihnen auf Foto 10 zeigen, haben Sie sicherlich selbst schon gesehen. Bewerber, die Informationsgrenzen – beispielsweise über ihren derzeitigen Arbeitgeber – vor dem Vorstellungsgespräch nicht fest genug abgesteckt haben, lassen sich durch gezielte Fangfragen gelegentlich mehr entlocken, als ihnen lieb ist. Dies wird dann auch im körpersprachlichen Ausdruck sichtbar. Die Finger gehen zum Mund, wie um ihn zu verschließen und bestimmte Worte nicht herauszulassen. Meistens ist es dann allerdings schon zu spät.

Mit Fangfragen rechnen!

Ein weiteres klassisches Beispiel der Stress- und Verlegenheitsgesten ist die »Durchgeknetetes-Ohrläppchen«-Haltung, die Sie auf Foto 11 sehen. Diese Haltung wird oft eingenommen, wenn es darum geht, Zeit zu gewinnen, weil ein Vorschlag des Gegenübers im inneren Monolog auf mögliche Vor- und Nachteile hin überprüft wird. In diesem Zusammenhang ist oft auch eine leicht gewölbte Unterlippe zu sehen. Manche Bewerber fahren sich zusätzlich mit der Zunge über die Unterlippe oder berühren leicht mit den Zähnen des Oberkiefers ihre Unterlippe.

Die Haltung auf Foto 12 heißt »Die Luft wird knapp«. Der Griff mit der rechten Hand an den Hals und die den Bauch schützende Haltung des linken Armes zeigen, dass dieser Bewerber im Moment keinen Ausweg für sich sieht. Hier ist Vorsicht angebracht: Ein Mensch, der sich in die Enge getrieben fühlt, kann unberechenbar reagieren.

Sie reduzieren Stress- und Verlegenheitsgesten, indem Sie durch eine gründliche Vorbereitung mögliche Stressfragen und -situationen trainieren. »Festhalten« können Sie sich an Ihrer ausgearbeiteten schlüssigen Selbstpräsentation. Sicherheit gibt Ihnen auch die intensive Auseinandersetzung mit den Fragen, die im Vorstellungsgespräch an Sie gerichtet werden (sehen Sie hierzu das Kapitel 31: »Auf diese Fragen müssen Sie sich einstellen«).

Sicherheit durch Ihre Selbstpräsentation

Stress- und Verlegenheitsgesten reduzieren

Solche Anspannungs-, Stress und Verlegenheitsgesten wird man Bewerbern im Vorstellungsgespräch eher nachsehen. Besonders dann, wenn diese körpersprachlichen Signale nur zu Anfang des Gesprächs auftreten und nicht als durchgängiges Verhaltensmuster zu erkennen sind. Benutzen Bewerber dagegen Konfrontations- und aggressive Dominanzgesten, kann die Gesprächsatmosphäre schon durch wenige körpersprachliche Signale nachhaltig belastet werden.

Unsicherheit am Anfang gehört dazu

Die Fotos 13 bis 16 zeigen Ihnen körpersprachliche Zeichen, die sich immer dann beobachten lassen, wenn ein schwerwiegender Konflikt zwischen den Gesprächsteilnehmern kurz bevorsteht oder bereits offen zum Ausbruch gekommen ist.

Die »Dolchstoß«-Haltung, die Sie auf Foto 13 sehen, zeigt einen Bewerber, der sein Gegenüber mit dem in der Hand gehaltenen Stift förmlich aufspießt. Der gestreckte Arm, der den Stift hält, schafft zusätzliche Distanz.

Auf Foto 14 sehen Sie eine Geste, die wir oft in unseren Bewerbungsseminaren erleben können: die »Pistolen«-Haltung. Die körpersprachliche Aussage »Ich schieß dich ab!« bringt immer eine aggressive Grundstimmung ins Gespräch.

Vermeiden Sie eine aggressive Grundstimmung

Der Name »Spanischer Reiter« für die Haltung, die auf Foto 15 abgebildet ist, kommt nicht umsonst aus der Militärsprache vergangener Zeiten: Die angreifende Kavallerie des Gegners sollte durch zusammengenagelte Holzkreuze zu Fall gebracht werden. Auch als körpersprachliches Signal wird diese Haltung dahingehend interpretiert, dass ein Angriff auf nicht besonders elegante Weise abgewehrt werden soll.

Auf Foto 16 sehen Sie die »Pavian«-Haltung. Diese Haltung trübt durch die körpersprachlich vermittelte Überheblichkeit des Bewerbers nachhaltig die Gesprächsatmosphäre. Besonders bei weiblichen Personalverantwortlichen führt sie recht schnell zur Ablehnung des Bewerbers.

Achten Sie auch darauf, sich im Vorstellungsgespräch nicht zu nahe zum Personalverantwortlichen zu setzen. Dieser bekommt sonst leicht den Eindruck, Sie wollten ihm »auf die Pelle« rücken. Das löst Abwehr und Aggressionen aus. Halten Sie etwa eine Unterarmlänge Abstand. Legen Sie auch nichts auf dem Tisch Ihres Gesprächspartners ab. Dies wird als »Revierverletzung« empfunden und wirkt wie ein Angriff.

Halten Sie genügend Abstand

Aggressive Dominanzgesten sollten Sie unbedingt unterlassen. Sollten Sie sich in einem Vorstellungsgespräch tatsächlich angegriffen fühlen, heißt es, Ruhe zu bewahren. Oft handelt es sich nur um einen Stresstest, mit dem

Aggressive Dominanzgesten unterlassen

man feststellen will, wie belastbar Sie sind. Lassen Sie sich nicht durch Provokationen vorschnell aus der Ruhe bringen.

Jetzt geht es darum, wie Sie körpersprachliche Spannungen im Gespräch vermeiden und auflösen.

Auf den Fotos 17, 18, 19 und 20 sehen Sie einen Bewerber, der verschiedene entspannte Grundhaltungen eingenommen hat. Gemeinsam ist diesen Haltungen, dass der Bewerber die Hände frei behält, um seine verbalen Ausführungen jederzeit nonverbal unterstreichen zu können. Achten Sie darauf, dass Ihre Hände in Vorstellungsgesprächen ebenfalls frei bleiben. Wer die Hände ineinander verschränkt, sich an Papier festklammert oder nervös mit Stiften, Ohrschmuck oder Ringen herumspielt, bringt erst sich selbst und dann seinen Gesprächspartner aus dem Konzept.

So lösen Sie Spannungen im Gespräch auf

Die Grundhaltung auf Foto 17 nennen wir »Neunzig-Grad-Winkel«. Der Bewerber sitzt aufrecht und aufmerksam, die Beine sind leicht geöffnet. Diese Haltung hat den Vorteil, dass sie keine Verspannungen hervorruft und darum die Konzentration nicht beeinträchtigt.

Auf Foto 18 sehen Sie die »offene Grundhaltung«. Auch in dieser Haltung ist der Bewerber in der Lage, dem Geschehen im Vorstellungsgespräch optimal zu folgen. Der offene Blick, die Möglichkeit, Spiel- und Standbein gelegentlich zu wechseln, und die locker auf den Oberschenkel aufgelegten Hände lassen den Bewerber wachsam und interessiert erscheinen.

Wechselt der Bewerber von der Rolle des Zuhörers in die des Sprechers, geht die »offene Grundhaltung« häufig in die »dynamische Grundhaltung« über, die Sie auf Foto 19 sehen. Der Bewerber ist mit seinem Oberkörper ganz leicht nach vorne gerückt und unterstreicht seine Worte mit Bewegungen der Hände.

Offene Haltung und offener Blick

Die »entspannte Grundhaltung« auf Foto 20 zeigt einen zuhörenden Bewerber, der sich seiner Stärken bewusst ist. Die leicht übereinander gelegten Beine des Bewerbers behindern ihn nicht. Trainieren Sie immer wieder diese Haltung. Versuchen Sie, in Ihren Vorstellungsgesprächen diese entspannte Grundhaltung einzunehmen. Insbesondere in Momenten, in denen Sie körpersprachliche Verspannungen spüren, die Ihren Gesprächspartner irritieren könnten.

Beziehen Sie alle Gesprächsteilnehmer mit ein

Wenn Sie mehrere Gesprächspartner vorfinden, sollten Sie darauf achten, dass Sie von Ihrem Platz aus alle Personen im Blick haben. Richten Sie Ihre Sitzhaltung darauf aus. Vermeiden Sie es, im Laufe des Gesprächs nur eine

Eine entspannte Grundhaltung einnehmen

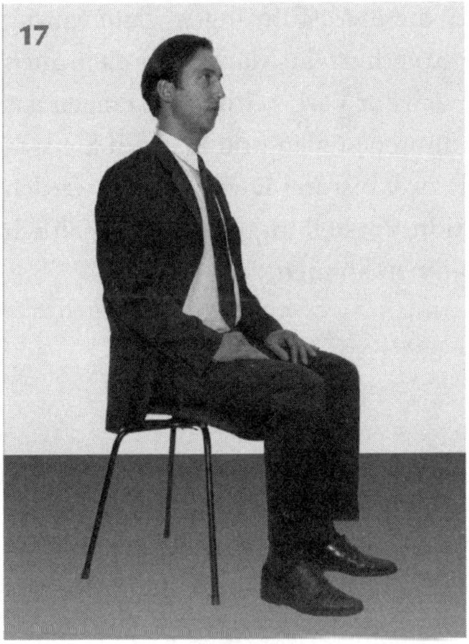

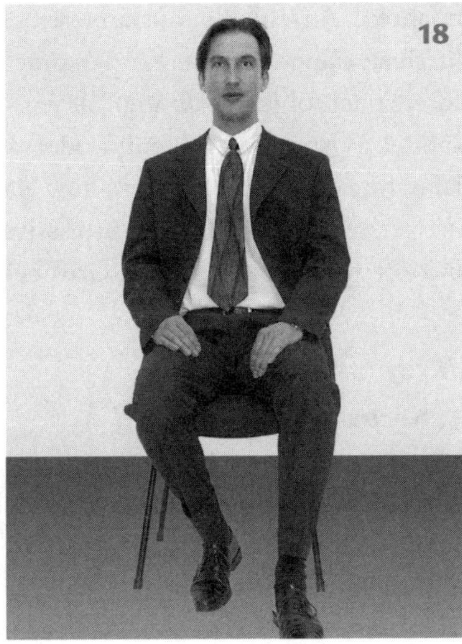

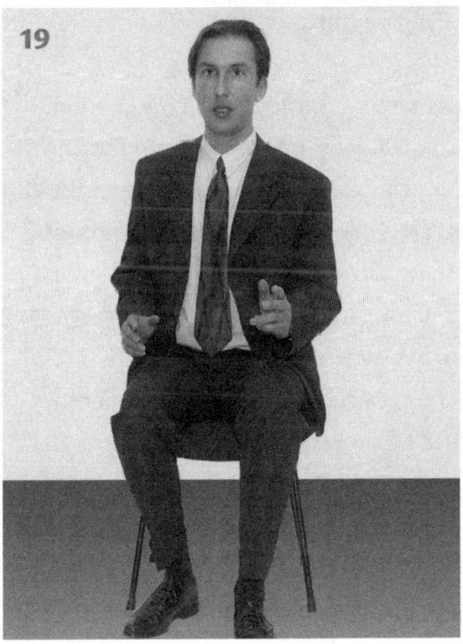

einzige Person anzuschauen, sondern beziehen Sie durch wechselnden Blickkontakt alle Anwesenden mit ein.

Sie sind auf Vorstellungsgespräche optimal vorbereitet, wenn Sie zuerst ausarbeiten, was Sie Ihrem potenziellen Arbeitgeber inhaltlich vermitteln möchten. Anschließend trainieren Sie, diese Ausführungen glaubwürdig durch eine angemessene Körpersprache zu vermitteln. Machen Sie dazu auch unsere nachfolgende Übung. Lassen Sie sich zur Vorbereitung die Fragen aus Kapitel 31 von einem Freund oder Bekannten stellen und nehmen Sie sich dabei mit einer Videokamera auf. Nach zwei bis drei Durchgängen werden Sie feststellen, dass Sie die Stresssituation Vorstellungsgespräch inhaltlich und körpersprachlich in den Griff bekommen können.

Übung

Körpersprache im Griff

In dieser Übung warten zwei Trainingsziele auf Sie. Zuerst werden Sie üben, in Vorstellungsgesprächen immer wieder zur entspannten Grundhaltung zurückzukehren. Das zweite Trainingsziel besteht darin, Ihre bevorzugten Stress- und Verlegenheitsgesten herauszufinden und sie schließlich zu reduzieren oder ganz zu vermeiden.

Erstes Trainingsziel *entspannte Grundhaltung.* Setzen Sie sich auf einen Stuhl an einen Tisch und nehmen Sie die Neunzig-Grad-Winkel-Haltung ein (Foto 17). Bleiben Sie einen Moment in dieser Haltung und verändern Sie dann Ihre Sitzposition, bis Sie Ihre bevorzugte entspannte Grundhaltung finden. Das kann die offene Grundhaltung (Foto 18) sein oder die dynamische Grundhaltung mit etwas vorgebeugtem Oberkörper (Foto 19). Vielleicht entscheiden Sie sich aber auch für die entspannte Grundhaltung (Foto 20). Bei Letzterer müssen Sie trainieren, das übergeschlagene Bein von Zeit zu Zeit zu wechseln und ab und zu beide Füße auf den Boden zu setzen, sonst schlafen Ihre Beine ein.

Wenn Sie Ihre Lieblingsposition gefunden haben, sollten Sie üben, aus verspannten Haltungen immer wieder in diese Grundposition zurückzukehren. Dazu nehmen Sie die sechs folgenden Verspannungshaltungen ein und lösen diese anschließend wieder in Ihre Lieblingsposition auf.

1. Auf-der-Flucht-Haltung (Foto 1)
2. Im-Boden-versinken-Haltung (Foto 2)
3. Efeuranken-Haltung (Foto 4)
4. Ich-will-nach-Hause-Haltung (Foto 3)
5. Breitbeinig-hinsetzen-Haltung
6. Vom-Stuhl-rutschen-Haltung, das heißt, der Hintern rutscht auf der Stuhlfläche nach vorne.

Zweites Trainingsziel *Stressgesten vermeiden.* Für diese Trainingseinheit brauchen Sie eine Videokamera. Lassen Sie sich von Freunden oder Bekannten Fragen aus dem Block Stressfragen in Kapitel 31 und Fragen zu problematischen Bewerbungen in Kapitel 35 stellen. Diese Situation wird per Video aufgezeichnet. Identifizieren Sie bei der Videoauswertung Ihre typischen Stressgesten und üben Sie, diese dadurch aufzulösen, dass Sie Ihre Handflächen auf die Oberschenkel legen, so wie Sie es auf den Fotos zu den Grundhaltungen sehen (Fotos 17, 18, 20).

Auf dem Weg ins Vorstellungsgespräch

Stimmen Sie sich rechtzeitig auf das Gespräch ein

Bevor Sie sich im Folgenden mit den Fragen auseinander setzen, die im Vorstellungsgespräch auf Sie zukommen, sollten Sie noch zwei Dinge bedenken: Das Vorstellungsgespräch beginnt nicht erst, wenn Sie einem Personalverantwortlichen gegenübersitzen. Sie müssen sich für die richtige Kleidung entscheiden und die für das Gespräch wesentlichen Unterlagen zusammenstellen. Wenn Sie sich bei mehreren Unternehmen beworben haben, müssen Sie die passende Version Ihrer Selbstpräsentation noch mindestens einmal wiederholen.

Die richtige Kleidung

Bei der Auswahl der Kleidung sollten Sie überlegen, welcher Eindruck von Ihnen im Vorstellungsgespräch erwartet wird. Viele Bewerberinnen und Bewerber gehen fälschlicherweise davon aus, dass sie in einem Vorstellungsgespräch die Kleidung tragen sollten, in der sie später arbeiten werden. Dabei ist jedoch die Gefahr, sich zu nachlässig zu kleiden, zu groß.

Lieber ein konservatives Outfit wählen

Orientieren Sie sich bei der Auswahl Ihrer Kleidung daran, was Sie anziehen müssten, um die Firma nach außen hin zu repräsentieren. Das heißt, für Vorstellungsgespräche ist die Kleidung richtig, in der Sie das Unternehmen auf Kongressen, Tagungen oder Messen vertreten würden.

Wenn Sie dies beachten, wird Ihre Kleidungswahl stark eingegrenzt. Richtig ist auf jeden Fall ein Business-Outfit. Frauen sollten ein Kostüm oder einen Hosenanzug mit farblich passender Bluse auswählen und dabei auf grelle Farben verzichten. Männer sind mit einem Anzug in gedeckten Farben, einem einfarbigen Hemd, einer schlichten Krawatte und dunklen Socken und schwarzen Schuhen auf der sicheren Seite.

Die Accessoires sollten Sie so auswählen, dass Ihre Gesprächspartner nicht unnötig von den Gesprächsinhalten abgelenkt werden. Wenn Sie als Mann ein kariertes Jackett mit einer roten Micky-Maus-Krawatte kombinieren, die Fansocken Ihrer Lieblingsfußballmannschaft tragen und sich von Ihrem flippigen Ohrring nicht trennen können, wird man sich in einer Unternehmensberatung sicherlich fragen, ob man Sie zu konservativen Kunden schicken kann.

Mit einem eher konservativen Outfit machen Sie im Vorstellungsgespräch nichts falsch. Sie werden nicht eingestellt, weil Sie eine bestimmte Kleidung tragen. Wichtiger ist es, mit der Kleidung keinen Störfaktor in das Gespräch zu bringen.

Auch daran sollten Sie denken

Zum Vorstellungsgespräch sollten Sie ein Duplikat Ihrer Bewerbungsmappe und die Stellenanzeige mitnehmen. Die Korrespondenz, die Sie vor dem Vorstellungsgespräch mit der neuen Firma geführt haben, sollten Sie ebenfalls dabeihaben. Falls sie Ihnen bekannt sind, vergegenwärtigen Sie sich noch einmal die Namen und die Positionen Ihrer Gesprächspartner in der Firma.

Das sollten Sie mitnehmen

Denken Sie auch an Stift und Papier, damit Sie sich wichtige Informationen notieren können. Dies gilt insbesondere für die Punkte, bei denen Sie zu einem späteren Zeitpunkt nachhaken möchten, oder für Punkte, die noch unklar sind. Wir empfehlen Ihnen einen Papierblock in der Größe DIN A5, weil dieses Format im Gespräch unauffällig eingesetzt werden kann. Notieren Sie nur ausgewählte Punkte und schreiben Sie auf gar keinen Fall die ganze Zeit mit, damit Sie dem Gespräch konzentriert folgen können.

Sie können Ihre kommunikative Kompetenz von Anfang an deutlich machen, wenn Sie Ihre Gesprächspartner mit Namen ansprechen. Denken Sie auch daran, die Empfangsdame und die Sekretärin freundlich zu grüßen.

Unabdingbar: Pünktlichkeit

Kommen Sie auf jeden Fall pünktlich. Da der Weg vom Pförtner zum Raum des Gesprächs in größeren Firmen schon mal eine halbe Stunde dauern kann – besonders, wenn Sie zum ersten Mal auf dem Firmengelände sind –, sollten Sie auf jeden Fall genügend Zeit einplanen. Platzen Sie aber auch nicht zu früh in das Büro Ihres Gesprächspartners. Sie sind zu einer bestimmten Zeit eingeladen, an die sollten Sie sich halten. Sollten Sie zu früh sein, nutzen Sie die Gelegenheit, sich in der Firma ein wenig umzuschauen.

☑ Checkliste
für Ihre Vorbereitung auf das Vorstellungsgespräch

- ☐ Wissen Sie, wer Ihnen im Vorstellungsgespräch gegenübersitzen wird? Wissen Sie, was Ihr Gesprächspartner von Ihnen erwartet?
- ☐ Können Sie Argumente liefern, warum gerade Sie eingestellt werden sollten?
- ☐ Haben Sie Ihre Selbstpräsentation auf das entsprechende Unternehmen zugeschnitten?
- ☐ Haben Sie drei Versionen Ihrer Selbstpräsentation erarbeitet (drei bis fünf Minuten, zehn Minuten, eine Minute)?
- ☐ Haben Sie den Einsatz Ihrer Selbstpräsentation bei verschiedenen Fragen geübt?
- ☐ Können Sie drei Stärken aus dem Soft-Skill-Bereich nennen und belegen?
- ☐ Können Sie eine Schwäche aus dem Soft-Skill-Bereich nennen und zeigen, wie Sie sie überwunden haben? Haben Sie zwei weitere Schwächen zur Sicherheit parat?

- ☐ Sind Ihre Schwächen für Ihre angestrebte Position wenig relevant?
- ☐ Können Sie plausibel begründen, warum Sie einen neuen Arbeitsplatz suchen?
- ☐ Können Sie Stressfragen entschärfen und souverän antworten?
- ☐ Können Sie Unterstellungen entkräften?
- ☐ Können Sie geschlossene Fragen mit weiteren Informationen abrunden?
- ☐ Können Sie Ihre Antworten mit Beispielen konkretisieren?
- ☐ Sitzen Sie entspannt, während Sie befragt werden?
- ☐ Vermeiden Sie Dominanzgesten?
- ☐ Vermeiden Sie aggressive Gesten?

31 Auf diese Fragen müssen Sie sich einstellen

Setzen Sie sich vor dem Vorstellungsgespräch mit dem jeweiligen Hintergrund der gestellten Fragen auseinander. In diesem Kapitel erläutern wir Ihnen, aus welchen Themenbereichen Ihnen Fragen gestellt werden und welche Strategien Sie mit Ihren Antworten verfolgen sollten.

Nun wenden Sie Ihr Wissen an

Mit Ihrer ausgearbeiteten Selbstpräsentation, mit unseren Frage- und Antworttechniken und mit den Beispielen zu Stärken und Schwächen haben wir Ihnen das notwendige Rüstzeug an die Hand gegeben, um in Vorstellungsgesprächen zu überzeugen. Jetzt kommt es darauf an, dieses Wissen einzusetzen. In den nun folgenden Fragenkomplexen warten typische Fragen

- zur Motivation der Bewerbung,
- zur Firma,
- zur beruflichen Entwicklung,
- zur Persönlichkeit und
- zur privaten Lebensgestaltung

auf Sie. Wir stellen Ihnen zunächst jeweils die Hintergründe der Fragen vor. Jedem Abschnitt folgt eine Übung mit typischen Fragen aus Vorstellungsgesprächen, in denen wir Ihnen eine negative und eine positive Antwort zeigen. Im Anschluss haben Sie die Möglichkeit, Ihre eigene Antwort zu formulieren.

Fragen zur Motivation der Bewerbung

In diesem Fragenblock will man feststellen, wie stark Ihr Wunsch ist, gerade für diese Firma beziehungsweise in dem von Ihnen angestrebten Tätigkeitsfeld zu arbeiten. Eine typische Frage wäre »Was erwarten Sie von einer Anstellung bei uns?«. Auf diese Frage reichen Antworten wie »Die Aufgabe interessiert mich« oder »Ich freue mich auf die Herausforderung in Ihrer Firma« nicht aus!

Stellen Sie in Ihren Antworten Ihre bisherige Leistungsmotivation bei der Erfüllung beruflicher Aufgaben heraus, sodass sich beim Zuhörer innerlich die Überzeugung einstellt, dass eine Anstellung die konsequente Fortsetzung Ihres eingeschlagenen Berufsweges bedeuten würde. Beziehen Sie sich auf Ihre Selbstpräsentation. Legen Sie dar, wie Sie sich selbst motivieren, indem Sie sich berufliche Ziele setzen und sie auch erreichen. Lassen Sie durchklingen, dass Sie beruflich noch lange nicht alles erreicht haben, was Sie mit Ihrem Potenzial erreichen können.

Stellen Sie Ihre Leistungsmotivation heraus

Liefern Sie Beispiele dafür, wann Sie sich bewusst für die Ausrichtung Ihrer beruflichen Laufbahn entschieden haben, welche Erfolge Sie in Ihrer beruflichen Entwicklung erzielt haben und welche Ihrer fachlichen Kenntnisse und persönlichen Fähigkeiten Sie nun in der neuen Position einsetzen werden – und warum.

Übung

Fragen zur Motivation

Lesen Sie sich zuerst die Fragen durch und versuchen Sie, möglichst spontan zu antworten. Auf diese Weise merken Sie, welche Fragen für Sie schwieriger zu beantworten sind. Wenn Sie sich beim Formulieren von Antworten unsicher sind, sollten Sie sich zuerst einmal stichwortartige Notizen machen. Überlegen Sie sich zum Beispiel zu der Frage »Welche Pläne haben Sie für Ihre Weiterbildung?« die speziellen Weiterbildungsmaßnahmen, die für Ihr Berufsfeld wichtig sind.

Lesen Sie dann die negative Antwort und die positive Wendung und formulieren Sie auf dieser Basis Ihre individuelle Antwort. Am Ende der Übung finden Sie weitere eigenständige Fragen, die in die gleiche Richtung wie die vorhergehenden führen. Dort kommt es ganz auf Ihre Antwort an.

»Was würden Sie am ersten Tag in unserer Firma machen?«

Negative Antwort: »Ein bisschen herumgehen, ich muss mich ja erst mal zurechtfinden.«

Positive Antwort: »Ich mache mich mit meinen Kollegen, Mitarbeitern und Vorgesetzten bekannt, soweit dies nicht schon geschehen ist. Dann werde ich mich um die Entscheidungs- und Informationswege in der Firma kümmern, um zu verstehen, wie bisher Aufgaben bewältigt und Entscheidungen getroffen wurden.«

Ihre Antwort: . . . .

. . . .

. . . .

»Wie lange brauchen Sie für die Einarbeitungsphase?«

Negative Antwort: »Ich vermute ja wohl richtig, dass Sie mir ausreichende Unterstützung zukommen lassen. Nach und nach werde ich mich dann auch an Ihren Betrieb gewöhnen.«

Positive Antwort: »Einige Aufgaben kann ich sicherlich sofort übernehmen. In die neue Produktpalette, die Informations- und Entscheidungswege in Ihrer Firma und [wenn es zur Position passt] in die von Ihnen eingesetzte Software werde ich mich kurzfristig einarbeiten.«

Ihre Antwort: . . . .

. . . .

. . . .

»Was brauchen Sie, um beruflich erfolgreich zu sein?«

Negative Antwort: »Interessante Aufgaben und ein kreatives Team.«

Positive Antwort: »Aufgabenstellungen, in denen ich meine Stärken einsetzen kann. Ich erwarte aber auch von meinen Kollegen und Mitarbeitern eine ergebnisorientierte Arbeitsatmosphäre und den Willen, für das Unternehmen etwas erreichen zu wollen.«

Ihre Antwort: . . . .

. . . .

. . . .

»Warum haben Sie sich gerade bei uns beworben?«

Negative Antwort: »Die Stellenanzeige schien zu passen.«

Positive Antwort: »Weil meine bisherige berufliche Entwicklung mich darauf vorbereitet hat, die Aufgaben eines XYZ bei Ihnen zu übernehmen. So habe ich bereits Projektteams geleitet, die Materialbeschaffung neu organisiert, umfassende Vertriebserfahrung in Ihrer Branche gesammelt und das Office Management neu gestaltet«

Ihre Antwort: . . . .

. . . .

. . . .

»Können wir Sie auch in anderen Unternehmensbereichen einsetzen, wenn ja, in welchen?«

Negative Antwort: »Nein, dann hätte ich mich ja nicht auf diese Position bewerben müssen.«

Positive Antwort: »Wenn auch in anderen Unternehmensbereichen mein Profil gefragt ist, sicherlich. Für mich ist aber wichtig, dass ich meine bisherigen beruflichen Erfahrungen in die neue berufliche Position einbringen kann.«

Ihre Antwort: . . . .

. . . .

. . . .

»Wo haben Sie sich sonst noch beworben?«

Negative Antwort: »Selbstverständlich nur bei Ihnen.«

Positive Antwort: »Ich habe mich auch bei einigen anderen Firmen Ihrer Branche beworben, für die meine beruflichen Qualifikationen interessant sind.«

Ihre Antwort: . . . .

. . . .

. . . .

»Warum haben Sie Ihre Arbeitgeber mehrmals gewechselt?«

Negative Antwort: »Ich war unzufrieden. Einmal stimmte die Arbeitsmoral meiner Kollegen nicht. Bei meinem zweiten Arbeitgeber hat mein Vorgesetzter mich blockiert. In meiner letzten Stelle hat man immer wieder versucht, mich zu entmachten, und das kann ich mir schließlich nicht gefallen lassen.«

Positive Antwort: »Ich habe bisher zwei wesentliche Tätigkeitsschwerpunkte verfolgt. Zum einen war dies die Neugestaltung von Aufgabenfeldern, zum anderen war es die Einarbeitung in bestehende Arbeitsabläufe. Bei meinen bisherigen Arbeitgebern habe ich die an mich gestellten Anforderungen stets erfüllt, jedoch auch die sich mir bietenden Möglichkeiten zum Wechsel in ein mich stärker forderndes Aufgabengebiet genutzt.«

Ihre Antwort: . . . .

. . . .

. . . .

»Nennen Sie mir Ihre zwei schönsten Erfolge!«

Negative Antwort: »Ich bin ganz besonders stolz darauf, dass wir es mit unserer Bowling-Mannschaft geschafft haben, in die Zweite Altherren-Liga aufzusteigen. Als weiteren Erfolg sehe ich, dass ich den Startknopf bei der feierlichen Einweihung unserer neuen Produktionsanlage drücken durfte.«

Positive Antwort: »Besonders schön fand ich, dass wir in meiner bisherigen Firma aufgrund der von mir eingebrachten Verbesserungsvorschläge die Fehlerquote in der Produktion drastisch reduzieren konnten.« Oder: »Durch die von mir entwickelten Gesprächsleitfäden für den Außendienst konnten wir sowohl die Produktakzeptanz als auch die Umsatzzahlen erheblich steigern.« [Wählen Sie zwei berufliche Aufgaben aus Ihrem bisherigen Werdegang aus, die Sie besonders gut gelöst haben.]

Ihre Antwort: . . . .

. . . .

. . . .

Übung

Weitere Fragen

»Was erwarten Sie von einer Anstellung bei uns?«

Ihre Antwort: . . . .

. . . .

. . . .

»Was reizt Sie an der ausgeschriebenen Position am meisten?«

Ihre Antwort: . . . .

. . . .

. . . .

»Was sollten wir tun, um Sie angemessen bei Ihrer Arbeit zu unterstützen?«

Ihre Antwort: . . . .

. . . .

. . . .

»Seit wann haben Sie den Wunsch, eine berufliche Tätigkeit als XYZ auszuüben?«

Ihre Antwort: . . . .

. . . .

. . . .

»Welche Pläne haben Sie für Ihre Weiterbildung?«

Ihre Antwort: . . . .

. . . .

. . . .

»Was wollen Sie in drei/fünf/zehn Jahren erreicht haben?«

Ihre Antwort: . . . .

. . . .

. . . .

»Würden Sie für unser Unternehmen nach Nord-, Süd-, West- oder Ostdeutschland (-europa) gehen?«

Ihre Antwort: ....

....

....

»Haben Sie schon einmal mit dem Gedanken gespielt, sich selbstständig zu machen?«

Ihre Antwort: ....

....

....

Fragen zur Firma

Wenn man Ihnen Informationsmaterial über die Firma oder über deren Produkte und Dienstleistungen im Vorfeld des Vorstellungsgespräches zugesandt hat, müssen Sie damit rechnen, dass wesentliche Informationen aus diesem Material abgefragt werden. Man will feststellen, wie ernst Sie es mit Ihrer Bewerbung meinen und überprüft darum, wie gründlich Sie sich mit der Firma auseinander gesetzt haben. Typische Fragen können Sie mit unserer nachfolgenden Übung trainieren.

Setzen Sie sich gründlich mit Ihrem potenziellen Arbeitgeber auseinander

Zum Teil werden die Fragen zur Firma auch eingesetzt, um Ihre Auffassungsgabe zu testen. Dazu werden Ihnen am Anfang des Vorstellungsgespräches Informationen über die Firma gegeben und zu einem späteren Zeitpunkt abgefragt.

Übung

Fragen zur Firma

Um die Fragen zur Firma beantworten zu können, benötigen Sie Informationsmaterial. Wenn Sie bisher noch kein Informationsmaterial über die Firma angefordert haben, müssen Sie es spätestens jetzt tun. Wer jetzt nicht warten möchte, kann Informationen auch im Internet recherchieren. Versuchen Sie, so viele Informationen über die Firma wie möglich in Ihre Antworten einfließen zu lassen.

Ihre Antworten sollten Sie ausformulieren, damit Sie im Bewerbungsgespräch nicht in ein bloßes Faktenaufzählen verfallen.

»Kennen Sie unsere Produkte/Dienstleistungen? Was interessiert Sie daran?«

Negative Antwort: »Günstig sind die Angebote Ihrer Firma nicht gerade. Ihr Marketing scheint ziemlich gut zu sein, wenn Sie sich so lange am Markt behauptet haben.«

Positive Antwort: »Ich habe mich vor meiner Bewerbung bei Ihnen über Ihr Produkt/Leistungsangebot informiert. Über die weiterführenden Informationen, die Sie mir zugeschickt haben, habe ich mich sehr gefreut, da ich viele Berührungspunkte zu meiner jetzigen Tätigkeit gefunden habe. Zum einen interessiert mich die Nähe Ihrer Produkte/Dienstleistungen zu dem, was ich momentan tue, zum anderen glaube ich, dass ich mit meiner Berufserfahrung zu Ihrem Unternehmenserfolg beitragen kann.«

Ihre Antwort: . . . .

. . . .

. . . .

»Was wissen Sie über unsere Branche?«

Negative Antwort: »Ich komme ja aus einer anderen Branche, aber so groß sind die Unterschiede wahrscheinlich nicht.«

Positive Antwort: »Aus meinen vorangegangenen Tätigkeiten verfüge ich über umfassendes Branchenwissen [wenn es stimmt].« Oder: »Ich weiß, dass Ihre Branche durch ... [hohe Qualitätsanforderungen, großen Innovationsdruck, Preiswettbewerb, erklärungsbedürftige Produkte/Dienstleistungen] gekennzeichnet ist.«

Ihre Antwort: . . . .

. . . .

. . . .

»Welchen Eindruck haben Sie von unserem Unternehmen?«

Negative Antwort: »Ich hatte es mir moderner vorgestellt.«

Positive Antwort: »Ich bin in meiner Meinung bestärkt worden, dass ich für Ihr Unternehmen tätig sein möchte.«

Ihre Antwort: . . . .

. . . .

. . . .

»Haben Sie noch Fragen zu dem Informationsmaterial?«

Negative Antwort: »In der Praxis sieht es doch anders aus als in diesen bunten Broschüren.«

Positive Antwort: »Mich würde interessieren, wie mein neuer Arbeitsplatz in die Informations- und Entscheidungswege im Unternehmen eingebunden ist.«

Ihre Antwort: . . . .

. . . .

. . . .

Übung

Weitere Fragen

»Was wissen Sie über unsere Firma?«

Ihre Antwort: . . . .

. . . .

. . . .

»Kennen Sie unsere weiteren Standorte (Deutschland, Europa, weltweit)?«

Ihre Antwort: . . . .

. . . .

. . . .

»Wissen Sie, wie viele Mitarbeiter wir beschäftigen?«

Ihre Antwort: . . . .

. . . .

. . . .

»Kennen Sie unseren Jahresumsatz?«

Ihre Antwort: . . . .

. . . .

. . . .

»Kennen Sie noch andere Unternehmen unserer Branche?«

Ihre Antwort: . . . .

. . . .

. . . .

Fragen zum beruflichen Werdegang

Dokumentieren Sie Ihr Interesse für Ihr Berufsfeld

Die Frage »Würden Sie wieder den gleichen Berufsweg gehen?« ist geeignet, um festzustellen, wie stark Sie sich mit Ihrem Beruf identifizieren. Verweisen Sie auf besondere Kenntnisse und Fähigkeiten, die Sie während Ihrer Berufslaufbahn erworben haben, und beschreiben Sie, wie Sie diese Kenntnisse und Fähigkeiten im Berufsalltag praktisch eingesetzt haben. Dies dokumentiert Ihr Interesse und Ihre Begeisterung für Ihr Berufsfeld.

Auch die Beschäftigung mit neuen Entwicklungen und aktuellen Tendenzen in Ihrem Berufsfeld ist gerne gesehen. Dies sollten Sie jedoch durch Weiterbildungen, den Besuch von Kongressen und die Auseinandersetzung mit der Theorie hinter der Praxis belegen können. Der Blick über das Tagesgeschäft hinaus ist eine Motivation, die für Sie spricht. Es wird vermutet, dass der, der Eigeninitiative zeigt und sich für seine berufliche Entwicklung einsetzt, sich auch am neuen Arbeitsplatz engagieren wird.

Zeigen Sie, wie Sie Probleme am Arbeitsplatz bewältigen

Wenn Ihre berufliche Entwicklung durch kurzfristigen Stellenwechsel, Arbeitslosigkeit oder Kündigung unterbrochen wurde, wird man im Gespräch feststellen wollen, wie Sie diesen Bruch verkraftet haben und wie ausdauernd Sie in Zukunft sein werden, wenn an Ihrem Arbeitsplatz nicht alles wie geplant verläuft.

Rechnen Sie damit, dass Sie bei häufigem Wechsel des Arbeitgebers mit Stressfragen wie »Geben Sie bei Problemen immer so schnell auf?« konfrontiert werden. Denken Sie an Ihre Vorarbeit, die Sie bereits in Kapitel 5 (»Gute Gründe für den Stellenwechsel«) geleistet haben.

Achten Sie bei der Darstellung Ihrer beruflichen Entwicklung darauf, dass Sie eine Entwicklungslinie in Richtung der neuen Position plausibel machen. Beachten Sie hierbei, dass Sie eine Entwicklung niemals dadurch deutlich machen, indem Sie auf verpasste Chancen, Krisen und Brüche in Ihrer Berufslaufbahn eingehen.

Beachten Sie bei Antworten auf Fragen wie »Was hat Sie im Beruf besonders enttäuscht?« oder »Was war Ihr größter Misserfolg im Beruf?« die Grundregeln der »Problemkommunikation«:

1. Schildern Sie kurz, was Sie als problematisch erlebt haben.
2. Verdeutlichen Sie, wie Sie diese Probleme aktiv bewältigt haben.

Zusammenfassend lässt sich festhalten, dass Sie den Fragenblock zur beruflichen Entwicklung überzeugend bestehen, wenn Sie Ihren Gesprächspartnern verdeutlichen, dass Sie Ihre Neigungen und Interessen frühzeitig erkannt, konsequent verfolgt und im Beruf ausgebaut haben, wobei Sie in der Lage waren, Hindernisse aus dem Weg zu räumen und auch gelegentliche Rückschläge zu verkraften.

Stellen Sie Ihre berufliche Entwicklung als konsequenten Weg dar

Übung

Fragen zur beruflichen Entwicklung

Bei Ihrer Beschäftigung mit den Fragen zur beruflichen Entwicklung sollten Sie trainieren, Ihren Werdegang schlüssig darzustellen. Verzichten Sie auf die Aufzählung von Krisen, Problemen und Brüchen. Personalverantwortliche wollen eine generelle Zufriedenheit mit Ihrem Berufsweg erkennen. Da Sie nach Frustrationen und Enttäuschungen gefragt werden, sollten Sie sich Erlebnisse überlegen, die für Ihre berufliche Entwicklung keine große Bedeutung hatten. Beispiel:

Frage: »Was hat Sie im Beruf besonders enttäuscht?«
Antwort: »Ich bin mit meinem Beruf zufrieden. Vielleicht wäre es schön gewesen, einmal eine Zeit lang im Ausland zu arbeiten, aber ich konnte meine berufliche Entwicklung auch in Deutschland vorantreiben.«

Die nun folgenden Fragen sollten Sie in Ruhe bearbeiten und für sich selbst schlüssige Antworten finden.

»Aus welchen Gründen haben Sie sich für Ihren Beruf entschieden?«

Negative Antwort: »Damals gab es viele freie Stellen in dem Bereich XYZ.«

Positive Antwort: »Die Chancen, die sich mir durch die Aufnahme einer Ausbildung zum/eines Studiums der . . . . geboten haben, konnte ich nutzen und habe mich daher nach der Ausbildung/nach dem Studium für die Aufnahme einer Tätigkeit als . . . . entschieden. Wichtig für mich sind die Möglichkeiten, ... zum direkten Kundenkontakt/im Unternehmen organisatorisch tätig zu sein/abteilungsübergreifend zu arbeiten/Unternehmensstrategien in konkrete Arbeitsabläufe umzusetzen/technische Innovationen in Markterfolge umzusetzen/Mitarbeiter zu führen.«

Ihre Antwort: . . . .

. . . .

. . . .

»Gibt es eine innere Logik hinter Ihrem bisherigen beruflichen Werdegang?«

Negative Antwort: »Mir war ein guter Verdienst immer wichtig, und ich habe es auch geschafft, die entsprechenden Lohnerhöhungen zu bekommen.«

Positive Antwort: »In meiner ersten beruflichen Position konnte ich meine Ausbildungs-/Studieninhalte nutzen, um erste berufliche Aufgaben zu bewältigen. Wichtig für mich war es auch, Arbeitsabläufe in meinem Bereich zu analysieren und für mich handhabbar zu machen. Diese Arbeitsmethodik konnte ich dann in meiner zweiten Position bei der Firma XYZ in . . . . der Verwaltung/Produktion/dem Verkauf/Außendienst/Service . . . . einsetzen, um umfassendere Aufgaben wahrzunehmen. Mein Beitrag zum Firmenerfolg ermöglichte mir dann den Aufstieg in meine jetzige Position.«

Ihre Antwort: . . . .

. . . .

. . . .

»Würden Sie wieder den gleichen Beruf wählen?«

Negative Antwort: »Auf keinen Fall, ich würde lieber etwas Kreatives machen.«

Positive Antwort: »Ich habe viele Gelegenheiten bekommen, mich in meinem Beruf zu bewähren, und es hat mir Spaß gemacht, immer wieder neue Aufgaben zu lösen. Daher würde ich den von mir eingeschlagenen Weg wieder wählen.«

Ihre Antwort: . . . .

. . . .

. . . .

»Was hat Ihnen bei Ihrem bisherigen Arbeitgeber überhaupt nicht gefallen?«

Negative Antwort: »Da gibt es mehrere Sachen. Es lief immer alles nach Schema F ab, die Kollegen haben bei der Zusammenarbeit immer wieder gemauert und meine Abteilungsleiterin war völlig planlos.«

Positive Antwort: »Ich war zufrieden. Die eine oder andere punktuelle Verbesserungsmöglichkeit lässt sich natürlich immer finden. Im Wesentlichen sind es die fehlenden Entwicklungsmöglichkeiten, die mich zu einer Bewerbung bei Ihnen veranlasst haben.«

Ihre Antwort: . . . .

. . . .

. . . .

»Was hat Ihnen an Ihrer alten Stelle besonders gefallen?«

Negative Antwort: »Die Gleitzeit.«

Positive Antwort: »Ich konnte meine Routineaufgaben schnell und reibungslos bearbeiten und hatte dadurch die Möglichkeit, mich an Sonder- und Projektaufgaben zu beteiligen.«

Ihre Antwort: . . . .

. . . .

. . . .

Übung

Weitere Fragen

»Was hat Sie im Beruf besonders enttäuscht?«

Ihre Antwort: . . . .

. . . .

. . . .

»Warum haben Sie so gute Arbeitszeugnisse?«

Ihre Antwort: . . . .

. . . .

. . . .

»Warum haben Sie so schlechte Arbeitszeugnisse?«

Ihre Antwort: . . . .

. . . .

. . . .

»Warum haben Sie noch nie den Arbeitgeber gewechselt?«

Ihre Antwort: . . . .

. . . .

. . . .

»Warum sind Sie arbeitslos geworden?«

Ihre Antwort: . . . .

. . . .

. . . .

»Wie haben Sie sich auf die beruflichen Anforderungen in Ihrer bisherigen Position vorbereitet?«

Ihre Antwort: . . . .

. . . .

. . . .

»Welche Weiterbildungen haben Sie neben Ihrer Berufstätigkeit freiwillig absolviert?«

Ihre Antwort: . . . .

. . . .

. . . .

»Welche Kenntnisse und Fähigkeiten haben Sie sich außerhalb Ihrer Berufstätigkeit angeeignet?«

Ihre Antwort: . . . .

. . . .

. . . .

»An welche zwei Erfolge in Ihrer Berufstätigkeit erinnern Sie sich besonders gern?«

Ihre Antwort: . . . .

. . . .

. . . .

»Welche beruflichen Tätigkeiten mochten Sie besonders, welche nicht und warum?«

Ihre Antwort: . . . .

. . . .

. . . .

Fragen zur Person

Wir haben oft erlebt, dass Bewerber bei der Fragenkombination »Erinnern Sie sich an Ihren schlechtesten Vorgesetzten? Was hat Sie am meisten an ihm gestört?« plötzlich einen feuerroten Kopf bekommen und wahre Hasstiraden auf ehemalige Vorgesetzte loslassen. Dies sollten Sie im Vorstellungsgespräch nicht tun. Denn damit rücken Sie sich und nicht etwa Ihren ehemaligen Vorgesetzten in ein schlechtes Licht. Über den letzten Arbeitgeber, den derzeitigen Vorgesetzten und die Kollegen formulieren Sie bitte nur positiv. Sie gelten sonst als illoyal und schwierig.

Formulieren Sie positiv

Bei Fragen nach Konflikten am alten Arbeitsplatz sollten Sie abstrahieren. Zum Beispiel können Sie sagen: »Es ist immer schwierig, wenn wichtige Informationen zurückgehalten werden« oder »Unsachliche Kritik, die mit persönlichen Angriffen verbunden ist, stört mich«. Wenn hier nachgefragt wird, so geben Sie jeweils kurze Beispiele für derartige Konfliktsituationen, und zeigen Sie, wie Sie die Konflikte aufgelöst haben.

Auf Fragen nach Ihren Stärken oder Schwächen sind Sie ja bereits vorbereitet. Die Fragen »Wie würde Ihr bester Freund Sie beschreiben?« oder »Welche Eigenschaften müsste Ihr Stellvertreter mitbringen?« zielen in die gleiche Richtung: Es geht um eine Charakterisierung Ihrer eigenen Person und um Ihre Selbstreflexion. Nennen Sie die fachlichen Kenntnisse und persönlichen Fähigkeiten, die Sie für die ausgeschriebene Position mitbringen.

Konzentrieren Sie sich auf Ihre Stärken

Die Zielrichtung der Frage »Könnten Sie sich, wenn Sie eine Weile bei einem anderen Arbeitgeber gearbeitet hätten, eine Rückkehr zu Ihrem jetzigen Arbeitsplatz vorstellen?« ist klar: Man will wissen, ob Sie an Ihrem Arbeitsplatz unter hohem Druck stehen und ihn auf jeden Fall verlassen wollen. Am besten antworten Sie darauf folgendermaßen: »Die neue Position in Ihrer Firma ermöglicht mir, meine Kenntnisse und Fähigkeiten in den Bereichen X und Y einzusetzen. Mein alter Arbeitgeber hat keine derartige Position für mich, eine Rückkehr wäre mit dem Verlust der Tätigkeiten X und Y verbunden und ist daher für mich nicht vorstellbar.«

Antworten auf Fragen nach der Bedeutung von Arbeit und Freizeit und zu Erfolg oder Misserfolg sollten Sie vor dem Vorstellungsgespräch für sich geklärt haben. Im Mittelpunkt Ihrer Antworten sollte dabei stets der Bezug zur Berufstätigkeit stehen.

Beispiel

Bedeutung von Arbeit

Frage: »Was bedeutet Arbeit für Sie?«

Antwort: »Arbeit bedeutet für mich, mir Ziele zu setzen und diese Ziele zu erreichen, so habe ich bisher ... (Selbstpräsentation)«

Beispiel

Erfolg

Frage: »Was bedeutet Erfolg für Sie?«

Antwort: »Aus meiner Sicht bin ich dann erfolgreich, wenn es mir gelingt, private und berufliche Ziele miteinander zu verbinden. Arbeit ist für mich auch immer eine Möglichkeit der Selbstbestätigung, und beruflicher Erfolg strahlt positiv in mein Privatleben aus.«

Beispiel

Misserfolg

Frage: »Was bedeutet Misserfolg für Sie?«

Antwort: »Misserfolge akzeptiere ich nicht. Wenn ein angestrebtes Ziel nicht erreicht wird, überprüfe ich die Zielsetzung und analysiere mögliche Störfaktoren. So gelang es uns beispielweise erst nach einer Modifikation der Marketingstrategie, unser Produkt erfolgreich auf dem spanischen Markt einzuführen.«

Übung

Fragen zur Person

In dieser Übung erwarten Sie einige Fragen, deren Sinn und Zweck nicht auf den ersten Blick deutlich wird. Manche dieser Fragen werden von Personalverantwortlichen eingesetzt, um Bewerber kurzfristig zu verunsichern. Bei den meisten Fragen geht es aber darum, wie Sie mit anderen Menschen zusammenarbeiten und welchen Arbeitsstil Sie bevorzugen.

Achten Sie bei Fragen nach inneren oder äußeren Konflikten darauf, dass Sie nicht zu tief in die Beschreibung von Krisen geraten. Hier sollten Sie in den Mittelpunkt Ihrer Antworten stellen, dass Ihr Umgang mit anderen und sich selbst reibungslos ist.

»Wie holen Sie sich aus persönlichen Krisen heraus?«

Negative Antwort: »Ich versuche mich zu besinnen und Ruhe zu finden, aber das gelingt mir schon seit Jahren nicht mehr.«

Positive Antwort: »Jeder hat mal einen schlechten Tag, auch ich. Dann treffe ich mich mit Freunden oder gehe mit meiner Frau spazieren, und am nächsten Tag geht es dann in alter Frische weiter.«

Ihre Antwort: . . . .

. . . .

. . . .

»Wie reagieren Sie bei ungerechtfertigter Kritik?«

Negative Antwort: »Ich gehe keinem Streit aus dem Weg.«

Positive Antwort: »Ich versuche herauszubekommen, wo die Gründe für die ungerechtfertigte Kritik liegen. Menschen haben manchmal einen schlechten Tag, das geht meist schnell vorbei.«

Ihre Antwort: ....

....

....

»Was würden Sie tun, wenn Sie mehr Freizeit hätten?«

Negative Antwort: »Ich hätte endlich Zeit für meine Hobbys und für längere Reisen.«

Positive Antwort: »Einen Teil würde ich sicherlich meiner Familie widmen. Daneben würde ich gezielt nach Weiterbildungsmaßnahmen suchen. Neben der Erweiterung meiner Sprachkenntnisse würden mich auch Seminare zu den Themen .... und .... interessieren.«

Ihre Antwort: ....

....

....

»Welche Eigenschaft stört Sie an Menschen am meisten?«

Negative Antwort: »Wenn ich nicht respektiert werde.«

Positive Antwort: »Ich erwarte von mir, dass ich mit allen Menschen zurechtkomme. Im beruflichen Alltag erwarte ich, dass ein Mindestmaß an Ehrlichkeit und Einsatzbereitschaft vorhanden ist. In Geschäftsbeziehungen hat man auch mit schwierigen Kunden auszukommen.«

Ihre Antwort: ....

....

....

»Wie, glauben Sie, schätzen andere Menschen Sie ein?«

Negative Antwort: »Als handfeste Persönlichkeit, die ihren Weg geht.« Oder: »Als einfühlsame Frau mit hoher sozialer Kompetenz.«

Positive Antwort: »Als kompetent und kooperativ. Diejenigen, die mit mir zusammenarbeiten, wissen, dass sie in mir immer einen verlässlichen Partner finden, wenn es darum geht, Aufgaben gemeinsam zu bewältigen.«

Ihre Antwort: . . . .

. . . .

. . . .

»Welche Eigenschaften müsste Ihr idealer Vorgesetzter mitbringen?«

Negative Antwort: »Er müsste sein wie ich.«

Positive Antwort: »Den Willen, etwas erreichen zu wollen. Er sollte in der Lage sein, eine Brücke zwischen den Firmeninteressen und der Motivation der Mitarbeiter zu bauen.«

Ihre Antwort: . . . .

. . . .

. . . .

»Welche Erwartungen haben Sie an zukünftige Kollegen?«

Negative Antwort: »Dass sie akzeptieren, dass sie von mir viele gute Ratschläge bekommen werden.«

Positive Antwort: »Ich wünsche mir, dass meine Kollegen bei ihrer Arbeit das Unternehmensinteresse im Blick behalten.«

Ihre Antwort: . . . .

. . . .

. . . .

»Inwieweit haben Sie sich in den letzten fünf Jahren in Ihrer Persönlichkeit verändert?«

Negative Antwort: »Ich bin mir selbst treu und deshalb immer der Gleiche geblieben.«

Positive Antwort: »Ich habe mehr Verständnis für andere Menschen entwickelt. Früher habe ich es manchmal nicht verstanden, wie man anderer Ansicht sein konnte. Ich dachte, nur meine Perspektive sei die richtige. Heute weiß ich, dass verschiedene Blickwinkel nützlich sein können.«

Ihre Antwort: . . . .

. . . .

. . . .

»Welche Lebensziele haben Sie noch nicht erreicht?«

Negative Antwort: »In meinem Alter freut man sich ja auf Enkelkinder, aber meine Kinder kommen ja einfach nicht in die Gänge.«

Positive Antwort: »Ich möchte für mich und meine Familie ein Haus bauen [soweit noch nicht geschehen], und ich möchte mich weiter beruflich entwickeln können. Ansonsten bin ich mit meiner Situation sehr zufrieden.«

Ihre Antwort: . . . .

. . . .

. . . .

Übung

Weitere Fragen

»Wie wirken Kritik und Anerkennung auf Sie?«

Ihre Antwort: . . . .

. . . .

. . . .

»Wie verhalten Sie sich in unangenehmen Situationen?«

Ihre Antwort: . . . .

. . . .

. . . .

»Was tun Sie, wenn Ihr Vorgesetzter Ihre Vorschläge immer wieder ablehnt?«

Ihre Antwort: . . . .

. . . .

. . . .

»Was war in Ihrem Leben die schwierigste Entscheidung?«

Ihre Antwort: . . . .

. . . .

. . . .

»Wenn Sie noch einmal von vorn anfangen könnten, was würden Sie anders machen?«

Ihre Antwort: . . . .

. . . .

. . . .

»Was bedeutet Arbeit für Sie? Was Freizeit?«

Ihre Antwort: . . . .

. . . .

. . . .

»Was bedeutet Erfolg für Sie? Was Misserfolg?«

Ihre Antwort: . . . .

. . . .

. . . .

»Arbeiten Sie lieber allein oder lieber im Team?«

Ihre Antwort: . . . .

. . . .

. . . .

»Was hat Sie an bisherigen Kollegen am meisten gestört?«

Ihre Antwort: . . . .

. . . .

. . . .

»Wenn wir einen Ihrer derzeitigen Kollegen fragen würden, wie würde er Sie beschreiben?«

Ihre Antwort: . . . .

. . . .

. . . .

»Könnten Sie sich, wenn Sie eine Weile bei einem anderen Arbeitgeber gearbeitet hätten, eine Rückkehr auf Ihren jetzigen Arbeitsplatz vorstellen?«

Ihre Antwort: . . . .

. . . .

. . . .

Fragen zur privaten Lebensgestaltung

Viele Personalverantwortliche sind der Meinung, dass Kandidaten, die über ein stabiles soziales Umfeld verfügen, dauerhaft bessere Leistungen für das Unternehmen erbringen. Wer ausgeglichen und privat zufrieden ist, so die Annahme, kann mit beruflichen Stresssituationen besser umgehen. Zu diesem sozialen Umfeld gehören Lebens- beziehungsweise Ehepartner, Bekanntenkreis, aber auch Sportvereine oder ehrenamtliches Engagement.

Bessere Leistungen durch ein stabiles Umfeld

Versuchen Sie nicht, Ihre persönlichen Fähigkeiten durch Freizeitaktivitäten belegen zu wollen. Es ist ein typischer Fehler von Bewerberinnen und Bewerbern, bei der Darstellung der persönlichen Fähigkeiten zu stark aus dem Freizeitbereich heraus zu argumentieren. Doch dieser Schuss kann nach hinten losgehen: Personalverantwortliche interpretieren dann, dass Sie zu viel Energie in die Gestaltung Ihrer Freizeit stecken und diese Energie aus Ihrem Berufsleben abziehen. Bei der Stellenvergabe steht aber Ihr Engagement für den Arbeitgeber auf dem Prüfstand. Auch Ihre persönlichen Fähigkeiten werden eher danach beurteilt, wie Sie berufliche Situationen bewältigen. Stellen Sie daher Ihre beruflichen Erfahrungen in den Vordergrund, und belegen Sie auch Ihre persönlichen Fähigkeiten möglichst anhand von beruflichen Aufgabenstellungen.

Sie müssen dennoch nicht auf die Darstellung Ihrer Hobbys verzichten. Zeigen Sie, dass Sie auch außerhalb des Berufs wissbegierig, lernfähig und verantwortungsbewusst sind. Vermeiden Sie dabei den Eindruck, nur einseitig interessiert zu sein, und zügeln Sie Ihre Begeisterung, um nicht in einen Monolog zu verfallen.

Das Losungswort, das Sie bei diesem Fragenkomplex weiterbringt, heißt »aktive Entspannung«. Informatiker, die den ganzen Tag programmieren und auch abends und am Wochenende allein vor ihrem PC sitzen, gelten schnell als kommunikationsunfähige Einzelkämpfer. Überdurchschnittliches Engagement bei Freizeitaktivitäten, Risikosportarten, Leistungssportarten und regional begrenzten Sportarten ist im Vorstellungsgespräch jedoch in jedem Fall gefährlich – wer im Winter jedes Wochenende aus Hamburg zum Snowboarden in die Alpen fährt, wird kaum am Montagmorgen frisch und ausgeruht im Büro erscheinen.

Aktive Entspannung

Sie überzeugen dagegen, wenn Sie auf Freizeitaktivitäten verweisen, die Sie für die täglichen Anforderungen in Ihrem Beruf fit halten. Zweimal in der Woche Joggen oder Tennis spielen, lange Spaziergänge, um richtig abzuschalten, oder Radtouren mit Freunden oder der Familie sind gute Beispiele, um Ihre Fähigkeit zur aktiven Entspannung zu zeigen.

Bewerber, die sich ehrenamtlich engagieren, haben die besten Chancen, ihre Freizeitaktivitäten im Vorstellungsgespräch positiv darzustellen. Auf diese Weise haben Sie auch die Möglichkeit, Ihr Engagement für den Sport passend aufzubereiten. Achten Sie darauf, dass Ihr Engagement mit einer (Funktionärs-)Position verbunden ist. So zeigen Sie, dass Sie auch privat bereit sind, Verantwortung zu übernehmen und gestaltend zu wirken.

Beispiel

Engagement im Sportverein

Frage: »Engagieren Sie sich auch in der Freizeit für Dinge, die Ihnen am Herzen liegen?«

Antwort: »Ich finde es wichtig, sich privat zu engagieren. Im sportlichen Bereich habe ich als zweiter Vorsitzender des örtlichen Turnvereins dafür gesorgt, dass Jugendliche sich in neuen Sportarten zusammenfinden konnten. Ich habe den Bau eines Volleyballfeldes auf dem vereinseigenen Sportgelände initiiert und eine Jugendsparte Volleyball gegründet, die von den Jugendlichen selbst geleitet wird.«

Bleiben Sie offen, aber überlegt

Die Angaben über Ihren Familienstand im Lebenslauf sagen wenig über Ihr Privatleben aus. Weisen Sie Fragen nach Ihrer weiteren Familien- und Lebensplanung nicht mit der Bemerkung »Das geht keinen etwas an!« zurück (Vergleichen Sie dazu auch das Kapitel 32 »Was tun bei unzulässigen Fragen«). Sie zeigen durch überlegte Antworten auf Fragen wie »Was denkt Ihr Lebenspartner über Ihren Beruf?«, dass Sie sich mit den zu erwartenden Veränderungen Ihres Privatlebens gründlich auseinander gesetzt haben. Dies ist besonders wichtig, wenn die berufliche Veränderung mit einem Umzug verbunden ist.

Unsichere Antworten lassen die Befürchtung aufkommen, dass Ihr Lebenspartner noch nichts über die neue Stelle weiß und Ihre Entscheidung damit noch beeinflussen kann. Damit verschlechtern Sie Ihre Position gegenüber anderen Mitbewerbern deutlich. Je überzeugender Sie darlegen, dass Ihr Lebenspartner Sie beim Erreichen beruflicher Ziele unterstützt, desto besser sind Ihre Karten.

Übung

Fragen zum Privatleben

Die Fragen zum Privatleben dienen einerseits dazu, die Gesprächssituation zu entspannen. Sie werden aber auch eingesetzt, um Ihre Angaben in den anderen Frageblöcken zu überprüfen. Achten Sie deshalb darauf, dass Ihre Angaben zu Ihrem Verhalten gegenüber Kollegen und Mitarbeitern den Antworten gleichen, die Sie zum Umgang mit Freunden und Bekannten in Ihrer Freizeit geben.

Generell sollten Sie darauf achten, dass deutlich wird, dass Sie in einem stabilen sozialen Umfeld leben und sich auch in Ihrer Freizeit engagieren.

»Was denkt Ihr Lebenspartner über Ihren Beruf?«

Negative Antwort: »Wir haben uns auseinander gelebt. Jeder geht seinen eigenen Weg.«

Positive Antwort: »Mein Lebenspartner unterstützt mich in meiner beruflichen Entwicklung. Wir haben uns zusammengesetzt und über die Folgen meines beruflichen Engagements gesprochen. Mein Partner weiß, was auf ihn zu kommt, und trägt meine Entscheidung zum Stellenwechsel voll und ganz mit.«

Ihre Antwort: . . . .

. . . .

. . . .

»Wie sieht Ihre private Lebensplanung aus?«

Negative Antwort: »Ich habe noch viele offene Wünsche, hoffentlich bleiben sie nicht unerfüllt.«

Positive Antwort: »Ich bemühe mich, meine beruflichen und privaten Planungen in Einklang zu bringen. Ich möchte daher auch gerne dort wohnen, wo ich arbeite.«

Ihre Antwort: . . . .

. . . .

. . . .

»Sind Sie in Ihrer Freizeit lieber allein oder ziehen Sie die Geselligkeit in der Gruppe vor?«

Negative Antwort: »Mit dieser Cliquen-Seligkeit kann ich überhaupt nichts anfangen.«

Positive Antwort: »Ich treffe mich gerne mit Freunden und organisiere auch gerne gemeinsame Freizeitveranstaltungen mit, aber ich arbeite auch gerne im Garten und lese auch gerne einmal ein gutes Buch.«

Ihre Antwort: . . . .

. . . .

. . . .

»Wie entspannen Sie sich?«

Negative Antwort: »Ein gutes Essen und dazu eine Flasche Wein, dann sieht die Welt gleich ganz anders aus.«

Positive Antwort: »Ich halte mich fit durch Rad fahren/Wandern/Schwimmen/Joggen und genieße die gemeinsamen Ausflüge mit meiner Frau/meinem Mann und meinen Kindern.«

Ihre Antwort: . . . .

. . . .

. . . .

»Was würden Sie machen, wenn Sie eine Million im Lotto gewinnen würden?«

Negative Antwort: »Den ganzen Ärger hinter mir lassen.«

Positive Antwort: »Ich würde mir ein Haus kaufen [soweit noch nicht geschehen], und mit dem restlichen Geld würde ich mich finanziell an der Entwicklung ausgesuchter Unternehmen beteiligen.«

Ihre Antwort: . . . .

. . . .

. . . .

Übung

Weitere Fragen

»Welchen Beruf übt Ihr Lebenspartner aus?«

Ihre Antwort: . . . .

. . . .

. . . .

»Welche Unterstützung bekommen Sie von Ihrem Lebenspartner für Ihren Beruf?«

Ihre Antwort: . . . .

. . . .

. . . .

»Sind Sie Mitglied in einem Verein?«

Ihre Antwort: . . . .

. . . .

. . . .

»Welches Buch haben Sie zuletzt gelesen?«

Ihre Antwort: . . . .

. . . .

. . . .

»Welchen Film haben Sie zuletzt gesehen?«

Ihre Antwort: . . . .

. . . .

. . . .

»Treiben Sie Sport? Wenn ja, welchen, wenn nein, warum nicht?«

Ihre Antwort: . . . .

. . . .

. . . .

»Gehen Sie gern ins Kino/Theater/Museum/Konzert?«

Ihre Antwort: . . . .

. . . .

. . . .

»Reisen Sie im Urlaub gerne oder verbringen Sie Ihre Zeit lieber zu Hause?«
Ihre Antwort: . . . .
. . . .
. . . .

»Liegt Ihnen außerhalb Ihres Berufes noch etwas am Herzen?«
Ihre Antwort: . . . .
. . . .
. . . .

Stressfragen

Dass Stressfragen im Vorstellungsgespräch eingesetzt werden, haben Sie bereits im vorherigen Kapitel erfahren. Personalverantwortliche wollen auf diese Weise den Bewerber aus der Reserve locken. Sie sind weniger an dem Inhalt Ihrer Antwort als vielmehr an Ihrer tatsächlichen Reaktion interessiert. Stressfragen sollen die Initialzündung für unüberlegte Äußerungen sein, wodurch Personalprofis dann Rückschlüsse auf Ihre Soft Skills ziehen.

Lassen Sie sich nicht aus der Reserve locken

Wie Sie Stressfragen entschärfen, haben Sie bereits erfahren. In der nächsten Übung finden Sie weitere Fragen, die Sie unter Druck setzen sollen.

Übung

Stressfragen

Denken Sie an das oben vorgestellte Schema zur Entschärfung von Stressfragen:

1. Gehen Sie nicht auf die Unterstellung ein.
2. Stellen Sie das positive Gegenstück der Unterstellung anhand eines Beispiels aus dem Berufsalltag dar.

»Wenn ich jetzt Ihren bisherigen Vorgesetzten anrufe, was würde er an Ihrer Arbeitsweise kritisieren?«

Negative Antwort: »Mit meinem Vorgesetzten habe ich immer wieder Auseinandersetzungen über die Bewertung meiner Arbeitsleistungen gehabt. Er hat immer wieder ungerechtfertigt kritisiert, dass ich detailverliebt wäre und Termine nicht einhalte. Natürlich stimmt das nicht.«

Positive Antwort: »Er würde die Aufgaben, die ich übernommen habe, darstellen und erläutern, wie die Aufgaben erledigt wurden. Dabei würde das Ergebnis die Bewertung aus dem Arbeitszeugnis widerspiegeln.« Oder [wenn im Arbeitszeugnis eine durchschnittliche Bewertung steht]: »Die Kernaufgaben habe ich stets zur vollsten Zufriedenheit erledigt. Eine Sonderaufgabe/Projektaufgabe konnte nicht beendet werden, da die Beteiligten nicht an einem Strang gezogen haben. Dies ist ein Punkt, der meinem Vorgesetzten nicht so gut gefallen hat.«

Ihre Antwort: . . . .

. . . .

. . . .

»Wenn es nichts zu kritisieren gibt, warum wollen Sie dann Ihre bisherige Firma verlassen?«

Negative Antwort: »Ich habe einfach das Bedürfnis nach Veränderung gespürt.«

Positive Antwort: »Ich glaube, dass ich noch mehr leisten kann, und ich möchte meine Fähigkeiten in ein neues Arbeitsumfeld einbringen. Zusätzliche Aufgaben, die über das hinausgehen, was ich bisher gemacht habe, würde ich ebenfalls gerne übernehmen.«

Ihre Antwort: . . . .

. . . .

. . . .

»Erinnern Sie sich an Ihren schlechtesten Vorgesetzten. Was hat Sie am meisten an ihm gestört?«

Negative Antwort: »An meinen damaligen Ausbildungsleiter möchte ich gar nicht erinnert werden. Es gab ständig Streit, und ich musste mich immer sehr beherrschen, um mich nicht zu vergessen. Der

Mann war ein Ausbund an Inkompetenz, hatte überhaupt keinen Draht zu Jugendlichen, missbrauchte seine Machtposition, um mich anzuschwärzen, und war überall im Betrieb unbeliebt.«

Positive Antwort: »Jeder hat seine Eigenarten. Mit meinen bisherigen Vorgesetzten habe ich immer gut zusammengearbeitet. Wenn man zur richtigen Zeit mit den richtigen Fragen und Ideen kommt, findet man auch ein offenes Ohr.«

Ihre Antwort: ....

....

....

»Ihre Arbeitszeugnisse sind zu gut, ich habe den Eindruck, dass man Sie an Ihrem alten Arbeitsplatz loswerden möchte.«

Negative Antwort: »Die Firma weiß, dass ich wechseln will, und wird sich hüten, mir Steine in den Weg zu legen.«

Positive Antwort: »Mein Arbeitgeber bedauert, dass ich die Firma wechseln möchte. Meine jetzige Firma weiß um die Erfolge, die ich zusammen mit meinen Kollegen erreichen konnte, und sah keinen Grund, dies im Arbeitszeugnis zu verschweigen. Ganz generell war die Arbeitsatmosphare bei meinem letzten Arbeitgeber immer durch Fairness und Vertrauen gekennzeichnet.«

Ihre Antwort: ....

....

....

»Was ist in Ihrem Leben so wichtig, dass der Beruf hintanstehen müsste?«

Negative Antwort: »Meine Selbstverwirklichung.«

Positive Antwort: »Bisher ist es mir gelungen, berufliche und private Interessen miteinander in Einklang zu bringen. Mir ist es wichtig, mit anderen an einem Strang zu ziehen, mich durch Erfolge zu motivieren und eine Sache voranzubringen. Dies konnte ich in meinem Beruf tun.«

Ihre Antwort: ....

....

....

Übung

Weitere Fragen

»Ihre Fähigkeiten sind eher durchschnittlich, finden Sie nicht auch?«

Ihre Antwort: . . . .

. . . .

. . . .

»Verlieren Sie den Überblick, wenn es hektisch wird?«

Ihre Antwort: . . . .

. . . .

. . . .

»Wären Sie in der Lage, auf einer Pressekonferenz Auskunft über die Arbeit Ihrer jetzigen Abteilung zu geben?«

Ihre Antwort: . . . .

. . . .

. . . .

»Auf wessen Seite stehen Sie, wenn es zu Konflikten in Ihrer Firma kommt? Auf der Seite Ihrer Kollegen oder auf der Seite Ihres Vorgesetzten?«

Ihre Antwort: . . . .

. . . .

. . . .

»Würden Sie sich Sorgen um Ihren Arbeitsplatz machen, wenn die Geschäftsleitung eine Unternehmensberatung engagiert?«

Ihre Antwort: . . . .

. . . .

. . . .

»Was würden Sie in Ihrer Firma ändern, wenn Sie das Sagen hätten?«

Ihre Antwort: . . . .

. . . .

. . . .

»Warum machen Sie nicht in Ihrem jetzigen Unternehmen Karriere?«
Ihre Antwort: . . . .
. . . .
. . . .

»Trauen Sie sich die neue Aufgabe wirklich zu?«
Ihre Antwort: . . . .
. . . .
. . . .

»In welchen Situationen haben Sie Entscheidungsschwierigkeiten?«
Ihre Antwort: . . . .
. . . .
. . . .

»Sie haben mich noch nicht überzeugt, ich glaube, Sie passen nicht zu uns.«
Ihre Antwort: . . . .
. . . .
. . . .

☑ *Checkliste*
für Ihre Vorbereitung auf mögliche Fragen

- ☐ Können Sie in Ihren Antworten Ihre Leistungsmotivation bei der Erfüllung beruflicher Aufgaben herausstellen?
- ☐ Können Sie darstellen, warum die neue Anstellung eine konsequente Fortsetzung Ihres beruflichen Weges bedeutet?
- ☐ Haben Sie sich im Vorfeld über die neue Firma informiert? Kennen Sie die verschiedenen Standorte, den Jahresumsatz, die Mitarbeiterzahlen, die Produkte/Dienstleistungen, auf die das Unternehmen besonders stolz ist?
- ☐ Können Sie plausibel begründen, warum Sie einen neuen Arbeitsplatz suchen?

- ☐ Vermeiden Sie, Krisen, verpasste Chancen und Brüche in Ihrer Berufslaufbahn zu thematisieren?
- ☐ Können Sie Fragen zur persönlichen Lebensführung souverän beantworten?
- ☐ Können Sie darlegen, dass Sie in einem stabilen privaten Umfeld leben und sich aktiv entspannen?
- ☐ Können Sie Stressfragen entschärfen und Unterstellungen entgegenwirken?

32
Was tun bei unzulässigen Fragen?

Sie sollten sich schon vor dem Vorstellungsgespräch überlegen, bei welchen Fragen Sie Informationsgrenzen setzen möchten. In diesem Kapitel stellen wir Ihnen die Fragen vor, die in Vorstellungsgesprächen eigentlich nicht erlaubt sind. Sie erfahren, warum es trotzdem sinnvoll sein kann, auch auf unzulässige Fragen gelassen zu antworten.

Es werden Ihnen im Bewerbungsgespräch auch Fragen gestellt, die Sie eigentlich nicht beantworten müssen oder bei deren Beantwortung Sie lügen dürfen – zumindest juristisch gesehen. Es gibt Bewerber, die unzulässige Fragen auswendig gelernt haben, und dann das ganze Vorstellungsgespräch darauf lauern, dass ihnen eine derartige Frage gestellt wird – worauf sie in tiefster moralischer Inbrunst die Beantwortung weiterer Fragen ablehnen. Manche Bewerber drohen auch damit, den Personalrat oder/und die Gewerkschaft einzuschalten. Das Ergebnis solchen Verhaltens ist dann normalerweise, dass der Personalverantwortliche die Einstellung des Kandidaten ablehnt.

Bleiben Sie souverän

Wie reagieren Sie?

Viele Bewerber übersehen, dass diese unzulässigen Fragen oft lediglich gestellt werden, um die Reaktion der Bewerber zu testen, insbesondere die Stressresistenz. Die inhaltliche Antwort ist häufig nicht so wichtig. Die Grenze zwischen einem wirklichen Interesse an der Beantwortung einer eigentlich unzulässigen Frage und dem Einsatz dieser Frage als Stressfrage ist aber zugegebenermaßen undurchsichtig.

Ihre Stressresistenz wird getestet

Beispiel
Familienplanung

Sollten Sie als Frau mit der Frage nach zukünftigen Kinderwünschen konfrontiert werden, wäre eine Antwortstrategie sinnvoll, die deutlich macht, dass Sie sich mit dieser Frage genauso intensiv beschäftigt haben wie mit anderen persönlichen und fachlichen Aspekten, die mit der Ausübung des Berufes zusammenhängen. Auf die Frage »Wie stellen Sie sich Ihre weitere private Lebensplanung vor? Wann möchten Sie Kinder bekommen?« wäre folgende Antwort geeignet: »Ich habe meine weitere Lebensplanung mit meinem Freund/Ehemann intensiv besprochen. Kinder spielen in unseren Überlegungen keine Rolle. Für mich stehen die beruflichen Ziele im Vordergrund. Aufbauend auf meine Ausbildung und meine erste Berufserfahrung möchte ich jetzt bei Ihnen umfassendere Aufgaben und mehr Verantwortung übernehmen.«

Beispiel
Bundestagswahl

Die Frage »Wenn nächsten Sonntag Bundestagswahlen anstünden, welche Partei würden Sie wählen?« ist mit der knappen, angriffslustigen Bemerkung »Ich wüsste nicht, was Sie das angeht!« nicht optimal beantwortet. Eleganter ist hier die folgende Antwort: »Ich würde sicherlich eine Partei wählen, die mit ihrer Politik sowohl die Interessen der Wirtschaft als auch der Arbeitnehmer berücksichtigt.«

Lassen Sie sich durch solche Fragen nicht aus der Fassung bringen. Besonders wenn es um Arbeitsfelder in Beratung und Verkauf geht, versucht man festzustellen, ob Sie in der Lage sind, souverän mit schwierigen Gesprächspartnern/Kunden umzugehen oder angespannte Gesprächssituationen auszuhalten oder besser noch zu entschärfen.

Entschärfen Sie die angespannte Situation

Vor allem ist es wichtig für Sie, bei kritischen und emotional besetzten Fragen gelassen zu reagieren und überlegt zu antworten. Und vergessen Sie dabei nie: Ihr Vorteil liegt eindeutig darin, dass Sie auf unzulässige Fragen nicht wahrheitsgemäß antworten müssen.

Wir stellen Ihnen jetzt einige typische Fragen vor, deren Beantwortung Sie fantasievoll gestalten können. Außerdem nennen wir Ihnen die Ausnahmen, bei denen Sie wahrheitsgemäß antworten sollten, da Sie sonst mit arbeitsrechtlichen Nachteilen rechnen müssen.

Fragen nach Schwangerschaft und konkreter Familienplanung sind im Vorstellungsgespräch grundsätzlich unzulässig. Eine Ausnahme liegt in der möglichen Gesundheitsschädigung des Embryos. Deshalb darf eine Schwangere bestimmte Arbeiten nicht ausüben: beispielsweise eine Tätigkeit in einer Röntgenabteilung, die mit erhöhter Strahlenbelastung verbunden ist, oder eine Tätigkeit im Labor, die den Umgang mit gefährlichen Chemikalien beinhaltet.

Fragen nach Konfession, Partei- und Gewerkschaftszugehörigkeit sind unzulässig. Ausnahmen gelten für so genannte Tendenzbetriebe, das heißt, wenn der Arbeitgeber eine Kirche, eine Partei oder eine Gewerkschaft ist, dann dürfen solche Fragen gestellt werden. Sucht beispielsweise ein katholischer Kindergarten eine Erzieherin, ist die Frage nach der Religionszugehörigkeit im Vorstellungsgespräch erlaubt.

Die Zulässigkeit der Frage nach Aids ist noch nicht endgültig geklärt: Eine Aids-Infektion braucht meistens nicht genannt werden, eine Aids-Erkrankung dagegen muss angegeben werden. Eine Aids-Infektion muss dann genannt werden, wenn die Tätigkeit andere Menschen gefährden kann.

Trainieren Sie Ihre Reaktion auf unzulässige Fragen

Fragen nach Lohnpfändungen und Vermögensverhältnissen sind unzulässig. Als Ausnahme gilt jedoch, wenn der Bewerber eine Position mit umfangreichem Geldverkehr anstrebt, wie zum Beispiel Kassierer in einer Bank.

Fragen nach Vorstrafen sind unzulässig. Ausnahmen sind auch hier möglich, wenn die Vorstrafe für den Arbeitsplatz von direkter Bedeutung ist, beispielsweise Verkehrsdelikte bei Außendienstmitarbeitern oder Unterschlagung bei Bewerbern um eine Stelle als Buchhalter.

Achtung: Die Frage nach Schwerbehinderungen ist erlaubt. Kommt zu einem späteren Zeitpunkt heraus, dass der Bewerber zum Zeitpunkt der Einstellung schwerbehindert war, ist der Arbeitsvertrag von Anfang an nichtig.

☑ *Checkliste*
für Ihre Reaktion auf unzulässige Fragen

- ☐ Sind Sie darauf eingestellt, dass man Ihnen unzulässige Fragen stellen wird?
- ☐ Reagieren Sie gelassen und souverän auf unzulässige Fragen?
- ☐ Haben Sie sich Antwortstrategien zurechtgelegt?
- ☐ Halten Sie sich vor Augen, dass Sie bei der Beantwortung von unzulässigen Fragen einen weiten Gestaltungsspielraum haben?
- ☐ Ist Ihnen bewusst, dass man mit unzulässigen Fragen Ihre Stressresistenz prüfen möchte?
- ☐ Wissen Sie, in welchen Fällen Sie wahrheitsgemäß auf ansonsten unzulässige Fragen antworten müssen?

33
Fragen, die Sie stellen sollten

In diesem Kapitel erfahren Sie, warum von Bewerbern erwartet wird, dass sie konkrete eigene Vorstellungen von der zukünftigen beruflichen Position in das Vorstellungsgespräch einfließen lassen.

Auch Ihre eigenen Fragen an die Firma sind enorm wichtig: Wechseln Sie auf keinen Fall die Stelle nach der Devise »Hauptsache, irgendwas Neues«. Wenn es nach zwei Wochen in der neuen Position kriselt, weil Sie nicht wussten, dass die Position für Sie neu geschaffen wurde und Sie nun ohne Ansprechpartner für die Einarbeitung zwischen allen Hierarchiestufen hängen, haben Sie ein echtes Problem! Der Weg zurück ist verbaut, und Sie müssen dem nächsten Arbeitgeber erklären, warum Sie schon wieder wechseln wollen ...

Informieren Sie sich umfassend über Ihren potenziellen Arbeitgeber

Bereiten Sie Ihren Stellenwechsel daher durch gezielte Fragen im Vorstellungsgespräch so gründlich wie möglich vor. Verärgern Sie jedoch Ihre Gesprächspartner nicht dadurch, dass Sie gleich zu Beginn des Gesprächs einen Fragenkatalog aus der Tasche ziehen und Frage für Frage abhaken. Wenn Sie erkennen, dass Sie sich in einer weniger strukturierten Phase des Vorstellungsgespräches befinden, können Sie einzelne Fragen einfließen lassen; ansonsten stellen Sie Ihre Fragen am besten am Ende des Bewerbungsgespräches.

Aber beginnen Sie nicht mit Fragen nach der Gleitzeit, den Urlaubstagen, der Abgeltung von Überstunden, der privaten Nutzung des PKW oder sozialen Extraleistungen! Stellen Sie Fragen, die für Sie bei der Ausübung Ihrer neuen beruflichen Tätigkeit wirklich von Interesse sind. Fragen zur Einarbeitung und zu Ihrer Stellung in der Firmenhierarchie sind für Sie wichtig und unverzichtbar. Sie müssen jedoch beachten, was und wie Sie fragen, damit Ihre Auffassungsgabe nicht in schlechtem Licht erscheint; hüten Sie sich also

Bereiten Sie Ihre Fragen gründlich vor

davor, Informationen, die Ihnen bereits im Gespräch gegeben wurden, am Schluss des Gespräches noch einmal einzufordern. Formulieren Sie am besten offene Fragen, mit denen Sie Ihre Kommunikationsfähigkeit deutlich machen und den Gesprächsfluss erhalten können.

Übung

Bewerberfragen

Markieren Sie in der folgenden Liste die Fragen, die Sie für besonders wichtig halten. Diese Fragen sollten Sie, ergänzt durch eigene Fragen, auf einem Extrablatt notieren, das Sie zum Bewerbungsgespräch mitnehmen.

- Wie ist die Einarbeitung geplant? Wer ist während der Einarbeitungsphase mein Ansprechpartner?
- In welchem Verhältnis steht der Zeitaufwand für die wesentlichen Aufgaben meiner Position (zum Beispiel zeitliche Anteile von Beratung, Verkauf und Service oder Innen-/Außendienst)?
- Wer ist mein direkter Vorgesetzter? Gibt es die Möglichkeit, ihn vorher kennen zu lernen? Welche Ausbildung/Qualifikation hat er?
- Wurde die ausgeschriebene Position neu geschaffen?
- Wenn nicht: Wie lange hat mein Vorgänger auf dieser Position gearbeitet und wo ist er jetzt? (Bei kurzer Dauer: Wie lange der Vorgänger des Vorgängers?)
- Wie ist die Position in die betriebliche Organisation und Hierarchie eingegliedert?
- Gibt es ein Organigramm oder einen Organisationsplan des Unternehmens?
- Welchen Anteil haben Dienstreisen an meiner Tätigkeit?
- Welche Weiterbildungsmöglichkeiten gibt es?
- Wie und in welchen Zeitabständen werden Mitarbeiterbeurteilungen durchgeführt?
- Wie hoch ist das Gehalt? Gibt es außertarifliche Leistungen?
- Gibt es eine betriebliche Altersvorsorge/Lebensversicherung?

- Wird ein Firmenwagen gestellt? Wie wird die private Nutzung abgerechnet?
- Wie ist die Arbeitszeit geregelt? (Gleitzeit?)
- Wie viele Tage umfasst der Jahresurlaub?

☑ *Checkliste*
für Ihre Fragen

- ☐ Haben Sie eigene Fragen vorbereitet?
- ☐ Stellen Sie offene Fragen?
- ☐ Wissen Sie, wie die Einarbeitung vor sich gehen wird?
- ☐ Wissen Sie, ob Ihre Stelle neu geschaffen wurde?
- ☐ Wissen Sie, wo Sie in der Firmenhierarchie verortet sind?
- ☐ Wissen Sie, welche Weiterbildungsmöglichkeiten bestehen? Werden die Kosten für Weiterbildungen von der Firma übernommen?
- ☐ Sind Ihnen die Arbeitszeiten klar?

34
Gehaltsvorstellungen taktisch verhandeln

Bei der Suche nach einer verantwortungsvolleren und interessanteren Position steht für viele Bewerber auch der Wunsch nach einem höheren Gehalt im Vordergrund. In diesem Kapitel erläutern wir Ihnen, wie Sie Ihre Gehaltsvorstellungen taktisch durchsetzen und dabei in einem angemessenen Rahmen bleiben.

Im Vordergrund steht der Karriereschritt

Warum die Frage nach den Gehaltsvorstellungen grundsätzlich Unbehagen auslöst, haben wir bereits in Kapitel 10 (»Die Gehaltsfrage«) erklärt. Denken Sie daran: Im Vorstellungsgespräch sollte es Ihnen gegenüber den Personalverantwortlichen vorrangig um Ihre Karriere gehen. Sie sollten Fortschritte in der Karriere Ihren potenziellen Arbeitgebern gegenüber inhaltlich plausibel machen. Das Gehalt ist »nur« der formale Rahmen Ihrer zukünftigen Tätigkeit.

Einige Punkte müssen Sie allerdings bei Ihren Gehaltsvorstellungen beachten. Sie haben mit Ihrer Selbstpräsentation eine Entwicklungslinie in Ihrem Berufsleben dargestellt, die auf die neue Position hinführt. Da diese Entwicklungslinie »nach oben« führt, Sie also weiter »aufsteigen« möchten und deshalb auch mehr Verantwortung und Gestaltungsfreiräume in dieser neuen Position suchen, sollte die neue Stelle auch entsprechend besser dotiert sein als Ihre vorherige!

Verlangen Sie rund 15 Prozent mehr

Als Richtschnur gilt: Verlangen Sie etwa 15 Prozent mehr Brutto-Jahresgehalt. Das ist in dieser Höhe für Personalverantwortliche plausibel. Wie Sie die in Ihrer Branche üblichen Gehälter ermitteln, haben wir ebenfalls bereits in Kapitel 10 erläutert. Nun geht es darum, Ihre Gehaltsvorstellungen auch durchzusetzen.

Gehaltsdiskussionen taktisch führen

Gehaltsdiskussionen gehören an das Ende eines Vorstellungsgespräches. Jeder weiß zwar, dass Sie arbeiten, um Geld zu verdienen. Trotzdem heißt ein ungeschriebenes Gesetz des Bewerbungsverfahrens, dass Sie in erster Linie wegen der interessanten Position und der zukünftigen Aufgabenstellungen arbeiten wollen und dass das Gehalt lediglich eine zwangsläufige Konsequenz Ihrer ausgeübten Tätigkeit ist.

Aus unseren Erfahrungen wissen wir, dass ein interessanter Kandidat im Bewerbungsgespräch nur äußerst selten an den Gehaltswünschen scheitert. Im grundsätzlichen Einvernehmen über die Eignung lässt sich fast immer eine Lösung finden, die für beide Seiten akzeptabel ist. Dies können vertraglich vereinbarte Erhöhungen des Gehaltes nach der Probezeit sein oder Zusatzleistungen, wie die private Nutzung von Dienstwagen oder die Übernahme von Weiterbildungskosten.

Verschiedene Lösungsmöglichkeiten

Wichtig dabei ist: Nur was schriftlich festgehalten wird, hat später auch Bestand. Lassen Sie sich auf keinen Fall mit der Floskel »Wenn Sie sich in unserer Firma bewähren, werden wir nach der Probezeit neu verhandeln« abspeisen.

Argumentieren Sie bei Gehaltsverhandlungen – wie im gesamten Bewerbungsverfahren – aus der Sicht der Firma. Verweisen Sie auf spezielle Anforderungen der ausgeschriebenen Position, die gerade Sie mit Ihren Kenntnissen und Fähigkeiten erfüllen. Branchenerfahrung, sofort einsetzbares Wissen und Spezialkenntnisse können Ihr neues Einkommen erhöhen.

Beispiel

Taktisch verhandeln

Wenn man Ihnen am Ende des Vorstellungsgespräches mitteilt: »Die von Ihnen geforderten 46 000 Euro Jahresgehalt können wir Ihnen beim besten Willen nicht zahlen«, sollten Sie dies als Möglichkeit sehen, Ihren Nutzen für die Firma noch einmal darzustellen. Sie haben von der Gegenseite soeben ein Kaufsignal erhalten. Es geht jetzt darum, die Unsicherheit auf Seiten des neuen Arbeitgebers abzubauen.

Zum Beispiel könnten Sie sagen: »Ich verfüge über umfassende Branchenerfahrungen, habe bei meinem bisherigen Arbeitgeber Großkunden betreut und die Zahl der Verkaufsabschlüsse in den letzten beiden Jahren jeweils um 25 Prozent steigern können. Die umfassende Kundenbetreuung in der neuen Position erfordert mehr Reisetätigkeit von mir. Ich glaube, dass ein Jahresgehalt von 46 000 Euro meine Berufs- und Branchenerfahrung angemessen honoriert.«

Ein wesentlicher Teil der Gehaltsverhandlung ist Ihre Einordnung in das bestehende Gehaltsgefüge der Firma durch den Personalverantwortlichen. Ihr Einstiegsgehalt muss zu den Gehältern Ihrer zukünftigen Kollegen in einer vertretbaren Relation stehen. Sie selbst brauchen diese Einordnung nicht zu leisten, aber Sie müssen Ihrem Gesprächspartner auf der Firmenseite Argumente liefern, damit er Ihre Gehaltswünsche gegenüber anderen Entscheidungsträgern rechtfertigen kann.

Ihr individuelles Profil stärkt Ihre Verhandlungsposition

Je klarer Sie daher im Gespräch herausarbeiten, was Sie von anderen Mitbewerbern positiv abhebt, desto stärker ist Ihre Verhandlungsposition.

Vergegenwärtigen Sie sich Ihre Ergebnisse aus Kapitel 10: Wie hoch ist Ihr Wunschgehalt? Welche geldwerten Leistungen sind mit einzurechnen?

☑ *Checkliste für Gehaltsverhandlungen*

- ☐ Haben Sie bei der Ermittlung Ihres derzeitigen Gehaltes sämtliche geldwerten Vorteile mit einbezogen (Weihnachtsgeld, Urlaubsgeld, Firmenwagen, Reisekostenvergütungen, ausbezahlte Überstunden, Weiterbildungskosten et cetera)?
- ☐ Haben Sie mit eingerechnet, ob durch den neuen Job höhere Kosten auf Sie zukommen (Miete, Umzug, Wegfall des Einkommens des Partners, Fahrtkosten)?
- ☐ Haben Sie sich über den Gehaltsrahmen informiert, der für die von Ihnen angestrebte Position üblich ist?
- ☐ Liegt Ihr Gehaltswunsch rund 15 Prozent über dem, was Sie nun verdienen?
- ☐ Argumentieren Sie mit Brutto-Jahresgehältern?

35
Problematische Bewerbungen

Für so genannte problematische Bewerbungen gelten im Vorstellungsgespräch zusätzliche Anforderungen, die oft unausgesprochen bleiben. Diese Anforderungen müssen berücksichtigt werden, wenn sich diese Bewerber im Gespräch durchsetzen wollen. In diesem Kapitel erläutern wir, wie sich Vorurteile entkräften lassen.

Brüche gehören dazu

Kein Mensch hat eine geradlinig verlaufende berufliche Erfolgsstory vorzuweisen. Jeder muss Brüche erklären oder umbenennen. Bei manchen Bewerbern sind diese Brüche jedoch deutlich größer. Deren Bewerbungen nennt man problematische Bewerbungen. Personalverantwortliche unterteilen sie in folgende Gruppen:

- Arbeitslose (Bewerber, deren letztes Arbeitsverhältnis mehr als sechs Monate zurückliegt)
- Wiedereinsteiger (zum Beispiel Frauen nach der Kinderpause oder Bewerber, die eine Fort- und Weiterbildungsmaßnahme durchlaufen haben)
- 40-plus-Bewerber (Bewerber, die älter als 40 Jahre sind)
- Dauerwechsler (Bewerber, die in fünf Jahren mehr als drei Arbeitgeber hatten)

Für alle diese Bewerber gilt, dass sie – vorausgesetzt, sie verfügen über die vom neuen Arbeitgeber verlangten fachlichen Kenntnisse und persönlichen Fähigkeiten – prinzipiell die gleichen Chancen wie andere Bewerber haben. Allerdings wird man ihnen im Vorstellungsgespräch spezielle Fragen stellen, um ihre Leistungsbereitschaft und die Motivation ihrer Bewerbung genauer zu hinterfragen.

Optimieren Sie deshalb Ihr Antwortverhalten. Kontrollieren Sie Ihre Kommunikation auf Abschweifungen und überlange Antworten. Trainieren Sie,

Bringen Sie Belege für Ihre Kenntnisse

gegebenenfalls kürzer und knapper zu antworten, wecken Sie dabei aber das Interesse des Gesprächspartners durch konkrete Belege für die von Ihnen verlangten fachlichen Kenntnisse und persönlichen Fähigkeiten. So kann die andere Seite Ihre Kompetenzen erkennen und hat die Möglichkeit, gezielt nachzufragen.

Entkräften Sie Vorurteile

Seien Sie ehrlich: Würden Sie jemanden einstellen, der

- zum Stillstand gekommen ist,
- sich nicht mehr weiterentwickelt,
- frustriert ist und innerlich gekündigt hat,
- Erfolgserlebnisse im Freizeitbereich sucht,
- keine Ziele mehr hat?

Wir erleben in unserer Beratungspraxis immer wieder, dass viele Bewerber ganz unabsichtlich im Vorstellungsgespräch diesen Eindruck erwecken. Dieser negative Eindruck entsteht durch ein Zusammenwirken von ungeschickten Formulierungen des Bewerbers und von Vorurteilen der Personalverantwortlichen.

Stellen Sie Ihre Motivation und Ihre Leistungsfähigkeit heraus

Wichtig für Personalverantwortliche ist es, Ihre Leistungsfähigkeit und Ihre Arbeitsmotivation festzustellen. Bei der Einschätzung dieser beiden Punkte treffen Sie natürlich auf gewisse Vorurteile Ihnen gegenüber. Sehen Sie die Situation Vorstellungsgespräch einmal aus der Sicht derjenigen, die Sie beurteilen wollen:

- »Ist er in seinem bisherigen Arbeitsumfeld kaltgestellt worden?«
- »Kann sie sich an den neuen Kollegenkreis gewöhnen?«
- »Ist er vom langen Berufsleben ausgebrannt?«
- »Bringt sie noch die Leistung, die ich von einer Jüngeren erwarten kann?«
- »Gehen mit zunehmendem Alter auch zunehmende Fehlzeiten einher?«
- »Kaufe ich einen theorieblinden Praktiker ein?«
- »Wechselt sie, um eine neue Herausforderung zu suchen oder weil sie mit den Anforderungen ihrer bisherigen Stelle nicht mehr zurechtkommt?«

Sie müssen damit rechnen, dass Personalverantwortliche Ihnen gegenüber bestimmte Vorurteile hegen. Durch eine gute inhaltliche Ausgestaltung Ihrer Selbstpräsentation entkräften Sie jedoch Fehleinschätzungen zu Ihrer Person. Im Bewerbungsgespräch wird man Sie mit tiefer gehenden Fragen zu den problematisch erscheinenden Abschnitten in Ihrem Berufsweg konfrontieren. Vergessen Sie nicht, dass auch hier die Zielrichtung ist, zu überprüfen, wie stressresistent Sie sind und inwieweit Sie sich mit sich selbst auseinander gesetzt haben.

Zeigen Sie sich aktiv!

Für problematische Bewerbungen gilt noch mehr als für andere: Die aktive Einflussnahme des Bewerbers auf seine berufliche und persönliche Entwicklung muss herausgestellt werden. Um zu überzeugen, müssen Sie Ihre berufliche Weiterentwicklung in den Vordergrund stellen, beispielsweise durch die Übernahme neuer Verantwortungsbereiche, neuer Aufgaben, die Leitung von Projekten, ehrenamtliches Engagement und berufliche Erfolge. Formulieren Sie so, dass erkennbar wird, dass Sie Ihrer beruflichen Entwicklung immer wieder neue Impulse gegeben haben. Verdeutlichen Sie, wie Sie sich ständig neue Ziele gesetzt haben und durch welche Maßnahmen Sie diese Ziele erreicht haben.

Das Vorstellungsgespräch bei problematischen Bewerbungen

Überzeugen Sie durch eine optimale Selbstpräsentation im Vorstellungsgespräch: Ihr Marketing in eigener Sache gilt als Arbeitsprobe. Sie zeigen durch eine gut aufbereitete Präsentation, dass Sie ein Mensch sind, der bei neuen Herausforderungen geistig »am Ball bleibt«.

Beispiel

Die PR-Assistentin nach der Erziehungszeit

Eine Wiedereinsteigerin verpasst im Vorstellungsgespräch die Chance, Personalverantwortliche für sich einzunehmen, wenn sie auf die Frage »Was reizt Sie an der ausgeschriebenen Position?« antwortet: »Ich war ja schon einmal PR-Assistentin. Dann kamen die Kinder, und ich musste aufhören. Jetzt kann ich wieder anfangen, aber ich muss mich erst einmal orientieren.«

Als Antwort wäre besser geeignet: »Die Zusammenarbeit mit Agenturen ist mir vertraut. Wie man Unternehmenspolitik so aufbereitet, dass eine positive Resonanz in der Presse entsteht, weiß ich aus meiner beruflichen Erfahrung. Das Internet bietet zusätzliche Möglichkeiten der Unternehmensdarstellung. Diese Möglichkeiten möchte ich für Sie nutzen.«

Zeigen Sie, wie Sie Ziele erreichen

Zeigen Sie im Vorstellungsgespräch anhand konkreter Beispiele, dass Sie ein Mensch sind, der sowohl bei der eigenen beruflichen Entwicklung als auch bei Aufgabenstellungen am Arbeitsplatz von sich aus aktiv wird. Machen Sie Ihre bisherige Entwicklung deutlich. Stellen Sie dar, welche Ziele Sie sich gesetzt haben, und verdeutlichen Sie, mit welchen Maßnahmen, beispielsweise Weiterbildungen, Sie diese Ziele erreicht haben.

Beispiel

Der arbeitslose Energietechniker

Einem arbeitslosen Energietechniker, der für einen Energiekonzern im Außendienst tätig werden wollte, wurde diese Frage gestellt: »Glauben Sie, dass Sie noch den Anschluss an aktuelle Entwicklungen in Ihrem Berufsfeld finden?« Seine Antwort überzeugte nicht: »Mit vierzig gehört man ja heute schon zum alten Eisen. Dabei haben wir Älteren doch auch unsere Vorzüge. Wenn die Entwicklung auch weitergegangen ist, bin ich doch immer noch ein Mann aus der Praxis.«

Er hätte seine Qualifikationen konkreter darstellen müssen, etwa so: »Nachdem ich einige Zeit als Energietechniker gearbeitet habe, wollte ich mehr Beratung direkt beim Kunden leisten. Ich habe dann eine Stelle im Außendienst gesucht. Um Kunden umfassend beraten zu können, habe ich eine kaufmännische Weiterbildung gemacht. Die Liberalisierung des Strommarktes ist für mich eine gute Gelegenheit, meine kaufmännischen Kenntnisse und meine Erfahrungen als Energietechniker in der Beratung von Stromkunden einzusetzen.«

Zeigen Sie auf, dass Ihre persönlichen Fähigkeiten Ihnen bei der Bearbeitung fachlicher Aufgaben geholfen haben. Stellen Sie Ihre persönlichen Stärken genauso heraus wie Ihre fachlichen Kenntnisse. Machen Sie deutlich, dass Sie bisher erfolgreich gearbeitet haben und dies auch in Zukunft tun werden.

Beispiel

Die häufig wechselnde Pharmareferentin

Eine Bewerberin, die in relativ kurzer Zeit viermal den Arbeitgeber gewechselt hatte, wurde mit der Frage konfrontiert: »Warum haben Sie so oft den Arbeitsplatz gewechselt?« Bei der Antwort stellte sie jedoch nur ihre Berufsbezeichnung in den Vordergrund: »Als staatlich geprüfte Pharmareferentin konnte ich mir meine Arbeitgeber aussuchen. Es war für mich nicht so wichtig, für wen ich gerade tätig war.«

Um ihre persönlichen Stärken zu verdeutlichen, hätte sie besser so geantwortet: »Meine Stärke ist, dass ich mich immer schnell in die neue Produktpalette einarbeiten kann. Auch zu meinen Kunden habe ich schnell einen guten Draht entwickelt, so konnte ich erfolgreich für meine Arbeitgeber tätig sein. Ich habe mich nie auf einer Position ausgeruht, für mich war es immer wichtig, Verkaufserfolge zu erzielen.«

Präzisieren Sie Ihre Erfahrungen

Je mehr berufliche Erfahrung Sie gesammelt haben, desto präziser müssen Sie Ihre Bewerbung aufbereiten. Die zentrale Frage »Was haben Ihre bisherigen beruflichen Erfahrungen mit der ausgeschriebenen Position zu tun?« muss von Ihnen schlüssig beantwortet werden.

Beispiel

Der 40-plus-Außendienstmitarbeiter

Ein 48-jähriger Außendienstmitarbeiter, der schon für viele Firmen tätig gewesen ist, bewirbt sich bei einem Werbemittelversand. Die Frage: »Wie wollen Sie Ihre Erfahrungen für uns einsetzen?« beantwortet er leider so: »Ich bin ja viel rumgekommen und habe schon in viele Branchen reingerochen. Vertrieb ist Vertrieb, das kann man, oder man kann es nicht. Mir kann man nichts mehr vormachen, geben Sie mir ein Produkt, ich verkaufe es.«

Um seine bisherige Berufserfahrung für die neue Stelle gezielt aufzubereiten, hätte er besser so formuliert: »Bei meinen bisherigen Tätigkeiten im Vertrieb gehörten Werbemittel für mich zum täglichen Handwerkszeug. Beim Einsatz von Werbemitteln muss man die Gegebenheiten beim Kunden im Blick haben, damit der optimale Werbeeffekt entsteht. Diese Erfahrung würde ich gerne Ihren Kunden vermitteln und so Ihre Produkte verkaufen.«

Sie sehen an unseren Beispielen, dass eine gut vorbereitete und auf den Punkt gebrachte Selbstpräsentation der beste Weg ist, um bestehende Vorurteile bei Personalverantwortlichen auszuräumen. Sie brauchen konkrete Belege für bisherige berufliche Erfolge, und Sie müssen in der Lage sein, Ihre Berufserfahrung auf die neue Stelle zuzuschneiden.

Ein Hauptfehler bei vielen Bewerbern ist immer wieder, dass sie vorwiegend negative Erlebnisse thematisieren. Aufgrund der Brüche in der beruflichen Entwicklung ist dies zwar verständlich, bringt Sie aber dem Ziel, einen neuen Arbeitsvertrag angeboten zu bekommen, auf keinen Fall näher. Damit bei Personalverantwortlichen im Bewerbungsgespräch keine Vorurteile hochgespült werden, müssen Sie – ganz besonders bei problematischen Bewerbungen – Selbstanklagen, Schuldzuweisungen an andere und eine Vergangenheitsfixierung unbedingt vermeiden. Positive Formulierungen zeigen, dass Sie fest mit beiden Beinen im Berufsleben stehen und erfolgsorientiert sind.

Sicherheit durch Ihre Selbstpräsentation

Übung

Fragen bei problematischen Bewerbungen

Beantworten Sie die zu Ihrer momentanen Situation passenden Fragen. Gehen Sie nicht auf Unterstellungen ein. Verzichten Sie auf die Darstellung von Problemen, Konflikten und Fehlentwicklungen. Stellen Sie Ihre Stärken heraus, benennen Sie konkrete berufliche Erfolge. Beziehen Sie sich in Ihren Antworten auf die Anforderungen der ausgeschriebenen Stelle.

Übung

Fragen an Arbeitslose

»Bedeutet diese Stelle nicht einen beruflichen Abstieg für Sie?«

Negative Antwort: »Ich bin jetzt so weit, dass ich alles nehme, was mir angeboten wird.«

Positive Antwort: »Für mich ist es wichtig, meine berufliche Entwicklung fortzusetzen. Die Gelegenheit, mich in einer neuen Stelle zu beweisen, steht für mich im Vordergrund.«

Ihre Antwort: ....

....

....

»Würden Sie sich selber einstellen?«

Negative Antwort: »Wenn ich ehrlich bin, nein.«

Positive Antwort: »Wenn ich eine berufliche Position zu vergeben hätte, in der ich meine Fähigkeiten nutzbringend einsetzen kann, ja. So habe ich bisher in meiner Tätigkeit als ....« [Denken Sie an Ihre Selbstpräsentation.]

Ihre Antwort: ....

....

....

»Sind Sie nicht überqualifiziert für diese Position?«

Negative Antwort: »Das stimmt, aber wenn ich erst mal wieder im Beruf bin, kann ich mir dann ja was Besseres suchen.«

Positive Antwort: »Für mich steht die Aufgabe im Vordergrund. Ich möchte die beruflichen Aufgabenstellungen lösen, die mein neues Tätigkeitsfeld mit sich bringt. Auch in meiner letzten Tätigkeit habe ich neben anderen Aufgaben die Tätigkeiten ... ausgeführt.«

Ihre Antwort: ....

....

....

»Was tun Sie, wenn Sie diese Stelle nicht bekommen?«

Negative Antwort: »Dann weiß ich, dass es sowieso alles keinen Sinn hat.«

Positive Antwort: »Ich befinde mich in der aktiven Bewerbungsphase. Auf einige Bewerbungen habe ich bisher noch keine Rückmeldungen erhalten. Ich werde mich weiter bewerben und die Gelegenheiten wahrnehmen, in Vorstellungsgesprächen mein berufliches Profil darzustellen.«

Ihre Antwort: . . . .

. . . .

. . . .

»Werden Sie sich noch einmal beruflich umorientieren?«

Negative Antwort: »Kann schon sein.«

Positive Antwort: »Ich möchte in einer Position arbeiten, in der ich meine Erfahrungen und Qualifikationen einbringen kann. Selbstverständlich möchte ich mich aber auch weiterentwickeln und weiterbilden. Ich glaube, dass das innerhalb meines Berufsfeldes möglich ist.«

Ihre Antwort: . . . .

. . . .

. . . .

»Könnten Sie auf das Berufsleben verzichten, wenn Sie finanziell abgesichert wären?«

Negative Antwort: »Da können Sie sicher sein.«

Positive Antwort: »Nein. Ich finde, dass die finanzielle Seite nur eine Seite des Berufslebens ist. Zur Berufstätigkeit gehört ja auch, sich mit anderen Menschen auseinander zu setzen, Ziele zu erreichen und sich dadurch zu motivieren.«

Ihre Antwort: . . . .

. . . .

. . . .

»Können Sie sich überhaupt noch für den Berufsalltag motivieren?«

Negative Antwort: »Ich glaube, dass jetzt eine große Umstellung auf mich zukommt.«

Positive Antwort: »Mich hat die ganze Zeit die Aussicht auf den Wiedereinstieg in den Berufsalltag motiviert. Ich arbeite gerne.«

Ihre Antwort: . . . .

. . . .

. . . .

»Warum waren Sie so lange arbeitslos?«

Negative Antwort: »Es waren halt schwierige Umstände, und wenn man erst einmal draußen ist, wird es immer schwerer, wieder Arbeit zu finden.«

Positive Antwort: »Ich hätte mir auch eine frühere Rückkehr ins Berufsleben gewünscht. Leider war es eine Zeit lang nicht möglich, eine Stelle zu finden, in der meine bisherige Berufserfahrung gefragt gewesen wäre.«

Ihre Antwort: . . . .

. . . .

. . . .

Übung

Fragen an Wiedereinsteiger: Mütter

»Wie wollen Sie Ihre Arbeit bei uns erledigen, wenn Ihr Kind krank wird?«

Negative Antwort: »Ich hoffe in diesem Fall auf Ihre Unterstützung. Schließlich kann ich mein Kind ja nicht einfach krank zu Hause liegen lassen.«

Positive Antwort: »Ich habe mir darüber auch schon Gedanken gemacht und für diesen Fall eine Möglichkeit der Betreuung meines Kindes organisiert, sodass ich auf jeden Fall meine Arbeitsaufgaben wahrnehmen kann.«

Ihre Antwort: . . . .

. . . .

. . . .

»Was haben Sie während der letzten Jahre getan, um beruflich am Ball zu bleiben?«

Negative Antwort: »Hören Sie mal, Kindererziehung ist schließlich ein Fulltime-Job.«

Positive Antwort: »Ich habe ausgewählte Seminare und Kurse besucht, zum Beispiel Computerkurse für Textverarbeitung und Tabellenkalkulation und Sprachkurse. Daneben habe ich in meinem Arbeitsgebiet Urlaubsvertretungen gemacht.«

Ihre Antwort: . . . .

. . . .

. . . .

»Glauben Sie nicht, dass Sie den Anschluss an aktuelle Entwicklungen in Ihrem Berufsfeld verpasst haben?«

Negative Antwort: »Ich weiß gar nichts von aktuellen Entwicklungen, hat sich denn etwas geändert?«

Positive Antwort: »Ich habe mich durch Gespräche, die Presse und Fachveröffentlichungen immer über Entwicklungen informiert. Daneben habe ich Fachbücher gelesen und mich so auf dem Laufenden gehalten.«

Ihre Antwort: . . . .

. . . .

. . . .

»Welche spezielle Unterstützung brauchen Sie in der Einarbeitungsphase?«

Negative Antwort: »Ich bin schon so lange raus aus dem Berufsleben, dass ich erst wieder langsam an meine neuen Aufgaben herangeführt werden müsste.«

Positive Antwort: »Nur die übliche Einarbeitung. Ich möchte mich mit den bei Ihnen üblichen Arbeitsabläufen vertraut machen. Beim Einsatz Ihrer Firmensoftware kann ich auf gute Kenntnisse in der Anwendung von Standardsoftware zurückgreifen. Um meine Arbeit gut mit den anderen Mitarbeitern abzustimmen, wäre es schön, wenn ich in der Einarbeitungszeit einen Ansprechpartner hätte.«

Ihre Antwort: . . . .

. . . .

. . . .

»Unterstützt Sie Ihr Partner bei Ihrem Wunsch nach beruflichem Wiedereinstieg?«

Negative Antwort: »Mein Partner ist nicht so begeistert, ich glaube, es wird ihm fehlen, dass ich mich den ganzen Tag um alles kümmern konnte.«

Positive Antwort: »Ich habe vor meiner Bewerbungsphase meine beruflichen Wünsche mit meinem Partner durchgesprochen. Wir sind beide der Meinung, dass mein beruflicher Wiedereinstieg eine gute Sache ist.«

Ihre Antwort: . . . .

. . . .

. . . .

Übung

Fragen an Wiedereinsteiger: nach Fortbildungsmaßnahmen

»Warum haben Sie sich nicht während Ihrer alten Berufstätigkeit, abends und am Wochenende, weitergebildet?«

Negative Antwort: »Das wäre einfach nicht gegangen.«

Positive Antwort: »Bei dem Umfang der Weiterbildung wäre es für mich nicht möglich gewesen, meine beruflichen Aufgaben optimal zu erfüllen. Daher habe ich mich dafür entschieden, eine Vollzeitweiterbildung zu machen.«

Ihre Antwort: . . . .

. . . .

. . . .

»Was hat Ihnen an Ihrer Fortbildungsmaßnahme am meisten gefallen, was am wenigsten?«

Negative Antwort: »Schlecht waren die lustlosen Dozenten und die viel zu theoretischen Inhalte. Gut war, dass das Arbeitsamt wenigstens alle Kosten übernommen hat.«

Positive Antwort: »Sehr gut gefallen hat mir der Theorie-Praxis-Transfer. Ich konnte meine bisherigen beruflichen Erfahrungen einbringen und mich mit aktuellen Entwicklungen in dem von mir angestrebten Tätigkeitsfeld vertraut machen. Das integrierte Praktikum bot mir dann die Möglichkeit, mich ganz konkret auf meine zukünftigen Aufgaben vorzubereiten. Ein wesentlicher Vorteil war auch, dass betriebliche Aufgabenstellungen in Begleitseminaren noch einmal analysiert und durchgesprochen werden konnten, sodass sich sicherlich auch für die Firma ein hoher Nutzen einstellte. Nicht so gut gefallen hat mir, dass einige Teilnehmer eher mäßig motiviert waren.«

Ihre Antwort: . . . .

. . . .

. . . .

»Wie kamen Sie mit den Dozenten und den anderen Teilnehmern aus?«

Negative Antwort: »Ich möchte gar nicht an das, was da menschlich abging, erinnert werden.«

Positive Antwort: »Ich kam mit allen gut aus. Es kommt ja auch darauf an, was man selbst aus der Sache macht. Bei einigen Dozenten musste ich mehr vor- und nachbereiten als bei anderen. Und auch bei den Teilnehmern gab es engagierte und weniger engagierte.«

Ihre Antwort: . . . .

. . . .

. . . .

»Hätten Sie nicht auch ohne die Weiterbildungsmaßnahme eine Arbeit finden können?«

Negative Antwort: »Es war für mich wichtig, mal eine Zeit lang den beruflichen Druck und Stress hinter mir zu lassen.«

Positive Antwort: »Ich hätte sicherlich irgendeine Arbeit finden können. Das wäre dann aber keine Stelle gewesen, in die ich meine Stärken hätte einbringen können. Außerdem wollte ich für meinen neuen Beruf umfassend qualifiziert sein.«

Ihre Antwort: . . . .

. . . .

. . . .

»Welche andere Weiterbildungsmaßnahme wäre für Sie noch infrage gekommen?«

Negative Antwort: »Ich hätte auch etwas anderes genommen, aber mein Berater beim Arbeitsamt hatte nur noch einen Platz in dieser Maßnahme frei.«

Positive Antwort: »Da ich mich für eine Stelle als .... qualifizieren wollte, wäre für mich keine andere Weiterbildungsmaßnahme infrage gekommen.«

Ihre Antwort: ....

....

....

Übung

Fragen an 40-plus-Bewerber

»Sind Sie nicht zu alt für diese Position?«

Negative Antwort: »Nein.«

Positive Antwort: »Die neue Position ist für mich ein sehr interessanter Karriereschritt. Bisher habe ich mich mit den beruflichen Aufgaben ... und ... auseinander gesetzt. Dabei habe ich sehr gute Erfolge erzielt. Diese erfolgreiche Arbeitsweise werde ich auch in der neuen Position einsetzen.«

Ihre Antwort: ....

....

....

»Wie alt muss Ihr Stellvertreter mindestens sein, wie alt darf er höchstens sein?«

Negative Antwort: »Er kann ruhig jünger sein als ich, ich bringe ihm schon alles Wesentliche bei.«

Positive Antwort: »Sein berufliches Profil muss stimmen, denn die Akzeptanz bemisst sich letztendlich doch eher nach den Fähigkeiten als nach dem Alter.«

Ihre Antwort: ....

. . . .

. . . .

»Welche beruflichen Ziele haben Sie noch?«

Negative Antwort: »Ich glaube, dass es für mich nicht mehr viel zu erreichen gibt.«

Positive Antwort: »Mich immer wieder neuen Aufgaben stellen. Ich weiß, dass ich die beruflichen Routineaufgaben auf meinem Gebiet schnell und effektiv lösen kann. Neben dem Tagesgeschäft würde ich auch gerne Sonderaufgaben oder Projektverantwortung übernehmen.«

Ihre Antwort: . . . .

. . . .

. . . .

»Was haben Sie jüngeren Kollegen voraus?«

Negative Antwort: »Lebenserfahrung.«

Positive Antwort: »Das kann ich so pauschal nicht sagen. Für mich war es wichtig und entscheidend, dass ich gemerkt habe, dass ich immer weiter lernen und mich weiterentwickeln muss, um auf der Höhe der Zeit zu bleiben. Berufseinsteigern habe ich sicherlich Branchenerfahrung und Berufspraxis voraus.«

Ihre Antwort: . . . .

. . . .

. . . .

»Was haben Sie für Ihre fachliche Weiterbildung getan?«

Negative Antwort: »In meiner Firma ist mir so etwas nicht angeboten worden und für mich als Privatmensch wären die Seminare viel zu teuer gewesen.«

Positive Antwort: »Ich habe Fachmessen und Tagungen besucht und mir Fachvorträge angehört. Der Kontakt zu anderen Kollegen war mir immer wichtig und natürlich habe ich mich durch Fachbücher und Fachmagazine auf dem Laufenden gehalten.«

Ihre Antwort: . . . .

. . . .

. . . .

Übung

Fragen an Dauerwechsler

»Warum haben Sie Ihre Stellen so oft gewechselt?«

Negative Antwort: »Ich frage mich auch, warum ich mir immer wieder die falschen Arbeitgeber aussuche.«

Positive Antwort: »Ich habe mich immer bemüht, meine Interessen mit den Zielen des Unternehmens in Einklang zu bringen. Dabei war es für mich stets wichtig, die mir zugewiesenen Aufgaben einwandfrei zu erledigen. Bei mir hat sich die Situation ergeben, dass weitere Entwicklungsmöglichkeiten für mich innerhalb der Firma nicht in Sicht waren.«

Ihre Antwort: . . . .

. . . .

. . . .

»Wie kamen Sie mit Ihrem letzten Vorgesetzten aus?«

Negative Antwort: »Mein Vorgesetzter war ein Ausbund an Inkompetenz. Ich habe versucht, das auszugleichen, bin dabei aber immer wieder gegen eine Wand gerannt.«

Positive Antwort: »Wir kamen gut miteinander aus. Es gibt sicherlich auch einmal Differenzen, aber wenn beide es wollen, findet man immer einen Lösungsweg.«

Ihre Antwort: . . . .

. . . .

. . . .

»Welche Eigenschaften stören Sie an anderen Menschen am meisten?«

Negative Antwort: »Ich habe manchmal den Eindruck, dass mich viele Leute absichtlich ärgern wollen. Es stört mich besonders, wenn Leute meine Vorschläge nicht gleich begreifen und meinen Anweisungen nicht folgen wollen.«

Positive Antwort: »Ich erwarte von mir, dass ich mit anderen Menschen gut auskomme. Es stört mich manchmal, wenn bei einzelnen Menschen oder auch bei Gruppen ein allgemeiner Jammerzustand einsetzt und keine Bereitschaft mehr da ist, sich für gemeinsame Ziele einzusetzen.«

Ihre Antwort: . . . .

. . . .

. . . .

»Wie lange werden Sie bei uns bleiben?«

Negative Antwort: »Aufgrund meiner schlechten Erfahrungen bin ich da mit meiner Prognose lieber zurückhaltend.«

Positive Antwort: »Solange die Firma meine Arbeitskraft benötigt.«

Ihre Antwort: . . . .

. . . .

. . . .

☑ *Checkliste* *für problematische Bewerbungen*

- ☐ Können Sie konkrete Belege für die von Ihnen verlangten fachlichen Kenntnisse und persönlichen Fähigkeiten liefern?
- ☐ Können Sie Ihre Leistungsfähigkeit und Ihre Motivation mit Beispielen darlegen?
- ☐ Können Sie zeigen, dass Sie aktiv Einfluss auf Ihre berufliche und persönliche Entwicklung genommen haben?
- ☐ Stellen Sie Ihre berufliche Weiterentwicklung in den Vordergrund?
- ☐ Ist erkennbar, dass Sie Ihrer beruflichen Entwicklung immer wieder neue Impulse gegeben haben?
- ☐ Zeigen Sie, dass Sie sich immer wieder neue Ziele gesetzt haben, und belegen Sie, wie Sie diese Ziele erreicht haben?
- ☐ Zeigen Sie anhand konkreter Beispiele, dass Sie sowohl bei der eigenen beruflichen Entwicklung als auch bei Aufgabenstellungen am Arbeitsplatz von sich aus aktiv werden?
- ☐ Machen Sie deutlich, dass Sie bisher erfolgreich gearbeitet haben und dies auch in Zukunft tun werden?
- ☐ Vermeiden Sie die Fixierung auf Probleme und Schwierigkeiten?

36
Wie geht es weiter nach dem Gespräch?

Mit dem Vorstellungsgespräch allein ist es noch nicht getan. Auch nach dem Gespräch müssen Sie aktiv bleiben. Was nach dem Gespräch auf Sie zukommt und wie Sie souverän damit umgehen, erläutern wir Ihnen in diesem Kapitel.

Vorstellungsgespräch auswerten

Nachdem Sie nun die erste Runde des persönlichen Kennenlernens hinter sich gebracht haben, ist es an der Zeit, in Ruhe eine erste Zwischenbilanz zu ziehen. Spielen Sie das Gespräch noch einmal in Gedanken durch und werten Sie es aus. Können Sie sich – auch nach dem ersten Vorstellungsgespräch – vorstellen, in der neuen Firma zu arbeiten?

Ihre Zwischenbilanz

Wägen Sie gründlich ab

Treffen Sie Ihre Entscheidung nicht voreilig und allein »aus dem Bauch« heraus. Gehen Sie stattdessen das Vorstellungsgespräch noch einmal in Gedanken vom Anfang bis zum Ende durch und werten Sie es Punkt für Punkt aus. Wägen Sie gründlich alle Argumente ab, die für oder gegen eine Einstellung sprechen. Den perfekten Arbeitsplatz gibt es leider nur sehr selten: Wir alle müssen mit dem einen oder anderen Kompromiss leben. Überlegen Sie sich daher genau, womit Sie zufrieden sind, wo Sie Zugeständnisse machen könnten und wo Sie auf gar keinen Fall einen Kompromiss eingehen möchten. Stellen Sie sich aus diesem Grund die Fragen aus unserer Übersicht 23 und ergänzen Sie sie durch eigene.

Übersicht 23:
Entscheidungsfindung

- Komme ich mit den Aufgaben klar, die im Mittelpunkt der neuen Stelle stehen?
- In welchen Bereichen werde ich in der neuen Stelle Schwierigkeiten haben?
- Welche von mir favorisierten Aufgaben werde ich auch in der neuen Stelle wahrnehmen?
- Wer wird mir bei der Einarbeitung zur Seite stehen?
- Finde ich einen guten Draht zu den Kollegen, die ich bisher kennen gelernt habe?
- Könnte ich mit der neuen Chefin leben?
- Wie wirkt die Firmenstimmung auf mich (anregend, depressiv, konservativ, kreativ)?
- Ist die Bezahlung in Ordnung?
- Kann ich mich mit den Produkten oder Dienstleistungen der neuen Firma identifizieren?
- Kann ich mich in der neuen Stelle weiterentwickeln?
- Werde ich im neuen Job meinen Fähigkeiten entsprechend eingesetzt?

Welche Kompromisse wollen Sie eingehen

Bei Ihrer Entscheidungsfindung spielt es natürlich auch eine Rolle, wie dringend Sie auf den neuen Arbeitsplatz angewiesen sind. Ein junger, räumlich mobiler Single mit einigen Jahren Berufserfahrung kann sicherlich anders an die Entscheidung herangehen als ein in seiner Region verwurzelter Familienvater, der noch die Raten fürs Reihenhäuschen abbezahlen muss. Dennoch lehrt die Erfahrung, dass Menschen sich nur bis zu einem gewissen Grad »verbiegen« können. Wenn absehbar ist, dass man mit den Kollegen überhaupt nicht warm werden wird oder sogar Streit vorprogrammiert ist, sollte man diese Warnsignale nicht ignorieren.

Aber auch der umgekehrte, positive Fall ist denkbar: Sie sind nach dem Vorstellungsgespräch regelrecht begeistert von den Aussichten, die die neue Stelle bietet. Dann sollten Sie Ihre positive Einschätzung auch der Firmenseite mitteilen. Schreiben Sie eine kurze E-Mail oder einen knappen Brief an

Ihren Ansprechpartner und betonen Sie darin zwei oder drei wesentliche Argumente, die aus Ihrer Sicht besonders für Sie sprechen.

Die E-Mail könnte beispielsweise so aussehen: »Sehr geehrter Herr Backhaus, ich möchte mich noch einmal für das produktive Gespräch mit Ihnen bedanken. Besonders angesprochen an der neuen Stelle hat mich die Möglichkeit, auch zukünftig Projektverantwortung zu übernehmen. Darüber hinaus kann ich auch meine Branchenkenntnisse optimal in die Stelle einbringen. Daher würde ich mich freuen, von Ihnen eine positive Nachricht zu bekommen.«

Eine solche E-Mail signalisiert dem angeschriebenen Firmenvertreter, dass Sie es mit Ihrer Bewerbung ernst meinen.

Was passiert im zweiten Vorstellungsgespräch?

Mit einem Vorstellungsgespräch allein ist es oft nicht getan. Beim ersten Gespräch wird vorrangig die Entscheidung getroffen, ob der Bewerber überhaupt als für die Stelle geeignet erscheint. Zu diesen Bedingungen kann die Bereitschaft zur Reisetätigkeit, zur Schichtarbeit, zur Möglichkeit der Teilzeitbeschäftigung und zu einer befristeten Anstellung gehören. Auch die Gehaltsvorstellungen von Bewerber und Firma werden im Groben geklärt. Einzelheiten, die den späteren Arbeitsvertrag betreffen, werden meistens ausgeklammert.

Überzeugen Sie auch beim zweiten Gespräch

Kommt es dann zu einem zweiten Vorstellungsgespräch, sollten die Bewerber nicht in den Irrglauben verfallen, dass diese zweite Runde ein Selbstläufer ist. Denn im zweiten Vorstellungsgespräch können neue Personen auftauchen – beispielsweise der direkte Fachvorgesetzte, der Bereichsleiter oder auch der Geschäftsführer, der sich die letztendliche Entscheidung vorbehalten möchte. Es gilt die Regel, dass jeder am Entscheidungsprozess Beteiligte neu überzeugt werden muss. Insbesondere Ihre Einstellungsargumente müssen Sie deshalb ein weiteres Mal präsentieren.

Das ist neu: Sie müssen auch im zweiten Gespräch Ihren konkreten Nutzen für die Firma herausstreichen. Sprechen Sie vor allem die neu hinzugekommenen Firmenvertreter an – der Personalverantwortliche wird sich nicht zum Anwalt Ihrer Sache machen.

Lassen Sie deshalb die Argumente, die für Ihre Einstellung sprechen, nicht unter den Tisch fallen, nur weil Sie sie im ersten Gespräch gegenüber dem Personalverantwortlichen bereits genannt haben. Bedenken Sie, dass Sie alle Entscheider auf den gleichen Informationsstand bringen müssen.

Wiederholen Sie ruhig Ihre Argumente

Natürlich spielen auch Gehaltsfragen, Urlaubsregelungen, Arbeitszeiten, Provisionen, Dienstwagennutzung, Zusatzversicherungen und Betriebsrenten im zweiten Vorstellungsgespräch eine Rolle. Klären Sie diese Punkte aber lieber im letzten Drittel des Gespräches, und nicht direkt am Anfang.

Fassen Sie das zweite Vorstellungsgespräch als Überprüfung der Ergebnisse aus der ersten Runde auf. Die Firmenvertreter werden daran interessiert sein, ob Sie auch im zweiten Gespräch bei Ihrer Linie bleiben. Deshalb wird man auch die Aufzeichnungen des ersten Vorstellungsgespräches heranziehen und Ihnen Kontrollfragen stellen: Man will wissen, ob das gute Abschneiden im ersten Gespräch nur ein Zufall war oder ob Sie tatsächlich so gut sind.

Aber auch Sie können sich im zweiten Vorstellungsgespräch auf das erste beziehen. Machen Sie deutlich, dass Sie sich im Anschluss an das erste Kennenlernen eigene Gedanken gemacht haben, und betonen Sie, welche Aspekte Sie besonders angesprochen haben. Stellen Sie heraus, dass Sie wirklich eine bewusste Entscheidung treffen und gerne zu der neuen Firma wechseln möchten.

Geben Sie sich nach einem gut verlaufenen ersten Vorstellungsgespräch nicht vorschnell dem Siegestaumel hin. Setzen Sie Ihren souveränen Auftritt fort, bis Sie einen von der Firma unterschriebenen Arbeitsvertrag zugesendet bekommen – dann dürfen Sie die Sektkorken knallen lassen!

☑ *Checkliste*
für die Zeit nach dem ersten Vorstellungsgespräch

- ☐ Was denken Sie über die neue Position nach dem ersten Vorstellungsgespräch?
- ☐ Sagt Ihnen die Atmosphäre in der Firma zu? Können Sie sich vorstellen, dort zu arbeiten?
- ☐ Spüren Sie innere Widerstände, wenn Sie daran denken, die neue Stelle zu übernehmen?
- ☐ Müssten Sie sich »verbiegen«, um in der neuen Position zu arbeiten?
- ☐ Können Sie alle Aufgaben der neuen Stelle bewältigen?
- ☐ Können Sie sich vorstellen, mit den neuen Kollegen, der neuen Chefin, dem neuen Chef angenehm zusammenzuarbeiten?
- ☐ Können Sie sich mit der neuen Stelle identifizieren?
- ☐ Ist ein zweites Vorstellungsgespräch angesetzt?
- ☐ Haben Sie sich auf das zweite Vorstellungsgespräch so intensiv vorbereitet wie auf das erste?
- ☐ Wer wird Ihnen im zweiten Vorstellungsgespräch gegenübersitzen?

Teil 6

Das Assessment-Center

37
Arbeitsprobe Assessment-Center

Was ist ein Assessment-Center? Warum wird es bei der Auswahl von Bewerbern eingesetzt? Welche Unternehmen benutzen es? Diese Fragen wollen wir im folgenden Kapitel beantworten. Oft verbergen sich Assessment-Center auch hinter anderen Bezeichnungen. Damit Sie keine unangenehme Überraschung erleben, stellen wir Ihnen Variationen und die dazugehörigen Bezeichnungen vor.

Läuft Ihnen auch ein Schaudern über den Rücken, wenn Sie den Begriff »Assessment-Center« hören? Kaum ein anderes Personalauswahlverfahren löst so heftige Emotionen aus. Dabei handelt es sich eigentlich »nur« um ein Gruppenauswahlverfahren zur Feststellung der beruflichen Eignung von Bewerberinnen und Bewerbern: Unternehmen versuchen, im Assessment-Center berufsnahe Situationen abzubilden; mehrere Kandidaten führen über einen Zeitraum von ein bis zwei Tagen unterschiedliche Übungen durch, die von einem Pool von Beobachtern bewertet werden. Bei der Beurteilung geht es um das konkret sichtbare Verhalten der Kandidaten. Anhand von Bewertungsbögen werden die Ausprägungen der Soft Skills, die vorher für die ausgeschriebene Stelle als zentral definiert wurden, bei den einzelnen Kandidaten erfasst.

Konkret sichtbares Verhalten im Mittelpunkt

Verbreitung und Einsatz von Assessment-Centern

Großunternehmen und öffentlicher Dienst setzen bei der Personalauswahl neben den herkömmlichen Instrumenten wie Analyse der Bewerbungsunterlagen und Vorstellungsgespräche immer häufiger Assessment-Center ein. Oft verstecken sich diese auch hinter anderen Bezeichnungen, beispielsweise:

Unterschiedliche Begriffe für ein Verfahren

- Potenzialanalyse
- Bewerberrunde mit individuellen Gesprächen und berufstypischen Übungen
- Gruppenauswahlverfahren
- Kontakttag
- Karriereworkshop
- Soft-Skill-Assessment
- Bewerberseminar

Verschiedene Versionen von Assessment-Centern

Allen diesen Auswahlverfahren ist gemeinsam, dass die Übungen aus dem in den 60er Jahren entwickelten Assessment-Center die Basis bilden. Zwar wurden die Aufgabenstellungen im Laufe der Zeit modifiziert, die Aufgabentypen sind jedoch die gleichen geblieben. Auch setzen nicht alle Unternehmen sämtliche Übungen ein. Aus Kostengründen wird der ursprünglich vorgesehene Zeitrahmen von zwei Tagen von vielen Unternehmen reduziert. Inzwischen sind eintägige Varianten üblich, es gibt sogar gelegentlich halbtägige Kurzversionen.

Wann Unternehmen Assessment-Center einsetzen, hängt von unterschiedlichen Faktoren ab: Handelt es sich um einen Direkteinstieg oder um ein Trainee-Programm? Sollen die Bewerber in ein Führungsnachwuchsprogramm integriert werden? Handelt es sich um eine Position mit umfangreichem Kundenkontakt? Gibt es genug Bewerber, um ein Assessment-Center durchführen zu können?

Das erwartet Sie

Über Assessment-Center kursieren zahlreiche Gerüchte, Übertreibungen und Vereinfachungen. Die Berichte in den Medien sind oft sehr widersprüchlich und teilweise genauso emotional gefärbt wie Erlebnisberichte aus dem Bekanntenkreis. Sie werden es schwer haben, sich aus solchen Erzählungen ein genaues Bild über den Ablauf eines Assessment-Centers zu machen, das Ihnen eine gezielte Vorbereitung erlaubt.

Auch die Unternehmen werden Sie lange im Dunklen tappen lassen. Meist werden Sie nur eine allgemein formulierte Einladung erhalten, in der

Ihnen mitgeteilt wird, dass Sie sich bitte den ganzen Tag für das Unternehmen freihalten. Informationen über die Übungen, die Sie erwarten, über die Menge der teilnehmenden Kandidaten und über die Anzahl der zu vergebenden Positionen enthält die Einladung in der Regel nicht. Dies wird man Ihnen erst zu Anfang des Assessment-Centers mitteilen.

Einladungen zum Assessment-Center verraten nichts über den Ablauf

Die ursprüngliche Idee, die hinter den Übungen von Assessment-Centern stand, war, typische Aufgabenstellungen aus dem Berufsalltag zu simulieren. Da für ein Assessment-Center in der Regel Bewerber mit unterschiedlichen Branchenschwerpunkten eingeladen werden, versucht man die Aufgaben so allgemein auszugestalten, dass sie von allen Kandidaten bearbeitet werden können. In der folgenden Übersicht 24 haben wir für Sie die häufigsten Übungen, die Sie im Assessment-Center erwarten, zusammengestellt.

Übersicht 24:
Übungen im Assessment-Center

- Selbstpräsentation
- Gruppendiskussionen
  - führerlos oder geführt
  - mit oder ohne Rollenvorgabe
- Interviews
- Rollenspiele
  - Mitarbeitergespräch
  - Kundengespräch
- Fallstudien
- Konstruktionsübungen
- Planspiele
- Vorträge
  - mündliche Themenpräsentation mit anschließender Diskussion
  - vorgegebenes oder selbst gewähltes Thema
- Postkorb
  - mit schriftlicher Ergebnispräsentation
  - mit mündlicher Ergebnispräsentation und Befragung
- Aufsätze

  - schriftliche Themenpräsentation
  - vorgegebenes oder selbst gewähltes Thema
- Tests
- Selbst- und Fremdeinschätzung

Wir stellen Ihnen in diesem Teil des Buches vor, was sich hinter den einzelnen Übungen verbirgt, welche Anforderungen überprüft werden sollen und was Sie bei der Durchführung beachten sollten.

Achten Sie auf »heimliche« Übungen

Neben den offiziellen Übungen werden Ihnen immer auch verdeckte Übungen begegnen, beispielsweise in den Pausen. Diese »heimlichen« Übungen spielen in Assessment-Centern eine nicht zu vernachlässigende Rolle. Sie müssen sich bewusst machen, dass Sie während der gesamten Durchführung, selbst in den »Pausen« unter Beobachtung stehen. Auch dazu haben wir für Sie Tipps und Hinweise in einem eigenen Kapitel aufbereitet.

Die Aufgabenstellungen der einzelnen Übungen werden Ihnen von einem Moderator erläutert. Zusätzlich bekommen Sie zumeist schriftliche Unterlagen ausgehändigt. Die zur Verfügung stehende Vorbereitungszeit wird genau festgelegt. Das Gleiche gilt für die anschließende Dauer der eigentlichen Übungsdurchführung. Den Zeitrahmen müssen Sie auf jeden Fall einhalten.

Bewährung unter Zeitdruck

Um Ihre Flexibilität zu testen, wird der Zeitrahmen gelegentlich während einer Übung verändert. Beispielsweise werden Ihnen 30 Minuten für eine Gruppendiskussion eingeräumt. Nach 10 Minuten wird jedoch der gesamten Gruppe mitgeteilt, dass der Zeitrahmen auf 20 Minuten reduziert wird, Ihnen damit nur noch 10 Minuten zur Ergebnisfindung bleiben. Man will mit dieser Maßnahme testen, ob Sie sich schnell auf neue Situationen einstellen können oder ob der erhöhte Zeitdruck Stress bei Ihnen auslöst.

Beispielhafte Abläufe von Assessment-Centern

Wir haben die folgenden beiden Assessment-Center als Beispiele für Sie ausgewählt, weil der Ablauf und die Auswahl der Übungen Sie damit vertraut machen, was Bewerber üblicherweise erwartet.

Noch ein Hinweis: Unternehmen verändern den Ablauf und die Übungen gelegentlich, insbesondere nach Veröffentlichungen. Erhalten Sie daher von den hier aufgeführten Unternehmen eine Einladung zum Assessment-Center, so können Sie nicht davon ausgehen, dass die Übungen noch identisch mit den hier vorgestellten sind. Sie sind jedoch bestens gewappnet, wenn Sie im weiteren Verlauf unsere Ausführungen, Tipps und Ratschläge zu den einzelnen Übungen studiert und trainiert haben.

Darauf müssen Sie sich einstellen

Beispiel

Jungheinrich AG

- *Position:* Trainee-Programm
- *Dauer:* ganztägig
- Zwölf Teilnehmer, sechs Beobachter aus den Fachabteilungen, ein Moderator mit Assistentin

Begrüßung 30 Minuten Begrüßung, Vorstellung des Trainee-Programms. 60 Minuten Präsentation des Unternehmens, Vorstellung der Beobachter, Überblick über den Tagesablauf, Beantwortung von Bewerberfragen

Vorstellungsrunde 15 Minuten Vorbereitungszeit, Bildung von Kandidatenpaaren, pro Teilnehmer 5 Minuten Partnervorstellung

Gruppendiskussion Zehn Minuten Vorbereitungszeit, 20 Minuten Dauer, Thema: Erfolgsfaktoren für den Führungsnachwuchs

Pause 15 Minuten

Aufteilung der Kandidaten in zwei Gruppen

Gruppe 1 60 Minuten, Bearbeitung von Unterlagen zu einer Fallstudie

Gruppe 2 60 Minuten, Interviews, jeweils ein Beobachter und ein Kandidat

Mittagessen 45 Minuten gemeinsames Mittagessen in der Kantine

Wechsel der Aufgabenstellungen für die Gruppen

Gruppe 1 60 Minuten, Interviews, jeweils ein Beobachter und ein Kandidat

Gruppe 2 60 Minuten, Bearbeitung von Unterlagen zu einer Fallstudie

Pause 15 Minuten

Vortrag zur Fallstudie 30 Minuten Vorbereitung der Ergebnispräsentation, 7 Minuten Vortrag der Ergebnisse

Feedback-Runde 30 Minuten

Verabschiedung

Beispiel

MLP Finanzdienstleistungen AG

- *Position:* MLP Berater (Finanzdienstleistungen)
- *Dauer:* ganztägig
- 48 Teilnehmer, 12 Beobachter, aufgeteilt in Gruppen zu je acht Teilnehmern und zwei Beobachtern

Kurze Begrüßung

Selbstpräsentation Keine Vorbereitungszeit, Präsentationszeit freigestellt, Medieneinsatz erwünscht

Gruppendiskussion 10 Minuten Vorbereitungszeit, 19 Minuten Gruppendiskussion, Thema: »Entwerfen Sie ein Beraterprofil für eine Stellenanzeige«. Abbruch nach genau 19 Minuten.

Vortrag 5 Minuten Präsentation des Diskussionsergebnisses

Rollenspiele Keine Vorbereitungszeit, 5 Minuten Gesprächsdauer, Kundengespräche, Themen u. a. Verkauf einer Kreditkarte an einen Mönch, Verkauf eines Wirtschaftsmagazins an einen Tankstellenpächter, Verkauf eines Rhetorikkurses an einen MLP-Geschäftsstellenleiter

Mittagspause

Knock-out-Assessment-Center Alle Kandidaten, die nicht einen vorher festgelegten Bewertungsschnitt erreicht haben, werden freundlich verabschiedet.

Gesprächsrunde Die verbliebenen Teilnehmer führen Gespräche mit den Beobachtern. Das Unternehmen wird ausführlich vorgestellt. Die Beobachter gehen auf Kandidaten zu, die ihnen sympathisch sind, und klären mit ihnen mogliche Einsatzorte und notwendige Schulungsmaßnahmen.

Abschluss

38
Selbstpräsentation

Ganz am Anfang des Assessment-Centers werden die Kandidaten in der Regel gebeten, sich selbst vorzustellen. In der Selbstpräsentation werden bereits entscheidende Weichenstellungen für das gesamte Assessment-Center vorgenommen. Bewerber, die sich überzeugend präsentieren, erarbeiten sich bei den Beobachtern einen Sympathiebonus, der auf die weiteren Übungen ausstrahlt.

Wie Sie eine überzeugende Selbstpräsentation erarbeiten, haben Sie bereits in Kapitel 4 (»Warum sollten wir gerade Sie einstellen? Ihre Selbstpräsentation«) erfahren. Wenden Sie für Ihre Selbstdarstellung im Assessment-Center die gleichen Regeln an:

1. Stellen Sie die Aufgaben, die Sie in Ihrer momentanen Position bearbeiten, an den Anfang Ihrer Selbstpräsentation.
2. Heben Sie die Tätigkeiten hervor, die einen direkten Bezug zur neuen Stelle haben.
3. Erläutern Sie Ihre berufliche Entwicklung. Machen Sie klar, welche Stationen in Ihrem Leben Sie für Ihre jetzige Position qualifiziert haben.

Optimal: eine Zusammenfassung

Optimieren Sie Ihre Selbstpräsentation im Assessment-Center, indem Sie am Ende Ihre Kompetenz noch einmal stichwortartig in einem Satz zusammenfassen. Verwenden Sie die branchenüblichen Schlagworte und Schlüsselbegriffe, die Ihr Profil charakterisieren. So prägt sich Ihr Qualifikationsprofil den Beobachtern ein, und Sie zeigen, dass Sie ein besonders interessanter Kandidat sind. Leiten Sie diese Schlusszusammenfassung beispielsweise folgendermaßen ein: »Zusammenfassend lässt sich festhalten ...«

Einsatz der Selbstpräsentation

Die Selbstpräsentation ist eine Übung, die Sie sehr gut zu Hause vorbereiten können. Üben Sie so lange, bis sie richtig sitzt. Damit Sie flexibel auf variierende Aufgabenstellungen im Assessment-Center reagieren können, sollten Sie verschieden lange Versionen Ihrer Selbstpräsentation vorbereiten.

In der Regel bekommen Sie für Ihre Selbstpräsentation eine genaue Zeitvorgabe, die Sie einhalten müssen. Bereiten Sie sich vor, indem Sie eine dreiminütige Kurzversion, eine fünfminütige Version und eine zehnminütige ausführliche Version Ihrer Selbstpräsentation ausarbeiten.

Bereiten Sie unterschiedlich lange Versionen vor

In der dreiminütigen Kurzversion geben Sie einen schlagwortartigen Überblick über Ihre Qualifikationen. Diese Version ähnelt der Selbstdarstellung in einem Anschreiben. Es kommt hierbei in erster Linie darauf an, Interesse an Ihren Kenntnissen und Fähigkeiten zu wecken.

Die fünfminütige Version Ihrer Selbstpräsentation sollte zusätzlich zu den Inhalten der dreiminütigen Version ein oder zwei ausgewählte Beispiele für besondere Erfolge enthalten. Gehen Sie beispielsweise auf Aufgabenstellungen in Ihren bisherigen Positionen näher ein. Sie können auch Ihre Herangehensweise an eine bestimmte Aufgabe darstellen oder erläutern, wie Ihre Arbeitsergebnisse weiter verwertet wurden.

In der zehnminütigen Version liefern Sie nicht nur ein oder zwei ausgewählte Beispiele, sondern stellen Ihren beruflichen Werdegang ausführlich dar. In dieser Version können Sie auch näher auf Ihr Studium oder Ihre Ausbildung, besonderes Engagement außerhalb des Berufs und Ihre Hobbys eingehen. Achten Sie jedoch darauf, dass Sie sich nicht zu stark auf den Freizeitbereich konzentrieren. Stellen Sie auch in der langen Version durch Ihre beruflichen Erfahrungen immer wieder den Bezug zur ausgeschriebenen Position her.

Gehen Sie näher auf Ihre berufliche Entwicklung ein

Wenn Sie keine Zeitvorgabe bekommen haben, sollten Sie sich bei Ihrer Selbstpräsentation daran orientieren, wie lange die Beobachter – und insbesondere der Moderator – für ihre Selbstdarstellungen zu Beginn des Assessment-Centers gebraucht haben.

Wenn Sie sich bei einem international ausgerichteten Unternehmen beworben haben oder bei Unternehmen, deren Geschäftssprache Englisch ist, müssen Sie damit rechnen, dass man von Ihnen eine Zusammenfassung Ihrer Qualifikationen und Ihres Werdeganges in Englisch verlangt. Bereiten Sie für diese Fälle auch eine englische Version Ihrer Selbstpräsentation vor.

Setzen Sie Medien ein

Setzen Sie nach Möglichkeit auch Medien ein. Gut geeignet ist das Flipchart oder das Whiteboard. Schreiben Sie Ihren Namen an. Überlegen Sie sich, wie Sie Ihren Werdegang visualisieren könnten. Eine »Karrieretreppe« auf dem Flipchart ist zum Beispiel eine Möglichkeit, Ihre beruflichen Stationen nicht nur mit Worten, sondern auch bildhaft miteinander zu verknüpfen. So wäre für die Beobachter der rote Faden in Ihrer bisherigen Entwicklung auch visuell nachvollziehbar. Damit bleiben Sie nachhaltig in Erinnerung.

Kehren Sie Ihrem Publikum bei der Präsentation mit Flipchart oder Whiteboard nicht länger als notwendig den Rücken zu. Drehen Sie sich immer wieder den Zuhörern zu, blicken Sie sie an und erläutern Sie kurz Ihre Ausführungen. So verstärken Sie den Eindruck eines kommunikationsstarken Kandidaten.

Noch ein Hinweis: Jedes Assessment-Center beginnt mit einer Vorstellungsrunde, auch wenn sie nicht immer mit »Selbstpräsentation« betitelt ist. Die konkrete Aufgabenstellung kann auch lauten: »Stellen Sie sich kurz vor«, »Erzählen Sie den Teilnehmern etwas über sich«, »Begründen Sie, warum man Sie zu diesem Assessment-Center eingeladen hat«, »Warum wollen Sie in unserem Unternehmen tätig werden?« oder auch »Was macht Sie für die ausgeschriebene Position geeignet?«. Diese Eingangsaufgabe werden Sie erfolgreich lösen können, wenn Sie sich intensiv anhand unserer Ausführungen vorbereitet haben.

☑ *Checkliste*
für Ihre Selbstpräsentatione

- ☐ Haben Sie mithilfe unserer Hinweise in Kapitel 4 eine aussagekräftige Selbstpräsentation erarbeitet?
- ☐ Belegen Sie Ihre berufliche Entwicklung mit Beispielen?
- ☐ Endet Ihre Selbstpräsentation mit einer stichwortartigen Zusammenfassung Ihres Profils?

- ☐ Haben Sie drei verschieden lange Versionen erarbeitet (drei, fünf, zehn Minuten)?
- ☐ Haben Sie eine englischsprachige Version vorbereitet?
- ☐ Können Sie Ihren beruflichen Werdegang visualisieren?
- ☐ Haben Sie Ihre Selbstpräsentation mehrfach geübt?

39
Heimliche Übungen

Im Assessment-Center stehen Sie auch dann unter Beobachtung, wenn Sie dies gar nicht erwarten: Ihr Verhalten gegenüber den anderen Kandidaten vor dem offiziellen Beginn und zwischen den Übungen wird jedoch genauso registriert wie Ihr Auftritt in der Kaffee- oder Mittagspause. Wenn die Beobachter zwischen den Übungen den Kontakt zu Ihnen suchen, sollten Sie auf diese informellen Gespräche gut vorbereitet sein.

Eine Pause im Assessment-Center bedeutet nicht, dass Sie abschalten und sich erholen können. Bleiben Sie die ganze Zeit konzentriert und behalten Sie die Erwartungen der Beobachter im Blick.

Inoffizielle Testsituationen

Fast immer gehen die Beobachter in den Pausen auf Kandidaten zu und suchen das Gespräch – oft mit Teilnehmern, die sie als besonders interessant einschätzen, um sich den ersten guten Eindruck im persönlichen Gespräch bestätigen zu lassen.

Small Talk verstärkt Sympathie

Bei diesen Pausengesprächen geht es vorrangig um lockeren Small Talk und darum, die gegenseitige Sympathie zu verstärken. Deshalb sollten Sie auf die Gesprächsvorgaben des Beobachters reagieren. Interessiert er sich für Ihre Karrierewünsche oder möchte er mit Ihnen über aktuelle Themen und Entwicklungen der Branche fachsimpeln? Eine gut ausgearbeitete Selbstpräsentation hilft Ihnen auch hier weiter. Zeigen Sie sich zupackend, aktiv und engagiert. Dies gilt für berufsbezogene Fragen genauso wie für Fragen zu Ihrer Freizeitgestaltung.

Manche Beobachter interessieren sich für alles, was Sie bewegt und begeistert. In diesem Fall sollten Sie das Gespräch aktiv gestalten. Sie können sich schon im Vorfeld darauf vorbereiten, indem Sie sich geeignete Themen überlegen, mit denen Sie ein solches Gespräch in Schwung halten können. Vermeiden Sie auf jeden Fall »schwierige Themen« wie Politik, Religion oder Ähnliches und kritisieren Sie nicht die Übungen des Assessment-Centers.

Sammeln Sie im Vorfeld unverfängliche Themen

Anfangsphase Wenn man Sie zu Beginn des Assessment-Centers warten lässt, kann das bedeuten, dass schon vor dem eigentlichen Start Ihr Sozialverhalten getestet wird – gerade bei Assessment-Centern, die auf Positionen mit Kundenkontakt abzielen, beispielsweise Vertrieb, Beratung oder Marketing. Wartezeiten sind auch im späteren Berufsalltag nicht unüblich, deshalb ist es aus Unternehmenssicht interessant festzustellen, wie Sie auf einen ungewollten Zeitüberschuss reagieren.

Die Wartezeit zu Anfang des Assessment-Centers ist gut geeignet, um die Diskrepanz zwischen der Selbstbeschreibung der Kandidaten und ihrem tatsächlichen Verhalten herauszufinden. Denn jeder Bewerber wird sich als kommunikationsfähig, kontaktfreudig und belastbar darstellen. Das tatsächliche Verhalten in der Wartezeit wird auf jeden Fall Unterschiede der Verhaltensweisen an den Tag bringen.

Nutzen Sie die Wartezeit

Punkten Sie deshalb schon vor dem offiziellen Beginn. Gehen Sie auf die anderen Kandidaten zu. Stellen Sie sich kurz mit Ihrem Namen vor. Versuchen Sie auch, sich die Namen der anderen Kandidaten zu merken. Wenn Sie in der späteren Gruppendiskussion andere Teilnehmer mit Namen ansprechen können, wird dies als überzeugender Beleg für Ihre soziale Kompetenz registriert.

Sie können sich darüber hinaus noch erkundigen, was aus welcher Branche verschiedene Teilnehmerinnen und Teilnehmer stammen. Dies eröffnet Ihnen Chancen bei den weiteren Übungen. Sie könnten dann in der Gruppendiskussion beispielsweise darauf hinweisen, dass Sie sich »genauso wie Frau König besonders mit Fragen der Unternehmensorganisation auseinander gesetzt haben«. Auf diese Weise gelten Sie schnell als kommunikativer Moderator und werden zum informellen Meinungsführer. Diese Position bringt Sie nicht nur im Assessment-Center weiter.

Die persönliche Ansprache bringt Pluspunkte

Das Unternehmen stellt sich vor Am Anfang des Assessment-Centers wird Ihnen das Unternehmen präsentiert. Vom Moderator wird der Ablauf des Assessment-Centers beschrieben, und die einzelnen Beobachter stellen sich Ihnen vor. Der Umfang der Informationen, die Sie zum Unternehmen und zu den Karrieremöglichkeiten erhalten, kann variieren von grundlegenden Informationen zur Unternehmensgröße, der Produktpalette und Ähnlichem bis zur ausführlichen Präsentation der Einarbeitungsprogramme.

Wenn Sie im Anschluss an die Unternehmenspräsentation aufgefordert werden, eigene Fragen zu stellen, sollten Sie strategisch vorgehen. Wichtig ist, dass Sie zu erkennen geben, dass Sie sich mit dem Unternehmen schon im Vorfeld Ihrer Bewerbung intensiv auseinander gesetzt haben. Fragen zur konkreten Ausgestaltung von Arbeitsverträgen, zur Abgeltung von Überstunden, zu Urlaubsansprüchen oder zur Hilfe bei der Wohnungssuche sollten Sie an dieser Stelle unterlassen. Stellen Sie auch auf keinen Fall Fragen, die Sie sich mit einer Durchsicht des zugesandten Informationsmaterials hätten selbst beantworten können.

Stellen Sie qualifizierte Fragen

Ihre Fragen sollten überlegt und qualifiziert sein und mit Ihrem angestrebten Einstieg ins Unternehmen zu tun haben. Bereiten Sie darum bereits vor dem Assessment-Center zwei oder drei Fragen vor. Sichten Sie das zugesandte Informationsmaterial, recherchieren Sie im Internet auf der Homepage des Unternehmens oder sichten Sie Datenbanken, die von vielen Jobbörsen angeboten werden. Stellen Sie fest, welche Informationen Anknüpfungspunkte für sinnvolle Fragen bieten. Formulieren Sie dann drei Fragen aus.

Kaffee- und Mittagspausen Im Zentrum des Interesses stehen nicht Ihre (gewiss tadellosen) Tischmanieren, sondern Ihre Kommunikation mit den anderen Teilnehmern und den Beobachtern. Fangen Sie nicht an, über »das Theaterspiel der Selbstdarsteller« herzuziehen oder die »Psychospielchen der Personaler« laut abzuwerten. Üben Sie sich in der Kunst der positiven Kommunikation, loben Sie beispielsweise die Räumlichkeiten oder heben Sie die freundliche Begrüßung hervor.

Nutzen Sie die Kunst der positiven Kommunikation

Bevorzugen Sie allgemeine und unverfängliche Themen, oder fragen Sie die Beobachter nach deren Lebensweg. Vielleicht finden Sie ja auch Gemeinsamkeiten, an die Sie im Gespräch anknüpfen können. Abgesehen von Ihrer Reaktion auf die Vorgaben der Beobachter sollten Sie auch selbst mindestens drei unverfängliche Themen vorbereiten, mit denen Sie die Kommunikation in Schwung halten können. Besonders vorsichtig sollten Sie im Umgang mit Alkohol sein. Beispielsweise begann ein Assessment-Center einer großen deutschen Bank mit einem Begrüßungscocktail, es folgten ein Aperitif zum Mittagessen, zwei Glas Wein zum Hauptmenü und danach der Digestif. Solche Angebote sollten Sie unbedingt ausschlagen.

Bleiben Sie souverän

Rechnen Sie auch damit, dass man Sie in lockerer Atmosphäre bei Tisch eher aus der Reserve locken kann. Versuchen Sie deshalb, Ihre Anspannung zu verringern, ohne sich gehen zu lassen oder sich zu unüberlegten Reaktionen hinreißen zu lassen. Bleiben Sie auch hier souverän.

Beispiel

Die Lottofrage

Die in der Mittagspause nebenbei eingestreute Frage »Was würden Sie machen, wenn Sie sechs Richtige im Lotto hätten?« hat schon viele Kandidaten das Gleichgewicht verlieren lassen. Das Antwortspektrum reicht von »Dann hätten die mich hier die längste Zeit gesehen« bis hin zu »Ich würde dem Chef auf den Tisch schei...«. Bisher kennen wir nur einen einzigen Kandidaten, der nicht die Fassung verloren hat. Mit einem charmanten Lächeln antwortete er: »Ich würde mich finanziell an diesem Unternehmen beteiligen!«

Weitere Punkte sammeln

Schlussphase Zum letzten Mal in dieser Veranstaltung treffen sich die Beobachter, die Moderatoren und die Kandidaten und haben die Gelegenheit zum Gespräch miteinander. Die Entscheidung darüber, wen das Unternehmen einstellt, ist zu diesem Zeitpunkt meist noch nicht gefallen. Sie sollten in der Schlussrunde des Assessment-Centers weitere Punkte sammeln, da drei wichtige Aspekte aus der Einstellungspraxis der Unternehmen noch ihre Wirkung für Sie entfalten können.

Zum Ersten sind die Zeiträume bis zur Einstellung oft so lang, dass Kandidaten abspringen, weil sie die Möglichkeit haben, vorher bei einem anderen

Unternehmen einen Arbeitsvertrag zu unterzeichnen. In diesem Fall wird auf die anderen Kandidaten des Assessment-Centers zurückgegriffen. Zum Zweiten sind Assessment-Center ein so zeitaufwändiges und kostenintensives Verfahren, dass viele große Unternehmen mehrere Positionen besetzen wollen. Kandidaten mit Potenzial können durchaus auch für andere offene Stellen interessant sein. Zum Dritten sammeln viele Beobachter in der Schlussrunde zusätzliche Fakten, um sich ihr Bild der einzelnen Teilnehmer noch einmal bestätigen zu lassen. Das heißt für Sie, auch in der Schlussrunde weiter positiv auf sich aufmerksam zu machen.

Die Schlussrunde ist meist so gestaltet, dass es entweder ein Plenum oder die Möglichkeit zum Gespräch in kleineren Gruppen gibt. Im Plenum haben Sie die Möglichkeit, Anmerkungen und Feedback zum Tagesablauf und damit zum Assessment-Center zu geben. Halten Sie sich mit kritischen Anmerkungen zurück und heben Sie stattdessen positive Aspekte des erlebten Assessment-Centers hervor. Loben Sie den gut geplanten Tagesablauf oder die Möglichkeit des direkten Vergleichs mit Ihren Mitbewerbern. Erklären Sie, dass das Assessment-Center Ihnen neue Erfahrungen und Einblicke verschafft hat, von denen Sie sicherlich profitieren werden.

Loben Sie positive Aspekte

Im Gespräch in kleiner Gruppe sollten Sie nach Möglichkeit den Kontakt zu denjenigen Beobachtern suchen, die sich schon in den Pausen für Sie interessiert haben. Wenn Sie von den Beobachtern kurzes Feedback über Ihr Abschneiden in einzelnen Übungen erhalten, sollten Sie – unabhängig davon, ob das Feedback positiv oder negativ ist – zunächst nur zuhören. Kommentieren Sie die Anmerkungen nicht und beginnen Sie auf gar keinen Fall eine Diskussion darüber. Jetzt ist nicht der Zeitpunkt, Ihr Verhalten zu rechtfertigen oder ein Missverständnis im Nachhinein geraderücken zu wollen!

Wenn Sie die Gelegenheit dazu haben, machen Sie den Beobachtern im Gespräch noch einmal klar, welches besondere Interesse Sie am Unternehmen haben und wo Ihre Stärken liegen. Beziehen Sie sich dabei auf die Kernpunkte aus Ihrer Selbstpräsentation. Durch eine solche Wiederanknüpfung an Ihre Selbstpräsentation verankern Sie sich im Gedächtnis Ihrer Zuhörer und verstärken damit die positive Einschätzung Ihrer Leistungen.

☑ *Checkliste*

Heimliche Übungen

- ☐ Haben Sie sich vor Augen geführt, dass auch die Pausen, die inoffiziellen Gespräche und das gemeinsame Essen zu den Prüfungsmomenten zählen?
- ☐ Haben Sie mehrere unverfängliche Themen für den Small Talk vorbereitet?
- ☐ Haben Sie sich mit den anderen Teilnehmern bekannt gemacht, sich ihre Namen gemerkt und eventuell auch gefragt, in welcher Branche sie arbeiten?
- ☐ Haben Sie drei Fragen zum Unternehmen vorbereitet (Achtung: keine Fragen, die schon in der Vorstellung des Unternehmens oder in vorab verteiltem Informationsmaterial beantwortet werden)?
- ☐ Loben Sie in den Pausen den Ablauf des Assessement-Centers? Halten Sie sich mit Kritik zurück?
- ☐ Halten Sie sich beim Angebot von Alkohol zurück?
- ☐ Lassen Sie sich auch in den Pausen nicht aus der Reserve locken, sondern bleiben gelassen und souverän?
- ☐ Bleiben Sie auch in der Schlussrunde kommunikativ und aufgeschlossen?

40 Gruppendiskussionen

Die Gruppendiskussion ist eine zentrale Übung im Assessment-Center; auf sie werden Sie in jedem Fall treffen. Damit können sich die Beobachter ein relativ umfassendes Bild Ihrer sozialen und methodischen Kompetenz im direkten Vergleich mit anderen machen.

Die wichtigste Übung im Assessment-Center

In der Gruppendiskussion sollen Sie mit den anderen Teilnehmern zusammen ein Thema diskutieren. Üblicherweise wird Ihnen dazu ein Thema vorgegeben und eine Vorbereitungszeit eingeräumt. Die Diskussionsteilnehmer sind in der Regel gleichberechtigt, das heißt, es gibt keinen Moderator, der das Wort erteilt und die Diskussion strukturiert.

Themenstellungen

Üblicherweise wird Ihnen in Gruppendiskussionen das Thema vorgegeben. Zumeist werden aktuelle Trends und Entwicklungen aufgegriffen, bei denen davon ausgegangen werden kann, dass jeder Teilnehmer mitreden kann. Es kann aber auch passieren, dass Sie mit einem Thema konfrontiert werden, das wenig Bezug zum Berufsalltag hat. Gelegentlich wird auf eine Themenvorgabe verzichtet und eine Diskussion über die Eignung von Themen vorangestellt.

Themen mit Berufsbezug

Aktuelle Themen Die meisten Unternehmen wählen Themen, die sich auf Ihr Berufsfeld beziehen. Es handelt sich zumeist nicht um Fragen, für deren Diskussion ein spezielles Fachwissen benötigt wird, da nicht Ihr Fachwissen, sondern Ihre soziale und methodische Kompetenz überprüft werden.

Außerdem ist es für die Unternehmen wichtig zu sehen, ob die Kandidaten über aktuelle Trends in der Arbeitswelt Bescheid wissen. Zum Beispiel könnte – bei einer Einstiegsposition im kaufmännischen Bereich – das Thema in der Gruppendiskussion lauten: »Entwickeln Sie eine Marketingstrategie für die Einführung eines Fitnessgetränkes auf dem Markt.« Bei einer Diskussion zu diesem Thema können die Beobachter neben den kommunikativen Fähigkeiten auch feststellen, ob die einzelnen Teilnehmer Aspekte anderer Unternehmensbereiche – beispielsweise Kundenorientierung (Verkauf), Kosten (Produktion und Entwicklung), Zielgruppendefinition (Marketing) – berücksichtigen.

Freie Themenwahl Bei der freien Themenwahl gibt es zwei Möglichkeiten: Entweder wird Ihrer Diskussionsgruppe die freie Auswahl des Themas übertragen oder Sie bekommen drei bis fünf Themen vorgegeben und müssen sich in der Gruppe darauf einigen, welches davon diskutiert werden soll. Dies bedeutet, dass in beiden Fällen vor einer thematisch-inhaltlichen Diskussion eine Diskussion um die Auswahl des eigentlichen Themas steht.

In dieser Diskussionsrunde liegt das Augenmerk der Beobachter ganz besonders auf der Durchsetzungsfähigkeit der einzelnen Diskussionsteilnehmer. Wenn Sie sich mit Ihrem Wunschthema durchsetzen wollen, müssen Sie darauf achten, den anderen Teilnehmern ein akzeptables Angebot zu machen, zu dem alle – unabhängig von ihrem Fachwissen – beitragen können. Ein solches Thema wäre beispielsweise: »Wie sieht der optimale Mitarbeiter für die Position XYZ (Position, die im Assessment-Center vergeben wird) aus?« Dieses Thema können Sie vorschlagen, wenn die Entscheidungsfindung für ein Diskussionsthema in der Gruppe nicht vorankommt. Die anderen Teilnehmer können nur schlecht ablehnen, da sie damit den Beobachtern indirekt zu verstehen geben, dass sie nicht wissen, worauf es bei der ausgeschriebenen Position ankommt.

Jeder sollte mitreden können

Wenn der Gruppe mehrere Themen vorgegeben werden, so liegt Ihre wesentliche Aufgabe darin, die Entscheidungsfindung voranzutreiben. Dies gelingt Ihnen, indem Sie auf den Zeitfaktor verweisen und eine möglichst enge Zeitvorgabe für die Themenfindung vorschlagen. Lässt sich nicht innerhalb kurzer Zeit eine Entscheidung fällen, können Sie eine Abstimmung vorschlagen. Bei der späteren thematisch-inhaltlichen Diskussion sollten Sie dieses

Instrument aber nicht einsetzen. Ihre kommunikativen Fähigkeiten müssen Sie in der Diskussion durch die Gewichtung von Argumenten und die Analyse von Pro-und-Kontra-Erwägungen beweisen.

Angestaubte Themen Gelegentlich werden Sie auf die inzwischen mehr als 30 Jahre alten Diskussionsthemen »Mondlandung«, »Höhlenübung« und »Ballonfahrt« treffen. Die Grundstruktur bei diesen drei Übungen und zahlreichen weiteren Varianten ist ähnlich: Die Gruppe muss sich innerhalb einer vorgegebenen Zeit einigen, welche Gegenstände mitgenommen werden (Mondübung), welche herausgeworfen werden (Ballonübung) oder welche Person den Unglücksort (Höhlenübung) als Erster verlassen darf.

Diskutieren Sie bei jedem Thema mit

Ganz gleich wie weit hergeholt Ihnen die Themen in der Gruppendiskussion erscheinen, Sie müssen engagiert mitdiskutieren. Im Assessment-Center kommt es auf das konkret sichtbare Verhalten der Teilnehmer an.

Rollenvorgaben

Mitunter werden den Teilnehmern von Gruppendiskussionen verschiedene Rollenvorgaben erteilt. Sie müssen dann eine bestimmte Position oder Meinung vertreten. Neben der führerlosen Diskussion mit Rollenvorgabe gibt es außerdem die geführte Diskussion ohne Rollenvorgabe und die geführte Diskussion mit Rollenvorgabe.

Führerlose Diskussion mit Rollenvorgabe Diese Diskussionsform wird eingesetzt, um eine Konfliktsituation unter den Diskussionsteilnehmern zu erreichen. In der Vorbereitungszeit werden allen Teilnehmern schriftliche Informationen zu der Rolle, die sie übernehmen sollen, ausgehändigt. In der Diskussion müssen Sie beachten, dass Sie sich Ihrer Rolle angemessen verhalten. Spielen Sie beispielsweise den Marketingleiter, so müssen Sie aus dessen Perspektive heraus argumentieren.

Vertreten Sie die Interessen einer fiktiven Person

Besonders am Anfang der Gruppendiskussion sollten Sie die Argumente bringen, die Ihnen schriftlich vorgegeben wurden. Im weiteren Verlauf sollten Sie darauf achten, auf ein gemeinsam getragenes Diskussionsergebnis hinzuarbeiten.

Geführte Diskussion ohne Rollenvorgabe Von einer geführten Gruppendiskussion ohne Rollenvorgabe spricht man, wenn ein Teilnehmer als Moderator bestimmt wird. Seine Aufgaben sind die Leitung der Diskussion, die Sicherstellung eines Ergebnisses, die Strukturierung der Argumente, die Einhaltung der Diskussionsdisziplin und die Präsentation des Schlussergebnisses.

Verantwortlichkeit eines Moderators

Geführte Diskussion mit Rollenvorgabe Geführte Gruppendiskussionen mit Rollenvorgaben werden selten eingesetzt. Wenn aber Positionen für den Führungsnachwuchs vergeben werden sollen, ist eine geführte Gruppendiskussion für die Beobachter sehr aussagekräftig. Der Teilnehmer, der die Rolle des Diskussionsleiters zugewiesen bekommen hat, kann hinsichtlich seiner Führung von Teams und der Leitung von Projektgruppen überprüft werden.

Vorbereitung auf Themen

Es ist von enormer Wichtigkeit, dass Sie sich auf mögliche Themen vorbereiten. Dies ist nicht so schwierig, wie Sie vielleicht glauben. Denn letztendlich begrenzen Ihr anvisiertes Berufsfeld, Ihre bevorzugte Branche und Ihre möglichen Einstiegspositionen die Themen. Die Lektüre des Wirtschaftsteils einer überregionalen Tageszeitung ist eine gute Vorbereitung. Sie finden dort aktuelle Themen aus allen Branchen und Argumente für die Diskussion dieser Themen. Halten Sie sich generell über Veränderungen in der Arbeitswelt und neue Entwicklungen auf dem Laufenden.

Pluspunkte durch sorgfältige Vorbereitung

Die Themen in Gruppendiskussionen lassen sich in vier Blöcke zusammenfassen:

- Wie sieht die Zukunft aus?
- Welche Verbesserungsvorschläge haben Sie?
- Wie würden Sie entscheiden?
- Welche Strategie hilft weiter?

Der Blick in die Zukunft Ihre Vorstellungskraft ist gefragt, wenn Sie Themen vorgegeben bekommen, bei denen Ihre Einschätzung künftiger Entwicklungen verlangt wird. Die Themen lauten beispielsweise »Welche Anforderungen werden an die Führungskraft im Jahr 2020 gestellt?« oder »Welche Megatrends bestimmen die nächsten zehn Jahre?«

Die Einschätzung künftiger Entwicklungen

Verbesserungsvorschläge Ihr Talent, Bestehendes zu verbessern, müssen Sie beispielsweise in Diskussionen mit den Themen »Das Produkt Bronzo Bräunungsmittel verkauft sich nicht mehr. Entwickeln Sie eine Markteinführungsstrategie für Super-Bronzo als Ersatzprodukt!« oder »Wie können Außendienstmitarbeiter besser vom Innendienst unterstützt werden?« unter Beweis stellen.

Fällen Sie eine Entscheidung Wenn die Themen »Bewerten Sie die Vor- und Nachteile der Einführung von Gruppenfertigung statt Fließbandfertigung« oder »Erarbeiten Sie gerechte Einkommensteuertarife!« lauten, müssen Sie zu einer Entscheidung kommen. Diskutieren Sie das vorgegebene Thema unter verschiedenen Gesichtspunkten. Achten Sie darauf, dass am Ende der Diskussion eine Entscheidung für eine Variante steht.

Am Ende muss ein Ergebnis stehen

Strategie erarbeiten Ihre Fähigkeit, strategisch zu denken, soll mit Themen wie »Eine neue Filiale unseres Konzerns wird in Kürze eröffnet. Entwickeln Sie in der Gruppe eine PR-Strategie« oder »Konzipieren Sie eine Kampagne zur langfristigen Kundenbindung« überprüft werden. Bei strategischen Fragestellungen können Sie Ihre Kreativität ins Spiel bringen.

Überzeugungsstrategien

Die Beobachter wollen in der Gruppendiskussion einen möglichst umfassenden Eindruck von Ihnen erhalten. Um zu überzeugen, müssen Sie Argumente liefern, eine Diskussionsstruktur schaffen, auf die Zeit achten, Zwischen- und Schlusszusammenfassungen liefern und eventuell Medien einsetzen.

Argumente bündeln Ihr erstes Ziel sollte sein, überhaupt mitzureden. Darum müssen Sie Argumente finden. Da Sie sich schon im Vorfeld informiert haben, dürften Sie einige Argumente schnell zur Hand haben. In der Regel verfügen Sie außerdem über zehn Minuten Vorbereitungszeit für eine anschließende Diskussion von 30 Minuten Dauer.

1. Schritt: Argumente finden

Machen Sie in der Vorbereitungsphase ein Brainstorming, notieren Sie alles, was Ihnen zum Thema einfällt. Im zweiten Schritt ordnen Sie Ihre Einfälle in Form eines Mind-Maps, welches Sie dann in die Diskussion mitnehmen können. Das Mind-Map ermöglicht Ihnen die übersichtliche Strukturierung und Gliederung der Argumente. Dadurch werden Ihnen auf den ersten Blick Argumentationsblöcke deutlich, und Sie können Ihre Argumente und die der anderen Teilnehmer bündeln. Damit versetzen Sie sich in die Lage, die Diskussion zu strukturieren und zu lenken. Überlegen Sie sich Kategorien, in die Sie die einzelnen Argumente einsortieren können.

2. Schritt: Argumente strukturieren

Schaffen Sie sich durch Ihre Vorarbeit die Voraussetzungen dafür, in der Gruppendiskussion immer wieder neue Impulse geben zu können. Dies gelingt Ihnen am besten, wenn Sie die anderen Diskussionsteilnehmer darauf hinweisen, dass sie sich nicht zu früh in einer Detaildiskussion verlieren sollten und auch andere Aspekte für das Thema wichtig sind.

Schlagworte anbringen Sie überzeugen in Gruppendiskussionen, wenn Sie zusätzlich aktuelle Schlagworte und Schlüsselbegriffe einfließen lassen. Dies zeigt Ihre Vertrautheit mit der anvisierten Branche und dem Berufsfeld, für das Sie sich bewerben. Schlagworte und Schlüsselbegriffe haben den zusätzlichen Vorteil, dass Sie viele Argumente in kurzer Zeit liefern können. Auf diese Weise zeigen Sie den Beobachtern, dass Sie sich Diskussionsthemen erschließen können. Gleichzeitig zwingen Sie die anderen Diskussionsteilnehmer dazu, vorrangig auf Ihre Argumente einzugehen. Sammeln Sie also bereits in Ihrer Vorbereitung aktuelle Schlagworte und Schlüsselbegriffe für Ihre Argumente.

Hohe Informationsdichte durch Schlüsselbegriffe

Um positiv aufzufallen, sollten Sie gleich zu Anfang der Gruppendiskussion möglichst viele Argumente in den Raum stellen. Dazu fassen Sie Ihre Schlagworte und Schlüsselbegriffe in ein oder zwei Sätzen zusammen.

Damit Sie nicht erst in der Gruppendiskussion nach Formulierungen für den richtigen Einstieg ins Thema suchen müssen, sollten Sie schon in Ihrer Vorbereitung Einstiegssätze formulieren, beispielsweise: »Wir sollten das Thema unter den Gesichtspunkten (Schlagwort 1), (Schlagwort 2) und (Schlagwort 3) diskutieren. Außerdem halte ich den Aspekt (Schlagwort 4) für besonders wichtig.« Oder: »Unser Diskussionsthema beinhaltet mehrere wesentliche Aspekte. Erst sollten wir auf (Schlagwort 1) eingehen, dann (Schlagwort 2) behandeln und zuletzt erst die Anforderungen von (Schlagwort 3) untersuchen.«

Einstiegssätze vorbereiten

Gesprächstechniken anwenden

Behalten Sie bei der Diskussion unbedingt die Zeitvorgabe im Blick. Am besten schreiben Sie sich die Anfangs- und Endzeit am Beginn der Diskussion auf. Sie überzeugen die Beobachter nur dann, wenn Sie das Thema im festgelegten Zeitrahmen umfassend diskutieren und zu einem Ergebnis kommen.

Zudem können Sie sich durch eine Zwischenzusammenfassung und durch eine Schlusszusammenfassung zum Anwalt des Themas machen. In der Zwischenbilanz können Sie die wesentlichen Argumentationslinien kurz skizzieren und die weitere Entwicklung der Diskussion beeinflussen. Eine Schlusszusammenfassung ist für Sie die beste Chance, bei den Beobachtern nachhaltig in Erinnerung zu bleiben. Nennen Sie nicht bloß ein Ergebnis, sondern stellen Sie die Punkte heraus, in denen die Gruppe zu einer Einigung gekommen ist. Zeigen Sie aber auch auf, in welchen Punkten keine Übereinkunft erzielt werden konnte.

Fassen Sie die Ergebnisse zusammen

Zeigen Sie sich in der Gruppendiskussion als sozial kompetenter Gesprächspartner, indem Sie die anderen Teilnehmer mit Namen anreden. Die Beobachter werden aufmerksam registrieren, dass Sie die anderen Diskussionsteilnehmer persönlich ansprechen. Zusätzlich erzielen Sie immer dann, wenn Sie jemanden mit Namen ansprechen, eine kurze Phase der erhöhten Aufmerksamkeit.

Ihr Vorgehen in der Diskussion hängt auch davon ab, ob Sie auf eher konsensorientierte oder eher konfrontationsorientierte Teilnehmer treffen. Gruppen, die Diskussionen »in Harmonie« führen, kommen genauso oft vor wie der »Streitfall«. Bringen Sie bei fortdauernder »Harmoniesucht« Schwung in die Diskussion, indem Sie einzelne Teilnehmer direkt ansprechen und um deren Stellungnahme bitten. Achten Sie dabei auf einen freundlichen Tonfall. Diese Technik können Sie auch verwenden, wenn sich einzelne Teilnehmer aus der Diskussion zurückziehen. Begründen Sie Ihre direkte Ansprache mit der Entscheidungsfindung. Sie zeigen den Beobachtern damit, dass Sie andere zur Mitarbeit bewegen und deren Potenzial in den Entscheidungsprozess mit einbeziehen können.

Setzen Sie Impulse

In Gruppen, die auf Konfrontation gehen, sollten Sie Konflikte zwischen einzelnen Teilnehmern entschärfen und darauf achten, dass sich die Diskussion weder aufgrund fachlicher Streitpunkte noch wegen persönlicher Antipathien festfährt. Mit dem Hinweis auf Zeitvorgaben und Unternehmensinteressen nehmen Sie widerspenstigen Diskussionsteilnehmern meistens den Wind aus den Segeln.

Wenn Sie Zusammenfassungen liefern oder die Diskussion in festgefahrenen Gesprächssituationen wieder voranbringen wollen, sollten Sie Medien einsetzen. Mit dieser Vorgehensweise erarbeiten Sie sich Sonderpunkte bei den Beobachtern. Sie können auf einem Flipchart die bisher genannten Argumente notieren oder die gegensätzlichen Positionen skizzieren. Sie bauen auf diese Weise eine Struktur auf, der die anderen Diskussionsteilnehmer folgen müssen.

Visualisieren Sie den Gesprächsstand

Wenn man Sie persönlich angreift, sollten Sie gelassen reagieren. Gehen Sie nicht auf Unterstellungen ein. Erinnern Sie stattdessen Ihren Kontrahenten daran, dass die Diskussion weitergehen muss und dass eine Aufgabe zu lösen ist. Damit nehmen Sie ihm fast immer den Wind aus den Segeln.

Körpersprache in der Gruppendiskussion

Ihre Körpersprache sollten Sie in der Gruppendiskussion gezielt einsetzen, um Ihre Argumente besser wirken zu lassen, Aufmerksamkeit zu erzielen und sich genug Redezeit zu verschaffen. Wenn Sie in der Lage sind, souverän und mit überzeugenden Argumenten zu den vorgegebenen Themen Stellung zu

Setzen Sie Ihre Körpersprache angemessen ein

beziehen, ergibt sich die passende Körpersprache fast von selbst. Trotzdem helfen Ihnen hier einige Techniken weiter.

Um eine körpersprachliche Unterstützung für Ihre vorgetragenen Argumente zu erreichen, sollten Sie beim Sitzen eine Grundhaltung einnehmen, bei der Sie aufrecht sitzen, Ihre beiden Beine fest auf der Erde stehen und Ihre Hände locker auf den Oberschenkeln aufliegen. Sie sollten versuchen, immer wieder in diese Grundhaltung zurückzukehren, wenn Sie zwischendurch feststellen, dass Sie sich verspannen.

Blicken Sie Ihre Gesprächspartner an

Ihre Körpersprache dient nicht nur dazu, die Beobachter durch einen souveränen Auftritt zu überzeugen. Auch die Diskussionsteilnehmer reagieren auf Ihre Argumente stärker, wenn Ihre Körpersprache unterstützend wirkt. Sie sollten darauf achten, dass Sie die Mitdiskutierenden anschauen, während Sie Ihre Argumente vortragen. Dadurch können Sie zeitgleich zu Ihren Beiträgen bereits erste zustimmende oder ablehnende Reaktionen erkennen und auf diese eingehen.

So kommen Sie zu Wort

Widerspenstige Vielredner, die sich ständig wiederholen, und die unangenehmen Unterbrecher, die Ihnen wiederholt ins Wort fallen, können Sie mit klaren Gesten in die Schranken weisen. Zeigen Sie mit Ihrem Arm auf die störenden Redner und heben Sie abwehrend die Hand. Benutzen Sie Formulierungen, die mit »Stop«, »Halt«, »Augenblick« beginnen, wie: »Stop, das hatten wir jetzt schon dreimal, so kommen wir nicht weiter.« Bei hartnäckigen Kandidaten stehen Sie kurz auf, halten Ihren Zettel mit den strukturierten Argumenten hoch und verweisen auf noch nicht erledigte Punkte, die noch besprochen werden müssen.

Wenn Sie den Diskussionsverlauf auf dem Flipchart bereits visualisiert haben, können Sie nach vorne gehen, den Stand der Diskussion in das Ablaufschema einordnen und die Diskussion mit einer Zwischenzusammenfassung wieder auf die ergebnisorientierte Ebene zurückführen.

Auch Ihr Sprechtempo ist wichtig. Zu schnelles Sprechen verrät Stress und Anspannung. Üben Sie deshalb, Ihr Sprechtempo immer wieder zu drosseln. Verlangsamen Sie Ihren Redefluss, damit Ihnen die anderen Teilnehmer und die Beobachter zuhören können.

☑ *Checkliste für Gruppendiskussionen*

- ☐ Haben Sie den Wirtschaftsteil einer überregionalen Zeitung auf aktuelle Themen und Trends aus verschiedenen Branchen hin durchgesehen?
- ☐ Haben Sie sich Notizen dazu gemacht, Schlag- und Schlüsselworte herausgesucht, mögliche Pro- und Kontra-Argumente erarbeitet?
- ☐ Haben Sie Ihre Argumente gebündelt und strukturiert (mithilfe eines Mind-Maps)?
- ☐ Haben Sie Sätze für Ihren Einstieg in die Diskussion vorbereitet?
- ☐ Haben Sie die Zeit im Blick?
- ☐ Können Sie eine Zwischenbilanz ziehen und eine Schlusszusammenfassung einbringen?
- ☐ Sprechen Sie die Diskussionsteilnehmer mit Namen an und halten Sie Blickkontakt zu ihnen?
- ☐ Können Sie schweigende Teilnehmer freundlich in die Diskussion mit einbeziehen?
- ☐ Können Sie Konflikte in der Diskussion entschärfen?
- ☐ Bleiben Sie bei Angriffen und Unterstellungen gelassen? Können Sie die Diskussion auf die sachliche Ebene zurückführen?
- ☐ Nehmen Sie in der Diskussion eine entspannte, aber aufmerksame Körperhaltung ein?
- ☐ Können Sie Vielredner und Unterbrecher durch Gesten und Argumente stoppen?
- ☐ Sprechen Sie langsam und deutlich?

41 Interviews

Bei Interviews im Assessment-Center stehen Ihre Leistungsmotivation und Ihre Selbsteinschätzung im Vordergrund. Die Fragen drehen sich vorwiegend um Ihre soziale und methodische Kompetenz. Man möchte sehen, ob Sie um Ihre Stärken und Schwächen wissen und ob sich die Ergebnisse aus den bisher durchgeführten Übungen im Gespräch bestätigen lassen.

Im Interview während eines Assessment-Centers stellen die Unternehmen schwerpunktmäßig Fragen aus den Themenblöcken

- Selbsteinschätzung und Leistungsmotivation,
- Stärken und Schwächen.

Ihre Selbsteinschätzung auf dem Prüfstand

Das Interview im Assessment-Center ähnelt einem Vorstellungsgespräch. Die Beobachter interessiert besonders, wie Sie sich selbst einschätzen. Ihre Körpersprache wird genauso ausgewertet wie Ihre Antworten. Um deutlich zu machen, dass Sie sich mit Ihren eigenen Fähigkeiten auseinander gesetzt haben, sollten Sie auch Fragen nach Ihren Stärken und Schwächen beantworten können. Durch den gezielten Einsatz Ihrer Körpersprache können Sie Ihre emotionale Stabilität dokumentieren.

Selbsteinschätzung und Leistungsmotivation

Mit Fragen wie »Was unterscheidet Sie von anderen Bewerbern?«, »Warum sollten wir gerade Sie einstellen?« oder »Glauben Sie wirklich, Sie passen zu uns?« möchte man herausfinden, wie Sie sich selbst einschätzen. Stellen Sie sich in Ihren Antworten als überdurchschnittlich leistungsfähiger Bewerber dar. Ihr Qualifikationsprofil müssen Sie so aufbereiten, dass es zur ausgeschriebenen Position passt. Geben Sie Beispiele für von Ihnen erzielte Erfolge. Machen Sie deutlich, dass Sie Ihre berufliche Entwicklung bewusst vorangetrieben haben. Vermitteln Sie, dass Ihr bisheriger Werdegang das Ergebnis zielgerichteten Handelns ist. Die Position im Unternehmen sollten Sie als konsequente Fortsetzung Ihres eingeschlagenen Weges darstellen.

Um festzustellen, wie zielstrebig Sie tatsächlich sind und wie Sie Ziele erreichen, wird man Sie mit folgenden Fragen konfrontieren: »Nennen Sie uns den größten Erfolg, den Sie je hatten!«, »Wie gehen Sie mit Misserfolg um?« oder »Wie gehen Sie schwierige Aufgaben an?« Ihre Antworten sollten zu erkennen geben, dass Sie ein aktiver Problemlöser sind, der nicht gleich aufgibt, wenn er auf Widerstände trifft.

Zeigen Sie Ihre Zielstrebigkeit

Für die Unternehmen ist vor allem die Einschätzung entscheidend, wie Sie sich im Berufsalltag bewähren werden. Deshalb versucht man, aus bisherigen Stationen aus Ihrem Werdegang Rückschlüsse auf Ihr zukünftiges Verhalten zu ziehen. Stellen Sie in Ihren Antworten stets einen Bezug zur Berufspraxis her. Lassen Sie Beispiele einfließen, die zeigen, dass Sie erfolgreich arbeiten können.

Die Vorbereitung auf die Interviews im Assessment-Center sollten Sie so gestalten wie die Vorbereitung auf ein Vorstellungsgespräch. Am besten ziehen Sie dazu Teil 5 dieses Buches heran. Konzentrieren Sie sich vor allem auf die Fragen zu Ihrer Motivation und zu Ihrer Person. Bedenken Sie dabei, nicht nur Schlagworte zu liefern, sondern diese auch durch Beispiele zu belegen.

Stärken und Schwächen

Kein Interview verläuft ohne die Fragen nach den Stärken und Schwächen der Bewerber. Sie haben sich bereits in Kapitel 2 (»Reflexion: Entdecken Sie Ihre Stärken«) und in Kapitel 30 (»Die Vorbereitung des Vorstellungsgesprächs«) damit auseinander gesetzt. Ziehen Sie Ihre Ausarbeitungen nun heran. Denken Sie daran, bei der Frage nach Ihren Schwächen nur eine zu nennen, um dann zu zeigen, was Sie unternommen haben, um daran zu arbeiten.

Damit müssen Sie rechnen

Körpersprache im Interview

Ihre Körpersprache wird auch im Interview beobachtet und in Beziehung zu Ihren Antworten gesetzt. Man achtet bei Ihnen auf Mimik, Gestik, Sitzhaltung, Tonfall, Sprechtempo und die Lautstärke Ihrer Stimme.

Halten Sie Blickkontakt mit allen Gesprächsteilnehmern

Manchmal sitzen Ihnen im Interview mehrere Fragesteller gegenüber. In dieser Situation sollten Sie darauf achten, Blickkontakt mit allen Anwesenden zu erreichen. Gerade wenn der Moderator die meisten Fragen stellt, fühlen sich die übrigen schnell ausgegrenzt, wenn Sie Ihre Aufmerksamkeit nur dem Moderator widmen. Da sich aber alle Anwesenden eine Meinung über Sie bilden, beeinflusst das Ihr Gesamtergebnis negativ.

Stellen Sie sicher, dass Ihre Antworten von einer entsprechenden Körpersprache unterstützt werden. Nehmen Sie beim Sitzen eine Grundhaltung ein, die Interesse und Offenheit dokumentiert. Sitzen Sie aufrecht, stellen Sie die leicht geöffneten Beine im rechten Winkel auf den Boden und legen Sie Ihre Hände auf die Oberschenkel. Die rechtwinklige Beinstellung verhindert, dass Sie im Stuhl immer weiter nach vorne von der Sitzfläche rutschen. Zur Vorbereitung schauen Sie sich noch einmal Kapitel 30 an.

Abwehrgesten sollten Sie auf jeden Fall vermeiden. Kandidaten, die ständig die Arme vor dem Oberkörper verschränken und womöglich dabei die Beine ineinander verschlingen, haben schlechte Karten. Von den Beobachtern werden solche Gesten als Unsicherheit gedeutet. Auch das Durchkneten von Papier, das Herumspielen mit einem Stift oder das nervöse Drehen am Ring ist kein Beleg für Ihre emotionale Stabilität. Halten Sie deshalb keine Gegenstände in den Händen und legen Sie die Hände immer wieder auf Ihre Oberschenkel.

Auch so genannte Revierverletzungen sind problematisch, weil Sie den Gesprächspartner negativ einstimmen und damit von den Gesprächsinhalten ablenken. Nervöses Trommeln auf der Tischplatte oder zu dichtes Heranrücken wird von den meisten Menschen als unangenehm und aufdringlich empfunden. Männliche Kandidaten, die im Gespräch mit weiblichen Moderatoren Dominanzgesten wie eine Sitzhaltung mit auseinander klaffenden Beinen oder abwertende Handbewegungen einsetzen, empfehlen sich ebenfalls nicht als Führungsnachwuchs.

Vermeiden Sie Revierverletzungen

Die Anpassung Ihres Sprechtempos ist ebenfalls wichtig. Schlagworte und Schlüsselbegriffe setzen Sie im Gespräch mit größerer Wirkung ein, wenn Sie sie deutlich betonen und ein mittleres Sprechtempo wählen. Dauerreden ohne Punkt und Komma verhindert, dass Ihre Schlagworte und Schlüsselbegriffe bei den Zuhörern ankommen. Formulieren Sie dagegen zu langsam, hängen Ihre Gesprächspartner schnell eigenen Gedanken nach. Entwickeln Sie Ihr Gespür für die Situation, achten Sie darauf, welches Sprechtempo die Fragenden benutzen und nehmen Sie diese Vorgabe auf.

☑ *Checkliste* ***für Interviews***

- ☐ Passt Ihr ausgearbeitetes Qualifikationsprofil zur angestrebten Position?
- ☐ Können Sie darstellen, dass die neue Position die konsequente Fortsetzung Ihrer beruflichen Entwicklung ist?
- ☐ Haben Sie sich mit möglichen Fragen auseinander gesetzt (Kapitel 31 dieses Buches)?
- ☐ Können Sie drei Ihrer Stärken mit Beispielen belegen?
- ☐ Können Sie eine Ihrer Schwächen (möglichst wenig relevant für die anvisierte Position) nennen und darlegen, was Sie getan haben, um daran zu arbeiten?
- ☐ Halten Sie beim Interview Blickkontakt mit allen Gesprächsteilnehmern?
- ☐ Sitzen Sie entspannt, aber aufmerksam?
- ☐ Vermeiden Sie Abwehrgesten? Unterbinden Sie Dominanzgesten? Begehen Sie keine Revierverletzungen?
- ☐ Ist Ihr Sprechtempo der Situation angemessen?

42
Rollenspiele

In Rollenspielen werden Ihre kommunikativen Fähigkeiten getestet. Ist Ihr Gesprächsverhalten ergebnisorientiert oder neigen Sie dazu, die Dinge zu zerreden? Können Sie auf andere eingehen oder reden Sie an ihnen vorbei? Sie bewältigen Rollenspiele optimal, wenn Sie Ihre Gesprächsziele zwar durchsetzen, aber dabei nicht die zwischenmenschliche Ebene zerstören.

In Rollenspielen wird Ihnen eine fiktive Identität zugewiesen, und Sie müssen am Berufsalltag orientierte Gesprächssituationen bewältigen. Allen Gesprächen ist gemeinsam, dass Sie auf ein vordergründiges sachliches Problem stoßen, hinter dem sich jedoch immer auch eine Schwierigkeit im zwischenmenschlichen Bereich versteckt. Geht es beispielsweise zunächst um eine nicht eingehaltene Lieferfrist, über die sich ein Kunde beschwert, werden schnell persönliche Animositäten zwischen dem Außendienstmitarbeiter und der Auftragsbearbeiterin deutlich.

Beachten Sie die Sach- und die Beziehungsebene

Rollenspiele lassen sich grob unterteilen in Mitarbeitergespräche (Vorgesetzter und Mitarbeiter) und Kundengespräche (Unternehmensrepräsentant und Kunde). Sie nehmen die Rolle des Vorgesetzten beziehungsweise des Repräsentanten ein, während Ihr Gesprächspartner üblicherweise vom Moderator gespielt wird.

Mitarbeitergespräch

Im Mitarbeitergespräch geht es darum, die Beobachter zu überzeugen, indem Sie das Gespräch ergebnisorientiert gestalten. Verstricken Sie sich nicht in vorgebrachten Anschuldigungen, Gerüchten, Vorwürfen und unbewiesenen Behauptungen. Seien Sie darauf vorbereitet, dass Ihr Gesprächspartner im Mitarbeitergespräch ständig versuchen wird, Nebenkriegsschauplätze zu eröffnen, um vom eigentlichen Thema des Gesprächs abzulenken.

Gestalten Sie das Gespräch ergebnisorientiert

Themen im Mitarbeitergespräch können sein:

1. Ihr Stellvertreter enthält Ihnen Informationen vor und leitet Entscheidungsvorlagen hinter Ihrem Rücken an die Geschäftsleitung weiter. Sorgen Sie dafür, dass er seine Ausarbeitungen immer Ihnen zukommen lässt.
2. Ein Mitarbeiter in der Produktion hat wiederholt Sicherheitsvorschriften verletzt. Machen Sie ihm deutlich, dass Sie dieses Verhalten nicht dulden.
3. Als Regionalleiterin im Vertrieb stellen Sie fest, dass einer Ihrer Außendienstmitarbeiter nicht genügend Kundenbesuche durchführt. Seine Verkaufszahlen sind jedoch überdurchschnittlich. Bringen Sie ihn dennoch dazu, die vorgeschriebene Zahl der Kundenbesuche einzuhalten.

Bei Mitarbeitergesprächen ist auch Ihr Zeitmanagement gefragt. Sie bekommen für das durchzuführende Gespräch eine Zeitvorgabe, beispielsweise werden Ihnen fünf Minuten Vorbereitungszeit und zehn Minuten Gesprächszeit eingeräumt. Notieren Sie sich in Ihren Unterlagen Anfangszeit und das Ende des Gespräches. Behalten Sie die Zeit im Blick, denn Sie müssen in der vorgegebenen Zeit zu einem Ergebnis kommen. Wenn der Zeitrahmen überschritten ist, wird Ihr Gespräch – auch ohne Ergebnis – abgebrochen.

Behalten Sie die Zeit im Blick

Sie fahren am besten, wenn Sie folgendes Ablaufschema für das Mitarbeitergespräch nutzen:

1. Begrüßen Sie den Mitarbeiter und erläutern Sie ihm, dass es um sein Verhalten am Arbeitsplatz geht.
2. Teilen Sie ihm die Beobachtung, um die es geht, mit und lassen Sie sich die Beobachtung bestätigen. Bewerten Sie das angesprochene Verhalten auf keinen Fall schon zu diesem Zeitpunkt.
3. Bitten Sie den Mitarbeiter um seine Stellungnahme zu dem angesprochenen Verhalten.
4. Geben Sie nun Ihre Stellungnahme ab und bewerten Sie das Verhalten des Mitarbeiters.

5. Zeigen Sie Ihrem Mitarbeiter Folgen auf, die für ihn, für andere Mitarbeiter und für das gesamte Unternehmen entstehen, wenn er sein Verhalten nicht ändert.
6. Beobachten Sie genau, ob der Mitarbeiter einlenkt. In diesem Fall erarbeiten Sie mit ihm eine konstruktive Lösung. Bleibt er dagegen stur, drohen Sie ihm Konsequenzen an.
7. Machen Sie zum Abschluss des Mitarbeitergespräches klar, welches Verhalten Sie in Zukunft erwarten. Weisen Sie darauf hin, dass Sie das künftige Verhalten Ihres Mitarbeiters im Blick behalten werden.

Achten Sie darauf, dass Sie bei der Schilderung des beobachteten und zu kritisierenden Verhaltens nicht voreilig Bewertungen abgeben. Ein Mitarbeitergespräch ist ein Dialog, das heißt, dass Sie die Ihnen vorliegenden Informationen mithilfe des Mitarbeiters vervollständigen wollen. Klären Sie deshalb zuerst den Sachverhalt. Fassen Sie zusammen, was vorgefallen ist, und lassen Sie sich vom Mitarbeiter bestätigen, dass er dieses (Fehl-)Verhalten gezeigt hat. Erst dann reden Sie mit ihm über die Gründe für sein Verhalten. Bei der Sachverhaltsklärung müssen Sie auf jeden Fall mit Ausflüchten und vielleicht mit Unterbrechungen durch den Mitarbeiter rechnen. Lassen Sie sich dadurch nicht aus dem Konzept bringen. Reden Sie weiter und teilen Sie dem Mitarbeiter mit, dass seine Meinung im Anschluss an Ihre Ausführungen gefragt ist.

Klären Sie zunächst den Sachverhalt

Wenn Sie im Gespräch erreichen, dass das angesprochene Verhalten eindeutig negativ gesehen wird, schaffen Sie sich die Basis, um Ihren Mitarbeiter argumentativ zu Änderungen zu bewegen. Geeignete Formulierungen sind beispielsweise: »Ihr Verhalten hat doch eine Signalwirkung auf Kollegen, Mitarbeiter und die Auszubildenden« oder »Der Ruf unseres Unternehmens ist durch Ihr Verhalten gefährdet, damit schaden Sie in letzter Konsequenz auch sich selbst«.

Beobachten Sie genau, ob Ihr Mitarbeiter einlenkt. Wenn Sie Anzeichen dafür erkennen, fassen Sie das Gesprächsergebnis zusammen. Weisen Sie darauf hin, dass Sie erwarten, dass Ihr Mitarbeiter das kritisierte Verhalten zukünftig unterlässt und dass Sie im Auge behalten werden, ob er sich so wie vereinbart verhält.

Achten Sie auf Signale des Einlenkens

Beenden Sie das Gespräch aktiv, stehen Sie auf und verabschieden Sie Ihren Mitarbeiter. Nichts ist schlimmer als Gespräche, die keine Inhalte und kein Ziel mehr haben und so lange weiterlaufen, bis sie vonseiten der Veranstalter abgebrochen werden.

Ihr Gesprächspartner im Mitarbeitergespräch wird versuchen, es Ihnen so schwer wie möglich zu machen. Lenkt Ihr Mitarbeiter nach mehreren Überzeugungsversuchen trotz des vorher übereinstimmend festgestellten Fehlverhaltens nicht ein, dann wird es Zeit, die Keule Abmahnung zu schwingen. An dieser Stelle darf Ihnen jedoch nicht passieren, dass Sie bei renitenten Gesprächspartnern mit feuerrotem Kopf brüllen: »Wenn Sie das nicht akzeptieren, bekommen Sie die Kündigung!« Versuchen Sie stattdessen, dem Mitarbeiter vor Augen zu führen, dass er – und nicht das Unternehmen – etwas zu verlieren hat. Stellen Sie ihm für den Fall, dass keine Verhaltensänderungen folgen, eine Abmahnung in Aussicht, und weisen Sie darauf hin, dass mehrere Abmahnungen eine Kündigung zur Folge haben.

Das letzte Mittel: die Abmahnung

Bevor Sie im Mitarbeitergespräch die Möglichkeit einer Abmahnung in den Raum stellen, sollten Sie dem Mitarbeiter noch eine letzte Chance zum Einlenken geben. Nutzen Sie die Formulierung: »Wenn Sie an meiner Stelle säßen, was müsste ich dann sagen, damit Sie Ihr Verhalten in Zukunft ändern?« Sie zwingen mit diesem Satz Ihren Mitarbeiter dazu, Ihre Perspektive einzunehmen und selbst Vorschläge zu machen. Dadurch wird er aus seiner Blockadehaltung gelöst und muss sich an einer produktiven Lösung beteiligen.

Kundengespräch

Bei Kundengesprächen überprüfen die Beobachter, wie ausgeprägt Ihr kommunikatives Geschick im Umgang mit Kunden ist. Hier wird man Sie mit einem Verkaufsgespräch oder mit einem Reklamationsgespräch konfrontieren. Entweder sind Ihre verkäuferischen Fähigkeiten gefragt, oder man möchte Ihre Reaktion auf Kritik unzufriedener Geschäftspartner sehen.

Ihr kommunikatives Geschick im Umgang mit Kunden

Bei Kundengesprächen wird auch beobachtet, ob Sie vorgegebene Gesprächsziele verfolgen können. Kundengespräche werden im Assessment-

Center nicht nur eingesetzt, wenn Positionen im Vertrieb zu besetzen sind. Für die Unternehmen ist es wichtig festzustellen, ob ihre zukünftigen Mitarbeiter Gesprächssituationen entschärfen, Gemeinsamkeiten herausarbeiten und unternehmerisch handeln können.

Themen in Kundengesprächen können sein:

- »Sie sind Anlageberater und sollen einem freiberuflich tätigen Architekten einen Alterssicherungsfonds verkaufen.«
- »Sie sind Großkundenbetreuer und haben die Aufgabe, einen wichtigen Stammkunden, der nach mehrmaliger Lieferung von mangelhafter Ware angedroht hat, künftig bei Mitbewerbern zu ordern, davon zu überzeugen, auch weiterhin bei Ihrem Unternehmen zu kaufen.«
- »Überzeugen Sie den Inhaber eines Elektrofachhandels davon, das neue Computerspiel Ihres Softwarehauses bevorzugt zu präsentieren.«

Entscheidend für erfolgreiche Kundengespräche im Assessment-Center ist Ihre Fähigkeit, sich mit der vorgegebenen Rolle zu identifizieren. Sie bewältigen Kundengespräche, wenn Sie engagiert, ausdauernd und kundenbezogen argumentieren. Sie sollten deshalb

- in Ihren Argumenten die berufliche Position des Kunden berücksichtigen,
- Kundenwünsche detailliert herausarbeiten,
- die Vorteile Ihres Angebotes herausstellen und
- zu einem (Verkaufs-)Abschluss kommen.

Die berufliche Position des Kunden Beachten Sie die in der Aufgabenstellung genannte Position des Kunden, und passen Sie Ihren Sprachgebrauch an den seinen an. Ihre Argumente müssen für den Kunden verständlich sein.

Passen Sie Ihren Sprachgebrauch an den Kunden an

Kundenwünsche herausarbeiten Erfragen Sie, welche Anforderungen der Kunde an die angebotene Dienstleistung oder das Produkt stellt. Legt der Kunde Wert auf bestimmte qualitative Standards? Möchte er im Anschluss an den Verkauf verstärkt Beratung und Service? Gehen Sie im Kundengespräch auch darauf ein, ob der Kunde Stamm- oder Neukunde ist. Bedenken

Treten Sie mit dem Kunden in einen Dialog

Sie, dass Preisnachlässe Folgen für zukünftige Verhandlungen nach sich ziehen. Bringen Sie in Erfahrung, ob der Kunde Interesse an weiteren Dienstleistungen oder Produkten Ihres Unternehmens hat. Machen Sie gegebenenfalls ein Angebot in Form einer Paketlösung.

Die Herausarbeitung der Kundenwünsche ist der zentrale Punkt im Kundengespräch. Wichtig ist, dass Sie mit dem Kunden in einen Dialog treten. Wenn Sie sich darauf beschränken, dem Kunden immer wieder Ihr Produkt oder Ihre Dienstleistung anzupreisen, stellen Sie sich nicht als kundenorientierter Verkäufer, sondern als Marktschreier dar. Bringen Sie unbedingt Ihren Kunden zum Reden und damit dazu, eigene Vorstellungen zu äußern.

Die Vorteile Ihres Angebotes Bringen Sie den Kunden zuerst dazu zuzugeben, dass er das Produkt oder die Dienstleistung ganz generell braucht – unabhängig davon, ob Ihr Unternehmen liefert oder ein anderes. Lassen Sie anschließend den Kunden seine Anforderungen an das Produkt offen legen. So verhindern Sie, dass er sich auf das Abblocken Ihrer Vorschläge zurückzieht. Verwenden Sie dazu beispielsweise die Formulierung: »Was muss ich Ihnen bieten, damit mein Angebot für Sie interessant wird?«

Arbeiten Sie dann die Übereinstimmung Ihrer Leistungen mit den Kundenwünschen Punkt für Punkt heraus. Aber Vorsicht bei Preisdiskussionen: Sie verlieren Punkte bei den Beobachtern, wenn Sie unübliche Rabatte einräumen. Verweisen Sie ausdauernd auf besondere Leistungen Ihres Unternehmens, wie Service, Termintreue, Beratungskompetenz, Schulung, Marktführerschaft.

Arbeiten Sie Übereinstimmungen heraus

Abschluss Beenden Sie Kundengespräche aktiv. Der Verkaufsabschluss ist der Idealfall. Ein konkretes Ergebnis ist aber auch die Vereinbarung, ein neues Angebot zuzusenden, oder ein Termin für ein Anschlussgespräch. Halten Sie deshalb das Ergebnis fest. Diese Anforderung erfüllen Sie, indem Sie am Gesprächsende die herausgearbeiteten Gemeinsamkeiten zusammenfassen. Stellen Sie die Punkte heraus, an denen Sie zu einer Einigung gekommen sind. Die Punkte, bei denen es noch Informations- und Klärungsbedarf gibt, sprechen Sie von sich aus an und stellen dem Kunden weitere Auskünfte in Aussicht. Klären Sie den weiteren Ablauf und vereinbaren Sie einen neuen Termin.

Kommen Sie zu einem konkreten Ergebnis

Wenn bei Kundengesprächen nicht das Verkaufen, sondern die Reaktion auf verärgerte Kunden im Mittelpunkt steht, sind Ihre Fähigkeiten im Umgang mit belastenden Situationen gefragt (Stresstest). Es wird erwartet, dass Sie die aufgeregten und verärgerten Kunden, nachdem sie ihre Wut herausgelassen haben, wieder ins Gespräch zurückbringen.

Damit Sie in dieser Situation Ihre Gesprächspartner nicht noch mehr anstacheln, sollten Sie ihnen nicht direkt widersprechen. Greifen Sie zur »Ja-aber-Technik«. Das heißt: Zeigen Sie ein gewisses Maß an Reue und machen Sie deutlich, dass Sie die Probleme des Kunden verstehen. Bringen Sie ihn dann unbedingt dazu, eigene Vorschläge zu machen. Sorgen Sie dafür, dass das Gespräch wieder in konstruktive Bahnen gelenkt wird. Lassen Sie sich nicht von persönlichen Angriffen provozieren, lenken Sie das Gespräch immer wieder zurück auf die Sachebene.

Nutzen Sie die »Ja-aber-Technik«

Bei Beschwerden gilt genauso wie bei Verkaufsgesprächen, dass Sie die Beobachter durch Ausdauer beim Argumentieren beeindrucken. Gehen Sie auf den verärgerten Kunden ein, aber lassen Sie sich nicht die Initiative im Gespräch nehmen. Überlegen Sie sich bereits in der Vorbereitungsphase, welche Zugeständnisse Sie dem Kunden machen können, um ihn nicht zu verlieren. Fangen Sie nicht an, Produkte zu verschenken oder Produktionsumstellungen in Aussicht zu stellen. Bedenken Sie, dass Sie nur im Rahmen Ihrer Position Angebote machen können. Spielen Sie beispielsweise einen Außendienstmitarbeiter, dürfen Sie keine Zugeständnisse machen, die den üblichen Handlungsspielraum eines Außendienstmitarbeiters überschreiten. Beenden Sie auch das Reklamationsgespräch innerhalb der vorgegebenen Zeit mit einem konkreten Ergebnis.

Zeigen Sie Verständnis, aber keine Schwäche

Körpersprache im Rollenspiel

In Rollenspielen beeinflusst Ihre Körpersprache ganz entscheidend die Gesprächsatmosphäre. Mit der falschen Körpersprache bauen Sie Konfrontationen auf und erzeugen eine negative Spannung, die ein konstruktives Gespräch verhindert.

Weichen Sie dem Blick Ihres Gesprächspartners nicht aus. Im Kundengespräch ist der Blickkontakt wichtig, um einen persönlichen Draht herzustellen. Fehlender Blickkontakt vermittelt Ängstlichkeit. Die Beobachter werden Sie als wenig belastbar einschätzen, und Ihr Gegenüber wird Oberhand im Gespräch gewinnen. Nehmen Sie deshalb im Rollenspiel immer wieder Blickkontakt zu Ihrem Gesprächspartner auf.

Immer wichtig: Blickkontakt

Wählen Sie im Rollenspiel eine Sitzposition, die Ihnen eine gute Ausgangsbasis für eine geeignete Körpersprache bietet. Trainieren Sie, diese Grundhaltung immer wieder einzunehmen. Sie signalisieren damit Ihrem Gegenüber und den Beobachtern, dass Sie konzentriert bei der Sache sind, aber weder sich noch Ihren Gesprächspartner unter Druck setzen.

Im Mitarbeitergespräch ist von Anfang an klar, dass es um eine Konfrontation geht. Dies sollten Sie auch körpersprachlich deutlich machen: Lassen Sie den Mitarbeiter Ihnen gegenüber am Tisch Platz nehmen. Im Kundengespräch dagegen sollten Sie sich so hinsetzen, dass Konfrontationen von vornherein vermieden werden. Nehmen Sie am Tisch nach Möglichkeit eine Position über Eck ein.

Wählen Sie eine geeignete Sitzposition

Wenn Sie Gesprächsimpulse setzen, sollten Sie diese durch kleine Handbewegungen unterstreichen. Durch geeignete Gesten können Sie sich auch körpersprachlich immer wieder ins Gespräch zurückbringen und die Gesprächsführung übernehmen. Die abblockend hochgehobene Hand, die Sie mit den Worten begleiten: »Augenblick, Sie haben gleich Gelegenheit zu reden. Lassen Sie mich zuerst meine Ausführungen beenden!« ist geeignet, um Unterbrechungen der eigenen Ausführungen zurückzuweisen oder den Redefluss Ihres Gesprächspartners zu stoppen. Verwenden Sie diese Unterbrechungsgesten jedoch sparsam und räumen Sie Ihrem Gesprächspartner genügend Zeit zur eigenen Meinungsäußerung ein.

Wenn die Situation Entspannung verlangt, beispielsweise beim Besänftigen eines Kunden, können Sie ebenfalls gezielt Ihre Körpersprache einsetzen. Leichtes Zurücksetzen vom Tisch schafft angenehme Distanz.

☑ *Checkliste für Rollenspiele*

- ☐ Haben Sie die Zeit im Blick? Wann hat das Gespräch angefangen? Wann wird es enden?
- ☐ Argumentieren Sie ergebnisorientiert?
- ☐ Bei Mitarbeitergesprächen: Haben Sie sich den Sachverhalt von Ihrem Mitarbeiter bestätigen und erläutern lassen?
- ☐ Sind Sie in einen Dialog mit Ihrem Mitarbeiter getreten?
- ☐ Haben Sie Ihrem Mitarbeiter die Folgen seines Verhaltens für ihn und das Unternehmen dargelegt?
- ☐ Können Sie mit Ihrem Mitarbeiter eine konstruktive Lösung erarbeiten?
- ☐ Haben Sie Ihrem Mitarbeiter klargemacht, welches Verhalten Sie künftig von ihm erwarten und dass Sie dies überprüfen werden?
- ☐ Bei einem Kundengespräch: Haben Sie sich mit Ihrer Rolle identifiziert? Kennen Sie Ihre Möglichkeiten und Ihre Grenzen in der angenommenen Position?
- ☐ Argumentieren Sie so, dass Ihr Kunde Ihre Ausführungen nachvollziehen kann?
- ☐ Haben Sie die Wünsche Ihres Kunden herausgearbeitet?
- ☐ Haben Sie dem Kunden die Vorteile Ihres Angebots deutlich gemacht?
- ☐ Haben Sie das Gespräch konstruktiv auf der Sachebene gehalten?
- ☐ Haben Sie das Gespräch aktiv beendet? Haben Sie die Ergebnisse des Gesprächs noch einmal zusammengefasst? Wurde das weitere Vorgehen besprochen?
- ☐ Haben Sie Blickkontakt mit Ihrem Gesprächspartner gehalten?
- ☐ Haben Sie unnötige Konfrontationen durch eine angemessene Körpersprache vermieden?

43

Planspiele, Fallstudien und Konstruktionsübungen

Bei Fallstudien und Planspielen bearbeiten Sie zusammen mit anderen Teilnehmern ein vorgegebenes Szenario. Im Vordergrund stehen die Abstimmung im Team und die Erarbeitung eines gemeinsamen Lösungsweges. Bei Konstruktionsübungen basteln Sie in der Gruppe aus bestimmten Materialien ein Objekt. Hierbei müssen vorgegebene Kriterien berücksichtigt und umgesetzt werden.

Lösung von berufsnahen Situationen

In Planspielen und Fallstudien will man beobachten, wie Sie berufsnahe Aufgabenstellungen einer Lösung zuführen. Ihnen wird ein Szenario vorgegeben, in das Sie sich einarbeiten müssen. Die Informationen sind zumeist sehr umfangreich. Die Gesamtsituation erfassen Sie nur über die in den einzelnen Unterlagen enthaltenen Teilinformationen. Sie müssen deshalb immer das Informationspuzzle selbst zusammensetzen, bevor Sie an die Lösung der Aufgabe gehen können.

Wenn im Assessment-Center überprüft werden soll, wie Sie mit anderen zusammenarbeiten, wird die Konstruktionsübung eingesetzt. Ihnen werden Materialien gestellt, mit denen Sie ein vorher definiertes Objekt anfertigen müssen.

Achten Sie auf die Zeitvorgabe

Wie auch in den anderen Übungen ist es wichtig, dass Sie den vorgegebenen Zeitrahmen einhalten. Bei Planspielen und Fallstudien ist vor allem von Bedeutung, dass Sie am Ende der Zeitvorgabe ein fundiertes Ergebnis vorweisen können. Es wird erwartet, dass Sie Ihre Ergebnisse schriftlich fixieren. Gelegentlich wird von Ihnen als Anschlussübung auch die Präsentation der Ergebnisse in Vortragsform verlangt.

Planspiele

Bei Planspielen wird Ihnen meistens ein fiktives Unternehmen zur Leitung übergeben. Sie haben dann beispielsweise Kredite aufzunehmen, Einkäufe zu tätigen, andere Unternehmen zu übernehmen, Marktbeobachtungen durchzuführen und Personal einzustellen oder zu entlassen.

Ein fiktives Unternehmen leiten

Bei der Beobachtung und Bewertung Ihres Verhaltens kommt es darauf an, ob Sie Ihr Planspiel in der Gruppe oder alleine durchführen und ob eher quantitative Ergebnisse, wie Gewinn- und Umsatzsteigerungen, oder der Prozess der Informationsaufnahme, -analyse und -auswertung im Vordergrund stehen.

Bei Planspielen ist auch Ihr Fachwissen gefragt. Zumindest mathematische Grundkenntnisse werden von Ihnen erwartet. Wenn Sie spezielle Abschreibungs- oder Bewertungsberechnungen durchzuführen haben, kommt es darauf an, dass Sie das richtige Ergebnis errechnen.

Fallstudien

Auch bei Fallstudien finden Sie Aufgabenstellungen, die Sie in vorgegebener Zeit allein oder in der Gruppe lösen sollen. Wird die Fallstudie als Gruppenübung durchgeführt, unterliegt der Prozess der Meinungsbildung und Lösungsfindung genauso dem Interesse der Beobachter wie die erreichte fachliche Lösung. Gemeinsam ist allen Fallstudien, dass Sie zu Beginn der Übung Unterlagen ausgehändigt bekommen, die ein Unternehmensszenario beschreiben, das Sie analysieren und einer Lösung zuführen sollen.

Im Vordergrund: Prozesse

Die Fallstudie als Gruppenübung hat eine deutliche Parallele zur Gruppendiskussion. Die Umsetzung der in Kapitel 40 aufgeführten Techniken und Tipps zur Einnahme der Moderatorenrolle, zum Umgang mit schwierigen Gruppenmitgliedern und zum gezielten Einsatz von Körpersprache ermöglicht es Ihnen, auch Fallstudien souverän zu bewältigen. Im Unterschied zu Gruppendiskussionen werden Ihnen bei Fallstudien deutlich mehr Fakten vorgegeben. Die Unterlagen zu Fallstudien umfassen meist mehrere Seiten.

Bei einer Fallstudie als Gruppenübung bekommen die Teilnehmer oft auch Unterlagen mit unterschiedlichen Informationen. Ein Gesamtergebnis ist jedoch nur zu erzielen, wenn die Gruppe zusammenarbeitet. Einzelne Informationen müssen daher einander mitgeteilt werden. Die Aufgabenstellungen sind absichtlich so gehalten, dass die Gruppe nur dann handlungs- und entscheidungsfähig ist, wenn Informationen ausgetauscht werden. Es kommt in diesen Fällen darauf an, in der Gruppe einen gemeinsamen Informations- und Wissensstand zu erarbeiten, bevor die eigentliche Lösungsphase beginnt.

Informationsaustausch ist notwendig

Beispiel

Fallstudie Gruppenübung

Fallstudie eines Automobilunternehmens Die Teilnehmer bekommen ein Szenario über eine zu erwartende negative Unternehmensentwicklung. In dem Bereich, in dem Sie tätig sind, wird es eventuell zu Entlassungen, auf jeden Fall aber zu Kurzarbeit kommen. Innerhalb von 60 Minuten sollen Sie zusammen mit anderen Mitarbeitern ein DIN-A4-Flugblatt formulieren, das die Unternehmensangehörigen am hausinternen schwarzen Brett in angemessenem Ton informiert und Abwanderungen der Mitarbeiter vorbeugt.

Fallstudie aus dem Bereich Telekommunikation Sechs Gruppenmitglieder bekommen jeweils eine Regionalanalyse von tatsächlichen und zukünftigen Anwendern des Kommunikationsdienstes D4-Netz. Ausgehend von den unterschiedlichen Regionalanalysen (Ballungsräume, ländlicher Raum, starke Industrialisierung etc.) sollen die Teilnehmer Elemente einer vertriebsunterstützenden Dachkampagne erarbeiten, die die Zahl der Kunden in allen Regionen steigern soll.

Beispiel

Fallstudie Einzelübung

Fallstudie bei einer Unternehmensberatung Nach einem Mitarbeiter-Kritikgespräch sollen Sie eine schriftliche Einschätzung über den Mitarbeiter für die Personalakte ausarbeiten. Innerhalb von 30 Minuten soll das Gespräch protokolliert, das Ergebnis festgehalten, zu ausgewählten Aspekten des schwierigen Mitarbeiters Stellung genommen und das zukünftig vom Mitarbeiter erwartete Verhalten beschrieben werden.

Fallstudie bei einem Markenartikler Entwickeln Sie eine Marketingstrategie, die den drei bekanntesten Produkten eines Unternehmens die Position als Marktführer sichert. Entwerfen Sie eine detaillierte Media-Planung hinsichtlich der Art und der zeitlichen Abstimmung der eingesetzten Medien. Sie haben zur Lösung 60 Minuten Zeit, anschließend wird das Ergebnis vor der Geschäftsleitung präsentiert.

Konstruktionsübungen

Agieren Sie ergebnisorientiert

Konstruktionsübungen sind eine besondere Art der Gruppenübungen. Genauso wie bei Gruppendiskussionen kommt es darauf an, dass Sie ergebnisorientiert agieren. Sorgen Sie dafür, dass alle Teilnehmer in den Übungsverlauf einbezogen sind. Verfallen Sie dabei aber nicht in den Fehler, der Gruppe autoritär Anweisungen geben zu wollen.

Beispiel

Der Stuhl

Drei Gruppen treten gegeneinander an. Jedes Team erhält 500 Blatt Papier und 2 Rollen Klebeband. Die Aufgabe besteht darin, innerhalb von 30 Minuten einen Stuhl mit einer Mindestsitzhöhe von 30 Zentimetern zu konstruieren. In die abschließende Bewertung fließen sowohl die Originalität des Entwurfs als auch die Stabilität der Konstruktion ein.

Bei Konstruktionsübungen fallen Sie positiv auf, wenn Sie darauf achten, dass alle Gruppenteilnehmer die Gelegenheit haben, Lösungsvorschläge zu machen. Bitten Sie schweigsame Teilnehmer darum, etwas zum Arbeitsprozess beizutragen. Erkundigen Sie sich nach den besonderen Fähigkeiten der einzelnen Gruppenmitglieder. Bezogen auf unser Beispiel könnten Sie danach fragen, wer Statikkenntnisse hat, wer sich um das Design kümmern möchte und wer den Materialverbrauch einteilen will.

In der Vorbereitungsphase der Konstruktion überzeugen Sie, wenn Sie in der Lage sind, wesentliche von unwesentlichen Vorschlägen zu unterscheiden. Achten Sie darauf, dass sich die Teilnehmer Ihres Konstruktionsteams nicht an Detailfragen festbeißen oder sich in persönlichen Angriffen aufreiben.

Konzentrieren Sie sich auf wesentliche Vorschläge

Am Ende der vorgegebenen Zeit muss Ihr Team das Objekt fertig gestellt haben. Achten Sie deshalb darauf, dass nach der Planung noch genügend Zeit bleibt, um das Objekt zu bauen.

Bei Konstruktionsübungen steht der Abstimmungs- und Arbeitsprozess in der Gruppe genauso im Vordergrund wie das Erreichen der vorgegebenen Ziele. Die Teilnehmer, die sich von der entstehenden Gruppendynamik nicht ablenken lassen und das Ziel im Auge behalten, setzen sich bei Konstruktionsübungen und damit auch im späteren Arbeitsalltag durch.

☑ Checkliste
Planspiele, Fallstudien und Konstruktionsübungen

- ☐ Können Sie zurückhaltende und schweigsame Teilnehmer in die Übungen mit einbeziehen?
- ☐ Können Sie durch angemessene Moderation dafür sorgen, dass alle notwendigen Informationen zur Bewältigung der Aufgabe untereinander ausgetauscht werden?
- ☐ Kann eine gemeinsame Lösung erarbeitet werden?
- ☐ Können Sie Konflikte entschärfen und die Diskussion wieder auf die Sachebene führen?
- ☐ Wissen Sie um die besonderen Fähigkeiten der Mitglieder Ihrer Gruppe, und können Sie diese den entsprechenden Teilaufgaben zuordnen?
- ☐ Haben Sie die Zeit im Blick? Steht am Ende des Zeitrahmens ein Ergebnis fest?

44
Vorträge und Themenpräsentationen

Im zukünftigen Berufsalltag müssen Sie Ergebnisse präsentieren, über Vorgänge im Unternehmen informieren und Kollegen und Mitarbeiter für neue Aufgaben begeistern können. Im Assessment-Center werden deshalb Ihre rhetorischen Fähigkeiten von den Beobachtern bei Vorträgen und Themenpräsentationen bewertet.

Gut zu beobachten: Ihre Stressresistenz

Die Übung Vortrag gehört zum Standardrepertoire in Assessment-Centern. Gerade diese Übung lässt sich im Vorfeld aber auch besonders gut vorbereiten. Für die Beobachter ist weniger der Vortragsinhalt als vielmehr Ihr Verhalten in dieser Übung wichtig. Ihre Stressresistenz lässt sich anhand Ihres Auftrittes gut beobachten.

Gefragt ist ein Vortragsstil, der kurz und knapp wesentliche Argumentationslinien nachzeichnet und so viel Informationen vermittelt, dass Entscheidungsprozesse vorangebracht werden können. Strukturieren Sie das Thema, sichten Sie Argumente und trennen Sie Wesentliches von Unwesentlichem. Wenn bei einem Thema widersprüchliche Meinungen zu berücksichtigen sind, sollten Sie die entsprechenden Pro- und Kontra-Argumente nachvollziehbar darstellen.

Vortragsthemen

Es gibt vielfältige Vortragsthemen in Assessement-Centern. Ähnlich wie bei den Gruppendiskussionen lassen sich jedoch auch hier alle zu bestimmten Themenblöcken zusammenfassen, die mit großer Wahrscheinlichkeit verwendet werden – natürlich immer auch abhängig von der Branche, in der Sie sich bewerben. Themenblöcke bei Vorträgen sind:

- zukünftige Entwicklungen,
- berufliche Qualifikationen und
- politische Themen.

Bei der ersten Gruppe werden Themenstellungen eingesetzt, bei denen Ihr Blick in die Zukunft gefragt ist. Damit möchte man feststellen, ob Sie aktuelle Entwicklungen in Ihrem zukünftigen Arbeitsfeld verfolgen und Trends erkennen können. Mögliche Themen sind:

Sind Sie auf dem neuesten Stand?

- »Wie sieht die Zukunft der Energiemärkte aus?«
- »Welche Folgen wird der Konzentrationsprozess im Einzelhandel haben?«
- »Wird das Internet Zeitungen und Zeitschriften ersetzen?«

Ein weiterer Themenblock beinhaltet Vortragsthemen zur beruflichen Qualifikation. Mit diesen Vortragsthemen überprüfen die Unternehmen auch Ihre Fähigkeit zur Selbstreflexion. Themen können beispielsweise sein:

- »Mit welchen Maßnahmen lässt sich die Mitarbeitermotivation erhöhen?«
- »Was zeichnet einen Vertriebsmitarbeiter/Unternehmensberater/Projektingenieur/Marketingexperten/IT-Berater aus?«
- »Über welche Eigenschaften muss eine Führungskraft verfügen?«

Vorsicht bei politischen Themenstellungen: Es geht im Assessment-Center nicht um Ihre persönliche Meinung, sondern darum, dass Sie ein Thema analysieren und darstellen können. Hüten Sie sich davor, mit Ihrer persönlichen Meinung missionieren zu wollen.

Missionieren Sie nicht!

Nehmen Sie am besten eine vermittelnde Position zwischen den Extremmeinungen ein und stellen Sie Pro- und Kontra-Argumente heraus. Lassen Sie das Ergebnis offen. Sie punkten, wenn Sie auch bei politischen Themen auf die betriebswirtschaftliche Relevanz einer möglichen Entscheidung hinweisen. Beim Thema »Verbot des Individualverkehrs in den Innenstädten« könnten Sie beispielsweise auf mögliche Beeinträchtigungen des Einzelhandels hinweisen. Als Themen können Ihnen folgende begegnen:

- »Wie sinnvoll ist der autofreie/fernsehfreie Sonntag?«
- »Sind höhere Krankenversicherungsbeiträge für Raucher gerechtfertigt?«

- »Ist eine Frauenförderung durch Quotenregelungen am besten zu erreichen?«
- »Sollte die allgemeine Wehrpflicht abgeschafft werden?«
- »Sind Sie für ein generelles Rauchverbot am Arbeitsplatz?«

Vortragstypen

Generell werden im Assessment-Center zwei unterschiedliche Vortragstypen eingesetzt. Es kann Sie eine Themenpräsentation erwarten, aber auch ein Stressvortrag.

Themenpräsentation Sie bekommen eine Vorbereitungszeit und ein Thema genannt, welches Sie in einer vorgegebenen Zeit erörtern sollen. Gelegentlich schließt sich an Ihren Vortrag noch eine kurze Diskussion an, für die Sie dann ebenfalls eine Zeitvorgabe genannt bekommen. Um Ihre kommunikativen Fähigkeiten auf die Probe zu stellen, konfrontieren die Beobachter Sie dann in der Diskussion mit gegensätzlichen Meinungen und vermeintlichen Widersprüchen in Ihren Argumenten. Üblicherweise stellen die Beobachter die Fragen zu Ihrem Vortrag. Bei der Themenpräsentation achten die Beobachter darauf,

- wie Sie strukturieren und gliedern,
- wie flüssig Sie formulieren,
- wie überzeugend Ihre Argumente sind,
- wie Sie Kernaussagen und Handlungsaufforderungen herausarbeiten,
- wie Sie konkrete Beispiele einsetzen, um abstrakte Inhalte verständlich zu machen,
- wie Sie Medien zur Visualisierung einsetzen,
- wie souverän Sie sich auf dem Vortragspodium verhalten,
- was Ihre Körpersprache mitteilt,
- wie Sie die Zeitvorgabe einhalten und
- wie Sie auf Verständnisfragen und Sachfragen der Zuhörer reagieren.

Stressvortrag Wenn Sie für Ihren Vortrag nur eine sehr kurze Vorbereitungs- und Präsentationszeit eingeräumt bekommen, so ist dies ein so genannter Stressvortrag. In der sich eventuell anschließenden Diskussion gehen die Fragesteller Sie sehr viel härter an. So werden Sie beispielsweise persönlichen Angriffen ausgesetzt, oder mehrere Beobachter drängen Sie in scharfem Ton, eine Vielzahl von Fragen gleichzeitig zu beantworten.

Achtung: Der Ton wird schärfer

Stressvorträge setzen Unternehmen ein, um Ihre emotionale Stabilität zu testen. Beim Stressvortrag werden Ihre Vortrags- und Redekünste zwar ebenfalls registriert, im Mittelpunkt stehen jedoch:

- wie gut Sie Aufgabenstellungen unter starkem Druck bewältigen,
- ob und wie Sie wichtige Informationen bei minimalen Zeitvorgaben verdichten können,
- wie Sie auf persönliche Angriffe reagieren,
- wie schnell Sie Ihre Ruhe im Umgang mit schwierigen Zuhörern verlieren und
- ob Sie ein kritisches Publikum (wieder) in den Griff bekommen.

Vorbereitung von Vorträgen

Sie bewältigen die Übung Vortrag, wenn Sie in der Vorbereitungsphase Argumente sammeln, die Argumente sichten und auswählen, die Argumente in ein Vortragsschema einordnen und Ihren Medieneinsatz planen.

Argumente sammeln Beginnen Sie Ihre Themenaufbereitung mit einem Brainstorming. Notieren Sie auf einem Zettel alles, was Ihnen zum vorgegebenen Thema einfällt. Beziehen Sie auch aktuelle Meinungen und Fakten in Ihren Vortrag ein. Lesen Sie in der Zeit vor dem Assessment-Center jeden Tag den Wirtschaftsteil einer Zeitung. Dann fällt es Ihnen leichter, Argumente in Ihrer Vortragsvorbereitung zu finden.

Machen Sie ein Brainstorming

Argumente sichten und auswählen Wählen Sie aus den gefundenen Begriffen diejenigen aus, die für das vorgegebene Thema wichtig sind und die eine möglichst hohe Signalwirkung auf die Zuhörer haben. Nutzen Sie für Ihre Themenpräsentation

Struktur zahlt sich aus

Schlagworte und Schlüsselbegriffe, die auch in aktuellen Diskussion und Berichten in den Medien benutzt werden.

Zur Vorbereitung sollten Sie auch die Geschäftsberichte und Broschüren des ausrichtenden Unternehmens durcharbeiten. Auf diese Weise können Sie herausfinden, auf welche Reizworte die Unternehmensvertreter anspringen werden.

Vortragsschema nutzen Nun geht es darum, Ihre Argumente zu ordnen. Hierfür eignet sich besonders folgendes Vorgehen in sieben Schritten:

1. Nennen Sie das Thema.
2. Machen Sie deutlich, warum das Thema für die Zuhörer wichtig ist.
3. Beschreiben Sie die derzeitige Situation.
4. Gehen Sie auf die Gründe dieser Situation ein.
5. Zeigen Sie auf, wie diese Situation zukünftig aussehen sollte.
6. Erörtern Sie Maßnahmen, um die neuen Zielsetzungen zu erreichen.
7. Geben Sie eine Schlusszusammenfassung mit konkreter Handlungsaufforderung.

Zur Lebhaftigkeit Ihrer Rede tragen Sie bei, indem Sie Ihre Argumente anhand von Beispielen vorbringen. Verlieren Sie sich jedoch nicht im Geschichtenerzählen. Arbeiten Sie die sieben Schritte Ihrer Themenpräsentation ab. Stellen Sie die zentralen Schlagworte und Schlüsselbegriffe heraus.

Lebendigkeit durch wohldosierte Beispiele

Besondere Aufmerksamkeit müssen Sie auf Ihr Zeitmanagement richten. Riskieren Sie nicht, mitten in Ihren Ausführungen vom Moderator zum Abbruch gezwungen zu werden. Sie sollten aber auch darauf achten, die gesamte Vortragszeit zu nutzen. Wenn Ihnen am Ende des Vortrags noch Zeit verbleibt, sollten Sie diese mit weiteren Beispielen füllen.

Lassen Sie sich nicht aus dem Konzept bringen

Lassen Sie sich nicht durch Zwischenbemerkungen aus Ihrem Konzept bringen. Sie wirken bei Zwischenfragen während Ihres Vortrages souverän, wenn Sie unterschiedlich auf Verständnisfragen und Diskussionsbeiträge reagieren. Verständnisfragen, die beispielsweise zu Fachausdrücken gestellt werden, sollten Sie sofort beantworten. Sie zeigen damit Ihr Einfühlungsvermögen für die Bedürfnisse Ihrer Zuhörer. Diskussionsbeiträge sollten Sie dagegen interessiert zur Kenntnis nehmen und auf die Möglichkeit zur Diskussion am Ende Ihrer Ausführungen verweisen.

Bei Stressvorträgen müssen Sie damit rechnen, dass einer der Beobachter versucht, Sie zu provozieren. Machen Sie sich zum Anwalt der anderen Zuhörer und des Themas. Würgen Sie Störer charmant ab, beispielsweise so: »Um zunächst für alle Zuhörer den gleichen Kenntnisstand herbeizuführen, möchte ich Sie bitten, sich mit Ihren Anmerkungen noch etwas zu gedulden.« Auf diese Weise gelingt es Ihnen, Störversuche abzuwehren und im Vortrag gelassen zu bleiben.

Wichtig ist der Abschluss Ihres Vortrages, da er den Beobachtern gut im Gedächtnis haften bleibt. Im siebten und letzten Schritt Ihrer Themenpräsentation haben Sie eine Schlusszusammenfassung geliefert und eine konkrete Handlungsaufforderung an Ihr Publikum gerichtet. Eröffnen Sie die an den Vortrag anschließende Diskussion oder gehen Sie zu Ihrem Platz zurück.

Wenn nach Ihrem Vortrag eine Diskussion vorgesehen ist, müssen Sie diese moderieren. Gehen Sie auf eventuell während des Vortrags zurückgestellte Fragen von sich aus ein. Beantworten Sie alle Fragen der Zuhörer mit Geduld und Freundlichkeit. Stellt man Ihnen Fragen, die Sie nicht beantworten können, sollten Sie ebenfalls gelassen bleiben. Sie könnten mit der Aussage reagieren: »In Ihrer Frage sind interessante Aspekte enthalten. Vielen Dank für die Zusatzinformationen.«

Beantworten Sie alle Fragen mit freundlicher Geduld

Beenden Sie auch die Diskussion mit einer Schlusszusammenfassung der Redebeiträge. Wiederholen Sie Ihre wichtigsten Argumente und danken Sie Ihren Zuhörern für die Aufmerksamkeit und die Diskussionsbeiträge.

Medieneinsatz planen Setzen Sie bei Ihrem Vortrag Medien ein. Zum einen wissen Ihre Zuhörer dann immer, an welcher Stelle Sie sich gerade im Vortrag befinden. Zum anderen können sie Ihre Argumente besser einordnen. So entsteht Schritt für Schritt ein schlüssiges Gesamtbild, und Sie verdeutlichen von Anfang an, dass Sie Fakten visualisieren können.

Schritt für Schritt zum schlüssigen Gesamtbild

Bei Vorträgen sollten Sie sowohl den Overheadprojektor als auch das Flipchart als visuelle Orientierungshilfe für Ihr Publikum einsetzen. Rechnen Sie jedoch nicht damit, dass man Sie explizit darauf aufmerksam macht, wenn Overheadfolien und -stifte zur Verfügung stehen. Wenn die Moderatoren bei ihren Übungsinstruktionen jedoch selbst Folien auflegen und Informationen am Flipchart notieren, sollten auch Sie diese Medien nutzen.

Nicht mehr als sieben Punkte pro Folie

Ihren Vortrag visualisieren Sie, indem Sie eine Hauptgliederung auf einer Overheadfolie entwickeln. Diese Gliederung legen Sie zu Beginn auf, damit die Zuhörer sich einen Überblick über Ihren Vortrag und dessen Inhalte verschaffen können. Vergessen Sie bei der Erstellung Ihrer Folie nie den Präsentationsgrundsatz: »Nicht mehr als sieben Punkte pro Folie«. Stellen Sie zunächst eine grobe Struktur vor, bevor Sie eine weitere Aufgliederung auf nachfolgenden Folien liefern.

Wenn Sie eine Folie zum ersten Mal auflegen, sollten Sie etwa drei Sekunden lang eine Pause machen und dabei auf Ihr Publikum schauen. Gehen Sie dann auf die Begriffe ein, die Sie auf Ihrer Folie aufgeführt haben. Halten Sie sich an die vorgestellte Gliederung. Legen Sie keine Folien auf, die unbesprochen bleiben.

Die Overheadfolien, die Sie in Ihrer Themenpräsentation benutzen wollen, bereiten Sie in der Vorbereitungszeit vor. Schreiben Sie nie während des Vortrages auf Overheadfolien.

Schreiben Sie groß genug auf dem Flipchart

Nutzen Sie das Flipchart, um Stichworte anzuschreiben und Fakten zu visualisieren. Notieren Sie aber keine Sätze, sondern nur einzelne Schlagworte und Schlüsselbegriffe. Verwenden Sie nach Möglichkeit Abkürzungen, sonst dauert das Anschreiben zu lange. Schreiben Sie in Blockbuchstaben und so groß, dass Ihre Schrift auch aus der Entfernung gelesen werden kann. Verwenden Sie immer schwarze oder blaue Stifte. Gelbe, rote oder grüne Aufzeichnungen sind schwer lesbar.

Beim Einsatz des Flipcharts gilt der Grundsatz des Paraphrasierens, das heißt: Sie sprechen beim Anschreiben laut mit. Dies ist auch notwendig, um die von Ihnen auf dem Flipchart verwendeten Abkürzungen verständlich zu machen.

Stellen Sie sicher, dass Ihre Zuhörer einen freien Blick auf Ihre Visualisierungen haben. Unprofessionell wirken Vortragende, die sich in den Projektionskegel des Overheadprojektors stellen oder das Flipchart mit ihrem Körper verdecken. Ermöglichen Sie Ihren Zuhörern eine freie Sicht.

Körpersprache im Vortrag

Aus Ihrer Körpersprache im Vortrag werden die Beobachter Rückschlüsse auf Ihre Selbstsicherheit und Ihre Belastbarkeit ziehen. Mit einer Körpersprache, die Ihre Argumente unterstützt, werden Sie Ihre Zuhörer für sich und Ihr Thema einnehmen.

Ihre Hände müssen frei sein, damit Sie als Vortragender wichtige Aussagen und Kernelemente durch Arm- und Handbewegungen unterstreichen können. Lassen Sie Ihre Arme am Beginn Ihres Vortrages seitlich anliegen. Wenn Sie nach zwei bis drei Minuten Anwärmphase einen konstanten Redefluss erreicht haben, werden Sie – ohne bewusst darüber nachzudenken – Ihre Aussagen durch eine angemessene Gestik unterstützen. Aufgesetzte Gesten brauchen Sie nicht einzustudieren. Es genügt, wenn Sie Ihren Händen einen ausreichenden Spielraum zur Verfügung stellen.

Ihre Hände müssen frei sein

Ein erprobtes Mittel, um souverän auf dem Podium zu wirken, ist Bewegung. Bewegung ist aktiver Stressabbau. Sie sollten deshalb Ihren Redeplatz in der Mitte zwischen Flipchart und Overheadprojektor einnehmen. Dann sind Sie in der Lage, von diesem Zentrum aus zum Medieneinsatz nach links oder rechts zu gehen. Bewegung ist auch aus anderen Gründen vorteilhaft: Dadurch wird Dynamik vermittelt und das Interesse des Publikums verstärkt.

Das Drehen an Ohrringen oder Perlenketten, das nervöse Herumspielen mit Stiften und das Auf- und Absetzen der Brille signalisieren Unruhe und Nervosität und sind daher zu vermeiden.

Treten Sie bei Fragen nach vorne und wiederholen Sie die Frage zunächst laut. Damit binden Sie Ihr Publikum ein. Halten Sie bei Ihrer anschließenden Antwort den Blickkontakt zum Fragenden. Signalisieren Sie auch mit Ihrer Körpersprache, dass Sie sich nicht aus der Ruhe bringen lassen.

Halten Sie Blickkontakt zum Publikum

Suchen Sie während des Vortrags immer wieder Blickkontakt mit Ihrem Publikum, so gelingt es Ihnen, die Zuhörer mit einzubeziehen und ihre Aufmerksamkeit zu halten. Zudem wirken Sie souverän und gelassen, was Ihnen nur Pluspunkte einbringt.

☑ *Checkliste*
für Vorträge und Präsentationen

- ☐ Können Sie Ihre Argumente in aussagekräftige Schlagworte fassen und zu Blöcken bündeln?
- ☐ Nutzen Sie Informationen aus den Unternehmensbroschüren?
- ☐ Stellen Sie Pro- und Kontra-Argumente vor?
- ☐ Wird Ihre Argumentationslinie deutlich? Können Sie die Struktur visualisieren?
- ☐ Können Sie auch bei politischen Themen einen betriebs- oder volkswirtschaftlichen Bezug herstellen?
- ☐ Setzen Sie Medien ein?
- ☐ Sind Ihre Folien übersichtlich gestaltet und gut lesbar?
- ☐ Nutzen Sie am Flipchart Schlagwörter und Abkürzungen, die Sie kurz erläutern?
- ☐ Ermöglichen Sie Ihrem Publikum stets einen freien Blick auf Ihre Visualisierungen?
- ☐ Belegen Sie Ihre Argumente mit Beispielen?
- ☐ Haben Sie den Zeitrahmen im Blick?
- ☐ Bleiben Sie bei Zwischenfragen und Kritik souverän?
- ☐ Beantworten Sie Verständnisfragen sofort und verweisen Anmerkungen auf die anschließende Diskussion?
- ☐ Halten Sie Blickkontakt mit Ihrem Publikum?
- ☐ Nutzen Sie während des Vortrags Bewegung zum Stressabbau und um Ihre Zuhörer aufmerksam zu halten?
- ☐ Sind Ihre Hände während des Vortrags frei?

45 Der Postkorb

In der Postkorbübung müssen Sie Termine vergeben, Aufgaben delegieren und Vorgänge beurteilen. Sie werden sich in einer knapp bemessenen Zeit durch einen Stapel von Unterlagen arbeiten müssen. Die von Ihnen gefällten Entscheidungen sind schriftlich zu fixieren.

Nach unserer Erfahrung müssen Sie bei zweitägigen Assessment-Centern auf jeden Fall mit einem Postkorb rechnen, während bei eintägigen Veranstaltungen die Wahrscheinlichkeit abnimmt. Auf den Einsatz dieser Übung wird auch oft verzichtet, weil die Entwicklung, Durchführung und Auswertung dieser Übung viel zu zeit- und kostenaufwändig ist.

Die bekannteste Übung des Assessment-Centers

Was misst der Postkorb?

In dieser Übung geht es um Ihre analytischen Fähigkeiten, um Ihren Umgang mit komplexen Sachverhalten, Ihre Entscheidungsbereitschaft, Ihr Delegationsverhalten und Ihre emotionale Stabilität. Den Postkorb bearbeiten Sie üblicherweise schriftlich. Sie notieren Ihre Bewertung der ausgehändigten Schriftstücke und geben dann Ihre Lösungsvorschläge ab. Gelegentlich werden Ihre schriftlichen Ergebnisse anschließend von den Beobachtern hinterfragt. In diesem Fall wird mit der Übung Postkorb zusätzlich auch Ihr Umgang mit Kritik, Ihre Ausdauer beim Vertreten Ihrer Entscheidungen, Ihr Argumentationsgeschick und Ihr sprachliches Ausdrucksvermögen bewertet.

Im Vordergrund: Ihr Umgang mit komplexen Sachverhalten

Wenn die Beobachter Ihre Entscheidungen anzweifeln, versucht man damit häufig nur, Sie unter Druck zu setzen. Geben Sie nicht nach, sondern verweisen Sie auf Zusammenhänge zwischen einzelnen Vorgängen, Terminüberschneidungen und übliche Informations- und Entscheidungswege bei delegierten Aufgaben.

Lieber gut als perfekt

Ganz besonders Ihre Stressresistenz unter starkem Zeitdruck ist ein wesentliches Kriterium. Die Übung ist immer so angelegt, dass die vorgegebene Zeit niemals ausreicht. Beim Postkorb, wie auch im späteren beruflichen Alltag, gilt die Grundregel, dass Sie bei Zeitbeschränkungen lieber fünf Aufgaben gut lösen, statt eine perfekt zu bewältigen und vier andere unerledigt zu lassen.

Techniken zur Bewältigung

Alle Aufgabenstellungen von Postkorbübungen laufen auf die Aufforderung hinaus: »Sehen Sie die Ablage durch und bearbeiten Sie sie!« In dieser Übung haben Sie immer eine bestimmte Anzahl von Schriftstücken zu bearbeiten. Es handelt sich dabei um Aufzeichnungen betrieblicher Vorgänge, Entscheidungsvorlagen und private Notizen. Sie haben dazu üblicherweise ein bis zwei Stunden Zeit.

Beispiel

Aufgaben im Postkorb

Ausgangssituation Sie sind Führungskraft im Unternehmen XY. Sie kommen zwischen zwei Auslandseinsätzen in Ihr Büro. Dort arbeiten Sie alle aufgelaufenen beruflichen und privaten Vorgänge innerhalb einer Stunde ab und koordinieren sie terminlich. Die Schriftstücke in der Postkorbübung könnten so aussehen:

- *Notiz 1:* Ihr Stellvertreter hat eine Grippe bekommen und sich für die nächste Woche krank gemeldet. Er sollte einen Vortrag beim »Verband der Marketingfreunde in Rente« halten.
- *Notiz 2:* Die Personalabteilung möchte unbedingt eine Entscheidung darüber haben, an welchen Fortbildungsmaßnahmen Ihre Mitarbeiter in den nächsten zwölf Monaten teilnehmen sollen.
- *Notiz 3:* Die Geschäftsleitung hat Sie aufgefordert, ein Konzept mit Verbes-

serungsvorschlägen zur Kundenberatung zu entwickeln. Das Konzept soll in 14 Tagen vor der Leitung präsentiert werden.

- *Notiz 4:* Ihr neuer Mitarbeiter Herr Müller hat sich beim Betriebsfest negativ über die Führungsqualitäten des Gruppenleiters, Herrn Schmidt, geäußert. Herr Schmidt bittet Sie, dass Sie Herrn Müller zu diesem Vorgang zur Rede stellen.

Trennen Sie wichtige von unwichtigen Informationen

Ihr erster Schritt muss sein, wichtige von unwichtigen Informationen zu trennen und dringliche von weniger dringlichen Terminen zu unterscheiden. Hierbei hilft Ihnen die Entscheidungsmatrix in Übersicht 25, die Sie für die Bewertung jedes einzelnen Vorganges einsetzen können.

Übersicht 25: Entscheidungsmatrix

	wichtig	weniger wichtig
dringlich	**+w +d**	**-w +d**
weniger dringlich	**+w -d**	**-w -d**

Legen Sie Prioritäten fest

Überlegen Sie sich bei jedem Vorgang, welche Auswirkungen sich für das Unternehmen ergeben. Auf diese Weise können Sie entscheiden, ob der Vorgang wichtig oder unwichtig ist. Stellen Sie auch fest, welche zeitliche Priorität der Vorgang hat, ob er dringlich oder weniger dringlich ist. Aus unserer Entscheidungsmatrix ergeben sich vier Kategorien für die Vorgänge, die Sie unterschiedlich bearbeiten sollten:

- *Kategorie 1:* Sehr wichtige und sehr dringliche Vorgänge müssen Sie in jedem Fall bearbeiten und selbst entscheiden.
- *Kategorie 2:* Bei sehr wichtigen Vorgängen, die aber nicht dringlich sind, behalten Sie sich die Entscheidung vor. Sie können in diesen Fällen einen Termin festlegen, der mit den sehr dringenden und sehr wichtigen Vorgängen nicht kollidiert.

- *Kategorie 3:* Sind Vorgänge weniger wichtig, gleichzeitig aber sehr dringlich, delegieren Sie sie an Ihre Mitarbeiter.
- *Kategorie 4:* Unwichtige und nicht dringliche Vorgänge sind Zeitfallen, auf die Sie beim Aufbereiten des Postkorbes nur kurz eingehen sollten.

Wenn Sie die Vorgänge bezüglich Ihrer Wichtigkeit und Dringlichkeit untersuchen, sollten Sie direkt auf jedem Schriftstück Ihre Entscheidung vermerken. Achten Sie beim Durchlesen auch schon darauf, ob einzelne Vorgänge miteinander in einem Zusammenhang stehen.

Notieren Sie direkt auf dem Schriftstück Ihre Entscheidung

Auf keinen Fall dürfen Sie den Postkorb bearbeiten, bevor Sie alle Unterlagen gelesen haben. Es ist häufig der Fall, dass spätere Inhalte im Widerspruch zu vorhergehenden stehen. Daher müssen Sie sich zunächst einen Überblick über sämtliche Informationen verschaffen. Lesen Sie alle Notizen und Hinweise durch, bevor Sie anfangen, detaillierte Lösungen auszuarbeiten. Übrigens: Blinkt an Ihrem Bearbeitungsplatz ein Anrufbeantworter, muss dieser natürlich auch abgehört werden.

Für die Bewältigung von Terminen müssen Sie einen Tagesplan erstellen, in den Sie die Zeiten für Gespräche, Konferenzen und Anrufe eintragen. Achten Sie darauf, dass Sie mit realistischen Zeitvorgaben arbeiten: Lassen Sie zwischen den einzelnen Terminen ausreichend Zeit und verplanen Sie nicht mehr als 50 Prozent Ihrer gesamten Tageszeit.

Erstellen Sie einen Tagesplan

Sie können davon ausgehen, dass die Unterlagen Termine enthalten, die sich überschneiden. Daher tragen Sie, um einen Überblick zu bekommen, alle Termine in einen Terminkalender ein. Gelegentlich liegt ein Kalender bei, wenn nicht, fertigen Sie auf einem Blatt Papier einen eigenen an.

Alle Lösungen müssen unter einer Perspektive stehen: Ihre Entscheidungen müssen einen deutlichen Bezug zu der vorgegebenen Führungsposition erkennen lassen. Zeigen Sie, dass Sie sich mit betrieblichen Abläufen und Hierarchien auskennen: Delegieren Sie Vorgänge, geben Sie Informationen an die zuständigen Abteilungen und Mitarbeiter weiter, fordern Sie bei unklarer Ausgangslage weitere Informationen an und zeigen Sie sich bei aktuellem Handlungsbedarf entscheidungsfreudig.

Ihre Position als Perspektive der Entscheidung

Um delegieren zu können, müssen Sie natürlich wissen, welcher Mitarbeiter in welcher Position beschäftigt ist. Manchmal ist deshalb Ihren Unterlagen ein Organigramm beigefügt, das bereits die Positionen und Namen der genannten Mitarbeiter enthält. Ist die Betriebshierarchie nicht visualisiert, skizzieren Sie sich selbst anhand der Unterlagen ein Organigramm.

Grundsätzlich gilt die Regel: »Erst kommt der Beruf, dann das Private!« Dies ist zu beachten, wenn in Ihrem Postkorb Vorgänge liegen wie beispielsweise: »Der Klassenlehrer Ihres Sohnes hat angerufen und als Termin für ein Gespräch mit Ihnen in der Schule den 14. Februar, 10 Uhr, genannt. Ihr Sohn ist zum dritten Mal beim Rauchen erwischt worden und soll nun einen Schulverweis bekommen.« Wenn Sie in Ihrem Postkorb gleichzeitig die Notiz finden, dass »die Werbeagentur Müller angerufen hat, weil sie am 14. Februar um 10 Uhr die neue Dachkampagne für die Produkte ihres Unternehmens präsentieren wird«, dürfte Ihnen eine Entscheidung hinsichtlich der beiden parallel liegenden Termine sicherlich keine Schwierigkeiten bereiten.

Berufliches vor Privatem!

Ihre Lösungen müssen Sie schriftlich fixieren, wobei Sie auf eine ansprechende formale Präsentation achten sollten. Am besten fertigen Sie für jeden Vorgang einen separaten Lösungszettel mit hervorgehobener Überschrift, beispielsweise in großen Blockbuchstaben LÖSUNG ZU VORGANG 1, an. Notieren Sie dann stichwortartig zu jedem Vorgang:

- Welche Entscheidung haben Sie getroffen?
- Warum haben Sie diese Lösung gewählt?
- Was ist nun zu tun?

Mit dieser Vorgehensweise machen Sie Ihre Entscheidungen für die Beobachter transparent und nachvollziehbar. Einen vollständigen Postkorb samt Musterlösung können wir aus Platzgründen in diesem Ratgeber nicht abbilden. Sie finden aber ein ausführliches Beispiel in unserem Ratgeber *Assessment-Center-Training für Führungskräfte. Die wichtigsten Aufgaben – die besten Lösungen.*

☑ *Checkliste für den Postkorb*

- ☐ Haben Sie alle Notizen durchgelesen, falls nötig: den Anrufbeantworter abgehört?
- ☐ Haben Sie per Entscheidungsmatrix die Dringlichkeit und Wichtigkeit aller Vorgänge bewertet?
- ☐ Haben Sie zeitliche Prioritäten für die Vorgänge festgelegt?
- ☐ Haben Sie auf jedem Schriftstück Ihre Entscheidung vermerkt?
- ☐ Haben Sie einen Tagesplan erstellt? Sind Ihre Zeitschätzungen realistisch?
- ☐ Liegt ein Terminkalender vor oder haben Sie einen erstellt? Haben Sie alle Termine eingetragen?
- ☐ Ist Ihnen Ihre Position bewusst? Haben Sie die betrieblichen Abläufe und Hierarchien im Blick?
- ☐ Liegt ein Organigramm bei? Haben Sie ansonsten eines selbst erstellt?
- ☐ Haben Sie Vorgänge delegiert, Informationen an die zuständigen Mitarbeiter weitergeleitet, weitere Informationen angefordert, Entscheidungen getroffen?
- ☐ Haben Sie beruflichen Terminen den Vorzug gegeben?
- ☐ Haben Sie Ihre Lösungen schriftlich fixiert und auf eine ansprechende, übersichtliche Präsentationsform geachtet?
- ☐ Ist Ihre Vorgehensweise bei Entscheidungen für die Beobachter nachvollziebar?

46
Aufsätze

Ihr Kommunikationsgeschick wird im Assessment-Center nicht nur mündlich, sondern auch schriftlich überprüft. In der Übung Aufsatz müssen Sie beweisen, dass Sie Themen auch schriftlich aufbereiten können. Zeigen Sie, dass Sie in sich schlüssige Argumentationslinien entwickeln und dass Sie Wesentliches von Unwesentlichem unterscheiden können.

Übersicht durch Struktur

Die Übung Aufsatz wird zwar vorwiegend eingesetzt, um Teilnehmer zu beschäftigen, damit kein Leerlauf entsteht, aber eine Blöße dürfen Sie sich bei der schriftlichen Aufbereitung von Themen trotzdem nicht geben. Aus Ihrem Aufsatz muss deutlich werden, welche Auffassung Sie vertreten, und Sie müssen zeigen, dass Sie ein Thema strukturieren können. Bei der Auswertung Ihres Aufsatzes müssen die Beobachter bereits beim ersten flüchtigen Überfliegen erkennen, was Sie vermitteln wollen.

Bei speziellen Bewerbergruppen sind die Anforderungen jedoch höher gesteckt: Hierzu zählen Bewerberinnen und Bewerber für journalistische Arbeitsfelder oder im PR-Bereich. Wenn Sie sich als PR-Assistentin bewerben, erwartet man von Ihnen, dass Sie Informationen schriftlich aufbereiten können und Mitteilungen so verfassen, dass sie in der externen und internen Unternehmenskommunikation eingesetzt werden können. In diesen Fällen hat die Übung Aufsatz den Charakter einer Arbeitsprobe. Der Aufsatz soll Aufschluss über die Qualität der schriftlichen Ausdrucksfähigkeit unter Zeitdruck geben.

Aufsatztypen

Wenn in Assessment-Centern Aufsätze geschrieben werden sollen, so lassen sie sich folgenden drei Themengruppen zuordnen:

- Gründe für Ihre Einstellung
- berufsfeldbezogene Themen
- bildungsbezogene Themen

Gründe für Ihre Einstellung Bei diesem Aufsatztyp ist Ihre Selbstpräsentation in Schriftform gefragt. Die inhaltliche Ausgestaltung des Aufsatzes gelingt Ihnen mit den Regeln, die für Ihre Selbstpräsentation gelten. Bauen Sie Ihren Aufsatz so auf, dass der Bezug zur ausgeschriebenen Stelle deutlich wird. Stellen Sie berufliche Erfahrungen in den Vordergrund. Heben Sie besonders die Tätigkeiten hervor, die einen Bezug zur Einstiegsposition haben.

Ihre Selbstpräsentation ist gefragt

Berufsfeldbezogene Themen Diese Aufsatzthemen sind mehr auf Aspekte Ihres zukünftigen Berufsfeldes ausgerichtet. Mögliche Aufgabenstellungen sind:

- »Welche vertriebsunterstützenden Maßnahmen sind für eine neu einzuführende Produktreihe sinnvoll?«
- »Wie sollte sich unser Unternehmen auf einer Fachmesse präsentieren?«
- »Welche Fähigkeiten sind wichtig, um als Führungskraft Erfolg zu haben?«

Die berufsfeldbezogenen Aufsätze sollten Sie gut durchstrukturieren. Erstellen Sie ein Konzept, das in der beruflichen Praxis umgesetzt werden könnte. Bauen Sie berufsfeldbezogene Aufsätze nach dem folgenden Schema auf:

- Warum ist das Thema für das Unternehmen wichtig?
- Was soll erreicht werden?
- Welche Maßnahmen könnten ergriffen werden?
- Welche Maßnahmen sind weniger sinnvoll?
- Welche Maßnahmen sind sinnvoll?
- Ihre Meinung: Diese Maßnahmen sollten eingesetzt werden.

Bildungsbezogene Themen Wenn Ihnen Themen aus dieser Gruppe vorgegeben werden, wissen Sie, dass man Sie hauptsächlich beschäftigen will. In einem Unternehmen aus der Luftfahrt lautete die Aufgabenstellung in der Übung Aufsatz: »Assoziieren Sie über das Zitat von Max Frisch ›Alles Fertige hört auf, Behausung unseres Geistes zu sein‹«.

Wie bei allen anderen Übungen in Assessment-Centern ist auch hier Ihre Anpassungsfähigkeit an die Situation gefragt. Bezogen auf unser Beispiel könnten Sie beispielsweise thematisieren, dass es wichtig ist, Entwicklungen weiter voranzutreiben, Produkte ständig zu optimieren, sich auf verändernde Marktsituationen einzustellen und auf kreativen Wegen die eingefahrenen Pfade des Tagesgeschäftes sinnvoll zu erweitern. Versuchen Sie, auch bei allgemein gehaltenen Themen berufsbezogen zu argumentieren, und zeigen Sie, dass Sie in der Lage sind, Ihr kreatives Potenzial für berufliche Zusammenhänge einzusetzen. Solche Themenstellungen werden jedoch nur selten im Assessment-Center verwandt.

Argumentieren Sie bei allen Themen berufsbezogen

Formale Gestaltung

Ihre schriftliche Ausarbeitung überzeugt, wenn sie den Leser nicht nur inhaltlich, sondern auch gestalterisch anspricht. In jedem Fall sollten Sie Ihren ausformulierten Gedanken eine Gliederung voranstellen, damit die Klarheit Ihrer Argumente durch eine visuelle Struktur unterstützt wird. Erstellen Sie ein Deckblatt, auf dem Sie das Thema des Aufsatzes wiederholen. Fertigen Sie ein Inhaltsverzeichnis an, nummerieren Sie die Seiten und gliedern Sie den Text mit Absätzen und Zwischenüberschriften.

Machen Sie es dem Leser leicht

Formulieren Sie in kurzen Sätzen und achten Sie auf die Lesefreundlichkeit Ihres Textes. Versuchen Sie nicht, den Leser durch Fachtermini zu erschlagen. Ihr Sprachgebrauch sollte sich an einen interessierten Laien richten. Wichtige Aussagen können Sie hervorheben. Unterstreichen Sie beispielsweise Kerngedanken, oder kennzeichnen Sie Absätze mit einem Ausrufezeichen. Denken Sie auch an genügend Seitenrand. Liefern Sie eine kurze Einleitung und einen Ausblick am Ende.

☑ ***Checkliste***
für Aufsätze

- ☐ Haben Sie Ihren Aufsatz sinnvoll strukturiert?
- ☐ Haben Sie Ihre Meinung dargestellt?
- ☐ Argumentieren Sie auch bei allgemeinen Themen berufsbezogen?
- ☐ Haben Sie ein Deckblatt und eine Gliederung erstellt?
- ☐ Sind die Seiten durchnummeriert?
- ☐ Formulieren Sie klar und auch für Laien (Personalverantwortliche) verständlich?
- ☐ Enthält Ihr Aufsatz eine Einleitung und einen Schluss (Ausblick)?
- ☐ Haben Sie an genügend Seitenrand gedacht?

47
Tests

Tests werden ebenfalls hauptsächlich eingesetzt, um den Stressfaktor zu erhöhen. Die Aussagekraft von Tests ist jedoch gering. Bei der Auswertung wird hauptsächlich darauf geachtet, ob die Testergebnisse in einem Widerspruch zu den Beurteilungen stehen, die durch die direkte Beobachtung erzielt wurden.

Die im Assessment-Center eingesetzten Tests haben größtenteils den gleichen Zweck wie Aufsätze: den Druck aufrechtzuerhalten und einen Leerlauf in der Durchführung zu verhindern. Dennoch sollten Ihre Testergebnisse zumindest im oberen Mittelfeld liegen.

Die Aufgaben an sich sind meist nicht besonders schwierig. Die Bearbeitungszeit wird jedoch immer so gewählt, dass sie nicht ausreicht, um alle Aufgaben zu lösen – halten Sie sich deshalb nicht zu lang an einzelnen Aufgaben auf. Zumeist kommen in Assessment-Centern Intelligenztests, Leistungstests und Persönlichkeitstests zum Einsatz.

Intelligenztests

Intelligenztests bestehen aus verschiedenen Teilen, die jeweils versuchen, unterschiedliche Bereiche des menschlichen Denkvermögens zu erfassen. Das Testergebnis, das eine Person in einem Intelligenztest erzielt, wird mit dem Wert IQ (Intelligenzquotient) angegeben.

Erfassung des menschlichen Denkvermögens

Intelligenztests werden in Assessment-Centern eingesetzt, um die Fähigkeiten der Teilnehmer in folgenden Bereichen zu bewerten: logisches Denken, praktische Rechenfähigkeiten, Abstraktionsfähigkeit, räumliches Vorstellungsvermögen und Sprachverständnis.

Die folgenden Beispielaufgaben zeigen Ihnen eine Auswahl dessen, was auf Sie zukommen kann. Am Ende dieses Kapitels finden Sie die Lösungen zu den Testaufgaben.

Beispiel

Intelligenztest

Aufgabenblock 1: »Setzen Sie die Zahlenreihen fort. Fügen Sie die fehlende Zahl am Ende der Reihe ein!«

A) 1 4 7 10 **?**
B) 18 14 11 9 **?**
C) 9 12 8 11 7 10 6 9 **?**
D) 2 4 6 10 16 **?**
E) 7 7 9 8 11 **?**
F) 8 8 7 10 6 **?**
G) 6 4 2 6 4 **?**
H) 11 22 44 22 44 88 33 **?**

Aufgabenblock 2: »Ergänzen Sie sinnvoll. Jede Reihe von Figuren enthält drei Bilder, das vierte Bild fehlt. Suchen Sie aus den vorgegebenen Bildern mit der Bezeichnung a), b), c), d) und e) das Bild heraus, das die obere Reihe sinnvoll ergänzt. Tragen Sie den richtigen Lösungsbuchstaben dort ein, wo das Fragezeichen steht.«

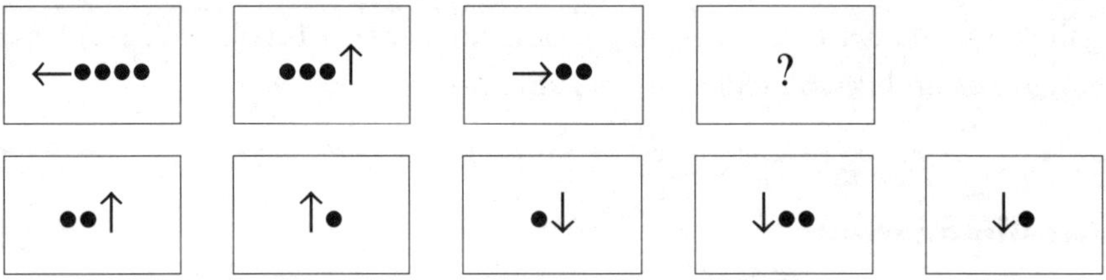

a) b) c) d) e)

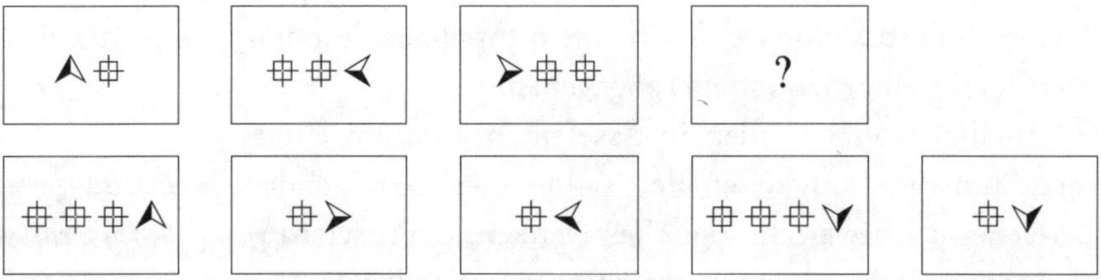

a) b) c) d) e)

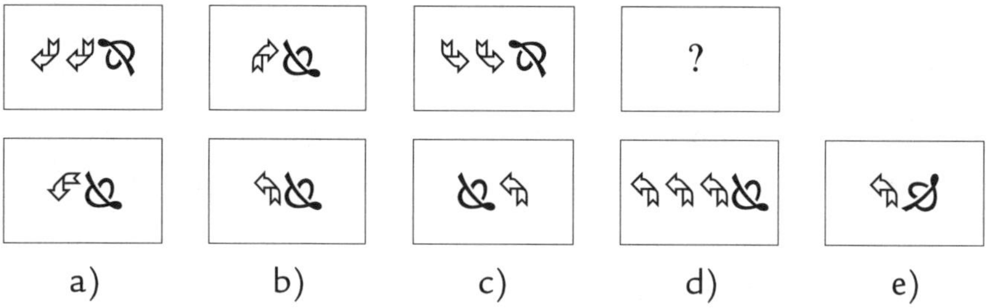

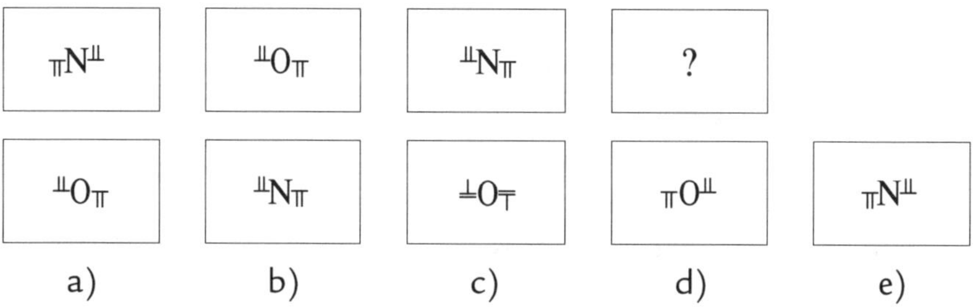

Lösungen

Aufgabenblock 1: A) **13**, B) **8**, C) **5**, D) **26**, E) **9**, F) **12**, G) **2**, H) **66**
Aufgabenblock 2: A) **c**, B) **e**, C) **b**, D) **d**

Leistungstests

Leistungstests prüfen Kenntnisse der Kandidaten in bestimmten, eingegrenzten Bereichen. Hierzu gehören beispielsweise Konzentrationsfähigkeit, Ausdauer, Geschicklichkeit oder Allgemeinwissen. Im Assessment-Center werden am häufigsten Konzentrationstests eingesetzt. Die Beobachter wollen überprüfen, ob Kandidaten auch unter Stress sorgfältig arbeiten können.

Auch unter Stress sorgfältig arbeiten

Ziehen Sie auch bei knappen Zeitvorgaben den Test durch. Sie sollten niemals mitten im Test aufgeben und die Bearbeitung abbrechen. Unser Beispiel zeigt Ihnen typische Aufgabenstellungen aus Konzentrationstests.

Beispiel

Konzentrationstest

Aufgabenblock 1: »Welcher Begriff gehört nicht dazu? Bitte streichen Sie bei den folgenden Begriffsgruppen den nicht dazugehörigen kräftig durch!«

1. Schwan - Ente - Gans - Tiger
2. Schrank - Tisch - Rad - Sessel
3. sitzen - laufen - knien - liegen
4. Apfelsine - Pflaume - Kartoffel - Kirsche
5. Tag - Woche - Uhr - Monat
6. gestern - vor kurzem - bald - früher
7. Fahrrad - Motorrad - LKW - Auto
8. Kreis - Dreieck - Würfel - Quadrat
9. Hütte - Haus - Iglu - Kaufhaus

Aufgabenblock 2: »Welche Rechtschreibung ist richtig? In den folgenden Aufgaben wird dasselbe Wort in vier unterschiedlichen Schreibweisen gezeigt. Kreuzen Sie die Zahl vor der richtigen Schreibweise an!«

A. 1. Waschmahschine
2. Waschmaschiene
3. Waschmaschine
4. Wahschmaschine

B. 1. Desinteresse
2. Desintehresse
3. Dehsintehresse
4. Desintaresse

C. 1. rationel
2. rationehl
3. ratiohnell
4. rationell

D. 1. Lazareht
2. Lazarett
3. Lahzarett
4. Lazaret

Lösungen

Aufgabenblock 1: 1. ~~Tiger~~, 2. ~~Rad~~, 3. ~~laufen~~, 4. ~~Kartoffel~~, 5. ~~Uhr~~, 6. ~~bald~~, 7. ~~Fahrrad~~, 8. ~~Würfel~~, 9. ~~Kaufhaus~~

Aufgabenblock 2: A) **3**, B) **1**, C) **4**, D) **2**

Persönlichkeitstests

Persönlichkeitstests sollen Charaktereigenschaften und Persönlichkeitsmerkmale deutlich machen. Dazu gehören unter anderem Kontaktfähigkeit, Aggression, Antriebsstärke und Belastbarkeit. Der Einsatz von Persönlichkeitstests ist jedoch problematisch, da ihre Aussagekraft sehr begrenzt ist. Sie gelten – auch in der Fachwelt – keineswegs als unumstritten.

Im folgenden Beispiel finden Sie einige Fragen aus einem »selbst entwickelten Persönlichkeitstest«, den eine Personalberatung im Assessment-Center einsetzt.

Beispiel

Persönlichkeitstest

Bitte nehmen Sie zu den folgenden Aussagen Stellung, entscheiden Sie sich und kreuzen Sie die Antwortmöglichkeiten (a, b oder c) an:	stimmt (a)	unsicher (b)	stimmt nicht (c)
1. Ich möchte lieber in einer aufstrebenden betriebsamen Stadt wohnen als in einem abgeschiedenen Dorf.	☐	☐	☐
2. Mit fremden Menschen ein Gespräch zu beginnen, fällt mir schwer.	☐	☐	☐
3. Wenn Leute wenig von mir halten, ist mir das gleich.	☐	☐	☐
4. Es amüsiert mich, wenn ich Experten verunsichern kann.	☐	☐	☐

Stellen Sie sich möglichst positiv dar

Kreuzen Sie an, was allgemein erwünscht ist. Stellen Sie sich als aktiv, zupackend, innerlich ausgeglichen, gesprächsbereit, hilfsbereit und souverän im Umgang mit anderen dar.

☑ Checkliste
für Tests

- ☐ Auch wenn die Aussagekraft der Tests sehr begrenzt ist und ihr Einsatz eher zur Aufrechterhaltung des Drucks dient: Haben Sie auch bei knappen Zeitvorgaben die Tests konzentriert bearbeitet?
- ☐ Arbeiten Sie auch bei Stress sorgfältig und effizient?
- ☐ Haben Sie sich in Persönlichkeitstests als aktiv, zupackend, emotional stabil, gesprächsbereit, offen, hilfsbereit und souverän gezeigt?
- ☐ Haben Sie zur Vorbereitung verschiedene Tests geübt?

48
Selbst- und Fremdeinschätzung

Manchmal werden Sie am Ende eines Assessment-Centers dazu aufgefordert, Ihre eigenen Leistungen und die der anderen Kandidaten zu bewerten. Hier achtet man auf Ihre Kritik- und Reflexionsfähigkeit. Die Ergebnisse Ihrer Selbsteinschätzung sollten realistisch sein, dennoch dürfen Sie sich nicht unter Wert verkaufen.

Die Selbsteinschätzung soll zeigen, ob die Kandidaten in der Lage sind, über sich selbst und ihr Verhalten zu reflektieren. Die Fremdeinschätzung wird oft dazu herangezogen, die Bewertung der Beobachter zu bestätigen oder eventuell zu korrigieren. Der Hintergrund dieser Übung liegt in der Erkenntnis von Arbeits- und Organisationspsychologen, dass das Kollegenurteil oftmals genauere Aussagen über den zukünftigen beruflichen Erfolg eines Menschen ermoglicht als ausgeklügelte Personalauswahlverfahren.

Wichtig: das Kollegenurteil

Peer-Ranking und Peer-Rating

Bei der Selbst- und Fremdeinschätzung lassen sich zwei Formen unterscheiden: das Peer-Ranking und das Peer-Rating.

Beim Peer-Ranking geht es darum, sämtliche Teilnehmerinnen und Teilnehmer in eine Reihenfolge zu bringen, die aussagen soll, wer insgesamt am besten abgeschnitten hat. Die Kandidaten werden gebeten, eine Liste zu erstellen und eine Rangfolge der Kandidaten nach ihren Leistungen festzulegen.

Eine Rangfolge der Kandidaten

Das Peer-Rating ist präziser: Hier geht es darum, das Verhalten der Teilnehmer in den einzelnen Übungen zu bewerten. Wer war der Beste in der Gruppendiskussion? Wer die Zweitbeste? Wer war die Beste in der Themenpräsentation? Wer der Zweitbeste? Manchmal bekommen Sie auch Skalen vorgegeben, auf der Sie das Verhalten der anderen oder das eigene Verhalten in den einzelnen Übungen einordnen sollen.

Taktische Selbsteinschätzung

Die Einschätzung der anderen fällt meistens nicht schwer. Problematisch ist eher, das eigene Verhalten taktisch geschickt zu zensieren. Wenn man Ihnen die Reihenfolge der Übungen, bei denen Sie sich selbst einschätzen sollen, überlässt, so sollten Sie Ihre Selbsteinschätzung mit den Übungen anfangen, in denen Sie am besten abgeschnitten haben. Denn zumeist ist die Zeit am Ende eines Assessment-Centers eher knapp und man kann nicht alle Übungen mit Ihnen besprechen. So bleibt Ihnen vielleicht die Erwähnung von weniger guten Ergebnissen erspart und die Signalwirkung der positiven Selbsteinschätzung bleibt hängen. Sind beispielsweise Ihre Gruppendiskussion und Ihr Vortrag besonders gut gelungen, heben Sie diese Übungen hervor und begründen Sie Ihre Meinung.

Stellen Sie Ihre guten Leistungen in den Vordergrund

Übungen, die weniger gut gelaufen sind, sollten Sie nur dann eingestehen, wenn Sie sich ganz sicher sind, dass die Beobachter zu ähnlichen Einschätzungen gekommen sind wie Sie selbst. Ansonsten gilt bei weniger gutem Abschneiden der bewährte Tendenz-zur-Mitte-Trick. Wenn Sie eine Übung nicht absolut »verbockt« haben, ordnen Sie Ihr eigenes Verhalten etwa in der Mitte einer gedachten oder tatsächlichen Bewertungsskala ein. Von dieser Position aus können Sie im schlimmsten Fall immer noch etwas nach unten abweichen, ohne dabei allzu großen Gesichtsverlust zu erleiden oder womöglich als kritik- und reflexionsunfähig zu gelten.

Belasten Sie sich nicht selbst

Mit Nachfragen der Beobachter zu Ihren Angaben über sich selbst und über die anderen Kandidaten müssen Sie natürlich rechnen. Wichtig für Ihre Begründungen bei den Selbst- und Fremdeinschätzungen ist, dass Sie immer sichtbares Verhalten und keine bloßen Vermutungen über innere Beweggründe als Ausgangspunkt Ihrer Bewertungen wählen.

☑ *Checkliste*
für Ihre Selbst- und Fremdeinschätzung

- ☐ Haben Sie die Übungen betont, in denen Sie am besten abgeschnitten haben?
- ☐ Haben Sie bei Übungen, die für Sie nicht so gut verlaufen sind, Ihr Verhalten in der Mitte einer (gedachten) Skala angesiedelt?
- ☐ Sind Sie sicher, dass die Beobachter mit Ihnen übereinstimmen in der Einschätzung, welche Übungen Sie gut und welche Sie weniger gut absolviert haben?
- ☐ Haben Sie bei der Bewertung der anderen Teilnehmer ausschließlich beobachtbares Verhalten herangezogen?
- ☐ Vermeiden Sie Spekulationen über innere Beweggründe?

Nachwort

Der Aufwand, den die Firmen bei der Personalauswahl treiben, ist in den vergangenen Jahren immer größer geworden. Für Sie gilt es in allen Teildisziplinen des stressigen Bewerbungs-Zehnkampfes zu punkten, damit Sie am Ende den Wettbewerb zu Ihren Gunsten entscheiden können. Es ist für Bewerberinnen und Bewerber nicht leicht, auf Anhieb zu erkennen, was in den unterschiedlichen Bewerbungsphasen eigentlich genau gefragt ist, und wie man »beweisen« kann, dass man der oder die Richtige für den Job ist. Doch gute Vorbereitung hilft Ihnen dabei! Sie wissen nun,

- wo Ihre Stärken liegen,
- wie Sie die Anforderungen der Firmen erkennen,
- wie Sie sich eine optimale Bewerbungsmappe erarbeiten,
- wie Sie in telefonischen Gesprächen mit Firmenvertretern überzeugen,
- was Sie in Vorstellungsgesprächen erwartet und
- wie Sie sich im Assessment-Center von Ihrer besten Seite zeigen können.

Heben Sie sich von der grauen Masse der austauschbaren Bewerber ab. Orientieren Sie sich an der von uns vorgestellten Profil-Methode: Präsentieren Sie sich *passgenau*, *stärkenorientiert* und *glaubwürdig*. Bekennen Sie sich zu Ihrem einzigartigen Profil, damit man in den Firmen auf Sie aufmerksam wird.

Wenn Sie zu einzelnen Themen dieses Bewerbungshandbuches weitere Informationen wünschen und an zusätzlichen Bewerbungsmustern, Tipps und Beispielen interessiert sind, sollten Sie einen gezielten Blick auf unsere speziellen Bewerbungsbücher am Schluss dieses Buches werfen. Sowohl die Bücher als auch unsere Seminar- und Einzelcoachingangebote finden Sie auch unter *www.karriereakademie.de*.

Für Ihre Bewerbungsanstrengungen wünschen wir Ihnen den verdienten Erfolg!

Christian Püttjer und *Uwe Schnierda*

Register

Agentur für Arbeit 95–97, 99, 313
Aggressive Gesten 379 f., 386 f., 394
Aktive Entspannung 416 f., 426
Anforderungen von Firmen 20, 54–56, 58, 61, 63, 68 f., 74–76, 78, 84, 97, 100, 102–107, 110 f., 127, 129, 132–135, 138, 141, 144, 194, 207 f., 211, 216 f., 224, 228 f., 232, 235, 268, 276, 278, 307, 357, 368 f., 399, 408, 417, 437 f., 442, 464, 521, 534
Anforderungsprofil 86, 100, 249, 268, 349, 359
Anlagenverzeichnis 120, 123, 126, 202, 290 f.
Anschreiben 54, 57, 59, 62, 69, 83, 89, 116–141, 146, 148–150, 174, 178 f., 181, 197, 204–206, 211, 248, 254, 262, 289, 291, 298 f., 302, 307, 325 f., 328 f., 331–333, 335, 337, 343, 349 f.
–, Abschlussformel 134
–, formale und inhaltliche Fehler 115, 129
–, Gliederung 130, 138
Anspannung 378–382, 385, 475, 486
Antworttechniken 371, 375, 395
Arbeitszeugnis 25, 32, 58, 76, 116–120, 123, 152, 181–189, 193, 202, 289, 291, 373, 408, 422 f.
–, Formulierungen 181, 183–190
–, Leistungsbeurteilung/-bewertung 184–188
–, verdeckte Bedeutungen 186
Assessment-Center 17 f., 59, 211, 345, 461–465, 467–470, 472–480, 488 f., 495 f., 501, 506–509, 515, 521, 523, 525, 529, 531 f., 534
Aufsatz 463, 521 f., 524 f.
–, Gliederung 523 f.
Ausbaufähige Grundlagen 59
Ausbildungszeugnis 58, 123, 181, 190

Belastbarkeit 58, 64, 66, 362, 374
Berufliche Entwicklung 70–72, 79, 90, 92, 94, 132, 134, 153, 162, 183, 207, 266 f., 277, 285 f., 299, 326, 356, 395, 404 f., 439 f., 452, 468, 470, 489
Berufliche Ziele 75 f., 90, 205, 221, 265, 301, 382, 396, 410, 418, 428, 450
Berufserfahrung 23–25, 27, 55, 68, 77, 82, 84, 105, 109, 137, 151, 155 f., 165, 177–179, 191, 202, 205, 208, 232, 252, 261 f., 270, 277, 285, 298 f., 343, 358, 416, 402, 428, 436, 441 f., 445, 454, 469
Berufspraxis 38, 59, 92, 108, 153, 174 f., 203, 251, 360, 450
Bewerberfragen *s. Eigene Fragen*
Bewerber-Homepage 345, 348–350
Bewerberprofil *s. Profil*
Bewerbungsfoto 116–120, 125, 165, 169–173, 278, 280, 285, 289, 291, 298, 349 f.

Bewerbungsmappe 17 f., 54, 59, 115–127, 149, 169, 174 f., 181, 191 f., 194, 196, 202–204, 216 f., 289–292, 392, 534
Bewerbungsordner 205, 211
Beziehungsebene 492
Blackout 378
Blickkontakt 382, 389, 487, 490 f., 499 f., 513 f.
Blindbewerbung 215
Brainstorming 483, 509

Computer-/EDV-Kenntnisse 55 f., 61, 64, 66, 68, 120, 140, 156, 159, 161 f., 165, 167 f., 201–203, 232, 282, 284, 287 f., 297, 334, 346

Deckblatt 119–122, 173, 202, 278, 290, 298
Dominanzgesten 379 f., 386 f., 394, 490 f.
Dritte Seite 174–177, 179

Eigene Fragen 102, 308, 355, 432 f.
Eigeninitiative 38, 58, 96, 158, 192, 215, 221, 331, 404
Einsatzbereitschaft 58, 196
Emotionale Stabilität 373, 488, 490, 509, 515, 530
Entspannte Körperhaltung 380, 382, 388–390, 394, 487, 491, 499
Entwicklungspotenzial 286
Erster Eindruck 100, 127, 131, 169, 298

Fachliche Kenntnisse/Fachkenntnisse 54, 56, 58, 62 f., 68 f., 90, 94, 103, 143, 168, 183, 229, 288, 293, 340, 355, 357, 373, 396, 410, 437 f., 440, 452
Fachliche Kompetenz (*s. auch Hard Skills*) 38, 43, 53 f.
Fachmagazine/-zeitschriften, Stellenmarkt 95 f., 226
Fähigkeiten 23, 31, 54, 59 f., 73, 76 f., 79, 90, 92, 103, 106, 127, 132 f., 142, 147, 149, 151, 176, 179, 194, 207, 217, 230 f., 238, 266, 305, 311, 381, 404, 409, 424, 435, 469
Fallstudie 463, 501–505
Fangfragen 384
Feedback 40, 220, 466, 476
Firmenverzeichnisse 95, 98 f.
Flexibilität 38, 56, 58, 61, 166, 240, 303, 354, 464
Floskeln 79, 135, 174, 176 f., 179, 202, 216, 375
Flüchtigkeitsfehler 135, 162, 166, 272
Fragetechniken 371, 395
Freizeit/-aktivitäten 24, 30 f., 34–36, 39, 41, 46, 48, 157, 410, 412, 415–419, 439, 469, 472
Fremdeinschätzung 464, 531–533
Fremdsprachenkenntnisse *s. Sprachkenntnisse*

Gehaltsdiskussionen/-verhandlungen 435 f.
Gehaltsvorstellungen 62, 68, 134, 141, 143, 146–148, 316, 434
Geschlossene Fragen 371 f., 394
Gesprächstechniken 484
Gesprächsziele 102 f., 110, 237, 246, 248 f., 259, 302, 307, 492, 495
Gestik 173, 378, 490, 513
Gruppendiskussion 463, 465, 467, 473, 478–487, 502, 504, 506, 532
Gruppenübung 503 f.

Hard-Skills (*s. auch Fachliche Kompetenz*) 38, 40 f., 43–46, 48, 52–55, 62, 94, 194
Heimliche Übungen 464, 472, 477
Hobbys 30 f., 34–36, 157, 159, 163, 167, 287, 416, 469

Homepages von Unternehmen 68, 97, 99, 223 f., 233, 312, 315–318, 322, 325, 336, 343, 474

Individualität 39, 172, 194, 261, 277
Informationen über Unternehmen 61–63, 103, 196, 226 f., 229, 233, 238, 395, 401, 425, 431 f., 474, 477
Initiativanschreiben 265–277, 303
Initiativbewerbung 102, 215–218, 220, 223, 225, 227, 231, 234 f., 237, 241, 246–250, 252, 254, 258, 273, 275, 277 f., 281, 289 f., 292–295, 298 f., 301
Initiativlebenslauf 277–288
Inoffizielle Testsituationen 472, 477
Intelligenztests 525–527
Internet-Jobbörsen 97–99, 223–225, 227, 232, 260, 262–264, 268, 311–316, 318–320, 322, 325, 336, 343 f.
Interview 59, 463, 488–490

Ja-aber-Technik 498
Job-Suchmaschinen 97, 223–225, 312 f., 315–318, 322

Kann-Anforderungen 59–63, 65 f., 68, 197, 202
Kenntnisse 23, 25, 28, 31, 54 f., 59 f., 73 f., 76–79, 91 f., 103, 106, 127, 132 f., 142, 147, 149, 151, 194, 202, 207, 238, 252, 266 f., 277, 292, 305 f., 311, 381, 404, 409, 435, 469
Kleidung 169–173, 391 f.
Kommunikationsfähigkeit/-geschick 56, 128, 206, 282, 479 f., 492
Kommunikationstechniken 357, 371
Kompetente Persönlichkeit 38
Kompromiss 219, 453 f.
Konfliktmanagement 44
Konstruktionsübung 463, 501, 504 f.
Konzentrationstests 527 f.
Körperhaltung 171 f., 381, 487
Körpersprache 378–380, 382, 384–386, 388, 390, 485 f., 488, 490, 498–500, 502, 508, 513
Kreativität 58, 135, 482
Kritikfähigkeit 58, 64, 66, 531 f.
Kundenorientierung 56 f., 64, 66, 133, 228, 240, 303, 326, 338, 479, 497
Kurzbewerbung 247 f., 258, 289 f., 325
Kurzprofil 216 f., 228 f., 230–233, 241, 246, 254, 302
Kurzvortrag 69

Lebenslauf 54, 57, 59, 62, 102, 116–120, 124–126, 149–168, 173–175, 178–182, 190, 192, 200, 202–207, 211, 216, 248, 259, 261 f., 277–289, 291, 296 f., 299, 303, 307, 325–329, 331–335, 337 f., 343, 348–350, 355, 358, 417
–, Lücken 151, 156 f., 161, 166 f., 282, 286 f.
–, Strukturierung 151, 203, 280, 285, 299
Leistungsbereitschaft 74, 78 f., 132, 156, 300, 354, 357 f., 374, 437
Leistungsbilanz 59, 62, 116, 118, 120, 125 f., 174 f., 177–180, 182, 278, 289–291, 325 f., 328 f., 335, 349 f.
Leistungsmotivation 209, 358, 396, 425, 488
Leistungsnachweise 191
Leistungstests 525, 527
Lernbereitschaft 28, 33, 38, 56, 58, 61, 64, 66, 74, 79, 132, 166, 203, 293, 300

Medieneinsatz 466, 470, 482, 485, 508 f., 511–514
Messegespräche/-kontakt 227, 234–246, 250, 275, 302, 307

Methodische Kompetenz 488
Mimik 173, 378, 490
Mind-Map 483, 487
Motivation 56, 171, 176 f., 217, 339, 358, 396, 404, 437 f., 452, 489
Motivation der Bewerbung 356, 368, 395
Muss-Anforderungen 59, 62-64, 66, 68

Nachfassaktion 210, 301, 307
Nachschlagewerke 226 f.
Negativ-Formulierung 75 f.
Networking 234 f., 249
Netzwerk 234 f., 237

Offene Fragen 371 f., 432 f.
Online-Assessment 345-347, 349 f.
Online-Bewerbung 311, 323-337, 341, 343, 345, 348 f.
–, Technische Probleme 327
Online-Bewerbungsformulare 325, 327, 332, 336-346
Online-Stellenmärkte 97-99, 223, 225, 312, 316, 318 f., 322

Peer-Ranking 531
Peer-Rating 531
Passgenauigkeit 20, 67, 140, 150, 175, 194, 275, 277, 292, 303, 359
Personalberatung 320, 322, 325
Personalvermittlung 320, 322, 325
Persönliche Ansprache 244, 473
Persönliche Fähigkeiten 58 f., 61-63, 69, 75, 78 f., 90, 94, 103, 134, 142, 183, 217, 220, 232, 268 f., 340, 346, 354-356, 362, 364, 373, 396, 410, 416, 437 f., 440, 452
Persönliche Kontakte 234-237, 240, 244, 246, 273
Persönlichkeit 20, 31, 34, 38, 176, 179, 209, 216, 303, 353 f., 358, 395, 413
Persönlichkeitstest 525, 529 f.
Positive Kommunikation 474
Planspiel 463, 501 f., 505
Postkorb 463, 515 f., 518-520
–, Entscheidungsmatrix 517 f., 520
–, Ergebnispräsentation 463
Potenzial, eigenes 23, 30, 37 f., 47, 320, 396, 476, 523
Potenzialanalyse 23, 31, 35, 462
Private Lebensgestaltung/Privatleben 209, 222, 356, 395, 410, 416-418, 428
Problematische Bewerbungen 437, 439, 442, 452
Profil 18-20, 24, 31, 38, 40, 76, 78 f., 83 f., 87, 103, 105, 128-130, 133 f., 136, 141, 147, 149, 163 f., 167, 174-179, 205 f., 208 f., 215-218, 220, 228, 230 f., 233, 235, 238, 240, 244 f., 249, 252, 257, 260-264, 266-270, 273, 277 f., 285, 289, 299, 303, 306, 326, 336 f., 340 f., 343 f., 348, 359, 362, 436, 468, 470
Projektarbeit 56 f., 64, 66

Qualifikationsprofil 69, 82, 108, 111, 146, 244, 250 f., 254, 258 f., 270, 278, 287, 332, 335, 344, 350, 355, 468, 488, 491
Qualifiziertes Arbeitszeugnis 182-184

Referenzen 117, 125, 290 f.
Reflexionsfähigkeit 531 f.
Rollenspiel 463, 467, 492, 498-500
–, Kundengespräch 463, 467, 492, 495-500
–, Mitarbeitergespräch 463, 492-495, 499 f.

Sachebene 492, 498, 500, 505

Schlagworte 38, 42, 81–84, 86 f., 137, 202, 216, 229, 241, 244, 253, 259, 270, 302, 316, 332, 344, 350, 357, 468, 483 f., 487, 489, 491, 510, 512, 514
Schlüsselbegriffe 54, 78, 81–87, 100, 132, 134, 138, 152, 207, 211, 230 f., 241, 244, 256, 263 f., 268, 270, 306 f., 335, 357, 359, 468, 483, 491, 510, 512
Schlüsselworte 111, 261, 264, 332, 336 f., 341, 343, 357, 487
Schulzeugnis 58, 116, 191
Schwächen 37–39, 43–46, 50 f., 53, 77, 218, 355, 362, 364–366, 382, 393–395, 410, 488 f., 491
Schwächenanalyse 50, 53, 365
Selbstanklage 76, 79, 367, 442
Selbstbewertung 76
Selbstbewusstsein 37, 43, 52, 205
Selbstdarstellung 59, 69, 71, 73, 76, 83, 100, 105 f., 110, 131, 133, 251, 261, 268, 337, 341, 355, 371, 374, 380, 469
Selbstdarstellung von Unternehmen 225 f.
Selbsteinschätzung 220, 464, 488, 531–533
Selbstkritik 50, 133, 364
Selbstpräsentation 74, 77 f., 84, 69–83, 86–88, 92, 130 f., 133, 207 f., 211, 218, 230, 259, 355, 358–360, 368, 373 f., 379, 384, 391, 393, 395 f., 410, 434, 439, 442 f., 463, 466, 468–472, 476, 522
–, Aufbau 70–72
–, Fehler 73–77
Selbstreflexion 47, 364, 410, 507
Selbstständiges Arbeiten 56, 58, 64, 66, 133, 140, 189
Selbstverantwortung 58
Small Talk 236, 243, 246, 355, 472, 477
Soft-Skill-Assessment 462
Soft-Skills (*s. auch Soziale Kompetenz*) 17, 38, 40–46, 48 f., 52–54, 56, 62, 67 f., 94, 126, 140 f., 156, 166, 168, 177, 179, 193 f., 196, 202, 210, 216, 224, 229, 240, 246, 272, 275 f., 288, 291, 293, 303, 345 f., 354, 359, 393, 421, 461
Soziale Kompetenz (*s. auch Soft Skills*) 38, 53, 56, 473, 488
Sprachkenntnisse 55, 64, 66, 68, 120, 156, 159, 162, 167 f., 179, 192, 203, 232, 288, 334, 346, 412
Stärken 37–44, 46–48, 50 f., 53, 67, 128, 138, 149, 163, 176, 179, 205, 218, 220, 228, 231, 246, 273, 292, 354 f., 358, 362–365, 382, 393, 395, 410, 441 f., 476, 488 f., 491, 534
Standardlebenslauf 149, 163, 277
Stärkenanalyse 46 f., 53
Stärkenprofil 69, 363
Stellenanzeigen 61, 95–97, 102–104, 110 f., 115, 133, 205, 232, 301
Stellenanzeigen auswerten 54, 59, 62–68, 103, 110, 194, 196 f., 203, 229, 268
Stellenbeschreibungen 32, 96, 250
Stellengesuch 260–264, 336, 343 f.
Stellen-Informations-Service/SIS 95–97, 99
Stellenmarkt von Printmedien 95 f., 99, 225 f.
Stellenprofil 141, 218, 227 f., 230, 241, 256, 292 f., 326
Stellensuche online 96 f., 223, 260
Stellenwechsel 70, 89–94, 142, 144, 184, 194, 206, 218, 235, 238, 242, 245 f., 254, 257, 276 f., 366–370, 382, 404, 418, 431, 456
Stress 58, 210, 378, 382, 448, 464, 486, 527, 530
Stressabbau 513 f.

Stressfragen 209, 368 f., 373–375, 384, 391, 394, 404, 421, 426 f.
Stressgesten 380, 382, 384 f., 390 f.
Stressreaktion 373
Stressresistenz 303, 427, 430, 439, 506, 516
Stresstest 386, 498
Stressvortrag 508 f., 511
Sympathie 106, 109 f., 170 f., 240, 244, 246, 248, 254, 258, 357, 378 f., 468, 472

Tätigkeitsbeschreibung 117, 125, 154, 182 f., 193, 290 f.
Team 32, 38, 58, 140, 170, 353, 376, 397, 415, 481, 501
Teamarbeit 56 f., 64, 66
Teamfähigkeit 38, 56–58, 75, 79, 179, 271, 293, 339, 346, 354, 376
Telefongespräch/-kontakt 100–110, 138, 197, 209 f., 217, 231, 248–259, 273, 293, 302, 307, 331, 534
Telefoninterview 18, 89, 205–207, 209, 211 f., 301, 303, 305–308
Telefontauglichkeitstest 124
Tests 464, 525, 530
Themenpräsentation 463, 506, 508–511

Unterstellungen 367, 369, 373–375, 394, 421, 426, 442, 485, 487
Unzulässige Fragen 417, 427–430

Vergangenheitsfixierung 367, 442
Verdeckter Stellenmarkt 99
Verlegenheitsgesten 380, 382, 384 f., 390
Verspannung 378, 388, 390, 486
Vorstellungsgespräch 17 f., 54, 57, 59, 62, 69, 83, 89, 91, 102, 115, 129, 134, 140, 147, 149, 153, 163, 167, 194, 203, 205, 211, 253, 265, 275, 287, 300, 302, 307, 345, 353–457, 488 f., 534
Vortrag 463, 506–514, 532
Vorurteile 437–439, 442

Weiterbildung 23, 27–30, 33–35, 39, 41, 44 f., 46–48, 51, 58, 70, 72, 78 f., 91 f., 116, 132, 144, 146 f., 152, 156, 162 f., 166–168, 192 f., 203, 221, 228, 235, 237, 266, 275, 278, 281, 286–288, 291, 300, 304, 358, 360, 396, 400, 404, 408, 412, 432 f., 435–437, 440, 447–450
Weiterbildungsbestätigungen/-nachweise 117 f., 123, 125 f., 181, 191–193, 289, 291
Wissensvernetzung 57
Wünsche 218–220, 243
Wunschposition 133, 171, 207 f., 211, 215, 219 f., 224 f., 228–230, 232, 234 f., 246, 248–250, 252, 259, 261, 265–270, 278, 288, 292, 306 f., 359

Zeitarbeitsfirmen 312, 321 f., 325
Zeitungen, Stellenmarkt 95 f., 99, 225 f.
Zeugnisse 125, 181, 184, 187–190, 192 f., 325 f., 329
Zusatzqualifikationen 152, 156, 237, 269, 284, 286, 297, 300, 334
Zweites Vorstellungsgespräch 455–457
Zwischenbilanz 453, 484, 487
Zwischenzeugnis 25, 74, 117, 125, 181 f., 193, 290 f.